输入串联模块化电力电子变换器

沙德尚　郭志强　廖晓钟　著

科学出版社

北京

内 容 简 介

输入串联模块化电力电子变换器使低压功率器件在高压输入场合的应用有了可能,与多电平变换器相比,控制策略也更简单。同时可以很方便地实现变换器的容错和热插拔控制,大大提高变换器的可靠性。因为无论动态、静态下均要实现模块之间良好的功率均分,即输入电压的均分,所以以前更多的控制策略需要引入输入电压均压环,这样就增加了控制系统设计的复杂度。本书将对输入串联模块化电力电子变换器从输出侧提出一系列的功率均分控制策略,而不需要每个模块的输入电压采样,从而降低了成本。

本书是一部关于输入串联模块化电力电子变换器及其相应控制策略的专著,具有理论知识与工程设计相结合的特点,可作为高等学校电力电子专业及相关专业的研究生、高年级本科生及教师的参考书,也可供从事电力电子研究开发工作的工程技术人员参考。

图书在版编目(CIP)数据

输入串联模块化电力电子变换器/沙德尚,郭志强,廖晓钟著. —北京:科学出版社,2014.6
ISBN 978-7-03-041087-0

Ⅰ.①输⋯　Ⅱ.①沙⋯　②郭⋯　③廖⋯　Ⅲ.①电能-变换器　Ⅳ.①TM712

中国版本图书馆 CIP 数据核字(2014)第 129177 号

责任编辑:张海娜 / 责任校对:钟　洋
责任印制:肖　兴 / 封面设计:迷底书装

科 学 出 版 社 出版
北京东黄城根北街 16 号
邮政编码:100717
http://www.sciencep.com

北京厚诚则铭印刷科技有限公司 印刷
科学出版社发行　各地新华书店经销

*

2015 年 6 月第 一 版　开本:720×1000　1/16
2015 年 6 月第一次印刷　印张:15
字数:300 000

POD定价:　75.00元
(如有印装质量问题,我社负责调换)

前　　言

　　为了提高数字焊接电源的性能,必须提高电源的开关频率,不能采用数字焊接电源常用的 IGBT,只能采用功率 MOSFET。而工业电源的直流母线电压为 500~700V,为了提高变换器效率,可以将两个全桥模块进行输入串联输出并联。开始采用共同占空比控制,但是当变压器变比不一致,并不能实现良好的功率均分。后来通过两个模块输出电流交叉控制,在不采样每个模块输入电压的情况下,即使在变压器变比不完全一致的情况下,也能实现动态、静态下良好的功率均分。后来通过分析,发现了内在稳定机制。对于输入串联输出并联(ISOP)模块化 DC-DC 变换器,在不采样每个模块输入电压的情况下,提出了输出电流交叉反馈的控制策略,同时把这种思想推广至输入串联输出串联(ISOS)模块化 DC-DC 变换器、输入串联输出并联(ISOP)模块化单级 DC-AC 高频链逆变器、ISOP 模块化 DC-AC 单级高频链逆变器、ISOP 模块化 AC-DC 单级高频链整流器、ISOS 模块化 AC-DC 单级高频链整流器、ISOP 模块化 AC-AC 电子变压器和 ISOS 模块化 AC-AC 电子变压器中。对上述拓扑的稳定性和机制进行了深入的分析,最终通过理论分析给出了所提出方法的稳定性机制。通过仿真和实验验证了所提出的方法对于输入串联不同结构的模块化电力电子变换器的功率均分可行性。

　　本书共 10 章,第 1 章介绍了高压输入场合电力电子变换器的解决方案,引出了输入串联模块化电力电子变换器的解决方案。第 2 章研究了 ISOP DC-DC 多模块和两模块变换器的控制方法,分析了 ISOP DC-DC 变换器的特性,对提出的控制方法的稳定性机制进行了分析。第 3 章研究了 ISOS DC-DC 变换器的控制方法,同样讨论了从输出侧控制实现各个模块功率均分的控制策略,通过稳定性分析、仿真和实验验证方法的有效性。第 4 章研究了 ISOP 单级 DC-AC 高频链逆变器的控制策略,对于任意负载,分析了输入电压均分和输出电流均分之间的关系。为了抑制模块之间的环流,给出了相应的驱动逻辑,对于不同性质的负载均做了相应的实验验证。第 5 章研究了 ISOS DC-AC 逆变器的控制策略,对于任意负载,分析了输入电压均分和输出电压均分之间的关系,提出了输出侧均压控制方法,在任意负载情况下分析系统输入电压均分和输出电压均分之间的关系。第 6 章研究了 ISOP AC-DC 的拓扑构成和所提出的功率均分控制方法的架构,通过仿真和实验验证了所提出控制策略的可行性。第 7 章研究了 ISOS AC-DC 的拓扑构成和所提出的功率均分控制方法架构。第 8 章研究了 ISOP 模块化 AC-AC 变换器的拓扑构成、输入电压和输出电流均分的关系,仿真和实验验证了所提出控制策略的可行性。第 9 章研究了 ISOS 模块化 AC-AC 变换器的拓扑、输入电压均分和输出电压均分的关系。第 10 章对全书进行了总结,对未来工作进行了展望。

在输入串联模块化电力电子变换器的研究过程中,作者所在研究团队很多学生先后参与了工作,他们是博士研究生郭志强和许国,硕士研究生邓凯、秦子安、罗天美和宋晓青。在本书的校稿阶段,博士研究生陈健良,硕士研究生袁文、余梦圆、徐令宇、刘弘耀、林钦武、游富琳和袁文琦也做了很多工作。

本书的相关工作得到了国家自然科学基金"全数字软开关 DC-DC 变换器及其电弧负载的耦合机理研究"(50807005)、北京自然科学基金"以储能为主导的自治微电网系统的研究"(3132032)、教育部新世纪优秀人才支持计划"独立运行微电网建模与控制"(NCET-13-0043)、北京理工大学优秀青年教师基金(2010YC0604)、北京理工大学基础科研基金(20120642009)、新能源电力系统国家重点实验室开放课题"基于模块化固态变压器的高压微电网研究"(LATS140001)和现代焊接国家重点实验室开关课题"高频变速送丝下熔化极双脉冲焊接"(AWPT-M03-2010)的支持,在此表示感谢。

本书的相关成果已发表在国际期刊 *IEEE Transactions on Power Electronics*、*IEEE Transactions on Industrial Electronics* 和 *Journal of Power Electronics* 上,感谢给予指正的主编、副主编和相关审稿人,他们的意见让我们看到了自己工作中的不足,对于提升我们的工作非常重要。

感谢北京理工大学自动化学院的领导对于本书出版的大力支持,付梦印院长(现南京理工大学副校长)和王军政院长、书记对于本书的出版给予了极大的鼓励和支持,廖晓钟副院长、刘向东副院长长期以来对于我们研究团队给予了无私支持,为我们创造了良好的实验条件,让我们心无旁骛地努力工作。

本书是作者所在研究团队近五年来研究成果的总结,由于作者水平有限,不足之处在所难免,恳请前辈及同行不吝赐教,多提宝贵意见和建议。

沙德尚

2014 年 3 月于北京理工大学

目　　录

第1章 概　　述

1.1　高压输入电力电子变换的器件解决方案

随着现代工业的高速发展,不同功率等级的高压输入开关型电力电子变换器已经渗透到国民经济的各个行业:高压变频器、高压直流输电、固态变压器、电动车用高压快速充电器等。而电力电子功率器件的电压等级和处理容量有限,如 IGBT 目前电压等级为 6.5kV,而常用的 MOSFET 耐压多在 1.2kV 以下,所以传统的电力电子拓扑在高压场合的应用受到了一定的限制。随着电力电子器件耐压的增加,其通流能力可能下降,其导通压降如 IGBT 的 $V_{CE}(on)$ 或 MOSFET 的导通电阻($R_{ds}(on)$)的增加导致变流器的损耗增加。并且随着电力电子器件耐压的增加,成本也有所增加。由于功率器件的限制,高压输入电源不能与传统拓扑一样进行设计,需要采用新型的拓扑配合新型的控制方法实现高输入电压的变换。

1.1.1　功率器件串联

功率器件的串联被应用在高电压中[1-4],高压输入可采用功率器件串联,而功率器件串联组成的模块可以被当做单个功率器件来使用。这种方法的优点是较成熟的低压拓扑可以应用在高压场合,只要串联的各个功率器件的驱动完全相同,就可以保证串联的各个功率器件均分输入电压。ABB 公司采用功率器件的串联技术研发出世界上第一条轻型高压直流输电线(LHVDC),如图 1.1 所示。虽然其控制策略简单,但是实际应用过程中,实现串联开关管的均压非常困难,尤其是瞬态期间,动态均压更加困难。为了实现各个开关管均压的目标,要采用非常复杂的有源驱动技术。如果此拓扑用在高频隔离的电力电子变换器中,由于输入的高压,变压器的绝缘设计变得很困难。而现有的高频磁芯的物理尺寸限制了单个高频变压器的功率传递能力,同时一旦某一阀体损坏,系统无冗余运行能力。

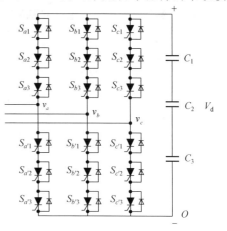

图 1.1　基于功率器件串联的三相逆变器

1.1.2　多电平主电路结构

多电平技术被广泛地应用在高电压和中高电压的电机驱动、开关电源和电力系统中。根据其组成的主电路结构,多电平技术可以分为中点钳位(neutral point clamped)、级联技术(cascaded)和混合模式。

1. 中点钳位多电平

中点钳位多电平分为:二极管钳位[5,6]、有源钳位[7,8]和飞跨电容[9-11]。二极管中点钳位三电平如图 1.2 所示。根据输入、输出是否电气隔离,二极管钳位多电平变换器既可以包括不隔离型,也可以包括隔离型。工作在高频隔离三电平 DC-DC 包括:半桥模式二极管中点钳位三电平、全桥模式高频隔二极管中点钳位三电平和混合全桥三电平。

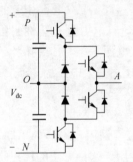

图 1.2　二极管中点钳位三电平

对于二极管中点钳位多电平变换器,功率器件的功率损耗是不均匀的,不同功率器件的结温是不一样的,限制了变流器的输出功率。同时,DC 输入侧的电容上的电压很难均衡,为了实现电容上电压均衡,可以采样直流分压电容上电压,实现有源控制,但是增加了系统的复杂度和控制成本[12]。同时开关管的驱动逻辑复杂,随着电平数的不断增加,分压电容电压不均衡问题就更加突出[13],因此在某些场合如高调制比下限制了该型变流器的使用。同时随着电平数的不断增加,串联的钳位二极管的数量也同步增加,二极管的均压是个挑战。而且驱动逻辑变得越来越复杂,增加了控制器的负担。

与二极管钳位相比,用有源管代替二极管,如图 1.3 所示,可以实现功率器件损耗分配的一致,但是中点电压不平衡的问题依然没有解决。增加了有源开关管以后,开关管的驱动逻辑更加复杂[14]。

飞跨电容如图 1.4 所示,飞跨电容没有二极管,但是增加了钳位电容。如果不采用特殊的控制,就无法实现各个功率器件损耗分配的一致,需要使用中点电压控制技术。同时钳位电容上的电压也需要控制,存在预充电问题。否则在启动瞬间,钳位电容上的电压还没有建立,某些开关要承受很大的电压应力,甚至损毁[15]。

2. 级联 H 桥

级联模式如图 1.5 所示,需要提供多个电气完全隔离的、具有相同幅值的、独立的 DC 电压源。为了得到多个独立的 DC 电源,如果输入为高压交流,则可以通过低频移相变压器实现电气隔离和变压比调整,通过工频整流得到电气隔离的 DC 电源,但

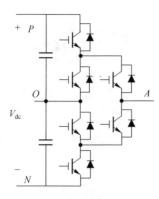

图 1.3　有源钳位三电平

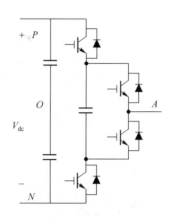

图 1.4　飞跨电容三电平

是体积非常笨重,造价也非常昂贵[16]。也可以采用高频变压器进行隔离,如该技术用在固态变压器(solid state transformer)中,但通常采用两级变换[17 10],包括级联模式双向 AC-DC 变换和高频隔离双向 DC-DC 变换。对于 AC-DC 变换,通常采用基于移相载波的共同占空比控制。实际上,每个模块电路参数具有离散性,所以很难实现每个独立直流电压源幅值的精确控制。当直流电源负载不相等时,采用共同占空比控制,每一路的直流电压源幅值是不一样的,容易造成某些模块的过压损坏。因此,可以实时采样直流侧电压,通过闭环的均衡控制策略,实现直流侧电压的均衡控制[20]。

除了直流电压均等的级联 H 桥电路结构之外,级联式逆变器还可以人为地工作在直流电压不相等的模式,即不对称级联 H 桥结构。但是直流电压幅值之间要满足一定的关系。图 1.6 给出了 3 个模块组成的主电路原理图,虽然模块数只有 3 个,但是可以产生 15 个电平。在不增加功率器件数量的情况下,大大增加了电平数,也就大大减小了交流侧的电压总谐波含量,降低了交流侧滤波器的设计负担。

但是对于每个模块,功率等级差别很大,每个模块中功率器件的电压应力可能不同,不利于模块化标准化的设计和制作。

模块化多电平变换器(MMC)是由西门子公司首先提出的采用多个子模块串联的一种新型拓扑结构,其拓扑结构如图 1.7 所示。每个子模块由 IGBT 半桥和一个并联电容器组成。MMC 被广泛应用在高压输入场合,图 1.7 给出了采用串联半桥的 MMC。此拓扑非常灵活,由于采用了模块化的设计,只要增加 MMC 串联的个数,就可以应用在各种电压等级的场合,且容量扩充非常容易。MMC 模块技术已经被西门子应用在 HVDC 直流输电技术中[21]。但是 MMC 也有缺点,其存在电容电压平衡的问题,并且在启动时,要对模块的电容预充电。

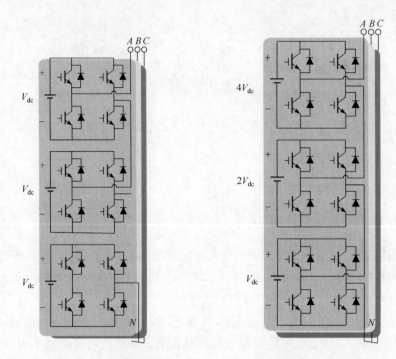

图 1.5　级联模式多电平主电路　　　　　图 1.6　不对称级联 H 桥

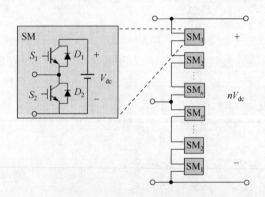

图 1.7　MMC 半桥串联拓扑

3. 混合模式

为了充分发挥各种多电平变换的优点,可以将多种多电平的主电路结构进行混合。常见的有中点钳位＋级联全桥(NPC＋CFB)[22]、级联式中点钳位(cascaded NPC)[23]和有源中点钳位＋飞跨电容(ANPC＋FC)[24]。但混合模式不利于电力电子模块的标准化设计和制造。

1.1.3　多电平变换器的 PWM 控制策略

1. 空间矢量脉宽调制策略

可以将多电平的空间矢量脉宽调制策略(SVPWM)算法问题简化成二电平的 SVPWM 算法问题,该算法简单、快速,并且对任何电平数都通用。但当电平数很多的时候,合成的矢量很多,算法非常复杂,不适合用于电平数较高的场合。

2. 低频调制方法

低频调制方法就是指消除特定次谐波的方法(SHEPWM),多电平消谐波调制根据不同的调制波幅值,利用基波和谐波解析表达式解算出相应的几组开关角,工作时根据系统运行条件查表确定输出哪组开关角,其优点是能很好地控制谐波,能够有效地降低开关损耗。但是它动态特性差,在线调压困难。同时存在各个模块承担功率不均衡的情况,需要优化各个模块的 PWM 脉冲发生的时刻,以实现较为均衡的功率均分。

3. 载波移相调制策略

载波移相调制策略(carrier phase shifted-PWM,CPS-PWM)是多重化和 SPWM 技术的有机结合,CPS-PWM 调制策略是指三角载波依次移开 $1/N$ 三角载波周期,即 $2\pi/N$ 相位角,然后与同一条正弦调制波进行比较,产生 N 组 PWM 调制波信号。

4. 载波平移调制策略

载波平移调制策略(level shifted-PWM,LS-PWM)技术是同样一个调制波和多组三角载波相比较,各个载波之间在空间上进行了上下平移,根据各个三角载波之间的相位关系,可以分为同相层叠(PD)、正负反向层叠(POD)和交替反向层叠(APOD)[25]。

1.2　用于高压输入场合的输入串联模块化电力电子变换器的研究

近些年,人们越来越重视对组合变换器模块的拓扑和控制的研究。为了适应高电压的场合,各个变换器模块的输入需要串联在一起,输出可以串联,也可以并联,来满足各种输出电压等级。由于各个模块输入串联,所以各个模块的输入电压只承担总输入电压的一部分,各个模块的电压应力大大降低,整个变换器的效率大大提升,同时整个系统还具有冗余特性,当其中一个模块出现故障时,只要把故障模块的输入短路就可以保证这个系统的正常运行。但是输入串联的系统要面临输入电压均分的问题,如果输入电压不能均分,承担电压高的模块也会损坏。所以对输入串联的变换器需要采取一定的控制方法实现输入电压的均分。传统的控制方法,如果在各个组成模块的参数不一致的情况下,要实现功率的精确均分,需要采样每个输入电压,引入每个模块输入电压的均压控制环。这样就增加了控制系统的复杂程度,同时也需要增加每个模块额外的电压传感器。

本书提出了在不采样原边每个模块输入电压的情况下,针对不同的拓扑组合,从输出侧提出了一系列功率稳定控制策略,实现了输入串联模块化电力电子变换器的功率均分。对 ISOP DC-DC 变换器、ISOP DC-AC 逆变器、ISOS DC-DC 变换器、ISOS DC-AC 逆变器、ISOP 模块化 AC-DC 变换器、ISOS 模块化 AC-DC 变换器、ISOP 模块化 AC-AC 变换器和 ISOS 模块化 AC-AC 变换器的拓扑组成、PWM脉冲产生机制进行了研究,对上述拓扑的稳定性和系统的动静态响应进行了深入的分析,最终通过理论分析揭示了所提出方法的稳定性机制。通过仿真和实验验证了所提出的方法对于输入串联不同结构模块化电力电子变换器的功率均分可行性。

本书按以下章节进行设置:第 2 章研究了 ISOP DC-DC 变换器的控制方法,分析了 ISOP DC-DC 变换器的特性,对提出的控制方法进行稳定性分析,最终通过仿真和实验验证控制方法的可行性;第 3 章研究了 ISOS DC-DC 变换器的控制方法,同样介绍了从输出侧控制实现各个模块功率均分的控制策略,通过稳定性分析、仿真和实验验证方法的可行性;第 4 章研究了 ISOP DC-AC 逆变器的控制策略,分析 ISOP 逆变器输出侧控制功率均分的条件,最终通过仿真和实验对控制方法进行验证;第 5 章研究了 ISOS DC-AC 逆变器的控制策略,提出输出侧均压控制方法,分析系统的稳定性和动态响应,最终通过仿真和实验验证方法的可行性。第6 章研究了 ISOP AC-DC 整流器的拓扑构成,并提出了功率均分控制方法,通过仿真和实验验证了所提出控制策略的可行性。第 7 章研究了 ISOS AC-DC 整流器的拓扑构成并提出了功率均分控制方法,通过仿真和实验验证了所提出方法的可行性。第 8 章研究了 ISOP AC-AC 变换器的拓扑构成,并提出了功率控制方法,通过仿真和实验验证了所提出方法的可行性。第 9 章研究了 ISOS AC-AC 变换器的拓扑构成、稳定的功率控制方法以及仿真和实验验证。第 10 章进行了总结和对下一步工作进行了展望。

第2章 输入串联输出并联模块化 DC-DC 变换器

2.1 引　言

本章总结了已有文献对于输入串联输出并联（ISOP）模块化 DC-DC 变换器的控制策略。分析了 ISOP 模块化 DC-DC 变换器的输入输出特性，在公用占空比控制下，分析了不同参数对于各个模块输入电压均分的影响。提出了一种输入均压控制策略，进行了相关的仿真和实验研究。在不采样每个模块输入电压情况下，提出了一种输出电流交叉反馈控制策略，采用劳斯判据，揭示了输出电流交叉反馈控制策略的稳定机制。对 ISOP 多模块 DC-DC 变换器进行了实验研究，表明该控制策略即使在模块参数不一致的情况下，也可以实现各个模块动态、静态下对输入电压的均分。

2.2 ISOP 模块化 DC-DC 变换器控制策略研究进展

通过 ISOP 的方式把隔离式 DC-DC 变换器模块组合起来，如图 2.1 所示，可以适用于输入电压较高、输出电压较低但电流较大且需要电磁隔离的供电场合，如充电机、焊机、加热器等。这些变换器可以是正激、反激、推挽、全桥等形式的隔离式 DC-DC 变换器。

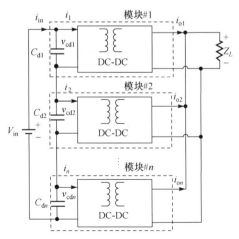

图 2.1　ISOP 模块化 DC-DC 变换器拓扑

为了实现 ISOP DC-DC 变换器功率均分控制,根据功率平衡理论,假设每个模块的变化效率一样,实现了输入电压(IVS)的均分,自然也就实现了输出电流(OCS)的均分。为了实现 ISOP DC-DC 变换器功率均分,相关的学者提出了很多方法,具体可以概括如下。

2.2.1　相同占空比控制策略研究

相同占空比的控制策略(common duty ratio control)[26,27]可以稳定地实现 ISOP DC-DC 变换器的控制,控制策略如图 2.2 所示。整个控制策略只有一个输出电压环和一个输出电流环。各个模块的占空比相同。如果各个变换器模块参数的不一致,此方法不能实现各个模块之间功率精确均分。当系统各个模块参数基本相同时,各个模块的功率基本可以实现均分,而影响功率均分的主要因素是隔离变压器的匝比。各个模块的功率与变压器的匝比成正比。因此要求各个模块隔离变压器的匝比不能相差太大。另外在输入或负载变化时的瞬态响应能力较差。

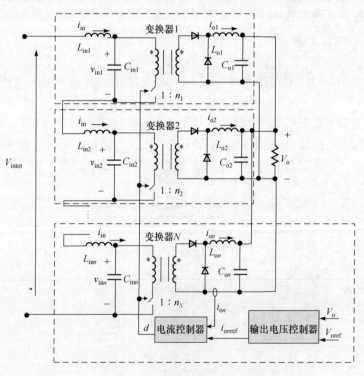

图 2.2　相同占空比的控制策略

2.2.2　带输入电压前馈的充电控制策略

带输入电压前馈的充电控制策略(charge control)[28]可以应用在 ISOP DC-DC 变换器中,此控制方法的控制策略如图 2.3 所示。为了实现输入电压的均分,此方法对输入电压进行了求差,把求差的结果分别送给两个模块的控制器进行补偿。每个变换器模块均需要采样各自的输入电流以生成 PWM。本质上每个模块是单周期控制[29],但是这种控制方法需要采样各个模块的输入电压、各个模块的输入电流、输出电压和电流等很多物理量,控制策略复杂,需要很多传感器,增加了控制电路的设计成本。

2.2.3　基于有源输入电压控制的控制策略

对于 ISOP DC-DC 变换器,如果不采样每个模块的输入电压,对每个模块进行独立的输出电压和输出电流闭环控制,则系统是不稳定的,无法实现每个模块功率均分目标。基于输入有源电压控制的三环控制策略[30],可以实现 ISOP DC-DC 变换器的功率均分,此控制策略如图 2.4 所示。对于每个模块,该控制策略具有三个控制闭环,分别为总输出电压环、各自的输入均压环和各个模块的输出电流内环。电压外环实现输出电压的闭环控制,输入均压环实现输入电压的均分,其控制量与电压外环的控制量进行叠加作为电流内环的给定,电流内环可以增加系统的阻尼,从而提高系统的快速性和抗扰性。从功率守恒的角度来看,ISOP 变换器实现了输入电压的均分,也就实现了输出电流的均分,同时各个模块功率也就实现了功率均分。但是需要采用各个模块输入电压、各个模块输出电流和总的输出电压,采样的物理量众多,控制策略复杂。

为了简化基于有源输入电压控制控制策略,提出了基于有源输入电压控制的双闭环控制策略,主要包括:统一输入电压分配(uniform input voltage distribution)[31]、输入电压解耦控制(decoupling IVS control scheme)[32,33]和通用控制策略(general control considerations)[34]。但是对于每个模块均为电压模式控制,每个模块的输出电流信号参与系统的调节与控制,系统的动态性能受到一定的影响。

2.2.4　主从控制方法

对于 ISOP 模块化 DC-DC 变换器,主从控制方法(master/slave control)[35]如图 2.5 所示。此时 DC-DC 变换器为反激拓扑。其中一个模块的变换器是主模块,用来稳定输出电压,其他模块式是从模块,为了实现输入电压的均分,要同时采样两个模块输入电流的差值。由于采样的信号众多,因而增加了控制系统的复杂程度。

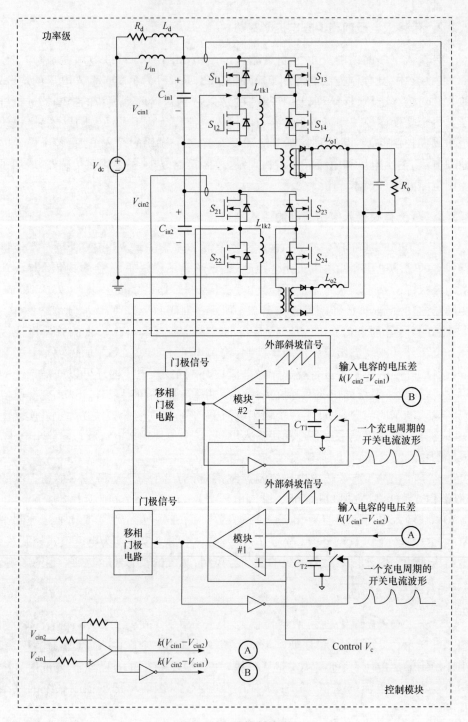

图 2.3　充电控制策略

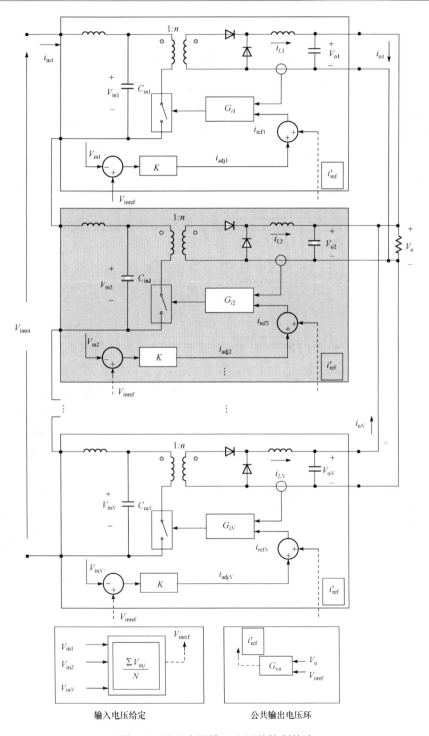

图 2.4　基于有源输入电压的控制策略

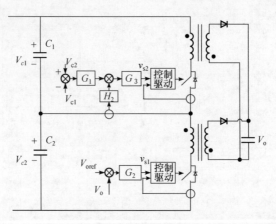

图 2.5　主从控制策略

对于主从控制结构,主模块和从模块的控制结构是不一致的,从控制角度来看,没有做到真正的模块化设计。另外当主模块损坏的时候,系统无法实现输出稳压控制功能。系统可靠性低,无冗余运行能力。

2.2.5　无电流传感器的电流控制模式

无电流传感器的电流控制模式(sensorless current mode)[36],通过每个模块电压误差的积分,构造成电感电流值,通过类似峰值电流比较的控制,产生每个模块的 PWM,但是它要采样整个 ISOP 变换器的输入电压。因为积分运算为线性,而实际电感值由于铁芯磁化问题会产生一定的非线性,所以通过线性运算得到电流的值和实际测量的值可能有一定的误差。同时各个模块元件参数的离散性如变压器匝比、感值都会对模块的功率均分产生一定的影响。

通过以上分析,所有关于 ISOP 变换器的精确功率均分控制策略全部要采用输入电压均分控制。电流控制策略广泛应用在 DC-DC 变换器的并联技术中,如下垂控制、民主均流法、主从均流法[37-41]。所有这些方法都把电流直接作为反馈量来控制,然而 ISOP 变换器如果像 DC-DC 变换器并联方式一样控制输出电流是不能够稳定运行的[30,31],可以从系统的闭环增益和根轨迹中得到该结论。

值得注意的是前面所述的输入电压均分控制,均压环的控制器需要通过控制理论进行一定的设计,否则系统会不稳定。同时,由于各个模块效率的不同,尽管输入电压均分输出电流也不会均分。为了实现 ISOP DC-DC 变换器的容错运行,相应的控制策略必须适应系统的故障检测和故障模块切除。当故障模块切除后,必须重新对正常模块进行功率均分,为此还必须改变均压环给定。而对于无主模块的相同占空比的控制方式[42],避免了改变给定的问题,也容易实现容错运行。

2.3　ISOP 模块化 DC-DC 变换器输入输出特性分析

2.3.1　ISOP DC-DC 变换器需要解决的问题

　　ISOP DC-DC 变换器的主要目标是实现各个输入电压的均分、输出电流均分和各个模块功率的均分。文献[33]分析了 ISOP DC-DC 变换器输入电压均分、输出电流均分和各个模块功率均分三者之间的关系,最终得到上述三种情况可以互相等价的结论。也就是说,只要满足上述三种情况中的一种,其他两种情况自然成立。

　　ISOP DC-DC 变换器的拓扑如图 2.1 所示。ISOP DC-DC 变换器中各模块输入是串联的,输出是并联的,所以各模块变换器必须采用隔离式拓扑,根据不同的输入输出场合可以选择全桥、半桥、正激、反激等隔离式变换器。由于各变换器器件参数的不确定性,在变换器占空比都相同的情况下,各模块变换器的输入电压和输出电流可能无法精确均分。所以只通过一个输出电压环不可能实现各模块功率的均分,需要通过相关的控制策略来实现输入电压均分和输出电流均分。为了实现 ISOP 变换器的正常工作,必须保证各个模块输出功率的均分。如果各个模块功率不均分很可能导致承受功率大的模块损坏,进而系统无法正常工作。如果各模块输入电压不能均分、输出电流不能均分也会导致某些模块承受较高的电压和电流应力,对系统的稳定运行也构成威胁。

2.3.2　ISOP DC-DC 变换器输入电压均分、输出电流均分分析

　　以图 2.6 的两模块移相全桥 ISOP DC-DC 变换器为例,当变换器工作在稳态情况下,输入电容电压、输出电流保持不变。假设两模块的效率均为 100%,此时满足

$$i_{in}=i_1=i_2 \tag{2.1}$$
$$V_{cd1} \cdot i_1 = V_{cd1} \cdot i_{in} = P_{in1} = P_{o1} = V_o \cdot i_{o1} \tag{2.2}$$
$$V_{cd2} \cdot i_2 = V_{cd2} \cdot i_{in} = P_{in2} = P_{o2} = V_o \cdot i_{o2} \tag{2.3}$$

P_{in1} 和 P_{in2} 为各模块的输入功率,P_{o1} 和 P_{o2} 为各模块的输出功率。如果 $V_{cd1}=V_{cd2}$,由式(2.2)、式(2.3)可得 $i_{o1}=i_{o2}$。同理如果实现 $i_{o1}=i_{o2}$,那么也可以得到 $V_{cd1}=V_{cd2}$。所以在各模块变换器效率相同的条件下,实现 ISOP 变换器输入电压的均分(input voltage sharing,IVS),就可以保证输出电流的均分(output current sharing,OCS)。反之,实现了输出电流的均分,就可以保证输入电压的均分。

2.3.3　模块参数对输入电压均分的影响

　　1. 输入分压电容对输入电压均分的影响

　　输入电容一般采用电容容值较大的电解电容,由于电解电容的实际电容值与其标称值有一定的误差,所以输入分压电容容值不可能完全相等。对于各种变换

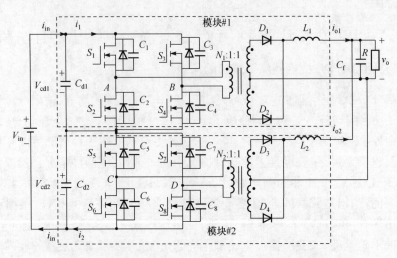

图 2.6　两模块全桥 ISOP DC-DC 变换器的主电路拓扑

器,当负载不变、恒压输出时变换器的输入阻抗是负阻抗特性,即在恒功率负载下,输入电压增大,输入电流减小。对于 ISOP DC-DC 变换器输入阻抗的等效小信号模型如图 2.7 所示。

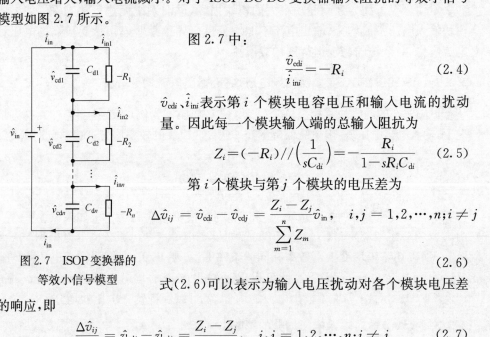

图 2.7　ISOP 变换器的
等效小信号模型

图 2.7 中:

$$\frac{\hat{v}_{cdi}}{\hat{i}_{ini}} = -R_i \tag{2.4}$$

$\hat{v}_{cdi}$、$\hat{i}_{ini}$ 表示第 i 个模块电容电压和输入电流的扰动量。因此每一个模块输入端的总输入阻抗为

$$Z_i = (-R_i) // \left(\frac{1}{sC_{di}}\right) = -\frac{R_i}{1 - sR_iC_{di}} \tag{2.5}$$

第 i 个模块与第 j 个模块的电压差为

$$\Delta\hat{v}_{ij} = \hat{v}_{cdi} - \hat{v}_{cdj} = \frac{Z_i - Z_j}{\sum\limits_{m=1}^{n} Z_m}\hat{v}_{in}, \quad i,j = 1,2,\cdots,n; i \neq j \tag{2.6}$$

式(2.6)可以表示为输入电压扰动对各个模块电压差的响应,即

$$\frac{\Delta\hat{v}_{ij}}{\hat{v}_{in}} = \hat{v}_{cdi} - \hat{v}_{cdj} = \frac{Z_i - Z_j}{\sum\limits_{m=1}^{n} Z_m}, \quad i,j = 1,2,\cdots,n; i \neq j \tag{2.7}$$

把式(2.5)代入式(2.7),并且为了简化分析,假设 $n=2$,则

$$\frac{\Delta \hat{v}_{12}}{\hat{v}_{in}} = \frac{(R_1 - R_2) - sR_1R_2(C_{d1} - C_{d2})}{(R_1 + R_2) - sR_1R_2(C_{d1} + C_{d2})} \tag{2.8}$$

实际系统中 R_1、$R_2 \gg sC_{d1}$、sC_{d2}，因此 $sR_1R_2(C_{d1} - C_{d2}) \approx 0$，$sR_1R_2(C_{d1} + C_{d2}) \approx 0$。因此有

$$\frac{\Delta \hat{v}_{12}}{\hat{v}_{in}} \approx \frac{R_1 - R_2}{R_1 + R_2} \tag{2.9}$$

所以输入电容容值的不同对输入电压均分的影响很小。以图 2.7 所示拓扑为例的仿真结果如图 2.8 所示。除输入电容不相同外，两模块的其他参数都相等。其中输入电压为 800V，输出电压为 30V，模块 ♯1 的输入电容 $C_{d1} = 200\mu F$，模块 ♯2 的输入电容 $C_{d2} = 100\mu F$。两模块变压器的匝比 $N_1 : N_2 = 4 : 1$。两个模块采用相同占空比的控制策略。

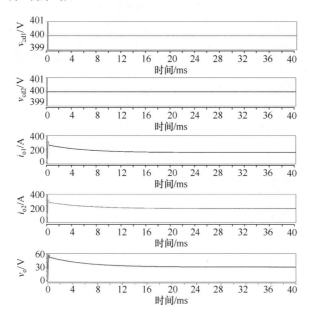

图 2.8　输入电容不相等 ISOP DC-DC 变换器仿真结果

如图 2.8 所示，尽管两模块的输入电容不相同，但是两个模块的输入电压仍然是均分的，各为 400V。输入电压均分，则输出电流也均分。

2. 隔离变压器匝比对输入电压均分的影响

以图 2.6 的两模块移相全桥 ISOP 变换器为例，假设变压器漏感为 0，则变换器不存在占空比丢失。各模块的参数除变压器的匝比外均相同，两个模块采用公用占空比的控制策略，则变压器的幅值满足

$$V_{AB} = N_1 v_o, \quad V_{CD} = N_2 v_o \tag{2.10}$$

在半个开关周期内满足

$$v_{cd1} = \frac{V_{AB}}{D}, \quad v_{cd2} = \frac{V_{CD}}{D} \tag{2.11}$$

式(2.10)代入式(2.11),则有

$$\frac{v_{cd1}}{v_{cd2}} = \frac{\dfrac{N_1 v_o}{D}}{\dfrac{N_2 v_o}{D}} = \frac{N_1}{N_2} \tag{2.12}$$

所以当各模块占空比相同时,变压器匝比与本模块的输入电压成正比,当一个模块的变压器匝比较大时,这个模块的输入电压也必然高。以图2.7所示的拓扑为例,图2.9为两模块变压器匝比不同,采用公用占空比的控制策略的仿真结果。其中输入电压为800V,输出电压为30V,输入电容 C_{d1} 和 C_{d2} 均为 $100\mu F$。模块♯1的变压器匝比 $N_1 = 5:1$,模块♯2的变压器匝比 $N_2 = 4:1$。

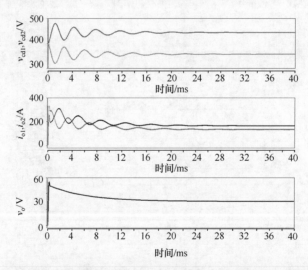

图2.9　两模块移相全桥变压器匝比不同仿真结果

如仿真结果所示,各模块占空比相同,变压器匝比大的模块分得的电压大,变压器匝比小的模块分得的电压小。从功率平衡的角度考虑可得,输入电压高的模块输出电流大;反之,输入电压低的模块输出电流小。

3. 滤波电感对输入电压均分的影响

仍然以图2.6的拓扑为例。假设变压器的漏感为0,则变换器不存在占空比丢失。除各模块输出滤波电感不同外,其他参数都相同,且 $N_1 = N_2 = N$。系统仍

采用公用占空比的控制策略。假设输出滤波电感的压降不能忽略,图 2.7 的系统平均值满足

$$V_{AB} = N(v_o + sL_1 \cdot i_{o1}), \quad V_{AB} = N(v_o + sL_2 \cdot i_{o2}) \tag{2.13}$$

半个开关周期内系统满足

$$v_{cd1} = \frac{V_{AB}}{D}, \quad v_{cd2} = \frac{V_{CD}}{D} \tag{2.14}$$

则

$$\frac{v_{cd1}}{v_{cd2}} = \frac{\dfrac{N(v_0 + sL_1 \cdot i_{o1})}{D}}{\dfrac{N(v_0 + sL_2 \cdot i_{o2})}{D}} = \frac{v_o + sL_1 \cdot i_{o1}}{v_o + sL_2 \cdot i_{o2}} \tag{2.15}$$

因为输出滤波电感的感抗相对于输出负载很小,所以

$$sL_1 \cdot i_{o1} \approx 0, \quad sL_2 \cdot i_{o2} \approx 0 \tag{2.16}$$

所以当输出滤波电感不同时,输入电压仍然可以实现均分。

以图 2.7 为例的仿真结果如图 2.10 所示。系统输入电压为 800V,输出电压为 30V,两模块的变压器匝比 $N_1 = N_2 = 4:1$,模块 ♯1 的输出滤波电感 $L_1 = 64\mu H$,模块 ♯2 的输出滤波电感 $L_2 = 32\mu H$。两个模块的其他参数完全相同。系统仍然采用相同占空比的控制策略。如图 2.10 所示,当输出滤波电感不同时,系统进入稳态后仍然可以实现输入电压均分,输出电流也可以实现均分。

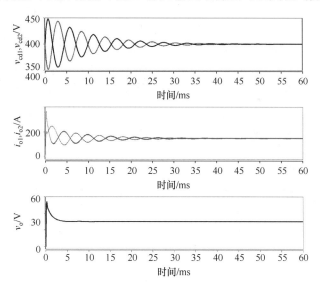

图 2.10　输出滤波电感不同的仿真结构

综上所述,影响 ISOP DC-DC 变换器输入电压均分和输出电流均分的因素是

多方面的,但是很多因素都可以忽略,影响 ISOP DC-DC 变换器输入电压不均分和输出电流不均流的主要因素是隔离变压器的匝比。因此对于各模块共用占空比的控制策略,必须保证各模块隔离变压器的匝比相等,否则系统输入电压会出现很大的偏差。对于隔离变压器匝比不相同的 ISOP DC-DC 变换器需要采用相应的控制策略来实现输入均压和输出均流。

2.4　ISOP DC-DC 变换器输入电压均分控制

2.4.1　ISOP DC-DC 变换器输入电压均分控制原理

图 2.11 所示为由三个正激变换器组成的 ISOP DC-DC 变换器,如图所示,输入电压 v_{in} 由电容 C_{d1}、C_{d2}、C_{d3} 分成 v_{cd1}、v_{cd2}、v_{cd3},作为三个正激变换器的输入电压。均分输入电压可以表示为 $v_{cd1} = v_{cd2} = v_{cd3}$,可以进一步表示为

$$\begin{cases} v_{cd1} - v_{cd2} = 0 \\ v_{cd2} - v_{cd3} = 0 \end{cases} \tag{2.17}$$

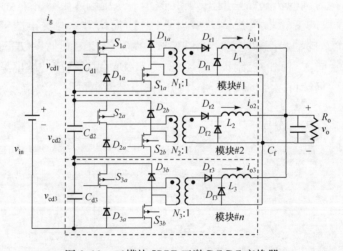

图 2.11　三模块 ISOP 正激 DC-DC 变换器

满足式(2.17)只是系统的其中一个控制目标,系统还必须满足在输入电压变化和负载突变的情况下保持输出电压稳定。为了满足以上两个控制目的,设计的控制系统如图 2.12 所示。

控制系统由三个闭环组成,输出电压给定 v_{ref} 和输出反馈 v_{of} 进行比较,通过电压输出控制器 G_{vo} 得到输出控制信号 d_{out}。为了实现输入电压的均分,通过检测相邻模块的电压,从而得到 $v_{cd2} - v_{cd1}$ 和 $v_{cd3} - v_{cd2}$,因此把此种控制方法起名相邻模块输入电压控制。把 $v_{cd2} - v_{cd1}$ 和 $v_{cd3} - v_{cd2}$ 与 0 进行比较,分别通过均压环控制器 G_{verr1} 和 G_{verr2} 得到均压控制信号 d_{sh1} 和 d_{sh2},作为输出控制信号的补偿量。PWM1、

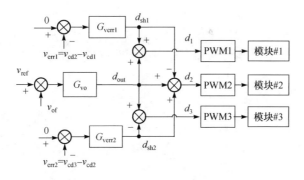

图 2.12　输入电压控制 ISOP 变换器控制策略

PWM2、PWM3 分别为三个模块的 PWM 调制。为了实现无差控制,通常 G_{vo}、G_{verr1} 和 G_{verr2} 为比例积分(PI)控制器。通过输出控制信号和均压控制信号的组合可以得到各模块占空比的控制量:

$$\begin{cases} d_1 = d_{out} + d_{sh1} \\ d_2 = d_{out} - d_{sh1} + d_{sh2} \\ d_3 = d_{out} - d_{sh2} \end{cases} \tag{2.18}$$

当 $v_{cd2} > v_{cd1}$ 时,控制器 G_{verr1} 的输出 d_{sh1} 减小,从而使 d_1 减小,使 d_{sh2} 增大,模块♯1 的输入电容充电电压增大,模块♯2 的输入电容放电电压减小,从而达到 v_{cd2} 减小、v_{cd1} 增加的目的,最终实现 $v_{cd2} = v_{cd1}$。同理 v_{cd2} 和 v_{cd3} 也可以实现相等,最终可以实现三模块输入电压均分。

2.4.2　系统小信号模型及控制环路分析

建模是通过数学方法对物理模型进行分析。在工程中,想得到一个系统的主要物理特征,需要忽略一些不重要的因素。通过建立系统的模型有利于工程中更好地分析系统的稳定性和动态响应。

1. 系统小信号模型

小信号建模的主要思想是由电路的非线性部分向线性部分注入平均电流产生预期的电压。其中,非线性部分包含了开关器件(开关管和二极管),线性部分包含了滤波电感、负载 R、与滤波电容 C_f,这就是电流注入等效电路法的根本思想。基于此思想,双管正激电路的电路图如图 2.13 所示。

假设电感工作在连续工作方式,在时间 $[0, dT]$(d 为占空比,T 为开关周期)

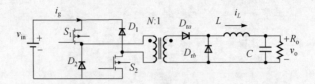

图 2.13　双管正激电路

中开关 S_1 和 S_2 同时开通,得到系统的状态方程为

$$\begin{cases} L\dfrac{\mathrm{d}i_L}{\mathrm{d}t}=\dfrac{v_{\mathrm{in}}}{N}-v_{\mathrm{o}} \\[2mm] C\dfrac{\mathrm{d}v_{\mathrm{o}}}{\mathrm{d}t}=i_L-\dfrac{v_{\mathrm{o}}}{R_{\mathrm{o}}} \\[2mm] i_{\mathrm{g}}=\dfrac{i_L}{N} \end{cases} \tag{2.19}$$

当在时间 $[dT,T]$ 范围内,开关管 S_1 和 S_2 同时关断,得到系统的状态方程为

$$\begin{cases} L\dfrac{\mathrm{d}i_L}{\mathrm{d}t}=-v_{\mathrm{o}} \\[2mm] C\dfrac{\mathrm{d}v_{\mathrm{o}}}{\mathrm{d}t}=i_L-\dfrac{v_{\mathrm{o}}}{R_{\mathrm{o}}} \\[2mm] i_{\mathrm{g}}=0 \end{cases} \tag{2.20}$$

由方程(2.19)和方程(2.20)可得系统一个周期内的平均状态方程为

$$\begin{cases} L\dfrac{\mathrm{d}\langle i_L\rangle}{\mathrm{d}t}=d\dfrac{\langle v_{\mathrm{in}}\rangle}{N}-\langle v_{\mathrm{o}}\rangle \\[2mm] C\dfrac{\mathrm{d}\langle v_{\mathrm{o}}\rangle}{\mathrm{d}t}=\langle i_L\rangle-\dfrac{\langle v_{\mathrm{o}}\rangle}{R_{\mathrm{o}}} \\[2mm] \langle i_{\mathrm{g}}\rangle=d\dfrac{\langle i_L\rangle}{N} \end{cases} \tag{2.21}$$

其中,$\langle i_L\rangle$、$\langle v_{\mathrm{in}}\rangle$、$\langle v_{\mathrm{o}}\rangle$、$\langle i_{\mathrm{g}}\rangle$ 分别表示各物理量的平均值。把系统的平均值表示为稳态工作值和扰动量的和,则有

$$\begin{cases} \langle i_L\rangle=I_L+\hat{i}_L \\[1mm] \langle v_{\mathrm{in}}\rangle=V_{\mathrm{in}}+\hat{v}_{\mathrm{in}} \\[1mm] \langle v_{\mathrm{o}}\rangle=V_{\mathrm{o}}+\hat{v}_{\mathrm{o}} \\[1mm] \langle i_{\mathrm{g}}\rangle=I_{\mathrm{g}}+\hat{i}_{\mathrm{g}} \\[1mm] d=D+\hat{d} \end{cases} \tag{2.22}$$

I_L、V_{in}、V_{o}、I_{g}、D 表示系统的稳态工作值;$\hat{i}_L$、$\hat{v}_{\mathrm{in}}$、$\hat{v}_{\mathrm{o}}$、$\hat{i}_{\mathrm{g}}$、$\hat{d}$ 为系统各物理量的扰动量。又因为系统稳态工作时满足式(2.23):

$$\begin{cases} V_{\mathrm{o}} = \dfrac{DV_{\mathrm{in}}}{N} \\[2mm] I_{\mathrm{g}} = \dfrac{DI_L}{N} \end{cases} \tag{2.23}$$

由式(2.21)~式(2.23)可得式(2.24)：

$$\begin{cases} L\dfrac{\mathrm{d}\hat{i}_L}{\mathrm{d}t} = \dfrac{(V_{\mathrm{in}}\hat{d}+D\hat{v}_{\mathrm{in}})}{N} - \hat{v}_{\mathrm{o}} \\[3mm] C\dfrac{\mathrm{d}\hat{v}_{\mathrm{o}}}{\mathrm{d}t} = \hat{i}_L - \dfrac{\hat{v}_{\mathrm{o}}}{R} \\[3mm] \hat{i}_{\mathrm{g}} = \dfrac{D\hat{i}_L + \hat{d}i_L}{N} \end{cases} \tag{2.24}$$

所以根据扰动方程(2.24)得到的等效电路模型如图 2.14 所示。

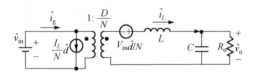

图 2.14　双管正激电路小信号等效电路

根据正激变换器的小信号模型,得到三模块正激 ISOP DC-DC 变换器的小信号模型如图 2.15 所示。$\hat{v}_{\mathrm{cd1}}$、$\hat{v}_{\mathrm{cd2}}$、$\hat{v}_{\mathrm{cd3}}$ 分别表示各模块输入电容电压的扰动量；$\hat{i}_{\mathrm{o1}}$、$\hat{i}_{\mathrm{o2}}$、$\hat{i}_{\mathrm{o3}}$ 分别表示各模块输出电流的扰动量；$\hat{d}_1$、$\hat{d}_2$、$\hat{d}_3$ 分别表示各模块占空比的扰动量；R_L、R_{cf} 分别为输出滤波电感和滤波电容的等效串联电阻。

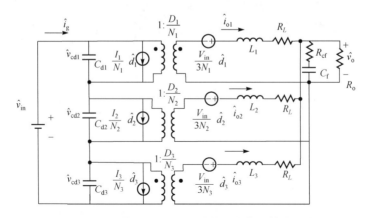

图 2.15　三模块正激 ISOP 变换器小信号等效电路

为了简化分析,假设各模块的变压器匝比相同,各模块的输出滤波电感相同,即 $N_1=N_2=N_3=N,L_1=L_2=L_3=L$。当系统稳定运行时,要保证系统输入电压均分。则有

$$V_o=V_{cd1}\frac{D_1}{N}=V_{cd2}\frac{D_2}{N}=V_{cd3}\frac{D_3}{N} \text{ 且 } V_{cd1}=V_{cd2}=V_{cd3} \tag{2.25}$$

根据式(2.25)可以得到 $D_1=D_2=D_3=D$,因此可以得到

$$\begin{cases} I_1=I_2=I_3=\dfrac{I_o}{3}=\dfrac{V_o}{3R_o} \\[3mm] V_{cd1}=V_{cd2}=V_{cd3}=\dfrac{V_{in}}{3} \end{cases} \tag{2.26}$$

I_1、I_2、I_3 是各模块输出电流的稳态工作值,根据图 2.15 可以得到系统的小信号方程为

$$\begin{cases} \dfrac{D_1}{N}\hat{v}_{cd1}+\dfrac{v_{in}}{3N}\hat{d}_1=(sL+R_L)\cdot\hat{i}_{o1}+\hat{v}_o \\[3mm] \dfrac{D_2}{N}\hat{v}_{cd2}+\dfrac{v_{in}}{3N}\hat{d}_2=(sL+R_L)\cdot\hat{i}_{o2}+\hat{v}_o \\[3mm] \dfrac{D_3}{N}\hat{v}_{cd3}+\dfrac{v_{in}}{3N}\hat{d}_3=(sL+R_L)\cdot\hat{i}_{o3}+\hat{v}_o \end{cases} \tag{2.27}$$

$$\begin{cases} \hat{i}_g-\hat{v}_{cd1}\cdot sC_d-\dfrac{i_1}{N}\hat{d}_1=\dfrac{D_1}{N}\cdot\hat{i}_{o1} \\[3mm] \hat{i}_g-\hat{v}_{cd2}\cdot sC_d-\dfrac{i_2}{N}\hat{d}_2=\dfrac{D_2}{N}\cdot\hat{i}_{o2} \\[3mm] \hat{i}_g-\hat{v}_{cd3}\cdot sC_d-\dfrac{i_3}{N}\hat{d}_3=\dfrac{D_3}{N}\cdot\hat{i}_{o3} \end{cases} \tag{2.28}$$

$$\begin{cases} \hat{v}_{in}=\hat{v}_{cd1}+\hat{v}_{cd2}+\hat{v}_{cd3} \\[3mm] \hat{i}_o=\hat{i}_{o1}+\hat{i}_{o2}+\hat{i}_{o3}=\hat{v}_o\Big[R_o//\Big(R_{cf}+\dfrac{1}{sC_f}\Big)\Big] \end{cases} \tag{2.29}$$

根据式(2.27)~式(2.29),并且设置 $\hat{v}_{in}=0,\hat{d}_k=0(k\neq i)$,对于任意模块 #$i$ ($i=1,2,3$)控制到输出的传递函数为

$$G_{vd_i}(s)=\dfrac{\hat{v}_o}{\hat{d}_i}\Bigg|_{\substack{\hat{v}_{in}=0 \\ \hat{d}_k=0(k\neq i)}}$$

$$=G_{vd}(s)=\dfrac{\dfrac{v_{in}}{3N}(sC_fR_o+1)}{s^2LC_f\Big(1+\dfrac{R_{cf}}{R_o}\Big)+s\Big[\dfrac{L}{R_o}+R_LC_f\Big(1+\dfrac{R_{cf}}{R_o}\Big)+3C_fR_{cf}\Big]+\dfrac{R_L}{R_o}+3} \tag{2.30}$$

控制到各模块输入的传递函数为

$$G_{\Delta v\Delta d_i}(s)=\frac{\hat{v}_{cdi}-\hat{v}_{cd(i+1)}}{\hat{d}_i-\hat{d}_{i+1}}\bigg|_{\substack{\hat{v}_{in}=0\\ \hat{d}_k=0(k\neq i)\\ i=(1,2)}}=-\frac{s\dfrac{V_oL}{3nR_o}+\dfrac{V_oR_L}{3nR_o}+\dfrac{V_{in}D}{3n^2}}{s^2C_dL+sC_dR_L+\left(\dfrac{D}{n}\right)^2} \tag{2.31}$$

得到 ISOP DC-DC 变换器的小信号模型,有利于对系统的稳定性和控制策略进行进一步的分析。

2. 控制系统解耦

通过以上分析,ISOP DC-DC 组合隔离式变换器的控制系统至少需要两个控制环路,一个为输出电压环,另一个为输入均压环,而每个控制环路控制器的输出均会影响系统的输出和输入电压的均分。因此两个系统存在耦合关系,需通过控制器的设计实现两个环路控制系统的解耦。

由图 2.11 可知,模块 ♯i 的输入电压和输出电压满足

$$v_{cdi}\frac{d_i}{N}=v_{o\_i} \tag{2.32}$$

d_i 是第 i 个模块的占空比,它由两部分组成,表示为

$$d_i=d_{out}+d_{shi} \tag{2.33}$$

其中,d_{out} 为调节系统的输出电压控制量;d_{shi} 为系统的均压控制量。对式(2.32)的扰动量线性化,可以得到

$$(V_{cdi}+\hat{v}_{cdi})\frac{(D+\hat{d}_i)}{N}=V_{o\_i}+\hat{v}_{o\_i} \tag{2.34}$$

忽略式(2.34)的二阶扰动项,最终可以得到系统的扰动量方程为

$$\frac{V_{cdi}\hat{d}_{out}+V_{cdi}\hat{d}_{shi}+\hat{v}_{cdi}D}{N}=\hat{v}_{o\_i} \tag{2.35}$$

根据式(2.35),对于 n 个模块组成的 ISOP DC-DC 变换器可以得到

$$\frac{\sum\limits_{i=1}^{n}V_{cdi}\hat{d}_{out}+\sum\limits_{i=1}^{n}V_{cdi}\hat{d}_{shi}+\sum\limits_{i=1}^{n}\hat{v}_{cdi}D}{N}=\hat{v}_o \tag{2.36}$$

式(2.36)可以改写为

$$\frac{V_{in}\hat{d}_{out}+\dfrac{V_{in}}{n}\sum\limits_{i=1}^{n}\hat{d}_{shi}+D\hat{v}_{in}}{N}=\hat{v}_o \tag{2.37}$$

所以当式(2.37)满足

$$\sum_{i=1}^{n} \hat{d}_{shi} = 0 \qquad (2.38)$$

系统的输出控制环路和输入均压控制环路实现了控制的解耦。也就是说,当一个 ISOP DC-DC 变换器系统满足式(2.38),输出控制器和输入均压控制器就分别控制输出电压和输入电压的均分,两个控制器互不影响。图 2.13 所示的控制系统满足

$$\begin{cases} \hat{d}_{sh1} = \hat{d}_{s1} \\ \hat{d}_{sh2} = -\hat{d}_{s1} + \hat{d}_{s2} \\ \hat{d}_{sh3} = -\hat{d}_{s2} \end{cases} \qquad (2.39)$$

式(2.39)满足式(2.38),因此本章的三模块正激 ISOP DC-DC 变换器的输出控制器和输入均压控制器实现了完全解耦。由此输出电压环控制器与输入电压均压控制器可以进行独立的设计。

3. 系统输出电压环路分析

上一小节已经进行了系统控制器的解耦,所以系统两环的设计完全可以独立进行。针对本章的三模块正激 ISOP DC-DC 变换器,首先设计系统的输出电压环。输出电压环的设计完全可以按照单个变换器系统的设计方法进行设计。按照开关变换器的设计方法,本章 ISOP DC-DC 变换器的输出控制系统可以表示为图 2.16。

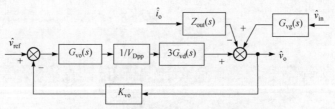

图 2.16　PWM 控制开关变换器控制结构

图 2.16 中,$3G_{vd}(s)$ 为系统的被控对象。$G_{vg}(s)$ 表示系统的音频传递函数(audible susceptible transfer function),即输入电压到输出电压的传递函数,它表征输入电压的扰动对输出电压的影响。本系统中可表示为

$$G_{vg}(s) = \frac{\hat{v}_o}{\hat{v}_{in}} = \frac{\dfrac{D}{N}(sC_f R_o + 1)}{s^2 L C_f \left(1 + \dfrac{R_{cf}}{R_o}\right) + s\left[\dfrac{L}{R_o} + R_L C_f \left(1 + \dfrac{R_{cf}}{R_o}\right) + 3C_f R_{cf}\right] + \dfrac{R_L}{R_o} + 3}$$

$$(2.40)$$

$Z_{out}(s)$ 表示系统的输出阻抗,它表征负载扰动对输出的影响。将图 2.15 所示模型

中电压源短路,电流源断路可求得变换器的输出阻抗为

$$Z_{\text{out}}(s)=\frac{\hat{v}_{\text{o}}}{\hat{i}_{\text{o}}}=\frac{(sL+R_L)(sR_{\text{cf}}C_{\text{f}}+1)}{s^2LC_{\text{f}}\left(1+\dfrac{R_{\text{cf}}}{R_{\text{o}}}\right)+s\left[\dfrac{L}{R_{\text{o}}}+R_LC_{\text{f}}\left(1+\dfrac{R_{\text{cf}}}{R_{\text{o}}}\right)+3C_{\text{f}}R_{\text{cf}}\right]+\dfrac{R_L}{R_{\text{o}}}+3}$$

$$(2.41)$$

根据图 2.16,系统的输出电压环的开环传递函数为

$$T_{\text{vo}}(s)=3K_{\text{vo}}G_{\text{vd}}(s)G_{\text{vo}}(s)/V_{\text{Dpp}} \qquad (2.42)$$

实验中电压采样系数 K_{vo} 为 0.1,PWM 载波幅值 $V_{\text{Dpp}}=6\text{V}$,额定输入电压 $V_{\text{in}}=800\text{V}$,输出电压 $V_{\text{o}}=10\text{V}$,额定负载 $R_{\text{o}}=1\Omega$,输出滤波电容 $C_{\text{f}}=1\text{mF}$,输出滤波电容的等效串联电阻为 $50\text{m}\Omega$,输出滤波电感 $L=0.1\text{mH}$,输出滤波电感的等效串联电阻 $R_L=100\text{m}\Omega$,开关频率 33kHz。系统输出电压环的控制器结构采用比例积分结构。为了消除开关噪声对系统性能的影响,控制系统开环传递函数的穿越频率取开关频率的 1/6,大约取 5kHz,通过控制器校正可以得到控制系统的波特图如图 2.17 所示。从图中可以看到系统校正前,5kHz 处的系统幅值为 -30dB,经过校正系统的穿越频率为 5kHz,系统的相位裕度为 $40°$,满足系统稳定的条件。

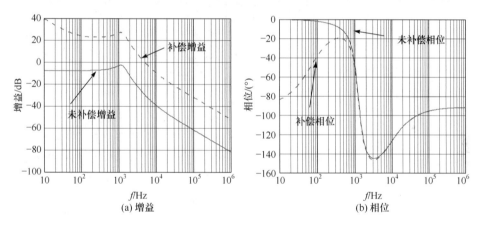

图 2.17　输出电压环路的波特图

4. 系统输入均压环路分析

由上面小节分析得到结论系统输出电压环和输入均压环的控制是解耦的。所以系统输入均压环的设计不会影响已经设计好的输出电压环。

由式(2.30),可以得到系统控制量到相邻模块输入电压差的传递函数为

$$G_{\Delta v \Delta di}(s)=\frac{\hat{v}_{\text{cd}i}-\hat{v}_{\text{cd}(i+1)}}{\hat{d}_i-\hat{d}_{i+1}}\left|\begin{array}{l}\hat{v}_{\text{in}}=0\\\hat{d}_k=0(k\neq i)\\i=(1,2)\end{array}\right.=-\frac{s\dfrac{V_{\text{o}}L}{3nR_{\text{o}}}+\dfrac{V_{\text{o}}R_L}{3nR_{\text{o}}}+\dfrac{V_{\text{in}}D}{3n^2}}{s^2C_{\text{d}}L+sC_{\text{d}}R_L+\left(\dfrac{D}{n}\right)^2} \qquad (2.43)$$

因此系统的控制结构可以表示为图 2.18 所示。

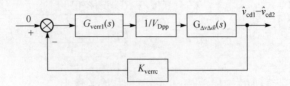

图 2.18　系统控制到输入均压的控制结构框图

从而可以得到系统的开环传递函数为

$$T_{vo}(s) = K_{verrc} G_{verr1}(s) G_{\Delta v \Delta di}(s) / V_{Dpp} \tag{2.44}$$

通过控制器校正可以得到系统的波特图如图 2.19 所示。

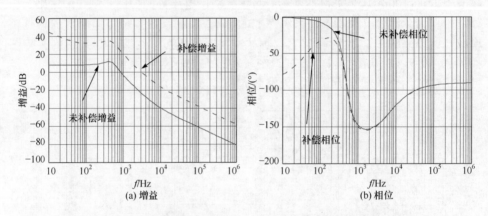

图 2.19　系统控制量到输入电压差传递函数的波特图

系统输入均压环路的响应希望不影响到系统输出电压的响应,因此系统均压环路传递函数的穿越频率要比系统输出电压环的穿越频率小,本实验中系统的输入均压控制环路的穿越频率为 3kHz,相位裕度为 40°。

5. 仿真及实验结果

图 2.20 为三模块正激 ISOP DC-DC 变换器输入电压控制的仿真结果。输入电压为 800V,输出电压为 10V,三个模块隔离变压器的匝比分别为 4∶1、3∶1、5∶1。从图中可以看到,由于三个模块变压器匝比的不同,系统刚刚启动时输入电压不能达到均分。随着控制系统进行调节,最终输出电压达到稳定,输入电压也实现了均分,系统能够可靠运行。

系统的实验硬件结构图如图 2.21 所示。实验系统采用数字控制,输出电压和各个模块的输入电压通过 AD 采样传送给 DSP(digital signal processor),得到相应物理量对应的数字量,通过 DSP 数字 PI 运算,得到各个变换器模块的占空比控

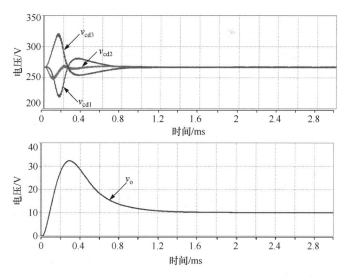

图 2.20　输入电压控制 ISOP DC-DC 变换器仿真结果

制量,PWM 信号在 DSP 内生成,通过数字载波与占空比控制量作比较得到 PWM 信号,DSP 输出的 PWM 信号经过驱动电路驱动各个模块的开关管,实现对 ISOP DC-DC 变换器的控制。

图 2.22~图 2.27 为按照表 2.1 的数据所设计的三模块正激 ISOP DC-DC 变换器的实验结果。表 2.1 为系统的实验参数。图 2.22 为各模块占空比和输出电流波形;图 2.23 为各模块变压器原边波形。由于实际系统中变压器的匝比不可能完全相等,所以为了验证方法的可行性,实验中第一、第三模块变压器的匝比为4∶1,第二模块变压器的匝比为 3∶1。为了降低输出的脉动,各模块之间采用占空比交错的控制方式。图 2.23 变压器原边电压的正向幅值与各模块输入电压幅值相等,从图中可以得到三模块变压器原边的正幅值相等,所以系统实现了输入电压良好的均分。

表 2.1　系统实验参数

项目	值	项目	值
额定输入电压	800V	输出滤波电感	0.1mH
输出电压	10V	输出滤波电容	1.0mF
额定负载	1Ω	主功率管	FQA11N90C
开关频率	33kHz	整流和续流二极管	SB5100
输入电容	10μF	钳位二极管	DESI12-12

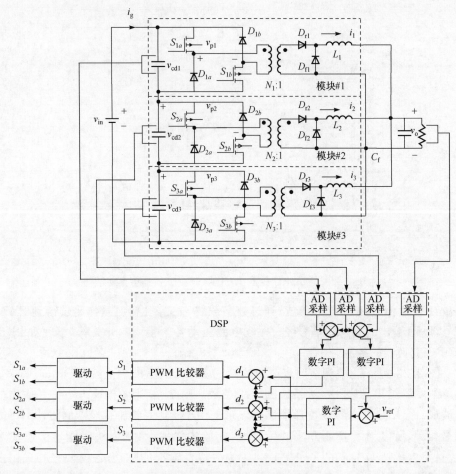

图 2.21　系统的硬件实验结构图

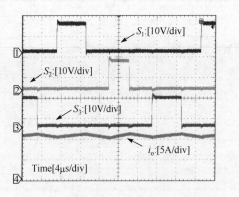

图 2.22　系统输出电流和各模块占空比

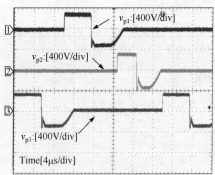

图 2.23　各模块变压器原边电压

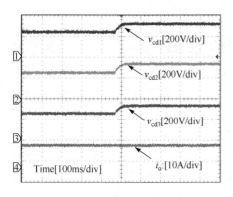

图 2.24　输入电压突加系统的响应

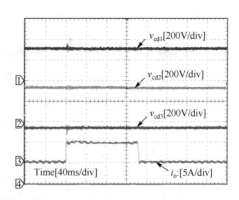

图 2.25　突加和突减负载系统输入电压和
输出电流

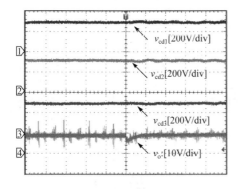

图 2.26　突加负载系统输入电压和
输出电压响应

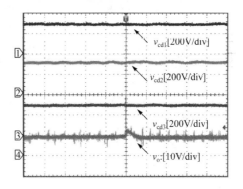

图 2.27　突减负载系统输入电压和
输出电压响应

图 2.24 为系统输入电压突加,各模块输入电压和输出电流的响应实验结果。可以看到在动态过程中系统可以实现输入电压的均分。图 2.25、图 2.26 和图 2.27 为系统突加和突减负载时输入电压和输出电压的响应。在动态过程中输出电压会有微小的波动,但是响应时间很短。所以系统无论稳态还是动态都能达到很好的均压效果。

上述控制方法和分析不仅适用于双管正激变换器,还适用于所有隔离式 BUCK 型 DC-DC 变换器。

2.5　ISOP DC-DC 变换器输出电流交叉反馈控制

通过对 ISOP DC-DC 变换器输入电压均分和输出电流均分的分析,如果实现了输入电压均分,必然就可以实现输出电流的均分,反之实现了输出电流的均分,也就实现了输入电压的均分。所以通过直接控制输入电压的方式就可以实现各模块功率的均分。同样,如果输出电流实现了均分,也可以实现各模块功率的均分。

2.5.1　关于输出电流均分控制的稳定性分析

想实现输出电流的均分控制,如果采用公共电压闭环,可使每个模块的输出电流作为本模块反馈跟随相同的电流给定。以多模块 BUCK 隔离式 ISOP DC-DC 变换器为例,如图 2.28 所示。该控制策略可以表示为图 2.29,其中 G_{vo} 是公共电压环控制器,G_{io} 是电流环控制器,V_p 是 PWM 载波峰值。

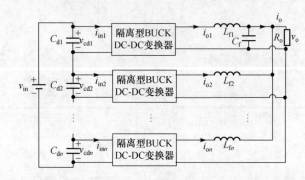

图 2.28　隔离型 BUCK ISOP DC-DC 变换器

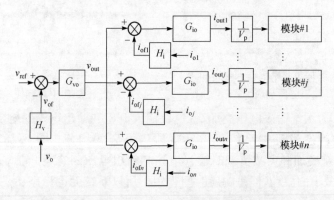

图 2.29　ISOP DC-DC 变换器输出电流独立控制

与上节所得双管正激变换器的小信号模型相似,BUCK 隔离式 ISOP DC-DC 变换器的小信号模型如图 2.30 所示。

为了简化分析,我们假设 n 个模块变换器具有相同的参数,$N_1 = N_2 = \cdots = N_n = N, L_1 = L_2 = \cdots = L_n = L, D_1 = D_2 = \cdots = D_n = D, R_{L1} = R_{L2} = \cdots = R_{Ln} = R_L$,并且各个模块的稳态电流相等 $I_1 = I_2 = \cdots = I_n = I$。因此从图 2.31,我们可以得到如

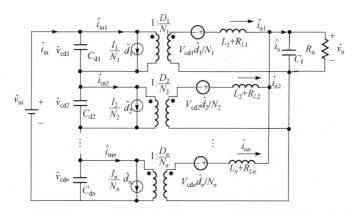

图 2.30　BUCK 隔离式 ISOP DC-DC 变换器小信号模型

下方程：

$$\frac{D}{N}\hat{v}_{cd} + \frac{V_{in}}{nN}\hat{d}_j = (sL+R_L)\hat{i}_{oj} + \hat{v}_o, \quad j=1,2,\cdots,n \tag{2.45}$$

$$\hat{i}_{inj} = \frac{D}{N}\hat{i}_{oj} + \frac{I}{N}\hat{d}_j, \quad j=1,2,\cdots,n \tag{2.46}$$

由控制框图 2.29 可得

$$\frac{(\hat{i}_{ref} - H_i\hat{i}_{oj})G_{io}}{V_p} = \hat{d}_j, \quad j=1,2,\cdots,n \tag{2.47}$$

把式 (2.47) 代入式 (2.45) 和式 (2.46)，并且置 $\hat{i}_{ref}=0$、$\hat{v}_o=0$，可得

$$\hat{v}_{cdj} = \frac{N}{D}\left(\frac{V_{in}H_iG_{io}}{nNV_p} + sL + R_L\right)\hat{i}_{oj}, \quad j=1,2,\cdots,n \tag{2.48}$$

$$\hat{i}_{inj} = \left(\frac{D}{N} + \frac{IH_iG_{io}}{NV_p}\right)\hat{i}_{oj}, \quad j=1,2,\cdots,n \tag{2.49}$$

对于 ISOP 变换器输入侧可以看做 n 个电阻串联，如图 2.31 所示。

我们可以得到每个模块输入侧的等
效阻抗如下式所示：

$$Z_{eqj} = \frac{\hat{v}_{cdj}}{\hat{i}_{inj}} \tag{2.50}$$

则任意两个模块输入电压相对于此两模
块总输入电压的传递函数可以表示为

$$\frac{\hat{v}_{cdi} - \hat{v}_{cdj}}{\hat{v}_{cdi} + \hat{v}_{cdj}} = \frac{sZ_{eq}(C_{dj} - C_{di})}{2 + sZ_{eq}(C_{di} + C_{dj})} \tag{2.51}$$

电流内环控制器我们采用比例积分
控制器 $G_i = k_p + k_i/s$。把式 (2.48) 和

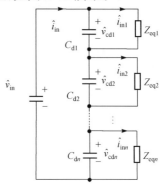

图 2.31　ISOP DC-DC 变换器
输入侧等效电路

式(2.49)代入式(2.50)可以得传递函数的状态方程满足 $a_0 + a_1 s + a_2 s^2 + a_3 s^3$，各个参数满足下式：

$$
\begin{cases}
a_0 = -\dfrac{2DIH_i k_i}{V_p} \\[3mm]
a_1 = 2D^2 - \dfrac{2DIH_i k_p}{V_p} + \dfrac{NV_{in}H_i k_i}{nV_p}(C_{di} + C_{dj}) \\[3mm]
a_2 = N^2 R_L(C_{di} + C_{dj}) + \dfrac{NV_{in}H_i k_p}{nV_p}(C_{di} + C_{dj}) \\[3mm]
a_3 = N^2 L_f(C_{di} + C_{dj})
\end{cases}
\tag{2.52}
$$

根据劳斯判据，特征方程可以写为如下所示的劳斯阵列：

$$
\begin{array}{c|cc}
s^3 & a_3 & a_1 \\[2mm]
s^2 & a_2 & a_0 \\[2mm]
s^1 & \dfrac{a_1 a_2 - a_0 a_3}{a_2} & 0 \\[3mm]
s^0 & a_0 & 0
\end{array}
\tag{2.53}
$$

为了保证系统的稳定性，劳斯阵列的第一列必须全部大于 0，然而根据式(2.52)，显然有 $a_0 < 0$，所以可以得到关于本模块电流反馈控制对 ISOP DC-DC 变换器是不能实现输入电压均分的控制，也无法实现功率的均分。所以我们需要寻找其他方法来实现输出电流均分控制。

由于 ISOP DC-DC 变换器各个模块的输入和输出存在耦合，所以提出了一种针对该型组合式变换器交叉电流反馈(cross feedback output current sharing, CFOCS)控制方法。此控制方法如图 2.32 所示。

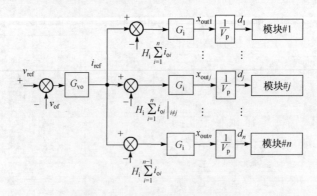

图 2.32　交叉电流反馈控制策略

如果系统稳态时满足

$$i_{\text{ref}} = H_i \left(\sum_{i=2}^{n} i_{oi} \right) = H_i \left(\sum_{i=1}^{n} i_{oi} \big|_{i \neq 2} \right) \cdots = H_i \left(\sum_{i=1}^{n} i_{oi} \big|_{i \neq j} \right) \cdots = H_i \left(\sum_{i=1}^{n-1} i_{oi} \right)$$

$$(2.54)$$

从式(2.54)可以得到

$$i_{o1} = i_{o2} \cdots = i_{oj} \cdots = i_{on} \tag{2.55}$$

如果系统能稳定工作,则系统也就实现了输出均流,最终也能实现输入电压均分。由图 2.32 可知,控制系统的小信号模型满足下式:

$$\frac{\left(\hat{i}_{\text{ref}} - H_i \sum_{i=1, i \neq j}^{n} \hat{i}_{oi} \right) G_i}{V_p} = \hat{d}_j, \quad j = 1, 2, \cdots, n \tag{2.56}$$

把式(2.56)代入式(2.45)和式(2.46),并且置 $\hat{i}_{\text{ref}} = 0, \hat{v}_o = 0$,可得

$$\hat{v}_{cdj} = \frac{N}{D} \left(-\frac{V_{\text{in}} H_i G_i}{n N V_p} + sL + R_L \right) \hat{i}_{oj}, \quad j = 1, 2, \cdots, n \tag{2.57}$$

$$\hat{i}_{inj} = \left(\frac{D}{N} + \frac{I H_i G_i}{N V_p} \right) \hat{i}_{oj}, \quad j = 1, 2, \cdots, n \tag{2.58}$$

电流环控制器仍然采用比例积分控制器,把式(2.57)和式(2.58)带入式(2.51),同样可得输入传递函数的特征方程为 $a_0 + a_1 s + a_2 s^2 + a_3 s^3$,特征方程的相关系数为

$$\begin{cases} a_0 = \dfrac{2 D I H_i k_i}{V_p} \\[2mm] a_1 = 2 D^2 + \dfrac{2 D I H_i k_p}{V_p} - \dfrac{N V_{\text{in}} H_i k_i}{n V_p} (C_{di} + C_{dj}) \\[2mm] a_2 = N^2 R_L (C_{di} + C_{dj}) - \dfrac{N V_{\text{in}} H_i k_p}{n V_p} (C_{di} + C_{dj}) \\[2mm] a_3 = N^2 L_f (C_{di} + C_{dj}) \end{cases} \tag{2.59}$$

劳斯阵列表示为

$$\begin{array}{c|cc} s^3 & a_3 & a_1 \\ s^2 & a_2 & a_0 \\ s^1 & \dfrac{a_1 a_2 - a_0 a_3}{a_2} & 0 \\ s^0 & a_0 & 0 \end{array} \tag{2.60}$$

如果要保证系统稳定,劳斯阵列第一列必须全部大于零,显然 $a_3 > 0, a_0 > 0, a_2$ 和 a_3 也必须大于零,为了满足这些条件,系统必须满足下式:

$$\begin{cases} 0 < k_{\rm p} < \dfrac{NR_L nV_{\rm p}}{V_{\rm in} H_{\rm i}} \\[3mm] 0 < k_{\rm i} < \dfrac{2D^2 nV_{\rm p}}{NV_{\rm in} H_{\rm i}(C_{\rm di}+C_{\rm dj})} \\[3mm] k_{\rm p}\left(\dfrac{R_L}{L_{\rm f}} - \dfrac{V_{\rm in} H_{\rm i} k_{\rm p}}{nNV_{\rm p}}\right) > k_{\rm i} \end{cases} \tag{2.61}$$

可见,在一定条件下,交叉电流反馈控制策略可以保证 ISOP DC-DC 变换器输出电流均分的稳定控制。

2.5.2　ISOP DC-DC 变换器交叉电流控制系统分析

本小节仍以三模块正激 ISOP DC-DC 变换器为例进行分析,主电路如图 2.12 所示。

1. 系统小信号分析

根据 2.5.1 节的分析,系统的小信号动态方程可以表示为

$$\begin{cases} \dfrac{D_1}{N}\hat{v}_{\rm cd1} + \dfrac{V_{\rm cd1}}{N}\hat{d}_1 = sL\hat{i}_{\rm o1} + \dfrac{R_{\rm o}}{R_{\rm o}C_{\rm f}s+1}(\hat{i}_{\rm o1}+\hat{i}_{\rm o2}+\hat{i}_{\rm o3}) \\[3mm] \dfrac{D_2}{N}\hat{v}_{\rm cd2} + \dfrac{V_{\rm cd2}}{N}\hat{d}_2 = sL\hat{i}_{\rm o2} + \dfrac{R_{\rm o}}{R_{\rm o}C_{\rm f}s+1}(\hat{i}_{\rm o1}+\hat{i}_{\rm o2}+\hat{i}_{\rm o3}) \\[3mm] \dfrac{D_3}{N}\hat{v}_{\rm cd3} + \dfrac{V_{\rm cd3}}{N}\hat{d}_3 = sL\hat{i}_{\rm o3} + \dfrac{R_{\rm o}}{R_{\rm o}C_{\rm f}s+1}(\hat{i}_{\rm o1}+\hat{i}_{\rm o2}+\hat{i}_{\rm o3}) \end{cases} \tag{2.62}$$

$$\begin{cases} \dfrac{N}{D_1}\left(\hat{i}_{\rm in} - sC_{\rm d}\hat{v}_{\rm cd1} - \dfrac{I_{\rm o1}}{N_1}\hat{d}_1\right) = \hat{i}_{\rm o1} \\[3mm] \dfrac{N}{D_2}\left(\hat{i}_{\rm in} - sC_{\rm d}\hat{v}_{\rm cd2} - \dfrac{I_{\rm o2}}{N_2}\hat{d}_2\right) = \hat{i}_{\rm o2} \\[3mm] \dfrac{N}{D_3}\left(\hat{i}_{\rm in} - sC_{\rm d}\hat{v}_{\rm cd3} - \dfrac{I_{\rm o3}}{N_3}\hat{d}_3\right) = \hat{i}_{\rm o3} \end{cases} \tag{2.63}$$

当系统稳态运行时,输出滤波电感两端电压的平均值为 0。为了简化分析,假设各模块的变压器匝比相等,$N_1 = N_2 = N_3 = N$,所以系统稳态时输入电压和输出电压的关系可以表示为

$$V_{\rm o} = V_{\rm cd1}\dfrac{D_1}{N} = V_{\rm cd2}\dfrac{D_2}{N} = V_{\rm cd3}\dfrac{D_3}{N} \tag{2.64}$$

由此当系统输出实现均流,输入电压也实现均分,则有 $V_{\rm cd1} = V_{\rm cd2} = V_{\rm cd3}$。稳态时可得

$$\begin{cases} I_{o1}=I_{o2}=I_{o3}=\dfrac{V_o}{3R_o} \\[3mm] V_{cd1}=V_{cd2}=V_{cd3}=\dfrac{V_{in}}{3} \end{cases} \tag{2.65}$$

由式(2.62)～式(2.65)，并且设置 $\hat{v}_{in}=0$，可得

$$\begin{cases} \left(sL+\dfrac{R_o}{R_oC_fs+1}\right)\cdot\hat{i}_{o1}+\dfrac{R_o}{R_oC_fs+1}\cdot\hat{i}_{o2}+\dfrac{R_o}{R_oC_fs+1}\cdot\hat{i}_{o3}=\dfrac{V_{in}}{3N}\cdot\hat{d}_1 \\[3mm] \dfrac{R_o}{R_oC_fs+1}\cdot\hat{i}_{o1}+\left(sL+\dfrac{R_o}{R_oC_fs+1}\right)\cdot\hat{i}_{o2}+\dfrac{R_o}{R_oC_fs+1}\cdot\hat{i}_{o3}=\dfrac{V_{in}}{3N}\cdot\hat{d}_2 \\[3mm] \dfrac{R_o}{R_oC_fs+1}\cdot\hat{i}_{o1}+\dfrac{R_o}{R_oC_fs+1}\cdot\hat{i}_{o2}+\left(sL+\dfrac{R_o}{R_oC_fs+1}\right)\cdot\hat{i}_{o3}=\dfrac{V_{in}}{3N}\cdot\hat{d}_3 \end{cases} \tag{2.66}$$

由式(2.66)可得

$$\left(sL+\dfrac{3R_o}{sC_fR_o+1}\right)\hat{i}_{o1}$$

$$=\dfrac{V_{in}}{3N}\left[\left(\dfrac{2R_o}{sL(sC_fR_o+1)}+1\right)\hat{d}_1-\dfrac{R_o}{sL(sC_fR_o+1)}\hat{d}_2-\dfrac{R_o}{sL(sC_fR_o+1)}\hat{d}_3\right] \tag{2.67}$$

由式(2.67)可以得到模块 ♯1 占空比到模块 ♯1 输出电流的传递函数

$$G_{11}=\dfrac{\hat{i}_{o1}}{\hat{d}_1}\bigg|_{\hat{d}_2=0,\hat{d}_3=0}=\dfrac{V_{in}(s^2LC_fR_o+sL+2R_o)}{3N\cdot sL(s^2LC_fR_o+sL+3R_o)} \tag{2.68}$$

同理可以得到其他模块占空比到模块 ♯1 输出电流的传递函数为

$$G_{12}=\dfrac{\hat{i}_{o1}}{\hat{d}_2}\bigg|_{\hat{d}_1=0,\hat{d}_3=0}=\dfrac{-V_{in}R_o}{3N\cdot sL(s^2LC_fR_o+sL+3R_o)}$$

$$G_{13}=\dfrac{\hat{i}_{o1}}{\hat{d}_3}\bigg|_{\hat{d}_1=0,\hat{d}_2=0}=\dfrac{-V_{in}R_o}{3N\cdot sL(s^2LC_fR_o+sL+3R_o)} \tag{2.69}$$

因此，可以得到任意模块占空比到任意模块输出电流的传递函数为

$$\begin{cases} G_{ii}=\dfrac{\hat{i}_{oi}}{\hat{d}_i}\bigg|_{\hat{d}_i=0,j\neq i,i,j\in[1,2,3]}=\dfrac{V_{in}(s^2LC_fR_o+sL+2R_o)}{3N\cdot sL(s^2LC_fR_o+sL+3R_o)}=G_m \\[4mm] G_{ij}=\dfrac{\hat{i}_{oi}}{\hat{d}_j}\bigg|_{\hat{d}_j=0,j\neq i,i,j\in[1,2,3]}=\dfrac{-V_{in}R_o}{3N\cdot sL(s^2LC_fR_o+sL+3R_o)}=G_n \end{cases} \tag{2.70}$$

系统控制到输出电流的传递函数矩阵可表示为

$$\begin{bmatrix} \hat{i}_{o1} \\ \hat{i}_{o2} \\ \hat{i}_{o3} \end{bmatrix}=\begin{bmatrix} G_{11} & G_{12} & G_{13} \\ G_{21} & G_{22} & G_{23} \\ G_{31} & G_{32} & G_{33} \end{bmatrix}\begin{bmatrix} \hat{d}_1 \\ \hat{d}_2 \\ \hat{d}_3 \end{bmatrix}=\begin{bmatrix} G_m & G_n & G_n \\ G_n & G_m & G_n \\ G_n & G_n & G_m \end{bmatrix}\begin{bmatrix} \hat{d}_1 \\ \hat{d}_2 \\ \hat{d}_3 \end{bmatrix} \tag{2.71}$$

G_m 表示控制量到本模块输出电流的传递函数,G_n 表示控制量到其他模块输出电流的传递函数。系统的控制环路的小信号模型如图 2.33 所示。

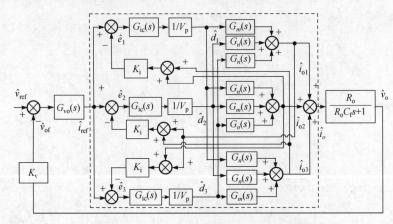

图 2.33　交叉电流控制系统的小信号模型

由图中所示 K_v、K_i 表示系统的电压采样系数和电流采样系数;$G_{vo}(s)$ 表示电压环控制器,$G_{vo}(s)$ 的输出 $\hat{i}_{ref}$ 作为电流环的给定,$G_{ic}(s)$ 表示各模块电流环控制器,V_p 表示 PWM 载波幅值,模块♯1 占空比到输出电流 i_{o2} 与 i_{o3} 的和的传递函数为

$$G_{id1}(s) = \frac{\hat{i}_{o2} + \hat{i}_{o3}}{\hat{d}_1}\bigg|_{\hat{d}_2=0,\hat{d}_3=0} = 2G_n(s) \tag{2.72}$$

由图 2.33,同理可得

$$G_{id2}(s) = G_{id3}(s) = 2G_n(s) \tag{2.73}$$

2. 系统控制模型及控制环路分析

由图 2.33 可知,任意模块电流环路的开环传递函数可以表示为

$$T_{id}(s) = 2K_i G_{ic}(s) G_n(s)/V_p \tag{2.74}$$

而各个模块占空比扰动可表示如下:

$$\begin{cases} \hat{d}_1 = [\hat{i}_{ref} - K_i(\hat{i}_{o2} + \hat{i}_{o3})]\dfrac{G_{ic}(s)}{V_p} \\[2mm] \hat{d}_2 = [\hat{i}_{ref} - K_i(\hat{i}_{o1} + \hat{i}_{o3})]\dfrac{G_{ic}(s)}{V_p} \\[2mm] \hat{d}_3 = [\hat{i}_{ref} - K_i(\hat{i}_{o1} + \hat{i}_{o2})]\dfrac{G_{ic}(s)}{V_p} \end{cases} \tag{2.75}$$

由式(2.75)和以上分析,可以得到模块♯1 的输出电流可以表示为

$$\hat{i}_{o1}=\frac{G_m(s)G_{ic}(s)\left[\hat{i}_{ref}-K_i(\hat{i}_{o2}+\hat{i}_{o3})\right]}{V_p}+\frac{G_n(s)G_{ic}(s)\left[\hat{i}_{ref}-K_i(\hat{i}_{o1}+\hat{i}_{o3})\right]}{V_p}$$
$$+\frac{G_n(s)G_{ic}(s)\left[\hat{i}_{ref}-K_i(\hat{i}_{o1}+\hat{i}_{o2})\right]}{V_p} \tag{2.76}$$

式(2.76)可表示为

$$a\hat{i}_{o1}+b\hat{i}_{o2}+b\hat{i}_{o3}=c\hat{i}_{ref} \tag{2.77}$$

其中

$$\begin{cases} a=1+2G_n(s)G_{ic}(s)K_i/V_p \\ b=G_m(s)G_{ic}(s)K_i/V_p+G_n(s)G_{ic}(s)K_i/V_p \\ c=G_{in}(s)G_{ic}(s)/V_p+2G_n(s)G_{ic}(s)/V_p \end{cases} \tag{2.78}$$

与模块♯1相同,由其他模块可得

$$\begin{cases} b\hat{i}_{o1}+a\hat{i}_{o2}+b\hat{i}_{o3}=c\hat{i}_{ref} \\ b\hat{i}_{o1}+b\hat{i}_{o2}+a\hat{i}_{o3}=c\hat{i}_{ref} \end{cases} \tag{2.79}$$

由式(2.78)和式(2.79)可得

$$\hat{i}_{o1}=\hat{i}_{o2}=\hat{i}_{o3} \tag{2.80}$$

图 2.33 虚线框表示的电流内环的传递函数为

$$G_{iovout}=\frac{\hat{i}_o}{\hat{i}_{ref}}=\frac{3G_{ic}(s)(G_m(s)+2G_n(s))}{V_p+2G_m(s)G_{ic}(s)+4G_n(s)G_{ic}(s)K_i} \tag{2.81}$$

因此,电压环的开环传递函数为

$$T_{vo}(s)=K_vG_{vo}(s)G_{iovout}(s)R_o/(R_oC_fs+1) \tag{2.82}$$

ISOP DC-DC 变换器的具体参数为:额定输入电压 $V_{in}=800V$,输出电压 $V_o=20V$,输出电流 $I_o=10A$,变压器匝比 $N=4:1$,输出电感 $L=100\mu H$,输出电容 $C_f=1000\mu F$,负载 $R_o=2\Omega$,开关频率为 50kHz。电压环采样系数 K_v 和电流环采样系数 K_i 分别为 0.1 和 0.05,PWM 载波幅值 $V_p=6V$,系统的电压环和电流环均通过比例积分控制器进行校正。可得系统电流环的开环波特图和电压环的开环波特图,如图 2.34 和图 2.35 所示。

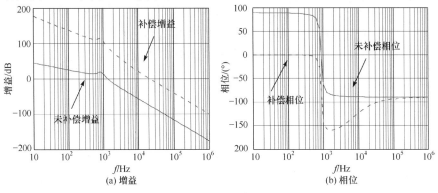

图 2.34　交叉电流控制校正前后电流环波特图

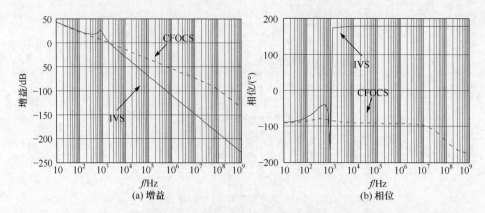

图 2.35　交叉电流控制电压环和输入电压控制电压环的波特图

图 2.34 所示,电流环穿越频率选取小于系统开关频率的 1/2。从而抑制开关噪声,也能实现电流环的快速响应。校正后开环的穿越频率为 20kHz,校正前系统 20kHz 处幅值为 −75.83dB,校正后系统 20kHz 处相位为 75.53°。

图 2.35 对交叉电流控制(CFOCS)和上一节提出的输入电压控制(IVS)的开环波特图进行了比较,校正环节的传递函数为

$$G_{vo}(s) = 4 + \frac{8610}{s} \tag{2.83}$$

CFOCS 的校正后穿越频率取开关频率的 1/10,2kHz 处系统校正后的相位为 94.5°,系统有足够的相位保持稳定。而在相同校正环节的函数下,采用输入电压控制,系统穿越频率处的相位为 −4°,直接导致系统不稳定。为了使输入电压控制稳定就必须降低补偿器比例和积分增益,但系统的穿越频率也会随之降低,系统的动态性能会受到影响。由此可得,交叉电流控制比输入电压控制具有更优良的稳态和动态性能。

3. 系统输入电压瞬态分析

为了分析系统输入电压的瞬态响应,首先分析系统控制到输入的传递函数。由式(2.62)可得

$$\frac{D}{N}(\hat{v}_{cd1} - \hat{v}_{cd2}) + \frac{V_{cd1}}{N}(\hat{d}_1 - \hat{d}_2) = sL(\hat{i}_{o1} - \hat{i}_{o2}) \tag{2.84}$$

由式(2.63)得

$$\frac{N}{D}(sC_d\hat{v}_{cd2} - sC_d\hat{v}_{cd1}) + \frac{I_{o1}}{D}(\hat{d}_2 - \hat{d}_1) = (\hat{i}_{o1} - \hat{i}_{o2}) \tag{2.85}$$

由式(2.86)和式(2.87)得

$$\frac{\hat{v}_{cd2}-\hat{v}_{cd1}}{\hat{d}_2-\hat{d}_1}=A(s)=\frac{-V_{in}D(Ls+3R_o)}{9(N^2C_dR_oLs^2+D^2R_o)} \tag{2.86}$$

所以系统其他模块的扰动可以表示为

$$\hat{v}_{cdj}=\hat{v}_{cd1}+A(s)(\hat{d}_j-\hat{d}_1),\quad j=1,2,3 \tag{2.87}$$

设 $\hat{v}_{in}=0$，则有 $\sum_{j=1}^{3}\hat{v}_{cdj}=0$，因此式 (2.87) 可写为

$$\hat{v}_{cd1}=A(s)\hat{d}_1-\frac{A(s)}{3}\sum_{j=1}^{3}d_j \tag{2.88}$$

同理各模块输入电压的扰动均可表示为

$$\hat{v}_{cdj}=A(s)\hat{d}_j-\frac{A(s)}{3}\sum_{j=1}^{3}d_j \tag{2.89}$$

则控制扰动到输入扰动的传递函数矩阵可表示为

$$\begin{bmatrix}\hat{v}_{cd1}\\ \hat{v}_{cd2}\\ \hat{v}_{cd3}\end{bmatrix}=\begin{bmatrix}\dfrac{2A(s)}{3} & \dfrac{-A(s)}{3} & \dfrac{-A(s)}{3}\\[2mm] \dfrac{-A(s)}{3} & \dfrac{2A(s)}{3} & \dfrac{-A(s)}{3}\\[2mm] \dfrac{-A(s)}{3} & \dfrac{-A(s)}{3} & \dfrac{2A(s)}{3}\end{bmatrix}\begin{bmatrix}\hat{d}_1\\ \hat{d}_2\\ \hat{d}_3\end{bmatrix} \tag{2.90}$$

得到系统控制到输出的传递函数矩阵。接下来分析系统输入电压的动态过程。假设 $\hat{v}_{in}=0$，首先分析系统输出电流扰动对输入电压扰动的影响。由图 2.34 可以得到各模块的占空比扰动可以表示为

$$\begin{cases}\hat{d}_1=\left[\hat{i}_{ref}-K_i(\hat{i}_{o2}+\hat{i}_{o3})\right]\dfrac{G_{ic}(s)}{V_p}\\[3mm] \hat{d}_2=\left[\hat{i}_{ref}-K_i(\hat{i}_{o1}+\hat{i}_{o3})\right]\dfrac{G_{ic}(s)}{V_p}\\[3mm] \hat{d}_3=\left[\hat{i}_{ref}-K_i(\hat{i}_{o1}+\hat{i}_{o2})\right]\dfrac{G_{ic}(s)}{V_p}\end{cases} \tag{2.91}$$

把式 (2.91) 代入式 (2.90) 得

$$\hat{v}_{cdj}=\frac{A(s)G_{ic}(s)K_i}{3}(3\hat{i}_{oj}-\hat{i}_o),\quad j=1,2,3 \tag{2.92}$$

由图 2.34 的控制框图得内环反馈跟随电压环输出 $\hat{i}_{ref}$，所以系统满足

$$\hat{i}_{\mathrm{ref}}=K_{\mathrm{i}}(\hat{i}_{\mathrm{o2}}+\hat{i}_{\mathrm{o3}})=K_{\mathrm{i}}(\hat{i}_{\mathrm{o1}}+\hat{i}_{\mathrm{o3}})=K_{\mathrm{i}}(\hat{i}_{\mathrm{o1}}+\hat{i}_{\mathrm{o2}}) \tag{2.93}$$

因此有

$$\hat{i}_{\mathrm{o1}}=\hat{i}_{\mathrm{o2}}=\hat{i}_{\mathrm{o3}} \tag{2.94}$$

由式(2.92)和式(2.94)得

$$\hat{v}_{\mathrm{cd1}}=\hat{v}_{\mathrm{cd2}}=\hat{v}_{\mathrm{cd3}} \tag{2.95}$$

因为 $\hat{v}_{\mathrm{in}}=0$，所以输入电压扰动需满足

$$\hat{v}_{\mathrm{cdj}}=\frac{\hat{v}_{\mathrm{in}}}{3}=0 \tag{2.96}$$

因此，输出电流扰动不影响输入电压。

接下来，分析输入电压的扰动对均压的影响。假设 $\hat{v}_{\mathrm{in}}\neq0,\hat{i}_{\mathrm{o}}=0$，并根据式(2.94)，可得

$$\hat{i}_{\mathrm{o1}}=\hat{i}_{\mathrm{o2}}=\hat{i}_{\mathrm{o3}}=0 \tag{2.97}$$

根据式(2.87)

$$\hat{v}_{\mathrm{cd1}}=\frac{\hat{v}_{\mathrm{in}}}{3}+\frac{A(s)}{3}(2\hat{d}_1-\hat{d}_2-\hat{d}_3) \tag{2.98}$$

把式(2.91)代入式(2.98)得

$$\hat{v}_{\mathrm{cd1}}=\frac{\hat{v}_{\mathrm{in}}}{3}-\frac{A(s)K_{\mathrm{i}}}{3}(\hat{i}_{\mathrm{o2}}+\hat{i}_{\mathrm{o3}}) \tag{2.99}$$

同理，其他模块输入扰动可以表示为

$$\begin{cases} \hat{v}_{\mathrm{cd2}}=\dfrac{\hat{v}_{\mathrm{in}}}{3}-\dfrac{A(s)K_{\mathrm{i}}}{3}(\hat{i}_{\mathrm{o1}}+\hat{i}_{\mathrm{o3}}) \\[2mm] \hat{v}_{\mathrm{cd3}}=\dfrac{\hat{v}_{\mathrm{in}}}{3}-\dfrac{A(s)K_{\mathrm{i}}}{3}(\hat{i}_{\mathrm{o1}}+\hat{i}_{\mathrm{o2}}) \end{cases} \tag{2.100}$$

由式(2.97)和式(2.100)，有

$$\hat{v}_{\mathrm{cd1}}=\hat{v}_{\mathrm{cd2}}=\hat{v}_{\mathrm{cd3}}=\frac{\hat{v}_{\mathrm{in}}}{3} \tag{2.101}$$

由式(2.101)可以得到输入电压的扰动，仍然保证输入电压的均分。因此输入电压的扰动不影响输入电压的均分。

综上所述，输入电压扰动和输出电流扰动均不影响输入电压的均分。这一结论可以从下一节的实验结果中得到验证。

4. 实验结果与结论

本节对上述控制策略通过实验进行了验证，主电路拓扑仍然采用三模块双管正激 ISOP DC-DC 变换器拓扑。

实验参数如表 2.2 所示。

表 2.2　系统试验参数

项目	值	项目	值
额定输入电压	800V	输出滤波电感	0.1mH
输出电压	10V	输出滤波电容	1.0mF
额定负载	1Ω	开关频率	50kHz
输入电容	10μF		

为了验证控制策略,模块♯1 和模块♯3 变压器的匝比为 4∶1,模块♯2 的变压器匝比为 3∶1。实验结果如图 2.36～图 2.39 所示。

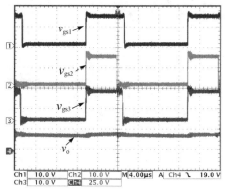

图 2.36　各模块占空比和输出电压

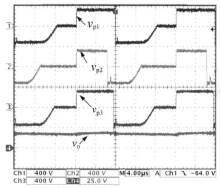

图 2.37　变压器原边电压和输出电压

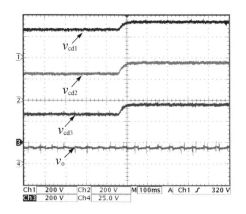

图 2.38　输入电压突加各模块输入
电压和输出响应

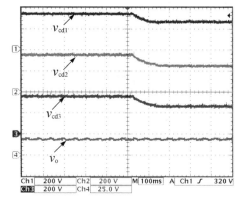

图 2.39　输入电压突减各模块输入
电压和输出响应

图 2.36 和图 2.37 是系统稳态结果,由于变压器匝比不匹配,为了实现输出电流均流和输入的均压,系统各模块的占空比不相等。如图 2.36 所示,由于模块♯2

的变压器匝比小,所以模块♯2的占空比小。图 2.37 中各模块变压器原边波形的正幅值与各模块输入电容电压相等,图中所示各模块变压器原边波形的正幅值相等,表明系统的输入电压实现了均压。

图 2.38 和 2.39 为突加和突减输入电压时输出电压响应,由实验结果可以得到,当输入电压突加或突减时,各模块动态过程中仍然可以实现输入电压的均分。

图 2.40 和图 2.41 为负载突加和突减时输入电压和输出电流的响应,可见无论突加负载还是突减负载,系统都能实现输入电压的良好均分。

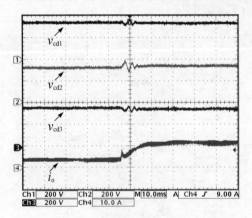

图 2.40　突加负载输入电压和输出电流响应　　图 2.41　突减负载输入电压和输出电流响应

图 2.42 和图 2.43 是突加和突减负载各模块输出电流的响应,可见动态过程中仍然能实现输出电流的均分。

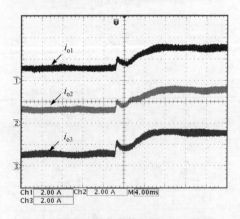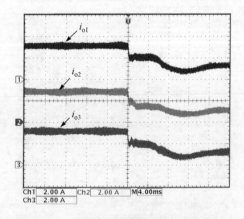

图 2.42　突加负载各模块输出电流响应　　图 2.43　突减负载各模块输出电流响应

　　图 2.44 和 2.45 为三模块和两模块相互切换的动态响应过程。交叉电流控制的另一特点是可以实现系统的容错和冗余运行。如图 2.44 所示,当模块♯2 被检测到故障时,而其他模块仍然可以正常运行,需要把模块♯2 从系统中切除;通过把模块♯2 的输入电容短路,模块♯2 从系统中切除。模块♯2 的输出电流为 0,此时模块♯1 的电流反馈由 $K_{io}(i_{o2}+i_{o3})$ 变为 $K_{io}i_{o3}$,模块♯3 的电流反馈由 $K_{io}(i_{o1}+i_{o2})$ 变为 $K_{io}i_{o1}$,系统由三模块交叉电流控制变为两模块交叉电流控制,实现了系统的容错和冗余运行。系统包含更多模块时此控制策略仍然有效。

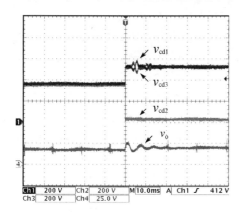
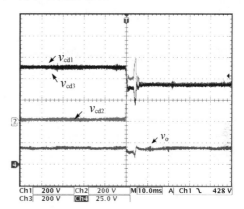

图 2.44　模块♯2 被切除输入电压和　　　　　图 2.45　模块♯2 被接入输入和
　　　　　输出电压波形　　　　　　　　　　　　　　　　输出电压波形

　　当模块♯2 因为故障被切除时,把模块♯2 的输入电容短路。此时模块♯1 的电流反馈由 $K_{io}i_{o3}$ 变为 $K_{io}(i_{o2}+i_{o3})$,模块♯3 的电流反馈由 $K_{io}i_{o1}$ 变为 $K_{io}(i_{o1}+i_{o2})$,从而系统由两模块切换为三模块。可以实现在线故障的检测与维修。当模块♯2 维修好重新接入系统时,由于 $i_{o2}=0$,所以模块♯1、模块♯3 的反馈远小于模块♯2 的反馈,模块♯2 的占空比要远小于模块♯1、模块♯3 的占空比,所以模块♯1、模块♯3 迅速放电,模块♯2 迅速充电,这样会对模块♯2 造成很大的电压冲击,对系统的正常运行不利。因此在模块♯2 被接入系统时要首先对模块♯2 的占空比进行最小值的限制,使模块♯2 的占空比不要远小于模块♯1、模块♯3 的占空比。模块♯2 占空比被限制的实验结果如图 2.45 所示,在模块♯2 接入系统时,没有造成对系统过大的电压冲击,这有利于系统的平稳切换。

2.6　本 章 小 结

　　本章主要介绍了 ISOP DC-DC 变换器的拓扑和其特点,分析了影响 ISOP DC-DC 变换器输入电压均分和输出电流均分的因素。虽然影响 ISOP DC-DC 变换器的因素是多方面的,但是很多因素都可以忽略,影响 ISOP DC-DC 变换器输入电压不均分和输出电流不均分的主要因素是隔离变压器的匝比。因此对于采用相同占空比的控制策略,必须保证各模块隔离变压器的匝比相近似,否则系统输入电压会出现很大的偏差。对于隔离变压器匝比不相同的 ISOP DC-DC 变换器需要采用相应的控制策略来实现输入的均压和输出的均流。

再次,本章介绍了针对 ISOP DC-DC 变换器输入电压均分控制的控制方法,对控制方法进行了小信号建模,对输出电压控制环路和输入均压环路进行了解耦,最终对两环的控制器进行了设计,进一步进行了实验验证。在分析了输入电压控制的基础上,又提出了无电压传感器的输入电压均分的控制方法。

最后,分析了输出电流控制均分控制的稳定性,根据其稳定性介绍了交叉电流控制。通过对控制策略的介绍、系统的小信号建模、系统环路的分析、输入电压的瞬态分析及实验验证,最终证明了交叉电流控制的可行性及优点。交叉电流控制适用于高输入电压场合,是对 ISOP DC-DC 变换器的有效控制方法。通过对输出电流进行控制,避免了检测高电压需要电气隔离的问题。在这种控制方式下,输入电压和输出电流得到了很好的均分,采用该方法,系统具有优良的动静态特性,并且可以克服模块参数不一致如变压器匝比的影响。

除此之外,交叉电流控制与输入电压控制方式相比有很大的稳定裕度和更快的动态响应。这一点在系统环路分析中得到了证明。交叉电流控制还可以实现故障诊断、容错和冗余运行、在线维修等优点。因此,交叉电流控制是 ISOP DC-DC 变换器的有效控制方式。

第3章 输入串联输出串联 DC-DC 变换器

本章首先分析和总结了现有 ISOS 模块化 DC-DC 变换器的控制策略,分析了 ISOS 模块化 DC-DC 变换器的控制特点。分析了输入电压均分和输出电压均分之间的关系。对于 ISOS 两模块移相全桥 DC-DC 变换器,在不采样输入电压的情况下,提出了占空比交叉控制策略,采用劳斯判据,揭示了该方法稳定机制的原理。对于 ISOS 多模块 DC-DC 变换器,在不采样输入电压情况下,提出了一种通用的功率均分控制思路。仿真和实验表明所提出控制策略的有效性,可以良好实现动态、静态下的功率均分。

3.1 引　　言

ISOS DC-DC 变换器,可以适应高压输入高压输出且需要隔离的场合。如变电站和中小型发电厂,可作为高压开关、继电保护、自动装置、事故照明等的操作电源和控制电源,也可以用于磁悬浮列车蓄电池组的充电,这些变换器可以是正激、反激、推挽、全桥等形式的隔离式 DC-DC 变换器。与 ISOP DC-DC 变换器相似,ISOS DC-DC 变换器同样需要对各个模块进行功率的均分,并且输入电压均分、输出电压均分和功率均分同样是等价的。一个有趣的现象是:某些完全使得 ISOP DC-DC 变换器稳定的控制策略,一旦用在 ISOS DC-DC 变换器中,系统却不稳定[43]。例如,应用同一占空比控制策略,对于 ISOP DC-DC 变换器,系统是稳定的,但是对于 ISOS 系统却是不稳定的[44,45]。当各个变换器模块的开关交错导通时,各个模块的输入输出电压具有自平衡的能力,但是这种自平衡能力是建立在各个模块的参数完全一致的基础上的,在瞬态响应下,ISOS DC-DC 变换器的稳定性很差,因为从 ISOS DC-DC 变换器的模型来看,系统的传递函数存在右半平面的极点[46]。为了实现 ISOS DC-DC 变换器稳定工作,和 ISOP DC-DC 变换器所采用的基于有源输入电压闭环控制的稳定控制策略相似,可以采用相应的控制策略[34,45],但是该控制策略必须采样每个模块的输入电压,控制策略复杂。另外一旦某个模块失效,必须切换有源输入电压环的给定。然而这些输入电压均分的控制策略与 ISOP 输入均压控制策略基本相同,这些控制策略大多也由三环控制策略组成,分别为输出电压环、输入均压环、各个模块的电流内环。图 3.1 为所提出的针对输入串联型多模块变换器输入电压均分的统一控制策略[33],此控制策略有公共的输出电压环,V_{sh_g} 等于每个模块输入电压的平均值,即均流母线。此方法不仅适用于 ISOP,同样适用于 ISOS。为了实现 ISOS DC-DC 变换器的稳定运行,这些控制方法大多需要大量的硬件电路或嵌入式软件程序来实现,控制策略相对复杂。

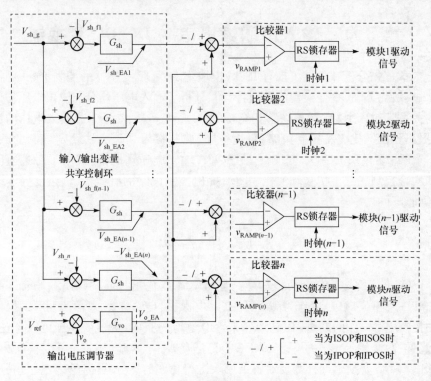

图 3.1　输入串联统一控制策略

由第 2 章对于 ISOP DC-DC 变换器的控制策略分析可知,交叉电流反馈控制在不采样每个模块输入电压的情况下,可以在动态、静态下实现模块之间良好的功率均分,同时由于控制环路中对于每个模块的输出电流均进行了闭环反馈控制,所以使得系统具有良好的动态性能。然而对于 ISOS 模块化 DC-DC 变换器,具有各自的输入电压和输出电压,所以对于 ISOP 使用的输出电流交叉反馈控制策略是不能用在 ISOS DC-DC 变换器中的。对于 ISOS 模块化 DC-DC 变换器,因为输入的模块是不共地的,所以 DC-DC 模块应具有电气隔离功能。如可采用正激、反激、推挽、半桥和全桥等。移相全桥 DC-DC 变换器在不使用额外电路的情况下可以实现开关管的软开关,所以得到了广泛的应用[47,48]。对于 ISOP、IPOS、IPOP 连接下的模块化移相全桥 DC-DC 变换器,已经做了很多工作[34,49,50],但是对于 ISOS 模块化移相全桥 DC-DC 变换器还没有讨论过。

本章将首先分析了 ISOS 模块化 DC-DC 变换器中输入电压均分和输出电压均分之间的关系;然后讨论了 ISOS 的两模块移相全桥软开关 DC-DC 变换器;最后对于多模块 DC-DC 变换器的 ISOS 系统,提出了一种通用的功率均分控制策略。无论是两模块还是多模块 ISOS 模块化 DC-DC 变换器,都没有采样输入电压。

3.2　ISOS 模块化 DC-DC 变换器输入电压均分 和输出电压均分关系

图 3.2 所示为 n 模块 ISOS DC-DC 变换器系统结构框图,由 n 个相同的隔离式 DC-DC 变换器模块通过输入端串联、输出端串联的形式构成。其中,C_{d1},C_{d2},$\cdots$,C_{dn} 为输入分压电容;v_{cd1},v_{cd2},$\cdots$,v_{cdn} 为各模块输入电压;i_{in1},i_{in2},$\cdots$,i_{inn} 为各模块输入电流;v_o 为输出总电压;i_o 为输出电流;v_{o1},v_{o2},$\cdots$,v_{on} 为各模块的输出电压。

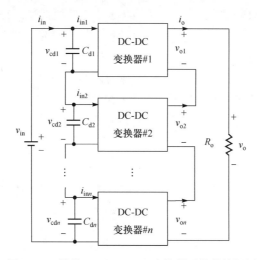

图 3.2　n 模块 ISOS DC-DC 变换器系统结构框图

当变换器工作在稳态情况下,输入电容电压、输出电压保持不变。假设 n 个变换器模块的效率均为 100%,此时满足

$$
\begin{cases}
v_{cd1}\,i_{in1}=v_{o1}\,i_o \\
v_{cd2}\,i_{in2}=v_{o2}\,i_o \\
\quad\vdots \\
v_{cdn}\,i_{inn}=v_{on}\,i_o
\end{cases}
\tag{3.1}
$$

在图 3.2 中,如果忽略各个模块输入分压电容上的电流,则可得

$$
i_{in1}=i_{in2}=\cdots=i_{inn}=i_{in}
\tag{3.2}
$$

在稳态情况下,如果输入电压均分,即 $v_{cd1}=v_{cd2}=\cdots=v_{cdn}$,则由式(3.2)可得

$$
v_{cd1}\,i_{in1}=v_{cd2}\,i_{in2}=\cdots=v_{cdn}i_{inn}
\tag{3.3}
$$

由式(3.1)和式(3.3)可得

$$
v_{o1}\,i_o=v_{o2}\,i_o=\cdots=v_{on}i_o
\tag{3.4}
$$

由式(3.4)可以得到：$v_{o1}=v_{o2}=\cdots=v_{on}$。由此可见，若各模块输入均压，则可实现各模块输出均压，即在各模块变换效率相同的条件下，实现 ISOS 变换器系统输入电压的均分，就可以保证输出电压的均分，从而实现各个模块的功率均分。

同理，如果在稳态情况下，ISOS DC-DC 变换器系统实现了输出电压均分，即 $v_{o1}=v_{o2}=\cdots=v_{on}$，则可得

$$v_{o1}i_o=v_{o2}i_o=\cdots=v_{on}i_o \tag{3.5}$$

由式(3.1)和式(3.5)可得

$$v_{cd1}i_{in1}=v_{cd2}i_{in2}=\cdots=v_{cdn}i_{inn} \tag{3.6}$$

由于 $v_{o1}=v_{o2}=\cdots=v_{on}$，则可以得到 $v_{cd1}=v_{cd2}=\cdots=v_{cdn}$。由此可见，若各模块输出均压，则可实现各模块输入均压，即在各个变换器模块效率相同的条件下，实现 ISOS DC-DC 变换器输出电压的均分，就可以保证输入电压的均分，从而实现各个模块的功率均分。由此得到两种控制方式：

(1) 控制各模块的输出电压相等，实现输入均压；

(2) 控制各模块的输入电压相等，实现输出均压。

由上述分析可知：两种控制方式都可以实现系统稳态时的输入均压和输出均压。

3.3　两模块 ISOS 移相全桥软开关 DC-DC 变换器控制

3.3.1　两模块 ISOS DC-DC 变换器系统建模

本小节的分析将以 ISOS 移相全桥变换器为例。图 3.3 所示为两个 ISOS 移相全桥(phase-shifted full bridge, PSFB) DC-DC 变换器组成的 ISOS DC-DC 变换器的主电路拓扑，其中，v_{cd1}、v_{cd2} 分别表示两个模块的输入电压；i_{in1}、i_{in2} 分别表示各个模块的输入电流；v_{o1}、v_{o2} 分别表示两个模块的输出电压；i_{Lf1}、i_{Lf2} 分别表示各个模块输出滤波电感电流；两个模块的变压器匝比分别为 $N_1:1$、$N_2:1$。

在稳态情况下，假设两个变换器输入电压均分，则

$$\begin{cases} V_{cd1}=V_{cd2}=\dfrac{V_{in}}{2} \\[3mm] R_{o1}=R_{o2}=\dfrac{R_o}{2} \end{cases} \tag{3.7}$$

为了更好地分析系统的稳定性和动态响应，我们对系统进行小信号建模。小信号建模又叫做平均模型法，是把开关电源中的各变量在一个开关周期内进行平均，并将各平均变量表达为直流分量与交流小信号分量之和，提取交流分量并进行线性化处理，得到非线性系统在直流工作点附近的线性化系统[51]。根据此思想，我们首先对单个模块的全桥变换器进行小信号分析，主电路如图 3.4 所示。

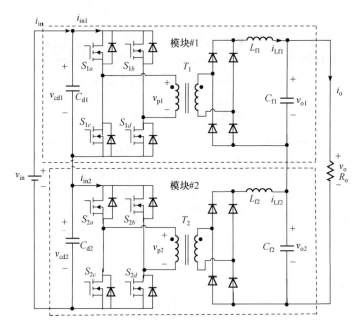

图 3.3　两模块移相全桥变换器 ISOS DC-DC 变换器

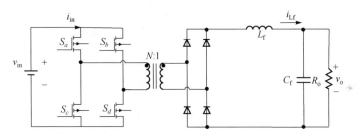

图 3.4　全桥 DC-DC 变换器主电路

假设电感工作在连续工作方式,在时间 $[0,dT]$ 范围（d 为占空比,T 为开关周期）,开关 S_a 和 S_d 或（S_b 和 S_c)同时开通,得到系统的状态方程为

$$\begin{cases} L_f \dfrac{\mathrm{d}i_{Lf}}{\mathrm{d}t} = \dfrac{v_{in}}{N} - v_o \\[2mm] C_f \dfrac{\mathrm{d}v_o}{\mathrm{d}t} = i_{Lf} - \dfrac{v_o}{R_o} \\[2mm] i_{in} = \dfrac{i_{Lf}}{N} \end{cases} \tag{3.8}$$

当在时间 $[dT,T]$ 范围内,开关管 S_a 和 S_b 或（S_c 和 S_d)同时开通,得到系统的状态方程为

$$\begin{cases} L_f \dfrac{\mathrm{d}i_{Lf}}{\mathrm{d}t} = -v_o \\[2mm] C_f \dfrac{\mathrm{d}v_o}{\mathrm{d}t} = i_{Lf} - \dfrac{v_o}{R_o} \\[2mm] i_{in} = 0 \end{cases} \tag{3.9}$$

由式(3.9)可得,系统一个周期内的平均状态方程为

$$\begin{cases} L_f \dfrac{\mathrm{d}\langle i_{Lf}\rangle}{\mathrm{d}t} = d\,\dfrac{\langle v_{in}\rangle}{N} - \langle v_o\rangle \\[2mm] C_f \dfrac{\mathrm{d}\langle v_o\rangle}{\mathrm{d}t} = \langle i_{Lf}\rangle - \dfrac{\langle v_o\rangle}{R_o} \\[2mm] \langle i_{in}\rangle = d\,\dfrac{\langle i_{Lf}\rangle}{N} \end{cases} \tag{3.10}$$

其中,$\langle i_{Lf}\rangle$、$\langle v_{in}\rangle$、$\langle v_o\rangle$、$\langle i_{in}\rangle$ 分别表示各物理量的平均值。把系统的平均值表示为稳态工作值和扰动量的和,则有

$$\begin{cases} \langle i_{Lf}\rangle = I_{Lf} + \hat{i}_{Lf} \\[2mm] \langle v_{in}\rangle = V_{in} + \hat{v}_{in} \\[2mm] \langle v_o\rangle = V_o + \hat{v}_o \\[2mm] \langle i_{in}\rangle = I_{in} + \hat{i}_{in} \\[2mm] d = D + \hat{d} \end{cases} \tag{3.11}$$

I_{Lf}、V_{in}、I_{in}、D 表示系统的稳态工作值;$\hat{i}_{Lf}$、$\hat{v}_{in}$、$\hat{v}_o$、$\hat{i}_{in}$、$\hat{d}$ 为系统各物理量的扰动量。又因为系统稳态工作时满足

$$\begin{cases} V_o = \dfrac{DV_{in}}{N} \\[2mm] I_{in} = \dfrac{DI_{Lf}}{N} \end{cases} \tag{3.12}$$

由式(3.10)~式(3.12)可得

$$\begin{cases} L_f \dfrac{\mathrm{d}\hat{i}_{Lf}}{\mathrm{d}t} = \dfrac{V_{in}\hat{d} + D\hat{v}_{in}}{N} - \hat{v}_o \\[2mm] C_f \dfrac{\mathrm{d}\hat{v}_o}{\mathrm{d}t} = \hat{i}_{Lf} - \dfrac{\hat{v}_o}{R_o} \\[2mm] \hat{i}_{in} = \dfrac{D\hat{i}_{Lf} + \hat{d}I_{Lf}}{N} \end{cases} \tag{3.13}$$

所以扰动方程的等效电路模型如图 3.5 所示。

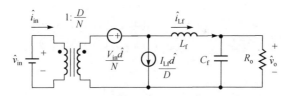

图 3.5　全桥 DC-DC 变换器小信号等效电路

在移相全桥变换器中存在占空比丢失的情况[52]，有效占空比 D_{e} 的扰动量可表示为

$$\hat{d}_{\mathrm{eff}}=\hat{d}+\hat{d}_{\mathrm{i}}+\hat{d}_{\mathrm{v}} \tag{3.14}$$

其中

$$\begin{cases} \hat{d}_{\mathrm{i}}=-\dfrac{4L_{\mathrm{r}}f_{\mathrm{s}}}{NV_{\mathrm{in}}}\hat{i}_{\mathrm{Lf}} \\[3mm] \hat{d}_{\mathrm{v}}=\dfrac{4L_{\mathrm{r}}D_{\mathrm{e}}f_{\mathrm{s}}}{N^2V_{\mathrm{in}}R_{\mathrm{o}}}\hat{v}_{\mathrm{in}} \end{cases} \tag{3.15}$$

L_{r} 表示变压器原边漏感；f_{s} 表示开关频率。在稳态情况下，输出滤波电感的电流 I_{Lf} 近似等于负载电流 I_{o}，即

$$I_{\mathrm{Lf}}=I_{\mathrm{o}}=\frac{V_{\mathrm{o}}}{R_{\mathrm{o}}}=\frac{V_{\mathrm{in}}D}{NR_{\mathrm{o}}} \tag{3.16}$$

用式(3.15)及式(3.14)所示的有效占空比及其扰动量分别替换全桥电路小信号等效电路中的各个量，则图 3.5 可以化为图 3.6 所示。

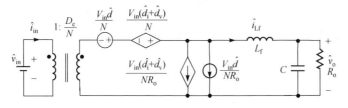

图 3.6　移相全桥变换器小信号等效电路

因此，由上述分析我们可以得到两模块移相全桥 ISOS DC-DC 变换器电路的小信号模型，如图 3.7 所示。

图中

$$\begin{cases} \hat{d}_{\mathrm{ij}}=-\dfrac{4L_{\mathrm{r}}f_{\mathrm{s}}}{N_jV_{\mathrm{cdj}}}\hat{i}_{\mathrm{Lfj}} \\[3mm] \hat{d}_{\mathrm{vj}}=\dfrac{4L_{\mathrm{r}}D_{\mathrm{e}}f_{\mathrm{s}}}{N_j^2V_{\mathrm{cdj}}R_{\mathrm{oj}}}\hat{v}_{\mathrm{cdj}} \end{cases} \quad j=1,2 \tag{3.17}$$

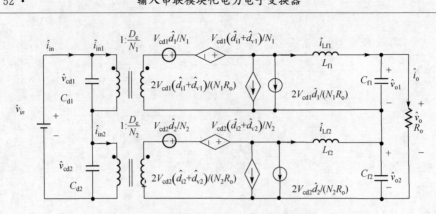

图 3.7　两模块移相全桥 ISOS DC-DC 变换器电路小信号模型

假设两个模块的变压器匝比一致，即 $N_1 = N_2 = N$，将式（3.12）代入式（3.17），则式（3.17）可化为

$$\begin{cases} \hat{d}_{ij} = -\dfrac{8L_r f_s}{NV_{in}}\hat{i}_{Lfj} \\[3mm] \hat{d}_{vj} = \dfrac{16L_r D_e f_s}{N^2 V_{in} R_o}\hat{v}_{cdj} \end{cases} \qquad j = 1,2 \tag{3.18}$$

由图 3.7 所示的两模块全桥变换器输入串联输出串联小信号模型可知，各个模块的输入电压与输出电压、输入电流与输出电流之间存在以下关系：

$$\begin{cases} \dfrac{D_e}{N_1}\hat{v}_{cd1} + \dfrac{V_{in}}{2N}(\hat{d}_1 + \hat{d}_{i1} + \hat{d}_{v1}) = sL_f \cdot \hat{i}_{Lf1} + \hat{v}_{o1} \\[3mm] \dfrac{D_e}{N_2}\hat{v}_{cd2} + \dfrac{V_{in}}{2N}(\hat{d}_2 + \hat{d}_{i2} + \hat{d}_{v2}) = sL_f \cdot \hat{i}_{Lf2} + \hat{v}_{o2} \end{cases} \tag{3.19}$$

$$\begin{cases} \dfrac{N}{D_e}(\hat{i}_{in} - sC_d\hat{v}_{cd1}) = \dfrac{V_{in}}{NR_o}(\hat{d}_1 + \hat{d}_{i1} + \hat{d}_{v1}) + \hat{i}_{Lf1} \\[3mm] \dfrac{N}{D_e}(\hat{i}_{in} - sC_d\hat{v}_{cd2}) = \dfrac{V_{in}}{NR_o}(\hat{d}_2 + \hat{d}_{i2} + \hat{d}_{v2}) + \hat{i}_{Lf2} \end{cases} \tag{3.20}$$

由于两个变换器模块输入之间是串联关系，因此，各个模块输入电压扰动与总的输入电压扰动之间关系为

$$\hat{v}_{cd1} + \hat{v}_{cd2} = \hat{v}_{in} \tag{3.21}$$

各个模块的输出电压与输出滤波电感电流之间的关系为

$$\begin{cases} \hat{v}_{o1} = \dfrac{1}{sC_f}\left(\hat{i}_{Lf1} - \dfrac{\hat{v}_{o1} + \hat{v}_{o2}}{R_o}\right) \\[3mm] \hat{v}_{o2} = \dfrac{1}{sC_f}\left(\hat{i}_{Lf2} - \dfrac{\hat{v}_{o1} + \hat{v}_{o2}}{R_o}\right) \end{cases} \tag{3.22}$$

将式（3.22）化简可得

$$\begin{cases} \hat{v}_{o1} = \dfrac{1+sC_fR_o}{s^2C_f^2R_o+2sC_f}\hat{i}_{Lf1} - \dfrac{1}{s^2C_f^2R_o+2sC_f}\hat{i}_{Lf2} \\ \hat{v}_{o2} = -\dfrac{1}{s^2C_f^2R_o+2sC_f}\hat{i}_{Lf1} + \dfrac{1+sC_fR_o}{s^2C_f^2R_o+2sC_f}\hat{i}_{Lf2} \end{cases} \tag{3.23}$$

将式(3.23)改写成矩阵的形式得

$$\begin{bmatrix} \hat{v}_{o1} \\ \hat{v}_{o2} \end{bmatrix} = \begin{bmatrix} G_3 & G_4 \\ G_4 & G_3 \end{bmatrix} \begin{bmatrix} \hat{i}_{Lf1} \\ \hat{i}_{Lf2} \end{bmatrix} \tag{3.24}$$

其中

$$\begin{cases} G_3 = \dfrac{1+sC_fR_o}{s^2C_f^2R_o+2sC_f} \\ G_4 = -\dfrac{1+sC_fR_o}{s^2C_f^2R_o+2sC_f} \end{cases} \tag{3.25}$$

式(3.24)表示的是各个模块的输出滤波电感电流到输出电压的传递函数,其中 G_3 表示的是本模块输出电流到本模块输出电压的传递函数,G_4 表示的是本模块输出电流到其他模块输出电压的传递函数。

设置各个模块的输入电压扰动为零,则由式(3.19)可得

$$\begin{cases} \dfrac{V_{in}}{2N}\hat{d}_1 = \left(sL_f + \dfrac{1+sC_fR_o}{s^2C_f^2R_o+2sC_f} + \dfrac{4L_rf_s}{N^2}\right)\hat{i}_{Lf1} - \dfrac{1}{s^2C_f^2R_o+2sC_f}\hat{i}_{Lf2} \\ \dfrac{V_{in}}{2N}\hat{d}_2 = -\dfrac{1}{s^2C_f^2R_o+2sC_f}\hat{i}_{Lf1} + \left(sL_f + \dfrac{1+sC_fR_o}{s^2C_f^2R_o+2sC_f} + \dfrac{4L_rf_s}{N^2}\right)\hat{i}_{Lf2} \end{cases} \tag{3.26}$$

将式(3.26)化简可得

$$\begin{cases} \hat{i}_{Lf1} = \dfrac{V_{in}A}{2NE}\hat{d}_1 - \dfrac{V_{in}B}{2NE}\hat{d}_2 \\ \hat{i}_{Lf2} = -\dfrac{V_{in}B}{2NE}\hat{d}_1 + \dfrac{V_{in}A}{2NE}\hat{d}_2 \end{cases} \tag{3.27}$$

其中

$$\begin{cases} A = sL + \dfrac{4L_r}{N^2T_s} + \dfrac{1+sCR}{s^2C^2R+2sC} \\ B = -\dfrac{1}{s^2C^2R+2sC} \\ E = \left(sL + \dfrac{4L_r}{N^2T_s} + \dfrac{R}{sCR+2}\right)\left(sL + \dfrac{4L_r}{N^2T_s} + \dfrac{2+sCR}{s^2C^2R+2sC}\right) \end{cases} \tag{3.28}$$

将式(3.27)改写成矩阵的形式得

$$\begin{bmatrix} \hat{i}_{\mathrm{Lf1}} \\ \hat{i}_{\mathrm{Lf2}} \end{bmatrix} = \begin{bmatrix} G_1 & G_2 \\ G_2 & G_1 \end{bmatrix} \begin{bmatrix} \hat{d}_1 \\ \hat{d}_2 \end{bmatrix} \tag{3.29}$$

其中

$$\begin{cases} G_1 = \dfrac{V_{\mathrm{in}} A}{2NE} \\[3mm] G_2 = -\dfrac{V_{\mathrm{in}} B}{2NE} \end{cases} \tag{3.30}$$

　　式(3.30)表示的是控制到各个模块的输出滤波电感电流的传递函数,其中,G_1 表示的是控制到本模块输出电流的传递函数;G_2 表示的是控制到其他模块输出电流的传递函数。

3.3.2　输入串联型 DC-DC 变换器系统的等效阻抗

　　输入串联型 DC-DC 变换器系统适用于高压输入的场合,可以选用电压应力较低的开关管,获得较高的工作效率,增加了系统的冗余性和可靠性。对于单个变换器来说,当功率一定时,变换器的输入阻抗是负阻抗特性[53,54]。而对于组合式变换器来说,各个变换器模块并不是恒功率的。在启动瞬间,各个变换器模块都工作在最大占空比状态,功率分配主要是由变压器匝比决定的:变压器匝比较大的模块输入电压较高,承担较大的功率,而较小的模块输入电压较低,承担较小的功率;当系统进入稳定状态时,各个模块之间会实现功率均分:输入电压、输出电压均相等,即各个模块承担的功率相等。因此,组合式变换器的各个模块呈现的并不是简单的负阻抗特性。

　　对于 n 模块输入串联型变换器系统来说,与 ISOP DC-DC 变换器相似,其等效电路如图 3.8 所示,其中,$\hat{v}_{\mathrm{in}}$ 为总的输入电压扰动;$\hat{i}_{\mathrm{in}}$ 为总的输入电流扰动;$\hat{v}_{\mathrm{cd}i}$、$\hat{i}_{\mathrm{in}i}(i=1,2,\cdots,n)$ 为各个变换器模块的输入电压、输入电流的扰动量;$Z_{\mathrm{eq}1}$,$Z_{\mathrm{eq}2}$,$\cdots$,$Z_{\mathrm{eq}n}$ 分别为各个变换器模块的等效阻抗。

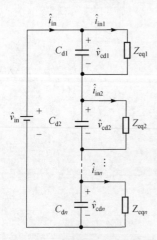

图 3.8　n 模块输入串联型
变换器系统等效电路

　　由图 3.8 可知,各个变换器模块的等效阻抗可以表示为

$$Z_{\mathrm{eq}i} = \frac{\hat{v}_{\mathrm{cd}i}}{\hat{i}_{\mathrm{in}i}}, \quad i=1,2,\cdots,n \tag{3.31}$$

由式(3.31)可知,组合式变换器的各个模块等效阻抗的性质是由输入电压、输入电流的扰动共同决定的,并不是单纯的负阻抗特性。

3.3.3　两模块 ISOS DC-DC 变换器的输出电压均分控制分析

1. 输出电压独立控制

由 3.1 节分析可知,对于图 3.3 所示的两模块 ISOS DC-DC 变换器来说,如果实现了各个模块的输出电压均分,则可以实现各个模块的输入电压均分,从而实现功率均分。输出电压独立控制的方式(independent output voltage control,IOVC)如图 3.9 所示,各个变换器独立采用一个输出电压环,各模块的输出电压作为本模块的反馈,去跟踪同一给定信号,从而保证各个模块输出电压的相等。

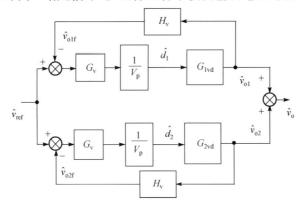

图 3.9　输出电压独立控制框图

由图 3.9 所示的输出电压独立控制方式可知,各个变换器模块的占空比扰动可以表示为

$$\begin{cases} \hat{d}_1 = \dfrac{(\hat{v}_{\mathrm{ref}} - H_{\mathrm{v}}\hat{v}_{\mathrm{o1}})G_{\mathrm{v}}}{V_{\mathrm{p}}} \\[3mm] \hat{d}_2 = \dfrac{(\hat{v}_{\mathrm{ref}} - H_{\mathrm{v}}\hat{v}_{\mathrm{o2}})G_{\mathrm{v}}}{V_{\mathrm{p}}} \end{cases} \tag{3.32}$$

为简化计算,忽略各个模块的占空比丢失,并假设两个模块的参数一致,即 $N_1 = N_2 = N$,$D_1 = D_2 = D$,$L_{\mathrm{f1}} = L_{\mathrm{f2}} = L_{\mathrm{f}}$,由图 3.7 所示的两模块 ISOS DC-DC 变换器小信号模型可得

$$\begin{cases} \dfrac{\hat{v}_{\mathrm{cd1}}D}{N} + \dfrac{V_{\mathrm{in}}}{2N}\hat{d}_1 = (sL_{\mathrm{f}} + R_{\mathrm{L}})\hat{i}_{\mathrm{Lf1}} + \hat{v}_{\mathrm{o1}} \\[3mm] \dfrac{\hat{v}_{\mathrm{cd2}}D}{N} + \dfrac{V_{\mathrm{in}}}{2N}\hat{d}_2 = (sL_{\mathrm{f}} + R_{\mathrm{L}})\hat{i}_{\mathrm{Lf2}} + \hat{v}_{\mathrm{o2}} \end{cases} \tag{3.33}$$

其中，R_L 表示滤波电感的寄生电阻。将式(3.22)、式(3.32)代入式(3.33)，并设置给定电压扰动 $\hat{v}_{\text{ref}}$ 为零，可得

$$\begin{cases} \dfrac{\hat{v}_{\text{cd1}}D}{N}-\dfrac{V_{\text{in}}H_vG_v}{2NV_p}\hat{v}_{\text{o1}}=(sL_f+R_L)\left[\left(sC_f+\dfrac{1}{R_o}\right)\hat{v}_{\text{o1}}+\dfrac{1}{R_o}\hat{v}_{\text{o2}}\right]+\hat{v}_{\text{o1}} \\[3mm] \dfrac{\hat{v}_{\text{cd2}}D}{N}-\dfrac{V_{\text{in}}H_vG_v}{2NV_p}\hat{v}_{\text{o2}}=(sL_f+R_L)\left[\left(sC_f+\dfrac{1}{R_o}\right)\hat{v}_{\text{o2}}+\dfrac{1}{R_o}\hat{v}_{\text{o1}}\right]+\hat{v}_{\text{o2}} \end{cases} \tag{3.34}$$

化简式(3.34)可得

$$\begin{cases} \hat{v}_{\text{cd1}}=\dfrac{N}{D}\left[(sL_f+R_L)sC_f+1+\dfrac{V_{\text{in}}H_vG_v}{2NV_p}\right]\hat{v}_{\text{o1}} \\[3mm] \hat{v}_{\text{cd2}}=\dfrac{N}{D}\left[(sL_f+R_L)sC_f+1+\dfrac{V_{\text{in}}H_vG_v}{2NV_p}\right]\hat{v}_{\text{o2}} \end{cases} \tag{3.35}$$

由图 3.7 所示的两模块 ISOS DC-DC 变换器小信号模型同样可得

$$\begin{cases} \hat{i}_{\text{in1}}=\dfrac{D}{N}\left(\hat{i}_{\text{Lf1}}+\dfrac{V_{\text{in}}}{NR_o}\hat{d}_1\right) \\[3mm] \hat{i}_{\text{in2}}=\dfrac{D}{N}\left(\hat{i}_{\text{Lf2}}+\dfrac{V_{\text{in}}}{NR_o}\hat{d}_2\right) \end{cases} \tag{3.36}$$

将式(3.22)、式(3.32)代入式(3.36)，并设置给定电压扰动 $\hat{v}_{\text{ref}}$ 为零，得

$$\begin{cases} \hat{i}_{\text{in1}}=\dfrac{D}{N}\left(sC_f-\dfrac{V_{\text{in}}H_vG_v}{2NV_p}\right)\hat{v}_{\text{o1}} \\[3mm] \hat{i}_{\text{in2}}=\dfrac{D}{N}\left(sC_f-\dfrac{V_{\text{in}}H_vG_v}{2NV_p}\right)\hat{v}_{\text{o2}} \end{cases} \tag{3.37}$$

将式(3.35)、式(3.37)代入式(3.31)，得到各个模块的等效阻抗为

$$Z_{\text{eq1}}=Z_{\text{eq2}}=\frac{\hat{v}_{\text{cd1}}}{\hat{i}_{\text{in1}}}=\frac{\hat{v}_{\text{cd2}}}{\hat{i}_{\text{in2}}}=\frac{\dfrac{N}{D}\left[(sL_f+R_L)sC_f+1+\dfrac{V_{\text{in}}H_vG_v}{2NV_p}\right]\hat{v}_{\text{o1}}}{\dfrac{D}{N}\left(sC_f-\dfrac{V_{\text{in}}H_vG_v}{2NV_p}\right)\hat{v}_{\text{o1}}}=Z_{\text{eq}} \tag{3.38}$$

由图 3.8 所示的等效电路可知，任意两个变换器模块之间的输入电压之差与输入电压之和可以表示为

$$\frac{\hat{v}_{\text{cd}i}-\hat{v}_{\text{cd}j}}{\hat{v}_{\text{cd}i}+\hat{v}_{\text{cd}j}}=\frac{sZ_{\text{eq}}(C_{\text{d}j}-C_{\text{d}i})}{2+sZ_{\text{eq}}(C_{\text{d}i}+C_{\text{d}j})} \tag{3.39}$$

将式(3.38)代入式(3.39)中，可得

$$\frac{\Delta \hat{v}_{12}}{\hat{v}_{in}}=\frac{\hat{v}_{cd1}-\hat{v}_{cd2}}{\hat{v}_{in}}=\frac{s\,\dfrac{N^2\left(s^2L_fC_f+sR_LC_f+1+\dfrac{V_{in}H_vG_v}{2NV_p}\right)}{D^2\left(sC_f-\dfrac{V_{in}H_vG_v}{2NV_p}\right)}(C_{d2}-C_{d1})}{2+s(C_{d1}+C_{d2})\dfrac{N^2\left(s^2L_fC_f+sR_LC_f+1+\dfrac{V_{in}H_vG_v}{2NV_p}\right)}{D^2\left(sC_f-\dfrac{V_{in}H_vG_v}{2NV_p}\right)}}$$

$$(3.40)$$

在两模块 ISOS DC-DC 变换器系统中,电压环控制器可表示为 $G_v=k_p+k_i/s$,代入式(3.40),化简后得到特征多项式为

$$q(s)=a_4s^4+a_3s^3+a_2s^2+a_1s+a_0 \tag{3.41}$$

其中,多项式系数分别为

$$\begin{cases} a_4=(C_{d1}+C_{d2})N^2LC_f \\ a_3=(C_{d1}+C_{d2})N^2R_LC_f \\ a_2=2D^2C_f+(C_{d1}+C_{d2})\left(N^2+\dfrac{V_{in}H_vNk_p}{2V_p}\right) \\ a_1=(C_{d1}+C_{d2})\dfrac{V_{in}H_vNk_i}{2V_p}-\dfrac{V_{in}H_vD^2k_p}{NV_p} \\ a_0=-D^2\dfrac{V_{in}H_vk_i}{NV_p} \end{cases} \tag{3.42}$$

对于式(3.41)所示的特征方程,其劳斯阵列可表示为

$$\begin{array}{c|ccc} s^4 & a_4 & a_2 & a_0 \\ s^3 & a_3 & a_1 & 0 \\ s^2 & b_2 & a_0 & 0 \\ s^1 & b_1 & 0 & 0 \\ s^0 & a_0 & 0 & 0 \end{array} \tag{3.43}$$

其中

$$\begin{cases} b_2=\dfrac{a_2a_3-a_4a_1}{a_3} \\ b_1=\dfrac{(a_2a_3-a_4a_1)a_1-a_3^2a_0}{a_2a_3-a_4a_1} \end{cases} \tag{3.44}$$

根据劳斯判据,假若劳斯阵列表中第一列系数均为正数,即特征方程所有的根均位于根平面的左半平面,则该系统是稳定的。假若第一列系数有负数,则第一列系数符号的改变次数等于在右半平面上根的个数。由式(3.42)可知, $a_2>0,a_3>$

$0,a_4>0,a_0<0$。因此,在两模块 ISOS DC-DC 变换器系统中,利用输出电压独立控制的策略是不稳定的。

为了验证分析的准确性,我们对两模块 ISOS DC-DC 变换器系统进行仿真,输入电压 V_{in} 为 600V,输出电压 V_o 为 800V,负载为 400Ω,开关频率为 16.7kHz,变压器匝比 $N_1=N_2=2$,输出滤波电感 $L_f=0.3$mH,电感上的寄生电阻 $R_{L1}=R_{L2}=0.01\Omega$,输出滤波电容 $C_f=1000\mu$F,输入端的分压电容为 $C_{d1}=C_{d2}=2.2\mu$F。初始时刻,设置 v_{cd1} 为 305V,v_{cd2} 为 295V,来等效输入电压的扰动。

图 3.10 所示为两模块 ISOS DC-DC 变换器系统仿真结果,由此可以看出,当 ISOS DC-DC 变换器系统采用输出电压独立控制策略时,如果输入电压有扰动,则系统会不稳定,各个模块的输入电压不均分,进而导致各个模块的功率不均分。

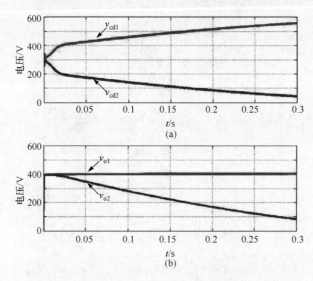

图 3.10　两模块 ISOS DC-DC 变换器系统仿真结果

2. 交换占空比控制及其稳定性分析

由于 ISOS DC-DC 变换器系统是一个输入输出耦合的系统,输出电压独立控制策略不能实现各个模块之间的功率均分。因此,我们提出了交换占空比(duty cycle exchanging control,DCEC)的控制策略,即各个变换器独立采用一个输出电压环,模块♯1 的输出电压作为模块♯2 的反馈,模块♯2 的输出电压作为模块♯1 的反馈,去跟踪同一给定信号,从而保证各个模块输出电压的相等,则各个模块的占空比扰动可以表示为

$$\begin{cases} \hat{d}_1 = \dfrac{(\hat{v}_{\mathrm{ref}} - H_{\mathrm{v}}\hat{v}_{\mathrm{o2}})G_{\mathrm{v}}}{V_{\mathrm{p}}} \\[4mm] \hat{d}_2 = \dfrac{(\hat{v}_{\mathrm{ref}} - H_{\mathrm{v}}\hat{v}_{\mathrm{o1}})G_{\mathrm{v}}}{V_{\mathrm{p}}} \end{cases} \tag{3.45}$$

利用前述的分析方式,得到交换占空比方式下各个模块的等效阻抗为

$$Z_{\mathrm{eq1}} = Z_{\mathrm{eq2}} = \frac{\hat{v}_{\mathrm{cd1}}}{\hat{i}_{\mathrm{in1}}} = \frac{\hat{v}_{\mathrm{cd2}}}{\hat{i}_{\mathrm{in2}}} = \frac{\dfrac{N}{D}\left[(sL + R_{\mathrm{L}})sC_{\mathrm{f}} + 1 - \dfrac{V_{\mathrm{in}}H_{\mathrm{v}}G_{\mathrm{v}}}{2NV_{\mathrm{p}}} \right]\hat{v}_{\mathrm{o1}}}{\dfrac{D}{N}\left(sC_{\mathrm{f}} + \dfrac{V_{\mathrm{in}}H_{\mathrm{v}}G_{\mathrm{v}}}{2NV_{\mathrm{p}}} \right)\hat{v}_{\mathrm{o1}}} = Z \tag{3.46}$$

将式(3.46)代入式(3.31)得

$$\frac{\Delta \hat{v}_{12}}{\hat{v}_{\mathrm{in}}} = \frac{\hat{v}_{\mathrm{cd1}} - \hat{v}_{\mathrm{cd2}}}{\hat{v}_{\mathrm{in}}} = \frac{s\,\dfrac{N^2\left(s^2 LC_{\mathrm{f}} + sR_{\mathrm{L}}C_{\mathrm{f}} + 1 - \dfrac{V_{\mathrm{in}}H_{\mathrm{v}}G_{\mathrm{v}}}{2NV_{\mathrm{p}}} \right)}{D^2\left(sC_{\mathrm{f}} + \dfrac{V_{\mathrm{in}}H_{\mathrm{v}}G_{\mathrm{v}}}{2NV_{\mathrm{p}}} \right)}(C_{\mathrm{d2}} - C_{\mathrm{d1}})}{2 + s(C_{\mathrm{d1}} + C_{\mathrm{d2}})\dfrac{N^2\left(s^2 LC_{\mathrm{f}} + sR_{\mathrm{L}}C_{\mathrm{f}} + 1 - \dfrac{V_{\mathrm{in}}H_{\mathrm{v}}G_{\mathrm{v}}}{2NV_{\mathrm{p}}} \right)}{D^2\left(sC_{\mathrm{f}} + \dfrac{V_{\mathrm{in}}H_{\mathrm{v}}G_{\mathrm{v}}}{2NV_{\mathrm{p}}} \right)}} \tag{3.47}$$

将电压环控制器 $G_{\mathrm{v}} = k_{\mathrm{p}} + k_{\mathrm{i}}/s$ 代入式(3.47),化简后得到式(3.41)所示的特征多项式,系数为

$$\begin{cases} a_4 = (C_{\mathrm{d1}} + C_{\mathrm{d2}})N^2 LC_{\mathrm{f}} \\[2mm] a_3 = (C_{\mathrm{d1}} + C_{\mathrm{d2}})N^2 R_{\mathrm{L}}C_{\mathrm{f}} \\[2mm] a_2 = 2D^2 C_{\mathrm{f}} + (C_{\mathrm{d1}} + C_{\mathrm{d2}})\left(N^2 - \dfrac{V_{\mathrm{in}}H_{\mathrm{v}}Nk_{\mathrm{p}}}{2V_{\mathrm{p}}} \right) \\[4mm] a_1 = \dfrac{V_{\mathrm{in}}H_{\mathrm{v}}D^2 k_{\mathrm{p}}}{NV_{\mathrm{p}}} - (C_{\mathrm{d1}} + C_{\mathrm{d2}})\dfrac{V_{\mathrm{in}}H_{\mathrm{v}}Nk_{\mathrm{i}}}{2V_{\mathrm{p}}} \\[4mm] a_0 = D^2\,\dfrac{V_{\mathrm{in}}H_{\mathrm{v}}k_{\mathrm{i}}}{NV_{\mathrm{p}}} \end{cases} \tag{3.48}$$

从式(3.48)中可以看出,$a_0 > 0$,$a_3 > 0$,$a_4 > 0$,在交换占空比控制下,两模块 ISOS DC-DC 变换器系统具有稳定的可能性,且稳定的条件是

$$\begin{cases} a_2 a_3 - a_4 a_1 > 0 \\ (a_2 a_3 - a_4 a_1)a_1 - a_3^2 a_0 > 0 \end{cases} \tag{3.49}$$

由式(3.49)可得,电压环控制器的参数选择应该符合一定的约束关系。为了更直观地分析系统的稳定性,我们利用根轨迹对两个模块的 ISOS DC-DC 变换器系统进行分析,系统的参数与前面所述一致。

3. 两模块移相全桥 ISOS DC-DC 变换器控制系统分析

为了提高系统的动态性能,整个 ISOS DC-DC 变换器系统可以采用电压电流双闭环的控制方式,根据式(3.24)及式(3.29),可以得出两模块 ISOS DC-DC 变换器的控制框图,如图 3.11 所示。

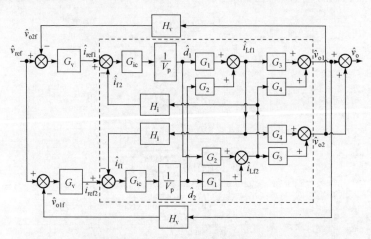

图 3.11　两模块 ISOS DC-DC 变换器交换占空比的控制框图

图中,H_v 是输出电压反馈系数;H_i 是输出电流反馈系数;V_p 是载波峰值;G_{ic} 是电流环控制器;G_v 是电压环控制器。由图 3.11 可知,任意模块的电流环开环传递函数为

$$T_{id1}(s) = \frac{G_{ic}(s)G_2 H_i}{V_p} \tag{3.50}$$

由图 3.11 可知,采用电压电流双闭环控制时,各个模块的占空比扰动为

$$\begin{cases} \hat{d}_1 = \dfrac{(\hat{i}_{ref1} - H_i \hat{i}_{Lf2})G_{ic}(s)}{V_p} \\ \hat{d}_2 = \dfrac{(\hat{i}_{ref2} - H_i \hat{i}_{Lf1})G_{ic}(s)}{V_p} \end{cases} \tag{3.51}$$

由式(3.17)可知,各个模块的有效占空比扰动为

$$\begin{cases} \hat{d}_{e1} = \hat{d}_1 + \dfrac{4L_r I_{Lf1}}{NT_s V_{cd1}^2}\hat{v}_{cd1} - \dfrac{4L_r}{NT_s V_{cd1}}\hat{i}_{Lf1} \\ \hat{d}_{e2} = \hat{d}_2 + \dfrac{4L_r I_{Lf2}}{NT_s V_{cd2}^2}\hat{v}_{cd2} - \dfrac{4L_r}{NT_s V_{cd2}}\hat{i}_{Lf2} \end{cases} \tag{3.52}$$

将式(3.51)代入式(3.17),并设置各个模块的输入电压扰动为零,则可以得到

$$\begin{cases} A\hat{v}_{o1}+B\hat{v}_{o2}=\dfrac{V_{in}G_{ic}}{2V_pN}\hat{i}_{ref1} \\[3mm] B\hat{v}_{o1}+A\hat{v}_{o2}=\dfrac{V_{in}G_{ic}}{2V_pN}\hat{i}_{ref2} \end{cases} \tag{3.53}$$

其中

$$\begin{cases} A=\left(\dfrac{4L_r}{N^2T_s}+sL_f\right)\left(sC_f+\dfrac{1}{R_o}\right)+\dfrac{V_{in}G_{ic}}{2V_pR_oN}+1 \\[3mm] B=\left(\dfrac{4L_r}{N^2T_s}+sL_f\right)\dfrac{1}{R_o}+\dfrac{V_{in}G_{ic}}{2V_pN}\left(sC_f+\dfrac{1}{R_o}\right) \end{cases} \tag{3.54}$$

将式(3.54)改写为矩阵的形式,得

$$\begin{bmatrix}\hat{v}_{o1}\\\hat{v}_{o2}\end{bmatrix}=\begin{bmatrix}G_{v1}&G_{v2}\\G_{v2}&G_{v1}\end{bmatrix}\begin{bmatrix}\hat{i}_{ref1}\\\hat{i}_{ref2}\end{bmatrix} \tag{3.55}$$

其中

$$\begin{cases} G_{v1}=\dfrac{A}{A^2-B^2}\dfrac{V_{in}G_{ic}}{2V_pN} \\[3mm] G_{v2}=-\dfrac{B}{A^2-B^2}\dfrac{V_{in}G_{ic}}{2V_pN} \end{cases} \tag{3.56}$$

式(3.56)表示的是各个变换器模块的电流环给定到输出电压的传递函数,其中,G_{v1}表示的是本模块电流环给定到本模块输出电压的传递函数;G_{v2}表示的是本模块电流环给定到其他模块输出电压的传递函数。因此,图 3.11 所示的控制框图可以化简为图 3.12 所示的框图。

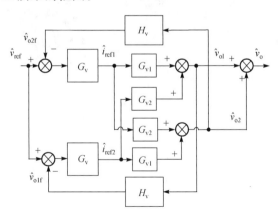

图 3.12　两模块 ISOS DC-DC 变换器交换占空比的等效控制框图

由图 3.12 可知,任意模块的电压环开环传递函数为

$$T_{vo}(s)=G_vG_{v2}H_v \tag{3.57}$$

将式(3.56)代入式(3.57)得

$$T_{\mathrm{vo}}(s) = -\frac{B}{A^2 - B^2} \frac{G_{\mathrm{v}} H_{\mathrm{v}} V_{\mathrm{in}} G_{\mathrm{i}}}{2 V_{\mathrm{p}} N} \tag{3.58}$$

系统的电压环和电流环均通过比例积分控制器进行校正,其中

$$G_{\mathrm{ic}}(s) = 5 + \frac{1000}{s} + 0.02s, \quad G_{\mathrm{v}}(s) = 7 + \frac{1.5 \times 10^4}{s}$$

主电路参数如前所述,且 $H_{\mathrm{v}} = 0.02, H_{\mathrm{i}} = 1, V_{\mathrm{p}} = 1.5$。因此,可得系统电流环和电压环校正前后的开环波特图,如图 3.13 和图 3.14 所示。

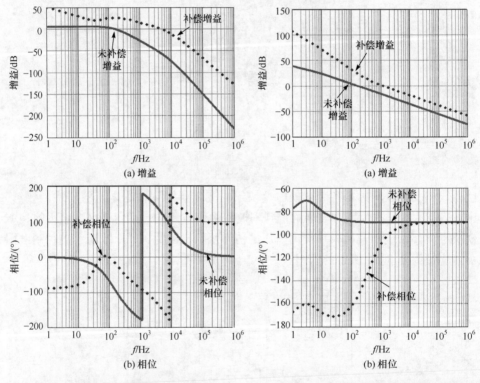

图 3.13　校正前后电流环波特图　　　　图 3.14　校正前后电压环波特图

由图 3.13 可以看出,电流环校正后开环的穿越频率为 4.5kHz,保证了系统的动态性能。而校正前系统 4.5kHz 处幅值为 −55.07dB,校正后系统 4.5kHz 处相位为 36.69°。

图 3.14 为电压环校正前后的波特图,校正后电压环的穿越频率为 1kHz,保证了系统精确跟踪给定,校正前系统 1kHz 处幅值为 −15.96dB,系统校正后的相位为 71.28°,使系统有足够的相位保持稳定。

图 3.15 所示为 K_{p} 变化、K_{i} 为 1000 时系统的根轨迹图,图 3.16 为图 3.15 中

虚线部分的放大。从上述两个图中可以看出,当 K_p 从零逐渐变大时,系统有两个特征根是从左半平面逐渐进入右半平面,而另外两个特征根是从右半平面逐渐进入左半平面的,说明系统在合适的 K_p 下是稳定的。

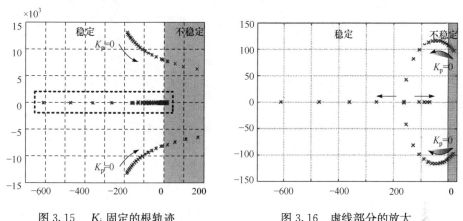

图 3.15　K_i 固定的根轨迹　　　　　　图 3.16　虚线部分的放大

图 3.17 所示为 K_i 变化、K_p 为 5 时系统的根轨迹图,图 3.18 为图 3.17 中虚线部分的放大。从上述两个图中可以看出,当 K_i 从零逐渐变大时,系统有两个特征根是从左半平面逐渐进入右半平面,而另外两个特征根始终在左半平面,说明系统在合适 K_i 的下是稳定的。

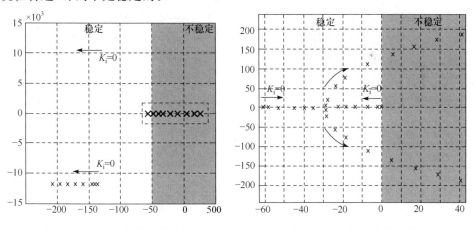

图 3.17　K_p 一定的根轨迹　　　　　　图 3.18　虚线部分的放大

由上述分析可知,当电压环控制器的参数选择合适时,即使输入电压有扰动,当控制参数合适时,ISOS DC-DC 变换器系统依然是可以稳定的。同样,为了验证分析的准确性,我们对两模块 ISOS DC-DC 变换器系统进行仿真,采用占空比交换的控制方法,同样在初始时刻设置 v_{cd1} 为 305V,v_{cd2} 为 295V,来等效输入电压的扰动。

图 3.19 所示为两模块 ISOS DC-DC 变换器系统采用交换占空比的控制方式

的仿真结果，由此可以看出，即使输入电压有扰动，系统仍然会稳定，各个模块实现了输入输出电压均分，进而实现了功率均分。

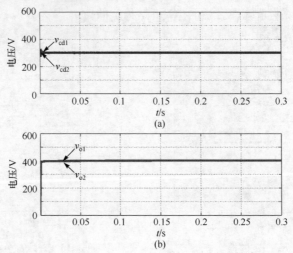

图 3.19　占空比交换时两模块 ISOS DC-DC 变换器系统仿真结果

4. 实验结果分析

图 3.20 为两模块 ISOS DC-DC 变换器系统采用输出电压独立控制下的稳态波形，可以看出，总的输入电压完全加在其中一个模块上，而另外一个模块的输入电压为零，从而导致两个模块的功率不均分。图 3.21 为交换占空比控制下的稳态波形，可以看出各个模块的输入电压、输出电压基本相等，基本实现了两个模块之间的功率均分。

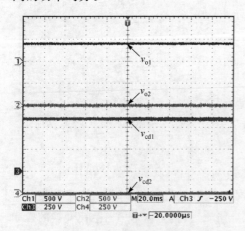

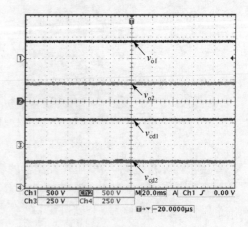

图 3.20　输出电压独立控制下的稳态波形　　　图 3.21　交换占空比控制下的稳态波形

图 3.22 与图 3.23 为两模块 ISOS DC-DC 变换器系统交换占空比控制策略时，各个模块的输出电压及变压器原边的波形，其中图 3.22 所示的两个变压器匝比均为 1∶2，图 3.23 所示的两个变压器匝比分别为 1∶2 和 1∶2.5。可以看出，即使两个模块的参数不一致，采用输出电压独立控制的策略时，依然可以实现各个模块的输入电压、输出电压均分，从而实现两个模块之间的功率均分。图 3.23 所示为变压器匝比不一致时两个模块的驱动波形，可以得出当模块♯1 的匝比小于模块♯2 的匝比时，模块♯1 的占空比要大于模块♯2 的占空比，从而保证两个模块的输入输出电压均分。

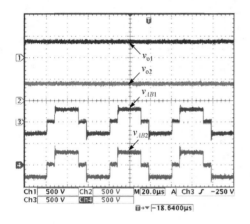 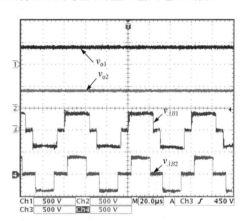

图 3.22　变压器匝比基本一致时的稳态波形　　图 3.23　变压器匝比不一致时的稳态波形

图 3.24～图 3.27 所示为系统负载切换、总的输入电压跳变时，各个变换器模块输入电压、输出电压的实验结果。由实验结果可以得到，当两模块 ISOS DC-DC 变换器系统采用输出电压独立控制时，即使存在输入或输出的扰动，各个变换器模块仍然可以实现输入电压、输出电压的均分，从而实现功率均分。

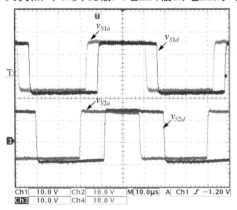 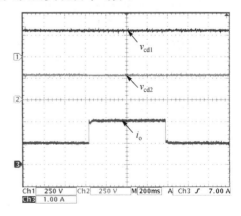

图 3.24　变压器匝比不一致时　　　　图 3.25　负载切换时输入电压和
两个模块的驱动波形　　　　　　　输出电流波形

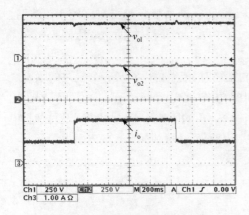 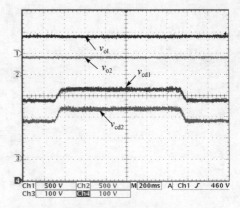

图 3.26　负载切换时输出电压和　　　图 3.27　输入电压跳变各个模块输入
　　　输出电流波形　　　　　　　　　　　电压和输出电压

3.4　多模块 ISOS DC-DC 变换器系统特性及其控制

通过对两模块 ISOS DC-DC 变换器系统的分析可知,采用输出电压独立控制方式是不能实现各个变换器模块的输入输出电压均分的。对于 $n(n \geqslant 3)$ 模块 ISOS DC-DC 变换器系统来说,由于无法确定占空比交换的模块,因此交换占空比的控制方式是存在局限性的。为了适应多模块 ISOP DC-DC 变换器,必须在原有基础上进行改进以适应多模块 ISOS DC-DC 变换器。

3.4.1　占空比重新分配控制

图 3.28 所示为 n 模块 ISOS DC-DC 变换器系统的主电路,由 n 个相同的隔离式 DC-DC 变换器模块通过 ISOS 形式构成,每个模块的变换器可以是正激、反激、全桥、半桥、推挽或者推挽正激等所有结构的高频隔离式 DC-DC 变换器。其中,$C_{d1},C_{d2},\cdots,C_{dn}$ 为输入分压电容;$v_{cd1},v_{cd2},\cdots,v_{cdn}$ 为各模块输入电压;$i_{in1},i_{in2},\cdots,i_{inn}$ 为各模块输入电流;v_o 为输出总电压;i_o 为输出总电流;$v_{o1},v_{o2},\cdots,v_{on}$ 为各模块输出电压;$i_{Lf1},i_{Lf2},\cdots,i_{Lfn}$ 为各模块滤波电感电流;$L_{f1},L_{f2},\cdots,L_{fn}$ 为各个模块的输出滤波电感;$C_{f1},C_{f2},\cdots,C_{fn}$ 为各个模块的输出滤波电容。为了实现各个模块的功率均分,可以采用改进的交叉占空比的控制策略,即占空比重新分配(duty cycle redistribution,DCR)的控制方式,如图 3.29 所示。

在图 3.29 中,整个变换器系统的输出电压给定为 v_{ref},各个模块的电压环给定电压为 v_{ref}/n,各个模块的输出电压为 $v_{o1},v_{o2},\cdots,v_{on}$,滤波电感电流为 $i_{Lf1},i_{Lf2},\cdots,i_{Lfn}$。对于任一模块 $\sharp j$,输出电压 v_{oj} 通过电压传感器采样得到 v_{ofj} 为电压反馈,与电压环给定 v_{ref}/n 进行比较,经过电压环调节器 G_{vo},输出 i_{refj} 作为模块 $\sharp j$

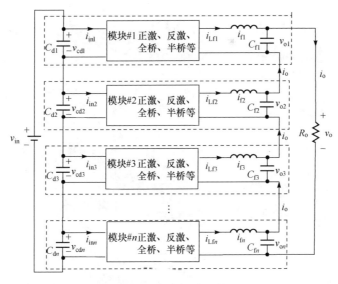

图 3.28　n 模块 DC-DC 变换器的主电路

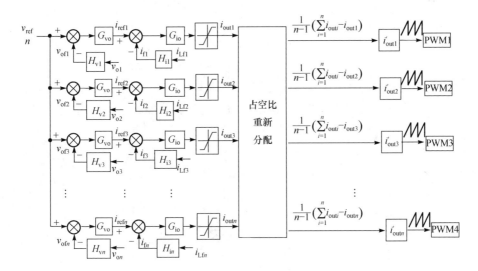

图 3.29　占空比重新分配的控制方式

电流环的给定,模块 ♯ j 滤波电感电流反馈 i_{fj} 作为电流环反馈,电流环调节器 G_{io} 输出的值经过限幅得到 i_{outj}。

　　将各个模块的电流调节器输出经过限幅后的值进行重新分配,对于任意模块 ♯ j,将除了模块 ♯ j 以外的其他所有电流调节器输出限幅后的值相加,再除以 $n-1$,产生新的调制波,与载波进行比较后产生 PWM 控制模块 ♯ j 的开关管通断信号。

3.4.2　占空比重新分配控制的稳定性分析

根据 3.2 节的分析可知，n 模块 ISOS DC-DC 变换器系统的小信号动态方程可以表示为

$$
\begin{cases}
\hat{v}_{\mathrm{cd1}} K_1 D_1 + \dfrac{K_1 V_{\mathrm{in}}}{n} \hat{d}_1 = (sL_{\mathrm{f}} + R_{\mathrm{L}}) \hat{i}_{\mathrm{Lf1}} + \hat{v}_{\mathrm{o1}} \\[2mm]
\hat{v}_{\mathrm{cd2}} K_2 D_2 + \dfrac{K_2 V_{\mathrm{in}}}{n} \hat{d}_2 = (sL_{\mathrm{f}} + R_{\mathrm{L}}) \hat{i}_{\mathrm{Lf2}} + \hat{v}_{\mathrm{o2}} \\[2mm]
\vdots \\[2mm]
\hat{v}_{\mathrm{cd}n} K_3 D_3 + \dfrac{K_3 V_{\mathrm{in}}}{n} \hat{d}_n = (sL_{\mathrm{f}} + R_{\mathrm{L}}) \hat{i}_{\mathrm{Lf}n} + \hat{v}_{\mathrm{o}n}
\end{cases} \tag{3.59}
$$

$$
\begin{cases}
\left(\hat{i}_{\mathrm{Lf1}} - \dfrac{\hat{v}_{\mathrm{o1}} + \hat{v}_{\mathrm{o2}} + \cdots + \hat{v}_{\mathrm{o}n}}{R} \right) \dfrac{1}{sC_{\mathrm{f}}} = \hat{v}_{\mathrm{o1}} \\[2mm]
\left(\hat{i}_{\mathrm{Lf2}} - \dfrac{\hat{v}_{\mathrm{o1}} + \hat{v}_{\mathrm{o2}} + \cdots + \hat{v}_{\mathrm{o}n}}{R} \right) \dfrac{1}{sC_{\mathrm{f}}} = \hat{v}_{\mathrm{o2}} \\[2mm]
\vdots \\[2mm]
\left(\hat{i}_{\mathrm{Lf}n} - \dfrac{\hat{v}_{\mathrm{o1}} + \hat{v}_{\mathrm{o2}} + \cdots + \hat{v}_{\mathrm{o}n}}{R} \right) \dfrac{1}{sC_{\mathrm{f}}} = \hat{v}_{\mathrm{o}n}
\end{cases} \tag{3.60}
$$

其中，$K_1, K_2, \cdots, K_n$ 表示各个模块的变压器匝比。为了简化分析，我们设置各个模块为单电压环控制，则由图 3.2 所示的占空比重新分配的控制方式可知，各个变换器模块的占空比扰动可以表示为

$$
\begin{cases}
\dfrac{\left(\hat{v}_{\mathrm{ref}} - \dfrac{1}{n-1} \displaystyle\sum_{i=2}^{n} H_{\mathrm{v}} \hat{v}_{\mathrm{o}i} \right) G_{\mathrm{v}}}{V_{\mathrm{p}}} = \hat{d}_1 \\[5mm]
\dfrac{\left[\hat{v}_{\mathrm{ref}} - \dfrac{1}{n-1} \left(H_{\mathrm{v}} \hat{v}_{\mathrm{o1}} + \displaystyle\sum_{i=3}^{n} H_{\mathrm{v}} \hat{v}_{\mathrm{o}i} \right) \right] G_{\mathrm{v}}}{V_{\mathrm{p}}} = \hat{d}_2 \\[5mm]
\vdots \\[5mm]
\dfrac{\left(\hat{v}_{\mathrm{ref}} - \dfrac{1}{n-1} \displaystyle\sum_{i=1}^{n-1} H_{\mathrm{v}} \hat{v}_{\mathrm{o}i} \right) G_{\mathrm{v}}}{V_{\mathrm{p}}} = \hat{d}_n
\end{cases} \tag{3.61}
$$

假设各个模块的参数一致，即变压器匝比 $K_1 = K_2 = \cdots = K_n = K$，占空比 $D_1 = D_2 = \cdots = D_n = D$。设置输出电压扰动、电压环给定的扰动为零，即 $\hat{v}_{\mathrm{ref}} = \hat{v}_{\mathrm{o}} = 0$，则由式(3.59)、式(3.61)可得

$$\begin{cases} \hat{v}_{cd1} = \dfrac{1}{KD}\left[(sL_f+R_L)sC_f+1-\dfrac{KV_{in}}{n(n-1)}\dfrac{H_vG_v}{V_p}\right]\hat{v}_{o1} \\[3mm] \hat{v}_{cd2} = \dfrac{1}{KD}\left[(sL_f+R_L)sC_f+1-\dfrac{KV_{in}}{n(n-1)}\dfrac{H_vG_v}{V_p}\right]\hat{v}_{o2} \\[3mm] \qquad\qquad\qquad\vdots \\[3mm] \hat{v}_{cdn} = \dfrac{1}{KD}\left[(sL_f+R_L)sC_f+1-\dfrac{KV_{in}}{n(n-1)}\dfrac{H_vG_v}{V_p}\right]\hat{v}_{on} \end{cases} \tag{3.62}$$

由 n 模块 ISOS DC-DC 变换器系统的小信号动态方程同样可以得到

$$\begin{cases} \hat{i}_{in1} = D_1K_1\left(\hat{i}_{Lf1}+\dfrac{K_1V_{in}}{R}\hat{d}_1\right) \\[3mm] \hat{i}_{in2} = D_2K_2\left(\hat{i}_{Lf2}+\dfrac{K_2V_{in}}{R}\hat{d}_2\right) \\[3mm] \qquad\qquad\vdots \\[3mm] \hat{i}_{inn} = D_nK_n\left(\hat{i}_{Lfn}+\dfrac{K_nV_{in}}{R}\hat{d}_n\right) \end{cases} \tag{3.63}$$

同样,假设各个模块的参数一致,则由式(3.61)、式(3.63)可得

$$\begin{cases} \hat{i}_{in1} = DK\left(sC_f+\dfrac{KV_{in}}{R}\dfrac{H_vG_v}{(n-1)V_p}\right)\hat{v}_{o1} \\[3mm] \hat{i}_{in2} = DK\left(sC_f+\dfrac{KV_{in}}{R}\dfrac{H_vG_v}{(n-1)V_p}\right)\hat{v}_{o2} \\[3mm] \qquad\qquad\vdots \\[3mm] \hat{i}_{inn} = DK\left(sC_f+\dfrac{KV_{in}}{R}\dfrac{H_vG_v}{(n-1)V_p}\right)\hat{v}_{on} \end{cases} \tag{3.64}$$

将式(3.62)、式(3.64)代入式(3.31)可得各个变换器模块的等效阻抗表示为

$$Z_{eq} = \frac{\hat{v}_{cd1}}{\hat{i}_{in1}} = \frac{\hat{v}_{cd2}}{\hat{i}_{in2}} = \cdots = \frac{\hat{v}_{cdn}}{\hat{i}_{inn}} = \frac{(sL_f+R_L)sC_f+1-\dfrac{V_{in}K}{n(n-1)}\dfrac{H_vG_v}{V_p}}{D^2K^2\left[sC_f+\dfrac{V_{in}K}{R}\dfrac{H_vG_v}{(n-1)V_p}\right]} \tag{3.65}$$

　　设置电压环控制器 $G_v=k_p+k_i/s$,并代入式(3.65),化简后得到的特征多项式系数为

$$\begin{cases} a_4 = L_f(C_{di}+C_{dj})C_f \\[2mm] a_3 = R_L(C_{di}+C_{dj})C_f \\[2mm] a_2 = (C_{di}+C_{dj})-\dfrac{V_{in}KH_vk_p}{n(n-1)V_p}(C_{di}+C_{dj})+2D^2K^2C_f \\[2mm] a_1 = 2D^2K^3\dfrac{V_{in}H_vk_p}{R(n-1)V_p}-\dfrac{V_{in}KH_vk_i}{n(n-1)V_p}(C_{di}+C_{dj}) \\[2mm] a_0 = 2D^2K^3\dfrac{V_{in}H_vk_i}{R(n-1)V_p} \end{cases} \tag{3.66}$$

从式(3.66)中可以看出,$a_0>0$,$a_3>0$,$a_4>0$。将式(3.66)所示的系数代入式(3.49)中,解出 n 模块 ISOS DC-DC 变换器系统稳定的条件为

$$\begin{cases} \left[(C_{di}+C_{dj})+2D^2K^2C_f-L_fC_f(C_{di}+C_{dj})+\dfrac{2D^2K^2nR_LC_f}{R}\right] \\ \quad\times\dfrac{R^2(C_{di}+C_{dj})n(n-1)V_p}{4D^4K^5V_{in}H_vn^2+R^2(C_{di}+C_{dj})^2V_{in}KH_v}>k_p \\ \dfrac{2D^2K^2n}{R(C_{di}+C_{dj})}\left[(C_{di}+C_{dj})+2D^2K^2C_f-L_fC_f(C_{di}+C_{dj})+\dfrac{2D^2K^2nR_LC_f}{R}\right] \\ \quad\times\dfrac{2D^2KRn^2(n-1)V_p}{4D^4K^4V_{in}H_vn^2+R^2(C_{di}+C_{dj})^2V_{in}H_v}>k_i \end{cases}$$

$$(3.67)$$

由式(3.67)可知,n 模块 ISOS DC-DC 变换器系统稳定的前提条件是电压环控制器的参数选择应该满足一定的约束关系。

3.4.3　n 模块 ISOS DC-DC 变换器系统冗余控制

对于 n 模块 ISOS DC-DC 变换器系统来说,如果有模块失效或者有新的模块投入,为了保证整个系统仍能正常工作,必须设计冗余控制方式。

图 3.30 所示为冗余控制的具体工作框图。假设模块 $\sharp k$ 失效,则将该模块输入输出短路,即从整个系统中切除,余下 $n-1$ 个模块进行输入输出均压控制。正常工

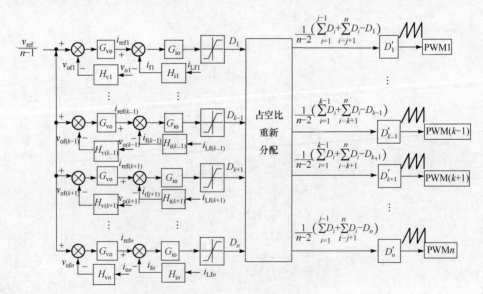

图 3.30　冗余操作控制框图

作的每个模块输出电压给定由 $v_{\rm ref}/n$ 变为 $v_{\rm ref}/(n-1)$，任一模块 #j 的输出电压 $v_{{\rm o}j}$ 通过电压传感器采样得到 $v_{{\rm o}fj}$ 为电压反馈，与该模块电压给定 $v_{\rm ref}/(n-1)$ 进行比较，电压调节器 $G_{\rm vo}$ 输出 $i_{{\rm ref}j}$ 作为模块 #j 电流环的给定，电流反馈 i_{fj} 与电流环给定 $i_{{\rm ref}j}$ 做比较，电流调节器输出值经过限幅后得到 $i_{{\rm out}j}$。其他 $n-2$ 个有效模块通过同样的方法产生新的调制波，将这 $n-1$ 个电流调节器输出限幅的值进行重新分配。

对各个模块电流环调节器输出进行重新分配，即对于任一模块 #j，将除了模块 #j 以外的其他所有电流调节器输出经过限幅后的值相加，再除以 $(n-2)$，产生新的调制波，与载波进行比较后产生 PWMj 以控制模块 #j 的开关管通断。

当 n 模块变换器的主电路中新投入一个模块时，即整个系统重新由 $n+1$ 个模块组成。任一模块 #j 的输出电压给定由 $v_{\rm ref}/n$ 变为 $v_{\rm ref}/(n+1)$，仍然采用占空比重新分配的控制方法，各个模块进行占空比重新分配后产生的新的调制波后与载波进行比较，产生的 PWM 控制信号控制相应模块开关管的通断。

3.4.4　三模块双管正激 ISOS DC-DC 变换器占空比重新分配控制系统分析

本章占空比重新分配控制方法的分析主要以三模块双管正激变换器为例。三模块双管正激 ISOS DC-DC 变换器的主电路拓扑如图 3.31 所示，占空比重新分配的控制框图如图 3.32 所示，其中 G_{vj} 表示电压环控制器，G_{ij} 表示电流环控制器($j=1,2,3$)。

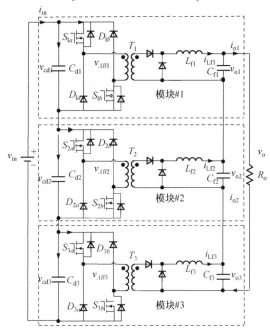

图 3.31　三模块双管正激 ISOS DC-DC 变换器

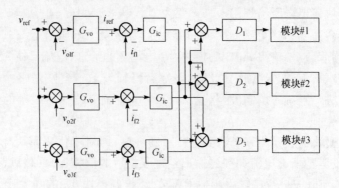

图 3.32　占空比重新分配的控制框图

根据 3.2 节的分析可知,系统的小信号动态方程可以表示为

$$
\begin{cases}
\hat{v}_{cd1}D_1K_1+K_1V_{cd1}\hat{d}_1=(sL_{f1}+R_{L1})\hat{i}_{Lf1}+\hat{v}_{o1} \\[2mm]
\hat{v}_{cd2}D_2K_2+K_2V_{cd2}\hat{d}_2=(sL_{f2}+R_{L2})\hat{i}_{Lf2}+\hat{v}_{o2} \\[2mm]
\hat{v}_{cd3}D_3K_3+K_3V_{cd3}\hat{d}_3=(sL_{f3}+R_{L3})\hat{i}_{Lf3}+\hat{v}_{o3}
\end{cases}
\tag{3.68}
$$

稳态时,令各个变换器模块的参数一致,即 $K_1=K_2=K_3=K$,$L_{f1}=L_{f2}=L_{f3}$,$R_{L1}=R_{L2}=R_{L3}$,且输入电压均分,即 $V_{cd1}=V_{cd2}=V_{cd3}$,$D_1=D_2=D_3=D$,则代入式 (3.68),得

$$
\begin{cases}
\hat{v}_{cd1}DK+\dfrac{KV_{in}}{3}\hat{d}_1=(sL_f+R_L)\hat{i}_{Lf1}+\hat{v}_{o1} \\[4mm]
\hat{v}_{cd2}DK+\dfrac{KV_{in}}{3}\hat{d}_2=(sL_f+R_L)\hat{i}_{Lf2}+\hat{v}_{o2} \\[4mm]
\hat{v}_{cd3}DK+\dfrac{KV_{in}}{3}\hat{d}_3=(sL_f+R_L)\hat{i}_{Lf3}+\hat{v}_{o3}
\end{cases}
\tag{3.69}
$$

由小信号模型可得,各个模块的输出电压与输出电流的关系可以表示为

$$
\begin{cases}
\left(\hat{i}_{Lf1}-\dfrac{\hat{v}_{o1}+\hat{v}_{o2}+\hat{v}_{o3}}{R}\right)\dfrac{1}{sC}=\hat{v}_{o1} \\[5mm]
\left(\hat{i}_{Lf2}-\dfrac{\hat{v}_{o1}+\hat{v}_{o2}+\hat{v}_{o3}}{R}\right)\dfrac{1}{sC}=\hat{v}_{o2} \\[5mm]
\left(\hat{i}_{Lf3}-\dfrac{\hat{v}_{o1}+\hat{v}_{o2}+\hat{v}_{o3}}{R}\right)\dfrac{1}{sC}=\hat{v}_{o3}
\end{cases}
\tag{3.70}
$$

由式(3.70)可得

$$
\begin{cases}
\hat{v}_{o1} = \dfrac{2+sCR}{s^2C^2R+3sC}\hat{i}_{Lf1} - \dfrac{1}{s^2C^2R+3sC}\hat{i}_{Lf2} - \dfrac{1}{s^2C^2R+3sC}\hat{i}_{Lf3} \\[3mm]
\hat{v}_{o2} = -\dfrac{1}{s^2C^2R+3sC}\hat{i}_{Lf1} + \dfrac{2+sCR}{s^2C^2R+3sC}\hat{i}_{Lf2} - \dfrac{1}{s^2C^2R+3sC}\hat{i}_{Lf3} \\[3mm]
\hat{v}_{o3} = -\dfrac{1}{s^2C^2R+3sC}\hat{i}_{Lf1} - \dfrac{1}{s^2C^2R+3sC}\hat{i}_{Lf2} + \dfrac{2+sCR}{s^2C^2R+3sC}\hat{i}_{Lf3}
\end{cases} \tag{3.71}
$$

将式(3.71)化为矩阵的形式,得

$$
\begin{bmatrix} \hat{v}_{o1} \\ \hat{v}_{o2} \\ \hat{v}_{o3} \end{bmatrix} =
\begin{bmatrix} G_a & G_b & G_b \\ G_b & G_a & G_b \\ G_b & G_b & G_a \end{bmatrix}
\begin{bmatrix} \hat{i}_{Lf1} \\ \hat{i}_{Lf2} \\ \hat{i}_{Lf3} \end{bmatrix} \tag{3.72}
$$

其中

$$
\begin{cases}
G_a = \dfrac{2+sCR}{s^2C^2R+3sC} \\[3mm]
G_b = -\dfrac{1}{s^2C^2R+3sC}
\end{cases} \tag{3.73}
$$

式(3.73)表示的是各个变换器模块的电流环给定到输出电压的传递函数,其中 G_a 表示的是本模块电流环给定到本模块输出电压的传递函数;G_b 表示的是本模块电流环给定到其他模块输出电压的传递函数。设置 $\hat{v}_{cd1}=\hat{v}_{cd2}=\hat{v}_{cd3}=0$,将式(3.71)代入式(3.69)中,可得

$$
\begin{cases}
\dfrac{KV_{in}}{3}\hat{d}_1 = \left(sL_f + \dfrac{2+sCR}{s^2C^2R+3sC} + R_L\right)\hat{i}_{Lf1} - \dfrac{1}{s^2C^2R+3sC}\hat{i}_{Lf2} - \dfrac{1}{s^2C^2R+3sC}\hat{i}_{Lf3} \\[3mm]
\dfrac{KV_{in}}{3}\hat{d}_2 = -\dfrac{1}{s^2C^2R+3sC}\hat{i}_{Lf1} + \left(sL_f + \dfrac{2+sCR}{s^2C^2R+3sC} + R_L\right)\hat{i}_{Lf2} - \dfrac{1}{s^2C^2R+3sC}\hat{i}_{Lf3} \\[3mm]
\dfrac{KV_{in}}{3}\hat{d}_3 = -\dfrac{1}{s^2C^2R+3sC}\hat{i}_{Lf1} - \dfrac{1}{s^2C^2R+3sC}\hat{i}_{Lf2} + \left(sL_f + \dfrac{2+sCR}{s^2C^2R+3sC} + R_L\right)\hat{i}_{Lf3}
\end{cases} \tag{3.74}
$$

令 $sL_f + \dfrac{2+sCR}{s^2C^2R+3sC} + R_L = A,\ -\dfrac{1}{s^2C^2R+3sC} = B$,则式(3.74)可化为

$$
\begin{cases}
\dfrac{KV_{in}}{3}\hat{d}_1 = A\hat{i}_{Lf1} + B\hat{i}_{Lf2} + B\hat{i}_{Lf3} \\[3mm]
\dfrac{KV_{in}}{3}\hat{d}_2 = B\hat{i}_{Lf1} + A\hat{i}_{Lf2} + B\hat{i}_{Lf3} \\[3mm]
\dfrac{KV_{in}}{3}\hat{d}_3 = B\hat{i}_{Lf1} + B\hat{i}_{Lf2} + A\hat{i}_{Lf3}
\end{cases} \tag{3.75}
$$

由式(3.75)可得

$$
\begin{cases}
\hat{i}_{\mathrm{Lf2}} = \dfrac{KV_{\mathrm{in}}}{3}\dfrac{1}{B-A}(\hat{d}_1 - \hat{d}_2) + \hat{i}_{\mathrm{Lf1}} \\[3mm]
\hat{i}_{\mathrm{Lf3}} = \dfrac{KV_{\mathrm{in}}}{3}\dfrac{1}{B-A}(\hat{d}_1 - \hat{d}_3) + \hat{i}_{\mathrm{Lf1}}
\end{cases}
\tag{3.76}
$$

将式(3.76)代入式(3.75)中,可得

$$
\hat{i}_{\mathrm{Lf1}} = \frac{KV_{\mathrm{in}}}{3}\frac{-B-A}{(B-A)(A+2B)}\hat{d}_1 + \frac{KV_{\mathrm{in}}}{3}\frac{B}{(B-A)(A+2B)}\hat{d}_2 + \frac{KV_{\mathrm{in}}}{3}\frac{B}{(B-A)(A+2B)}\hat{d}_3
\tag{3.77}
$$

同理,可得

$$
\hat{i}_{\mathrm{Lf2}} = \frac{KV_{\mathrm{in}}}{3}\frac{-B-A}{(B-A)(A+2B)}\hat{d}_2 + \frac{KV_{\mathrm{in}}}{3}\frac{B}{(B-A)(A+2B)}\hat{d}_1 + \frac{KV_{\mathrm{in}}}{3}\frac{B}{(B-A)(A+2B)}\hat{d}_3
\tag{3.78}
$$

$$
\hat{i}_{\mathrm{Lf3}} = \frac{KV_{\mathrm{in}}}{3}\frac{-B-A}{(B-A)(A+2B)}\hat{d}_3 + \frac{KV_{\mathrm{in}}}{3}\frac{B}{(B-A)(A+2B)}\hat{d}_2 + \frac{KV_{\mathrm{in}}}{3}\frac{B}{(B-A)(A+2B)}\hat{d}_1
\tag{3.79}
$$

将式(3.77)、式(3.78)、式(3.79)化为矩阵的形式,得

$$
\begin{bmatrix} \hat{i}_{\mathrm{Lf1}} \\ \hat{i}_{\mathrm{Lf2}} \\ \hat{i}_{\mathrm{Lf3}} \end{bmatrix} =
\begin{bmatrix} G_m & G_n & G_n \\ G_n & G_m & G_n \\ G_n & G_n & G_m \end{bmatrix}
\begin{bmatrix} \hat{d}_1 \\ \hat{d}_2 \\ \hat{d}_3 \end{bmatrix}
\tag{3.80}
$$

其中

$$
\begin{cases}
G_m = \dfrac{KV_{\mathrm{in}}}{3}\dfrac{-B-A}{(B-A)(A+2B)} = \dfrac{KV_{\mathrm{in}}}{3}\dfrac{sL_{\mathrm{f}} + \dfrac{1+sCR}{s^2C^2R+3sC} + R_{\mathrm{L}}}{\left(sL_{\mathrm{f}} + \dfrac{1}{sC} + R_{\mathrm{L}}\right)\left(sL_{\mathrm{f}} + \dfrac{R}{sCR+3} + R_{\mathrm{L}}\right)} \\[8mm]
G_n = \dfrac{KV_{\mathrm{in}}}{3}\dfrac{B}{(B-A)(A+2B)} = \dfrac{KV_{\mathrm{in}}}{3}\dfrac{\dfrac{1}{s^2C^2R+3sC}}{\left(sL_{\mathrm{f}} + \dfrac{1}{sC} + R_{\mathrm{L}}\right)\left(sL_{\mathrm{f}} + \dfrac{R}{sCR+3} + R_{\mathrm{L}}\right)}
\end{cases}
\tag{3.81}
$$

式(3.81)表示的是各个变换器模块的占空比到输出电流的传递函数,其中G_m表示的是本模块占空比到本模块输出电流的传递函数;G_n表示的是本模块占空比到其他模块输出电流的传递函数。因此,由式(3.72)与式(3.80)可知,图3.32所示的控制框图可以化简为图3.33所示的框图。

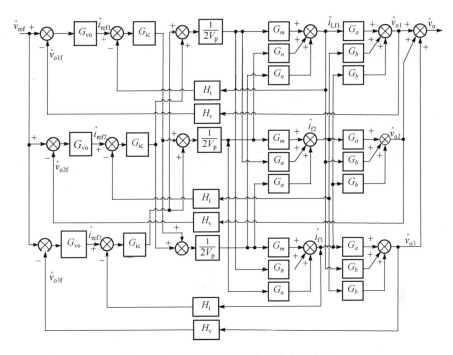

图 3.33　占空比重新分配的等效控制框图

图中，H_v 是输出电压反馈系数，H_i 是输出电流反馈系数，V_p 是载波峰值。由图 3.33 可知，任意模块的电流环开环传递函数为

$$T_{id}(s) = \frac{G_{ic} G_n H_i}{V_p} \tag{3.82}$$

由图 3.33 所示的控制框图可知，各个模块的占空比扰动为

$$\begin{cases} \dfrac{(\hat{i}_{ref2} - H_i \hat{i}_{Lf2}) G_{ic} + (\hat{i}_{ref3} - H_i \hat{i}_{Lf3}) G_{ic}}{2V_p} = \hat{d}_1 \\[3mm] \dfrac{(\hat{i}_{ref1} - H_i \hat{i}_{Lf1}) G_{ic} + (\hat{i}_{ref3} - H_i \hat{i}_{Lf3}) G_{ic}}{2V_p} = \hat{d}_2 \\[3mm] \dfrac{(\hat{i}_{ref1} - H_i \hat{i}_{Lf1}) G_{ic} + (\hat{i}_{ref2} - H_i \hat{i}_{Lf2}) G_{ic}}{2V_p} = \hat{d}_3 \end{cases} \tag{3.83}$$

设置各个模块是输入扰动为零，即 $\hat{v}_{cd1} = \hat{v}_{cd2} = \hat{v}_{cd3} = 0$，由式（3.69）、式（3.70）及式（3.83）可得

$$\begin{cases} E(\hat{i}_{ref2} + \hat{i}_{ref3}) = C\hat{v}_{o1} + D\hat{v}_{o2} + D\hat{v}_{o3} \\ E(\hat{i}_{ref1} + \hat{i}_{ref3}) = D\hat{v}_{o1} + C\hat{v}_{o2} + D\hat{v}_{o3} \\ E(\hat{i}_{ref1} + \hat{i}_{ref2}) = D\hat{v}_{o1} + D\hat{v}_{o2} + C\hat{v}_{o3} \end{cases} \tag{3.84}$$

其中

$$
\begin{cases}
C = (sL_f + R_L)\left(sC_f + \dfrac{1}{R}\right) + \dfrac{KV_{in}G_{ic}H_i}{3V_pR} + 1 \\[3mm]
D = \dfrac{KV_{in}G_{ic}H_i}{6V_p}\left(sC_f + \dfrac{2}{R}\right) + (sL_f + R_L)\dfrac{1}{R} \\[3mm]
E = \dfrac{KV_{in}G_{ic}}{6V_p}
\end{cases}
\tag{3.85}
$$

将式(3.84)化为矩阵的形式,得

$$
\begin{bmatrix} \hat{v}_{o1} \\ \hat{v}_{o2} \\ \hat{v}_{o3} \end{bmatrix}
=
\begin{bmatrix} G_u & G_v & G_v \\ G_v & G_u & G_v \\ G_v & G_v & G_u \end{bmatrix}
\begin{bmatrix} \hat{i}_{ref1} \\ \hat{i}_{ref2} \\ \hat{i}_{ref3} \end{bmatrix}
\tag{3.86}
$$

其中

$$
\begin{cases}
G_u = \dfrac{2DE}{(D-C)(C+2D)} \\[3mm]
G_v = \dfrac{-CE}{(D-C)(C+2D)}
\end{cases}
\tag{3.87}
$$

式(3.87)表示的是各个变换器模块的电流环给定到输出电压的传递函数,其中,G_u 表示的是本模块电流环给定到本模块输出电压的传递函数;G_v 表示的是本模块电流环给定到其他模块输出电压的传递函数。因此,由式(3.86)可知,图 3.33 所示的控制框图可以简化为图 3.34 所示的框图。

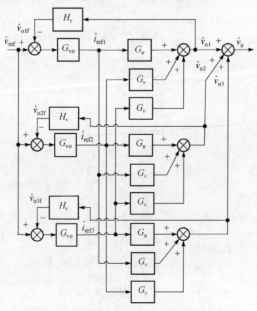

图 3.34　占空比重新分配控制简化框图

由图 3.33 可知,任意模块的电压环开环传递函数为

$$G_{\text{vout}} = G_{\text{vo}} G_u H_v \tag{3.88}$$

系统的电压环和电流环均通过比例积分控制器进行校正,其中,电流环控制器 $G_{\text{ic}} = 3 + 0.002s + 3000/s$,电压环控制器 $G_{\text{vo}} = 70 + 10000/s$,$H_v = 0.039$,$H_i = 2$,$V_p = 3$,系统设计参数如表 3.1 所示。因此,可得系统电流环和电压环校正前后的开环波特图,如图 3.35 和图 3.36 所示。

表 3.1　系统参数

项目	值	项目	值
额定输入电压 V_{in}	600V	输出滤波电感 L_f	$100\mu H$
输出电压 V_{o}	480V	输出滤波电容 C_f	$220\mu F$
输出电流额定值	2A	变压器匝比 $1:N_1$	$1:2.5$
开关频率 f	50kHz	变压器匝比 $1:N_2$	$1:2$
输入滤波电容	$11\mu F$	变压器匝比 $1:N_3$	$1:1.9$

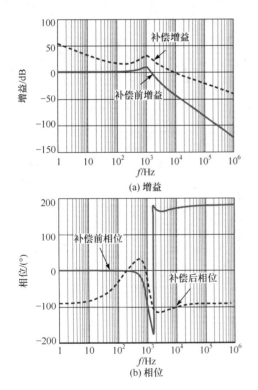

图 3.35　校正前后电流环波特图

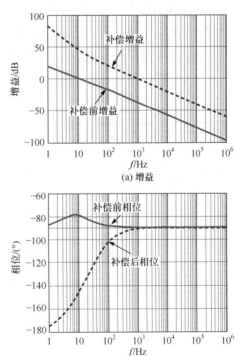

图 3.36　校正前后电压环波特图

　　由图 3.35 可以看出,电流环校正后开环的穿越频率为 9.2kHz,保证了系统的动态性能。而校正前系统 9.2kHz 处幅值为 −41.279dB,校正后系统 9.2kHz 处相位为 79.4°。图 3.36 为电压环校正前后的波特图,校正后电压环的穿越频率为 1kHz,保证了系统精确跟踪给定,校正前系统 1kHz 处幅值为 −37.012dB,系统校正后的相位为 88.87°,使系统有足够的相位保持稳定。

3.4.5　仿真及实验结果

　　为了验证所提出占空比重新分配控制策略的有效性,搭建了如图 3.31 所示拓扑的实验室样机,样机参数如表 3.1 所示。图 3.37 为三模块双管正激 ISOS DC-DC 变换器系统采用占空比重新分配的控制方式时的稳态波形,可以看出各个模块的输出电压均分良好。图 3.38 与图 3.39 所示为负载切换时的波形,可以看出即使输出电压存在扰动,各个模块仍然可以实现输入电压、输出电压的良好均分。因为三个模块的变压器匝比是不同的,在功率实现均分的情况下,它们的有效占空比应该是不同的。图 3.40、图 3.41 所示为变压器原边电压与驱动信号的波形,可以看出匝比较小的模块占空比较大,匝比较大的占空比小。并且变压器原边波形的幅值完全一样,说明三个模块实现了输入电压的均分。因此采用所提出的控制策略,可以克服参数不一致如变压器匝比不同的影响,模块之间实现良好的功率均分。

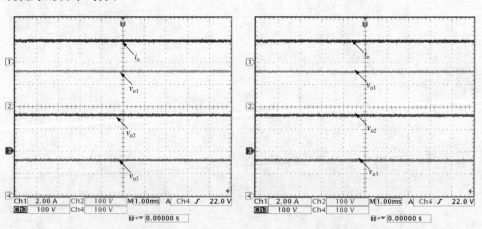

图 3.37　稳态情况下各个模块的　　　　图 3.38　负载切换时各个模块的
　　　　输出电压与输出电流　　　　　　　　　输出电压与输出电流

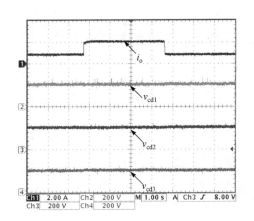

图 3.39　负载切换时各个模块的输入
电压与输出电流

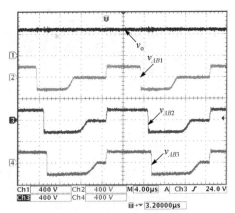

图 3.40　各个模块变压器原边与
总的输出电压波形

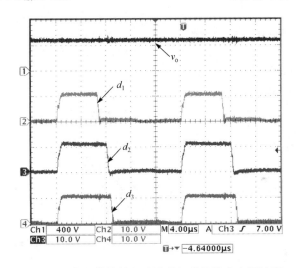

图 3.41　各个模块的驱动波形与总的输出电压波形

进行容错和冗余运行时，输入电压设定为 700V，输出电压为 480V。图 3.42 与图 3.43 所示为其中一个模块失效时，系统总的输出电压与各个模块的输入电压、输出电压波形。图 3.44 与图 3.45 所示为其中一个模块恢复时，系统总的输出电压与各个模块的输入电压、输出电压波形。由实验结果可以看出，采用所提出的占空比重新分配控制策略，可以很方便地实现多模块的容错和冗余运行，即使存在容错和冗余运行，采用所提出的控制策略仍然可以实现在运行的各个模块的输入输出电压均分。

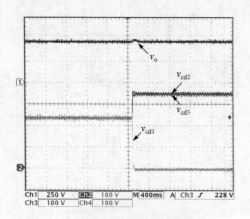 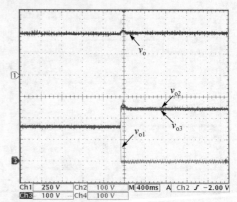

图 3.42　一个模块失效时总的输出电压与
各个模块的输入电压波形

图 3.43　一个模块失效时总的输出电压与
各个模块的输出电压波形

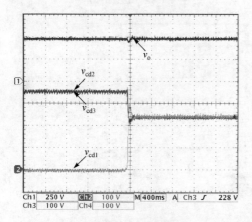 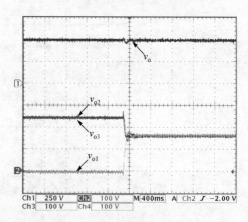

图 3.44　一个模块恢复时总的输出电压与
各个模块的输入电压波形

图 3.45　一个模块恢复时总的输出电压与
各个模块的输出电压波形

3.5　本章小结

　　本章对两模块和 n 模块 ISOS DC-DC 变换器进行了分析,在不采样每个模块输入电压的情况下,分别提出了占空比交换和占空比重新分配控制策略。通过实现各个模块的输出电压均分,进而实现了输入电压均分,最终实现了各个变换器模块之间的功率均分。在小信号模型的基础上,利用劳斯判据对占空比重新分配的控制方法进行了稳定性分析,给出了系统稳定的条件,利用劳斯判据也揭示了 ISOS 模块化 DC-DC 变换器采用独立电压控制的不稳定的数学机制。

通过理论、仿真和实验得到以下结论:

（1）对于输入串联型变换器系统来说,各个变换器模块所呈现的并不是简单的负阻抗特性。对于 ISOS 模块化 DC-DC 变换器,保证了各个模块的输出电压均分,从而实现各个模块的输入电压均分,最终实现各个模块之间的功率均分。

（2）对于 ISOS DC-DC 变换器系统来说,输出电压独立控制的方式不能实现各个模块的输出电压均分,系统是不稳定的。提出的占空比交换和占空比重新分配控制策略的控制方式可以实现各个模块的输入输出电压均压,从而实现了各个变换器模块之间的功率均分。

（3）对 ISOS DC-DC 变换器的小信号分析,利用劳斯判据分别分析了上述两种控制方式的稳定性,通过根轨迹法得出了交换占空比控制方式的稳定条件,并对系统进行了控制器设计。

（4）对于两模块 ISOS DC-DC 变换器适用的占空比交换控制和对于多模块 ISOS DC-DC 变换器适用的占空比直接分配控制策略具有良好性能,可以实现动态、静态性能良好的功率均分,并且对于占空比重新分配控制策略,可以很容易地实现模块冗余运行,并且能够实现在任何时刻运行中模块的功率均分。

第4章 输入串联输出并联模块化高频链 DC-AC 逆变器

本章介绍了 ISOP 模块化 DC-AC 逆变器的研究现状,分析了在双向功率流情况下,ISOP 逆变器的输入电压均分和输出电流均分之间的关系。每个逆变器模块采用双向功率流高频交流环节逆变器,实现了功率的双向流且简化了每个逆变器模块的控制策略。并且提出了相应的 PWM 控制策略,消除了模块之间的环流。在不采样输入每个直流电压情况下,提出了一种输出电流稳定控制策略。该控制策略的控制结构由一个公共的电压调节器和各自的电流控制环所组成。对于每个特定模块,电流控制环的反馈为其他所有模块的电流之和。采用所提出的控制策略,实现了输入电压和输出电流的良好均分。对于两个高频链逆变器模块组成的 1100VA ISOP 系统进行了仿真和实验。验证了所提出控制策略的有效性。

4.1 引 言

ISOP 模块化 DC-AC 逆变器是 ISOP 模块 DC-DC 变换器的扩展应用,可以用在高压直流输入低压交流输出的逆变场合。图 4.1 给出了 n 个模块化 DC-AC 逆变器组成的 ISOP 系统框图。

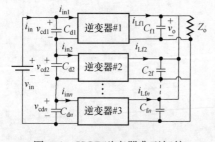

图 4.1 ISOP 逆变器典型拓扑

虽然图 4.1 所示的 ISOP 逆变器系统和 ISOP DC-DC 系统具有相同的电路结构,但是它具有自己独有的特点:①所组成的模块之间容易产生环流;②一般要具有更多的电能变换环节;③可以满足对于不同负载的需求,如感性、容性、阻性甚至是非线性负载。对于每个组成的 DC-AC 逆变器模块,需要采用变压器进行电气隔离。工频变压器笨重、噪音大、成本高,所以本书不讨论采用工频变压器隔离的情况,只讨论高频变压器进行隔离的拓扑结构。根据其逆变器模块的组成,高频隔离逆变器模块可分为三类:具有恒定幅值直流环节[55,56],高频脉冲直流环节[57]和高频脉冲交流环节逆变器[58-60]。具有恒定幅值的直流环节高频隔离逆变器得到的应用最为广泛,但是直流母线环节需要大容量的电解电容进行功率平衡,一是增加了成本,同时电解电容寿命低,也降低了整个装置的可靠性。另外它是单向功率流,一旦交流侧负载回馈能量,由于二极管的单向功率流特性,阻断了交流负载向直流输入侧传递能量,所以母线必须加装额外的功率泄放装置,以防止母线电压过高。高频脉冲直流环节高频隔离逆变器,母线为恒定的直流脉冲,虽然省掉电解电容,但是它的功率流依然是单向的,所以母线仍然需要加装额外的功率泄放装置,以限制母线电压过高。

　　对于输出并联 DC-DC 变换器,由于采用单向功率流的二极管整流,所以模块之间不会产生环流。然而对于输出并联的模块化逆变器,每个模块的输出电压必须具有同样的频率、相位、幅值甚至是载波[61]。为了抑制模块之间产生的环流,必须采用相应的环流抑制策略,否则无法实现模块之间良好的电流均分,系统甚至会崩溃[62-64]。对于所组成的高频隔离的逆变器单元,它具有多级电能变换环节。通常,与低频环节逆变器相比,由 DC-DC 变换和 DC-AC 两级变换环节所组成的逆变器应用非常广泛[65-68],具体构成如图 4.2 所示。

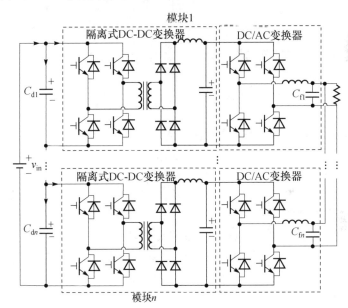

图 4.2　隔离型 DC-DC 级联 DC-AC ISOP 主电路拓扑

　　然而,对于 DC-DC 环节和 DC-AC 环节,需要独立的控制器。所以与高频环节隔离的 DC-DC 变换器相比,控制策略非常复杂。另外,输入串联逆变器系统应该对于不同的负载均具有良好的适应性,如容性负载、感性负载甚至是非线性负载,所以不管是有功功率,还是无功功率,对于输入电压均分和输出电流均分的影响,都应该进行深入的研究。考虑到模块化逆变器所具有的特点,所以直接应用于 IOSP 模块化 DC-DC 变换器的控制策略无法直接应用于 ISOP DC-AC 逆变器模块中。为了实现 ISOP 模块化逆变器的功率均分,可采用一个三环控制策略[67,68]。具体如图 4.3 所示。

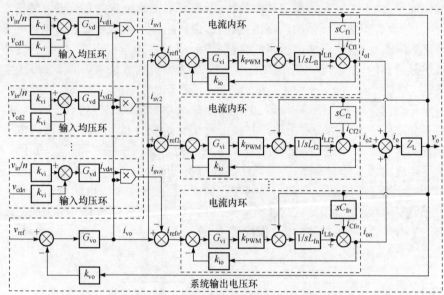

k_{vi}：输入电压采样系数；k_{io}：负载电流采样系数；k_{vo}：输出电压采样系数；k_{PWM}：逆变桥增益
G_{vo}：输出电压环补偿器增益；G_{vd}：均压环补偿器增益；G_{vi}：电流内环补偿器增益；

图 4.3　带输入均压环的三闭环控制策略

　　该三环控制策略由一个公共的输出电压环、输入电压均压环和相应的输入电流环组成。采用该方法，可以有效地实现各个模块之间的功率均分。但采用该方法，需要同时采用各个模块的输入电压和每个模块的输出电流。虽然该控制策略与 ISOP DC-DC 变换器的控制策略是类似的，但是整个输出电压调节器的输出是交流量，而 ISOP DC-DC 变换器的电压调节器输出是直流量。对于 ISOP 模块化逆变器，独立控制是不稳定的，为了实现多个模块之间良好的功率均分，总的电压调节器输出和每一个输入均压环的输出相乘，作为每个模块电流内环的给定。

　　另外，一般而言，所组成的高频隔离逆变器模块通常由一个 DC-DC 变换器和一个 DC-AC 逆变器级联而成。每个环节均需要独立的控制系统，这样就使得整个控制系统的设计非常复杂。尽管控制环路中采用了输入电压均分控制环和输入电流内环，但是低频纹波环流却无法避免。另外非纯阻性负载系统运行特性没有展示[67,68]。所以对于 IVS 和 OCS 之间的关系，仅仅讨论有功的影响，而对于无功对它们之间关系的影响则没有涉及。

　　具有高频脉冲交流环节的高频链逆变器是由高频逆变器、高频变压器、周波变换器组成[69,70]，与具有直流环节的高频链逆变器相比，具有以下显著的优点：①省去了中间直流环节，使逆变器的主电路结构更为简单，节约了生产成本；②具有直流环节的高频链逆变器需要 DC-DC 环节、DC-AC 环节，为两级变换，而高频脉冲交流环节的高频链逆变器为单级变换,因此整个控制系统更加简单可靠;③对于感性或容性负载,不需要额外的无功吸收装置,易于实现功率的双向流动。

　　一个通用的并网燃料电池逆变器系统构成采用高频链逆变器[70],但是从结构上,这些高频链逆变器并不是模块化,因为每个逆变器的高频变压器的原边共同享用一个 H 桥。对于 ISOS 模块化 DC-DC 变换器,第 3 章给出了在不采样原边电压的情况下一种稳定的控制策略。然而该方法不能直接应用在 ISOS 模块化 DC-AC逆变器中,模块之间很容易产生环流,从而导致系统崩溃。

　　对于 ISOS 模块化逆变器,在不采样原边每个直流电压情况下,提出了一种稳定的双闭环控制策略。同时所组成的模块采用高频链逆变器,该逆变器能自动适应不同的负荷。为了抑制模块之间可能产生的环流,对于所有开关管,提出了一种产生 PWM 的方法,有效地抑制了模块之间产生的环流。

4.2　双向功率流的 ISOP 逆变器输入电压均分和输出电流均分关系

　　对于 ISOP 连接的 n 个逆变器模块,所有的模块共享一个输入电压,如图 4.4所示,总的输出电压可以表示为:$v_o = V_m \sin(\omega t)$,其中 ω 是角频率,V_m 是其幅值。对于任意模块♯i 和模块♯j,它们的电流幅值可表示为 I_{mi} 和 I_{mj},它们的相位为 θ_i 和 θ_j。由图 4.4 可知,当输出总的电路和模块♯i 的输出电压极性相同的时候,即 $v_o i_{oi} > 0$,定义该模式为"正常能量传递模式";另外,当它们极性不相同的时候,即 $v_o i_{oi} < 0$,此时能量从交流侧传递到直流侧,该工作模式定义为"能量回馈模式"。

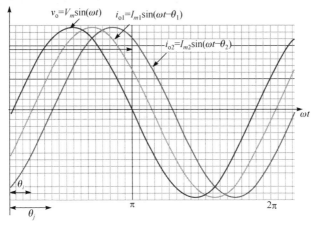

图 4.4　输出总的电压和模块♯i、模块♯j 的输出电压示意图

普通的单相高频隔离逆变器由一个高频隔离不控二极管整流的 DC-DC 变换器和一个 DC-AC 逆变器组成。由于 DC-DC 中整流二极管的单向导电性,负载产生的能量无法回馈到输入的直流侧。但是对于双向的高频隔离逆变器模块,在不考虑功率变换损耗的情况下,假设原边的总的电压被原边分压电容均分,即 $v_{cd1} = v_{cd2} = \cdots = v_{cdi} = \cdots = v_{cdn}$,由于原边各个模块的串联关系,所以在任何时刻,对于模块 $\sharp i$ 和模块 $\sharp j$,其输入直流侧串联,所以 $i_{in1} = i_{in2} = \cdots = i_{ini} = \cdots = i_{inn}$,无论对于正常功率传递阶段发出的功率还是在功率回馈阶段吸收的功率都是相等的,可写成以下公式:

$$p_{dci} = v_{cdi} \cdot i_{ini} = v_{cdj} \cdot i_{inj} = p_{dcj} \tag{4.1}$$

假设每个功率模块的变换效率均是 100%,那么对于交流侧,在一个完整的交流基波周期内,在正常功率传递阶段,对于模块 $\sharp i$ 和模块 $\sharp j$,它们吸收的功率是相当的,它们的表达式可列写如下:

$$
\begin{cases}
E_{ai} = \displaystyle\int_{\theta_i}^{\pi} V_m \sin(\omega t) I_{mi} \sin(\omega t - \theta_i) \, \mathrm{d}(\omega t) + \int_{\pi + \theta_i}^{2\pi} V_m \sin(\omega t) I_{mi} \sin(\omega t - \theta_i) \, \mathrm{d}(\omega t) \\[2mm]
E_{aj} = \displaystyle\int_{\theta_j}^{\pi} V_m \sin(\omega t) I_{mj} \sin(\omega t - \theta_j) \, \mathrm{d}(\omega t) + \int_{\pi + \theta_j}^{2\pi} V_m \sin(\omega t) I_{mj} \sin(\omega t - \theta_j) \, \mathrm{d}(\omega t) \\[2mm]
E_{ai} = E_{aj}
\end{cases}
$$
$$\tag{4.2}$$

同样,对于交流侧,在能量回馈阶段,从交流侧回馈到直流的能量是一致的,可如下表示:

$$
\begin{cases}
E_{bi} = \displaystyle\int_{0}^{\theta_i} V_m \sin(\omega t) I_{mi} \sin(\omega t - \theta_i) \, \mathrm{d}(\omega t) + \int_{\pi}^{\pi + \theta_i} V_m \sin(\omega t) I_{mi} \sin(\omega t - \theta_i) \, \mathrm{d}(\omega t) \\[2mm]
E_{bj} = \displaystyle\int_{0}^{\theta_j} V_m \sin(\omega t) I_{mj} \sin(\omega t - \theta_j) \, \mathrm{d}(\omega t) + \int_{\pi}^{\pi + \theta_j} V_m \sin(\omega t) I_{mj} \sin(\omega t - \theta_j) \, \mathrm{d}(\omega t) \\[2mm]
E_{bi} = E_{bj}
\end{cases}
$$
$$\tag{4.3}$$

根据式(4.2),通过三角函数变换和积分,可得下式:

$$V_m I_{mi} (\sin\theta_i + \cos\theta_i (\pi - \theta_i)) = V_m I_{mj} (\sin\theta_j + \cos\theta_j (\pi - \theta_j)) \tag{4.4}$$

同样对于式(4.3),使用三角函数等式和积分运算,可得下式:

$$V_m I_{mi} (-\sin\theta_i + \theta_i \cos\theta_i) = V_m I_{mj} (-\sin\theta_j + \theta_j \cos\theta_j) \tag{4.5}$$

把式(4.4)和式(4.5)相加,可得

$$V_m I_{mi} \cos\theta_i = V_m I_{mj} \cos\theta_j \tag{4.6}$$

式(4.5)除以式(4.6)可得

$$-\tan\theta_i + \theta_i = -\tan\theta_j + \theta_j \tag{4.7}$$

对于以下函数:

$$f(x) = -\tan x + x \tag{4.8}$$

其微分 $\dfrac{\mathrm{d}}{\mathrm{d}x}f(x)=1-\sec^2(x)=-\tan^2(x)<0$，于是函数 $f(x)$ 是单调递减函数。对于交流负载，其相位应满足：$\theta_i \in (-\pi/2,\pi/2)$，$\theta_j \in (-\pi/2,\pi/2)$。根据式 (4.7)，可得

$$\theta_i = \theta_j \tag{4.9}$$

把式 (4.9)代入式 (4.6)可得

$$I_{mi} = I_{mj} \tag{4.10}$$

式 (4.10)表明，对于 ISOP 连接的双向功率流高频隔离逆变器模块，一旦输入电压均分，则输出交流电压必然实现均分；另外，如果输出电流实现均分，即 $I_{mi} = I_{mj} = I_m$，$\theta_i = \theta_j = \theta$，则可得

$$\begin{aligned} p_{aci} &= I_{mi}\sin(\omega t - \theta_i) \cdot V_m \sin(\omega t) = I_m \sin(\omega t - \theta) \cdot V_m \sin(\omega t) \\ &= I_{mj}\sin(\omega t - \theta_j) \cdot V_m \sin(\omega t) = p_{acj} \end{aligned} \tag{4.11}$$

式 (4.11)表明，一旦在任何时刻，对于每个模块的交流侧，无论其吸收的功率还是发出的功率相等。假设每个模块的变化效率均是 100%，可得下式：

$$p_{dci} = v_{cdi} \cdot i_{ini} = p_{acj} = v_{cdj} \cdot i_{inj} \tag{4.12}$$

由于输入串联，两个模块的输入电流相等，$i_{ini} = i_{inj}$。根据式 (4.12)可得

$$v_{cdi} = v_{cdj} \tag{4.13}$$

这意味着一旦副边可以实现电流均分，对于 ISOP 连接的双向功率流高频隔离逆变器，则输入电压可以实现均分。

4.3 ISOP 高频脉冲交流环节逆变器主电路拓扑

4.3.1 消除环流方案的提出

多台逆变器并联可实现大容量供电和冗余供电，大大提高系统的灵活性，从根本上提高了可靠性，降低了成本，提高了功率密度。然而，在实际的逆变电源并联系统中，由于电路参数的差异和负载的变化或由于控制系统的固有特性问题，各个逆变电源之间会存在一定的电压差，从而在系统内部形成环流。因此，在逆变电源并联运行系统中，必须分析和解决电压同步与均流控制问题[71]。

由定义可知，环流是不经过负载而直接在电源之间流动的电流。如果能在电路结构上防止电流直接在电源之间相互流动，就可以消除环流。基于这个思想，我们对两台逆变器并联电路进行了改进，如图 4.5 所示。

在每个逆变器的输出回路上串入两只反向互补导通连接的 MOS 管，控制信号由输出电流的极性决定。当输出电流为正向时，Q_{11}、Q_{21} 同时导通，Q_{12}、Q_{22} 同时关断，电流通过 $Q_{11}(Q_{21})$ 及 $Q_{12}(Q_{22})$ 的体二极管流向负载；当输出电流为负向时，Q_{11}、Q_{21} 同时关断，Q_{12}、Q_{22} 同时开通，流通过 $Q_{12}(Q_{22})$ 及 $Q_{11}(Q_{21})$ 的体二极管流向负载。图 4.6 和图 4.7 为两种电流极性下的等效电路图。

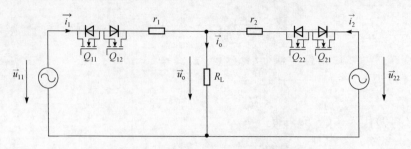

图 4.5　改进后的两台逆变器并联电路

由图 4.6 可以看出,当电流正向流动时,由于 $Q_{12}(Q_{22})$ 的体二极管的阻断作用,两台逆变器之间无法形成环流。同理,如图 4.7 所示,当电流负向流动时,$Q_{11}(Q_{21})$ 的体二极管阻止了环流的产生。因此,在任意时刻,由于二极管的阻断作用,两台逆变电源之间不存在环流,这种结构的逆变器拓扑可以直接通过硬件条件消除环流。

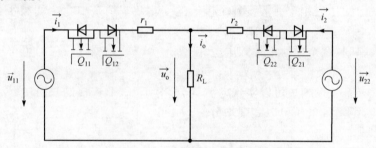

图 4.6　输出电流正向流动

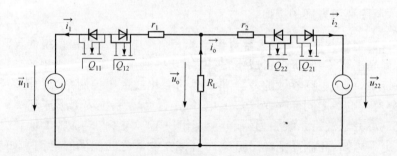

图 4.7　输出电流负向流动

4.3.2　全桥全波型高频链逆变器

基于上述的从电路结构上消除环流的思想,本章提出了全桥全波型高频链逆变器,其电路拓扑如图 4.8 所示[72-74]。其中 S_a、S_b、S_c、S_d 为全桥逆变器的开关管,$Q_a \sim Q_d$ 为周波变换器的开关器件。T 为带中点抽头的高频变压器,黑点表示同名端,V_{in} 为供电的直流电源,L_f、C_f 为滤波的电感和电容,Z_o 为负载。

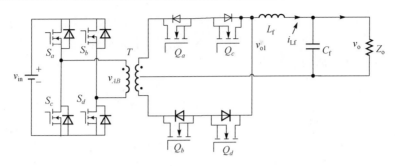

图 4.8　全桥全波型高频链逆变器

具体的控制策略如图 4.9 所示,其中 v_{m1} 为电压调节器的输出,$-v_{m1}$ 为电

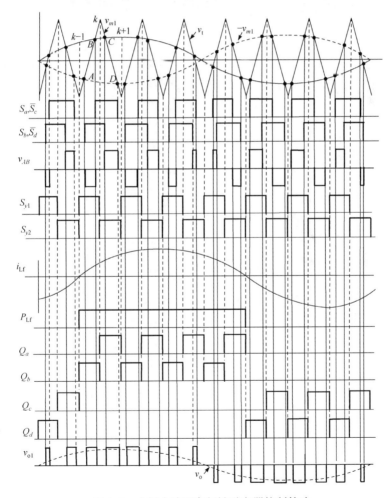

图 4.9　全桥全波型高频链逆变器控制策略

压调节器输出的反值，v_t 为双边调制的高频载波，逆变桥为单极性调制，变压器传递的是高频交流方波 v_{AB}。S_{y1} 和 S_{y2} 为与载波 v_t 上升沿和下降沿同步的方波信号。因此为了防止周波变换器内部产生环流，$Q_a \sim Q_d$ 的开通关断逻辑要结合电感电流 i_{Lf} 的极性进行选择，即当电感电流大于零时，Q_c 和 Q_d 不导通，只有其体二极管在工作，当电感电流小于零，Q_a 和 Q_b 不导通，只有其体二极管在工作。高频交流方波经过周波变换器低频解调，输出单极性 SPWM 波形 v_{o1}，低通滤波以后，在输出端得到纯净的交流电压 v_o。此外，由于周波变换器只在一定时间内工作在高频开关状态，所以在一定程度上也提高了系统的效率。

　　由于周波变换器的开关管控制信号是由输出电流的极性决定的，所以输出电流大于零和小于零的情况下输出周波变换器中开关管工作是不同的，以下对此做具体的分析。

　　图 4.10～图 4.13 所示的是电感电流大于零时，周波变换器各个位置开关管的开通关断情况。从图中可以看出，当电感电流大于零时，Q_a 与 Q_b 处于高频的开关状态且互补导通，Q_c 与 Q_d 处于关断状态，与图 4.9 所示一致。

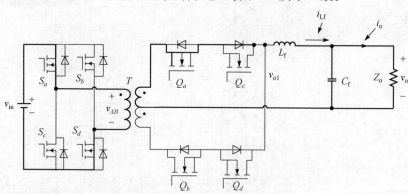

图 4.10　　$v_o > 0, i_{Lf} > 0, v_{AB} > 0$

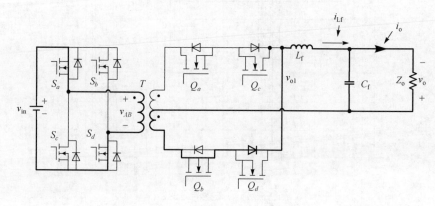

图 4.11　　$v_o < 0, i_{Lf} > 0, v_{AB} > 0$

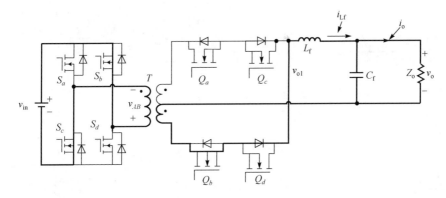

图 4.12　$v_o>0, i_{Lf}>0, v_{AB}<0$

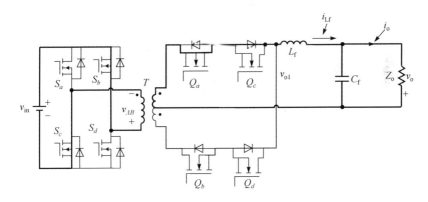

图 4.13　$v_o<0, i_{Lf}>0, v_{AB}<0$

图 4.14～图 4.17 所示的是电感电流小于零时,周波变换器各个位置开关管的开通关断情况。从图中可以看出,当电感电流大于零时,Q_c 与 Q_d 处于高频的开关且互补导通状态,Q_a 与 Q_b 处于关断状态,与图 4.9 的分析一致。

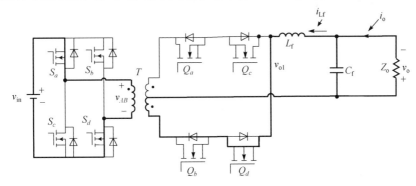

图 4.14　$v_o<0, i_{Lf}<0, v_{AB}>0$

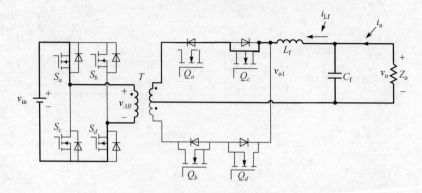

图 4.15　$v_\text{o}>0, i_\text{Lf}<0, v_\text{AB}>0$

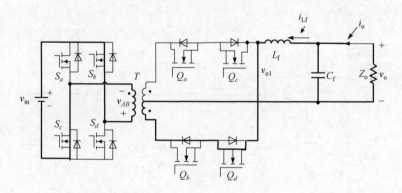

图 4.16　$v_\text{o}>0, i_\text{Lf}<0, v_\text{AB}<0$

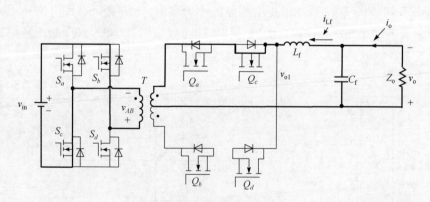

图 4.17　$v_\text{o}<0, i_\text{Lf}<0, v_\text{AB}<0$

周波变换器的各个开通关断信号符合式(4.14)中的逻辑关系：

$$\begin{cases} Q_a = S_{y2} P_{Lf} \\ Q_b = S_{y1} P_{Lf} \\ Q_c = S_{y2} \overline{P}_{Lf} \\ Q_d = S_{y1} \overline{P}_{Lf} \end{cases} \tag{4.14}$$

为了验证上述分析的准确性，我们对主电路拓扑为全桥全波式高频链逆变器进行仿真，其中，输入直流电压为 400V，输出电压为 110V(AC)，变压器匝比为 2：1，输出电流为 5A(AC)，输出滤波电感为 300μH，输出滤波电容为 10μF，采用 Saber 软件进行仿真，仿真结果如图 4.18 和图 4.19 所示。

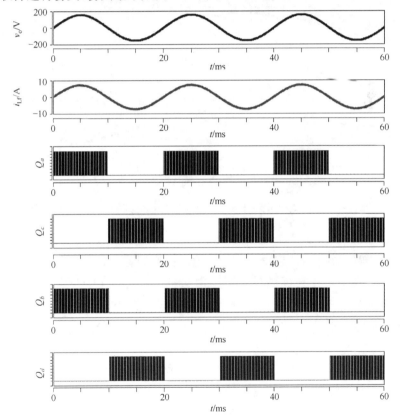

图 4.18　输出电压、输出电流与周波变换器驱动仿真波形

由图 4.18 可知，当电感电流大于零，开关管 Q_a 与 Q_b 工作在高频状态，而 Q_c 与 Q_d 一直关闭；当电感电流小于零时，开关管 Q_c 与 Q_d 工作在高频状态，而 Q_a 与 Q_b 一直处于关闭状态。

如图 4.19 中所示，变压器原边电压 v_{AB} 为高频脉冲信号，脉冲宽度呈正弦分布；周波变换器输出电压 v_{o1} 的频率与输出电压一致，经过 LC 滤波后得到正弦波，

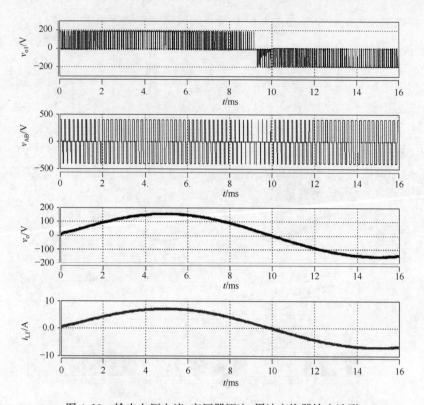

图 4.19　输出电压电流、变压器原边、周波变换器输出波形

逆变器输出为单极性 SPWM 波形。

　　图 4.20 所示为电感电流小于零时,周波变换器各个开关管的开通关断情况,开关管 Q_c 与 Q_d 工作在高频且互补导通状态,而 Q_a 与 Q_b 一直处于关闭状态。图 4.21所示为电感电流大于零时的情况,Q_a 与 Q_b 工作在高频互补导通状态,而 Q_c 与 Q_d 一直关闭。

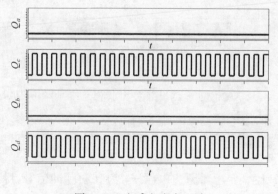

图 4.20　电感电流小于零

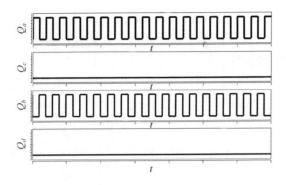

图 4.21   电感电流大于零

4.3.3   区域判断逻辑控制

当负载变为整流性负载的时候,电流畸匹比较严重[49],利用滤波电感电流过零比较来控制周波变换器驱动的时候会产生问题。为了克服这个问题,采用了区域判断的方式。

区域判断方式的工作原理如图 4.22 所示,输出电流由正变为负,当电流等于 ΔI 时,认为过零,比较器输出发生跳变;当输出电流由负变为正时,当电流等于 $-\Delta I$ 时,同样认为过零,比较器输出发生跳变;区间判断的方式可以避免外界因素,保证过零比较的准确性。其中,i_{Lf} 为电感电流反馈值,P_{Lf} 为电流过零判断波形,ΔI 为设定的区间值。图 4.23 所示的为区域判断电路的逻辑关系图。

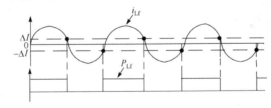

图 4.22   区域判断方式的工作原理

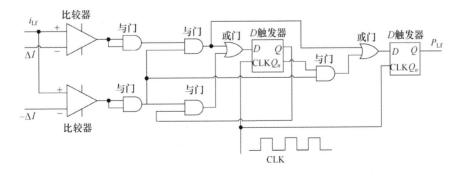

图 4.23   区域判断电路的逻辑关系图

　　为了验证区域判断电路的有效性,我们对电路分别进行了仿真和实验。图 4.24 所示为 Saber 仿真的结果,从图中可以看出,输出电流由正变为负,当电流等于 ΔI 时,比较器输出发生跳变;当输出电流由负变为正时,当电流等于 $-\Delta I$ 时,比较器输出同样发生跳变。

　　图 4.25 所示的是在整流性负载下的实验结果,从图中可以看出,当采用区域判断的方式对输出电流进行极性判断时,即使负载变为整流性负载,电流波形发生比较严重畸变时,整个逆变器依然可以正常工作,保证了系统运行的可靠性。

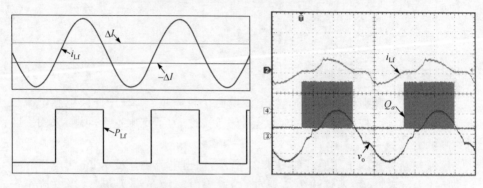

图 4.24　区域判断电路仿真结果　　　　图 4.25　区域判断电路实验结果

4.4　ISOP 高频链逆变器的控制

4.4.1　ISOP 高频链逆变器拓扑

　　将多个全桥全波型高频链逆变器输入串联输出并联,可以满足输入高压直流、输出大电流的要求,图 4.26 所示为主电路拓扑。

　　为了保证各个逆变器单元之间不存在环流,采样模块♯1 的电感电流 i_{Lf1} 进行逻辑判断,同时各个逆变器模块的周波变换器相同位置开关管的驱动信号保持一致,即

$$\begin{cases} Q_{1a}=Q_{2a}=\cdots=Q_{na} \\ Q_{1b}=Q_{2b}=\cdots=Q_{nb} \\ Q_{1c}=Q_{2c}=\cdots=Q_{nc} \\ Q_{1d}=Q_{2d}=\cdots=Q_{nd} \end{cases} \qquad (4.15)$$

　　n 模块输入串联输出并联高频链逆变器系统在各个时刻的等效电路如图 4.27~图 4.30 所示。从图中可以看出,由于在任意时刻,不同模块的周波变换器在相同位置的开关管保持相同的开关状态,因此整个逆变器系统可以看做 n 个 DC-DC 变换器输出并联,因此各个模块之间不存在环流。

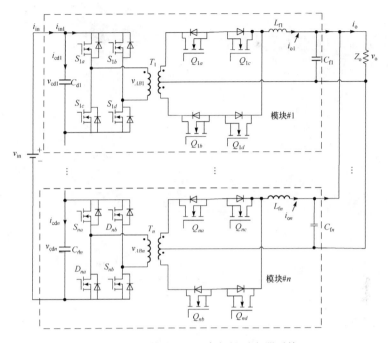

图 4.26　n 模块 ISOP 高频链逆变器系统

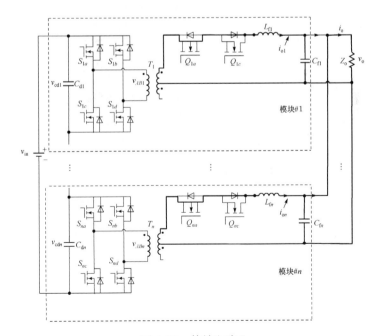

图 4.27　等效电路 I

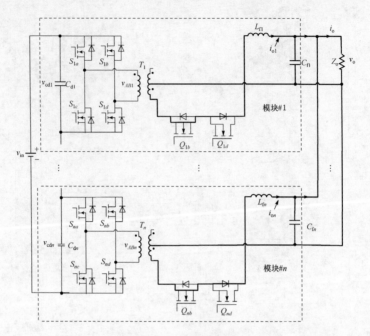

图 4.28　等效电路 II

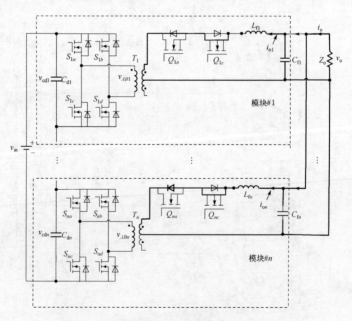

图 4.29　等效电路 III

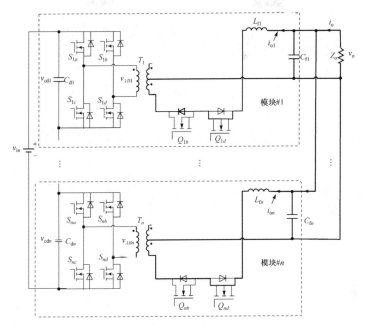

图 4.30　等效电路 IV

4.4.2　ISOP 逆变器系统输出电流独立控制

对于 ISOP 逆变器系统,如果实现了各个模块的输出电流均分,则可以实现各个模块的输入电压均分,从而实现功率均分[50]。图 4.31 所示的输出电流独立控制的方式,通过实现输出电流均分,实现功率均分。整个逆变器系统采用一个输出电压环,以保证输出电压的稳定,电压环的输出作为电流环的给定;各模块的输出电流作为本模块的反馈,所以此控制方法被称作输出独立电流控制。

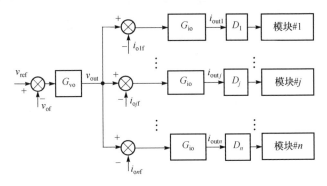

图 4.31　ISOP 逆变器系统输出电流独立控制

由前述分析可知,整个逆变器系统在任意时刻都可以看做 n 个 DC-DC 变换器输出并联,因此我们可以采用第 2 章所述的小信号模型对控制方式的稳定性进行分析。由图 4.31 所示的 ISOP 逆变器系统输出电流独立控制策略可知,任意模块 $\#j$ 的占空比扰动量可以表示为

$$\frac{(\hat{i}_{\mathrm{ref}}-H_{\mathrm{i}}\hat{i}_{oj})G_{\mathrm{i}}}{V_{\mathrm{p}}}=\hat{d}_j,\quad j=1,2,\cdots,n \tag{4.16}$$

其中,$\hat{i}_{\mathrm{ref}}$ 为电流环给定的扰动;H_{i} 为电流反馈系数;G_{i} 为电流环控制器;V_{p} 为载波峰值。

n 模块 ISOP 变换器的小信号模型如图 4.32 所示,由系统的小信号模型可得

$$\frac{D_j}{N_j}\hat{v}_{\mathrm{cd}j}+\frac{V_{\mathrm{cd}j}}{N_j}\frac{(\hat{i}_{\mathrm{ref}}-H_{\mathrm{i}}\hat{i}_{oi})G_{\mathrm{i}}}{V_{\mathrm{p}}}=(sL_{\mathrm{f}}+R_{\mathrm{L}})\hat{i}_{oj}+\hat{v}_o,\quad j=1,2,\cdots,n \tag{4.17}$$

$$\hat{i}_{\mathrm{in}j}=\frac{D_j}{N_j}\hat{i}_{oj}+\frac{I_{oj}}{N_j}\frac{(\hat{i}_{\mathrm{ref}}-H_{\mathrm{i}}\hat{i}_{oi})G_{\mathrm{i}}}{V_{\mathrm{p}}},\quad j=1,2,\cdots,n \tag{4.18}$$

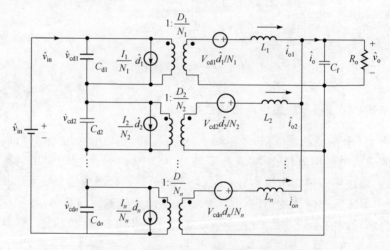

图 4.32　n 模块 ISOP 变换器的小信号模型

为简化计算,假设系统各个模块的参数一致,即 $N_1=N_2=\cdots=N_n=N$,$D_1=D_2=\cdots=D_n=D$,$I_{o1}=I_{o2}=\cdots=I_{on}=I=I_o/n$,同时设置电流环给定的扰动 $\hat{i}_{\mathrm{ref}}$ 及输出电压扰动为零,则式(4.17)、式(4.18)可以化为

$$\hat{v}_{\mathrm{cd}j}=\frac{N}{D}\left(\frac{V_{\mathrm{in}}H_{\mathrm{i}}G_{\mathrm{i}}}{nNV_{\mathrm{p}}}+sL+R_{\mathrm{L}}\right)\hat{i}_{oj},\quad j=1,2,\cdots,n \tag{4.19}$$

$$\hat{i}_{\mathrm{in}j}=\left(\frac{D}{N}-\frac{IH_{\mathrm{i}}G_{\mathrm{i}}}{NV_{\mathrm{p}}}\right)\hat{i}_{oj},\quad j=1,2,\cdots,n \tag{4.20}$$

由式(2.50)可知,利用输出电流独立控制策略的 ISOP 系统,任意模块 $\#j$ 的等效阻抗值 $Z_{\mathrm{eq}j}$ 可表示为

$$Z_{\mathrm{eq}j} = \frac{\hat{v}_{\mathrm{cd}j}}{\hat{i}_{\mathrm{inj}}} = \frac{\dfrac{N}{D}\left(\dfrac{V_{\mathrm{in}}H_iG_i}{nNV_{\mathrm{p}}} + sL + R_{\mathrm{L}}\right)}{\dfrac{D}{N} - \dfrac{IH_iG_i}{NV_{\mathrm{p}}}}, \quad j=1,2,\cdots,n \tag{4.21}$$

在正常情况下,电流环的控制器 $G_i = k_{\mathrm{p}} + k_i/s$,式(4.21)代入式(2.51)并进行化简,化简后的特征方程可表示为

$$p(s) = a_0 + a_1 s + a_2 s^2 + a_3 s^3 \tag{4.22}$$

系数分别为

$$\begin{cases} a_0 = -\dfrac{2IH_ik_i}{NV_{\mathrm{p}}} \\[2mm] a_1 = 2\dfrac{D}{N} - \dfrac{2IH_ik_{\mathrm{p}}}{NV_{\mathrm{p}}} + (C_{\mathrm{d}i} + C_{\mathrm{d}j})\dfrac{V_{\mathrm{in}}H_ik_i}{nDV_{\mathrm{p}}} \\[2mm] a_2 = (C_{\mathrm{d}i} + C_{\mathrm{d}j})\dfrac{V_{\mathrm{in}}H_ik_{\mathrm{p}}}{nDV_{\mathrm{p}}} + R_{\mathrm{L}}(C_{\mathrm{d}i} + C_{\mathrm{d}j})\dfrac{N}{D} \\[2mm] a_3 = L(C_{\mathrm{d}i} + C_{\mathrm{d}j})\dfrac{N}{D} \end{cases} \tag{4.23}$$

对于式(4.22)所示的特征方程,其劳斯阵列可表示为

$$\begin{array}{c|cc} s^3 & a_3 & a_1 \\[1mm] s^2 & a_2 & a_0 \\[1mm] s^1 & \dfrac{a_1 a_2 - a_0 a_3}{a_2} & 0 \\[2mm] s^0 & a_0 & 0 \end{array} \tag{4.24}$$

根据劳斯判据,假若劳斯阵列表中第一列系数均为正数,则该系统是稳定的,即特征方程所有的特征根均位于左半平面。假若第一列系数有负数,则第一列系数符号的改变次数等于在右半平面上根的个数。由式(4.23)可知,$a_2 > 0, a_3 > 0$,$a_0 < 0$。因此,对于 ISOP 系统,采用输出电流独立控制的策略是不稳定的。

为了验证理论分析的准确性,我们对 ISOP 输出电流均分控制策略进行仿真。为了简化分析,我们以两模块的 ISOP 系统为例。总的输入电压 300V,输出电压 50V,输入电容 $C_{\mathrm{d}1}$ 和 $C_{\mathrm{d}2}$ 均为 $20\mu\mathrm{F}$,输出滤波电容 $C_{\mathrm{f}1}$ 和 $C_{\mathrm{f}2}$ 均为 $100\mu\mathrm{F}$,输出滤波电感 $L_{\mathrm{f}1}$ 和 $L_{\mathrm{f}2}$ 均为 $100\mu\mathrm{H}$,负载为 10Ω,两个模块的参数完全一致。初始时刻,设置 $v_{\mathrm{cd}1}$ 为 100V,$v_{\mathrm{cd}2}$ 为 200V,来等效输入电压的扰动。

图 4.33 所示为仿真结果,由此可以看出,当 ISOP 变换器系统采用输出电流独立控制策略时,如果输入电压有扰动,则系统不稳定,进而导致各个模块的功率不均分。

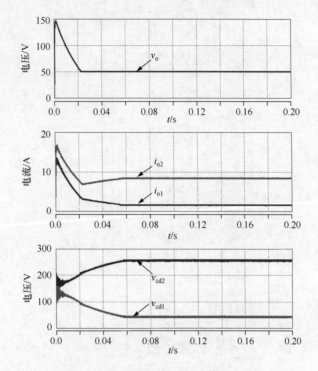

图 4.33　两模块的 ISOP 系统仿真结果

4.4.3　输出电流交错控制

每个模块的电流作为反馈来控制本模块的电流均分方法不适合 ISOP 变换器,最终结果会导致系统的不稳定,因此,我们提出了输出电流交错控制的策略。以两模块 ISOP 逆变器系统为例,如图 4.34 所示,控制环路中有一个输出电压环和两个输出电流环,但是第一个模块的电流作为第二个模块的电流控制器的反馈,第二个模块的电流作为第一个模块的电流控制器的反馈。由于各模块电流不是作为本模块的反馈,而是给另一个模块,所以此控制方法被称作输出电流交错控制(interleaving output current control,IOCC)。

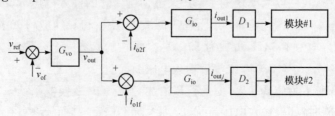

图 4.34　交叉电流控制策略

当模块♯1 的输入电压 v_{cd1} 由于扰动增大时,模块♯2 的输入电压 v_{cd2} 会相应降低,同时输出电流 i_{o1} 也增大,i_{o2} 减小。由于模块♯1 的电流反馈作为模块♯2 的电流控制器的反馈,从而使模块♯2 的占空比降低;而模块♯2 的电流反馈作为模块♯1 的电流控制器反馈,从而使模块♯1 的占空比增大。由图 4.26 可知

$$\begin{cases} i_{in} = i_{in1} + i_{cd1} = i_{in2} + i_{cd2} \\ N_1 d_1 i_{o1} = i_{in1} \\ N_2 d_2 i_{o2} = i_{in2} \end{cases} \tag{4.25}$$

因此,输出电流 i_{o1} 增大、i_{o2} 减小必然导致 i_{in1} 的增大、i_{in2} 的减小,因为输入电流的 i_{in} 值一定,所以使 i_{cd1} 降低,i_{cd2} 增加。

又因为

$$\begin{cases} v_{cd1} = \dfrac{1}{sC_{d1}} i_{cd1} \\ v_{cd2} = \dfrac{1}{sC_{d2}} i_{cd2} \end{cases} \tag{4.26}$$

所以,必将导致模块♯1 的输入电压 v_{cd1} 减小,模块♯2 的输入电压 v_{cd2} 增大,从而使系统重新进入平衡,从而最终实现输入电压的均分,最终实现功率均分。对于 n 模块的 ISOP 逆变器系统而言,输出电流交错控制策略如图 4.35 所示

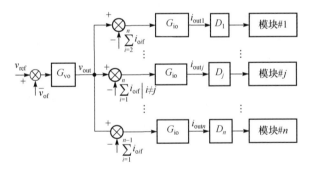

图 4.35　n 模块的 ISOP 逆变器系统输出电流交错控制策略

当采用由图 4.35 所示的 ISOP 输出电流交错控制策略时,任意模块♯j 的占空比扰动量可以表示为

$$\frac{\left(\hat{i}_{ref} - H_i \sum_{i=1}^{n} i_{oi} \Big|_{i \neq j} \right) G_i}{V_p} = \hat{d}_j, \quad j = 1, 2, \cdots, n \tag{4.27}$$

其中,$\hat{i}_{ref}$ 为电流环给定的扰动;H_i 为电流反馈系数;G_i 为电流环控制器;V_p 为载波峰值,由小信号模型可得

$$\frac{D_j}{N_j}\hat{v}_{cdj} + \frac{V_{cdj}}{N_j}\frac{\left(\hat{i}_{ref} - H_i\sum_{i=1}^{n}\hat{i}_{oi}\Big|_{i\neq j}\right)G_i}{V_p} = (sL_f + R_L)\hat{i}_{oj} + \hat{v}_o, \quad j = 1,2,\cdots,n$$

(4.28)

$$\hat{i}_{inj} = \frac{D_j}{N_j}\hat{i}_{oj} + \frac{I_{oj}}{N_j}\frac{\left(\hat{i}_{ref} - H_i\sum_{i=1}^{n}\hat{i}_{oi}\Big|_{i\neq j}\right)G_i}{V_p}, \quad j = 1,2,\cdots,n \quad (4.29)$$

设置电流环给定的扰动 $\hat{i}_{ref}$、输出电压扰动 $\hat{v}_o$ 及输出总电流扰动 $\hat{i}_o$ 为零,则式(4.28)、式(4.29)可以等效为

$$\frac{D_j}{N_j}\hat{v}_{cdj} + \frac{V_{cdj}}{N_j}\frac{H_i i_{oj}G_i}{V_p} = (sL_f + R_L)\hat{i}_{oj} + \hat{v}_o, \quad j = 1,2,\cdots,n \quad (4.30)$$

$$\hat{i}_{inj} = \frac{D_j}{N_j}\hat{i}_{oj} + \frac{I_{oj}}{N_j}\frac{H_i G_i}{V_p}\hat{i}_{oj}, \quad j = 1,2,\cdots,n \quad (4.31)$$

同理,为简化计算,同样假设系统各个模块的参数一致,则式(4.30)、式(4.31)可以化为

$$\hat{v}_{cdj} = \frac{N}{D}\left(-\frac{V_{in}H_iG_i}{nNV_p} + sL + R_L\right)\hat{i}_{oj}, \quad j = 1,2,\cdots,n \quad (4.32)$$

$$\hat{i}_{inj} = \left(\frac{D}{N} + \frac{IH_iG_i}{NV_p}\right)\hat{i}_{oj}, \quad j = 1,2,\cdots,n \quad (4.33)$$

由式(2.50)可知,利用 ISOP 输出电流交错控制的策略时,任意模块 ♯ j 的等效阻抗值 Z_{eqj} 可表示为

$$Z_{eqj} = \frac{\hat{v}_{cdj}}{\hat{i}_{inj}} = \frac{\dfrac{N}{D}\left(-\dfrac{V_{in}H_iG_i}{nNV_p} + sL + R_L\right)}{\dfrac{D}{N} + \dfrac{IH_iG_i}{NV_p}}$$

(4.34)

将式(4.33)代入式(2.50),并设置电流环的控制器 $G_i = k_p + k_i/s$,化简后的特征多项式的系数分别为

$$\begin{cases} a_0 = \dfrac{2IH_ik_i}{NV_p} \\[3mm] a_1 = \dfrac{2D}{N} + \dfrac{2IH_ik_p}{NV_p} - \dfrac{V_{in}H_ik_i}{nDV_p}(C_{di} + C_{dj}) \\[3mm] a_2 = R_L(C_{di} + C_{dj})\dfrac{N}{D} - \dfrac{V_{in}H_ik_p}{nDV_p}(C_{di} + C_{dj}) \\[3mm] a_3 = L(C_{di} + C_{dj})\dfrac{N}{D} \end{cases} \quad (4.35)$$

由系数表达式可知,$a_0 > 0$,$a_3 > 0$,系统稳定的条件为 $a_2 > 0$ 且 $a_1a_2 > a_0a_3$。

因此将系数代入,化简得

$$\begin{cases} \dfrac{nR_{\mathrm{L}}V_{\mathrm{p}}N}{V_{\mathrm{in}}H_{\mathrm{i}}} > k_{\mathrm{p}} \\[4mm] 2R_{\mathrm{L}} - \dfrac{2V_{\mathrm{in}}H_{\mathrm{i}}k_{\mathrm{p}}}{nNV_{\mathrm{p}}} + \dfrac{2IH_{\mathrm{i}}k_{\mathrm{p}}}{DV_{\mathrm{p}}}R_{\mathrm{L}} - \dfrac{2IH_{\mathrm{i}}^{2}k_{\mathrm{p}}^{2}V_{\mathrm{in}}}{nDNV_{\mathrm{p}}^{2}} \\[4mm] > \left[\dfrac{V_{\mathrm{in}}NH_{\mathrm{i}}R_{\mathrm{L}}}{nD^{2}V_{\mathrm{p}}}(C_{di}+C_{dj}) - \dfrac{V_{\mathrm{in}}^{2}H_{\mathrm{i}}^{2}k_{\mathrm{p}}}{n^{2}D^{2}V_{\mathrm{p}}^{2}}(C_{di}+C_{dj}) + \dfrac{2IH_{\mathrm{i}}L}{DV_{\mathrm{p}}}\right]k_{\mathrm{i}} \end{cases} \quad (4.36)$$

由式(4.36)可得,电流环的控制器的参数选择应该符合一定的约束关系。为了更直观地分析系统的稳定性,我们利用根轨迹对两个模块的 ISOP 系统进行分析,系统参数如 4.3.2 节所述。

图 4.36 所示为 k_{p} 变化、k_{i} 为 10 时系统的根轨迹图,图 4.37 为图 4.36 中虚线部分的放大。从图中可以看出,当 k_{p} 从零逐渐变大时,系统有两个特征根是从左半平面逐渐进入右半平面,说明系统是从稳定逐渐变为不稳定的。

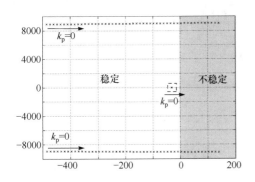

图 4.36　k_{i} 固定时的根轨迹图

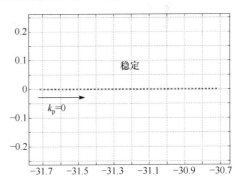

图 4.37　图中阴影部分的放大

图 4.38 所示为 k_{i} 变化、k_{p} 为 0.1 时系统的根轨迹图。从图中可以看出,当 k_{i} 从零逐渐变大时,系统有两个特征根是从左半平面逐渐进入右半平面,说明系统同样是从稳定逐渐变为不稳定的。

由上述分析可知,当电流环控制器 $G_{\mathrm{i}} = k_{\mathrm{p}} + k_{\mathrm{i}}/s$ 的参数选择合适时,即使输入电压有扰动,ISOP 变换器系统依然是可以稳定的。

为了验证理论分析的准确性,我们同样对两模块 ISOP 变换器系统采用输出电流交错控制的策略进行仿真,系统参数与 4.3.2 节所述一致。通过图 4.39 的仿真结果可以看出,当 ISOP 变换器系统采用输出电流交错控制的策略时,即使输入电压有扰动,系统仍然会稳定,各个模块的功率仍然可以实现均分。

同样,我们对 ISOP 逆变器系统采用输出电流交错控制策略进行仿真,图 4.40为仿真结果。其中,总的输入直流电压为 800V,输出交流电压的有效值为 110V,

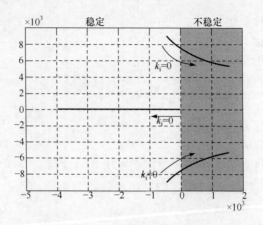

图 4.38　k_p 固定时的根轨迹图

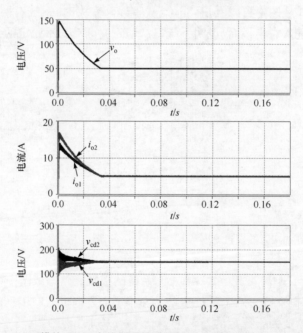

图 4.39　两模块 ISOP 变换器系统采用输出电流交错控制的仿真结果

频率为 50Hz,输入电容 C_{d1} 和 C_{d2} 均为 $20\mu F$,输出滤波电容 C_{f1} 和 C_{f2} 均为 $20\mu F$,输出滤波电感 L_{f1} 和 L_{f2} 均为 $300\mu H$,负载为 11Ω,两个模块的参数完全一致。初始时刻,设置 v_{cd1} 为 410V,v_{cd2} 为 390V,来等效输入电压的扰动。通过图 4.40 的仿真结果可以看出,当 ISOP 逆变器系统采用输出电流交错控制的策略时,即使输入电压有扰动,系统仍然会稳定,各个模块的功率仍然可以实现均分。

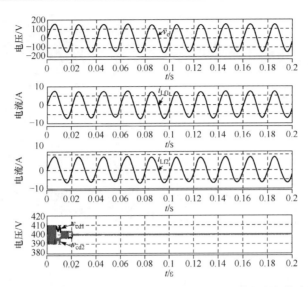

图 4.40　两模块 ISOP 逆变器系统采用输出电流交错控制的仿真结果

4.4.4　ISOP 逆变器系统均流分析

图 4.41 所示的为 n 模块 ISOP 逆变器系统的控制框图,采用输出电流交错控制的方式。由控制框图可得,对于任意逆变器模块 $\sharp j$,有

$$\frac{\left(i_{\mathrm{ref}} - \sum_{i=1}^{n} i_{\mathrm{f}j}\Big|_{j \neq i}\right)G_{ij}K_{\mathrm{PWM}j} - v_{\mathrm{o}}}{i_{\mathrm{L}fj}} = sL_{\mathrm{f}j} \tag{4.37}$$

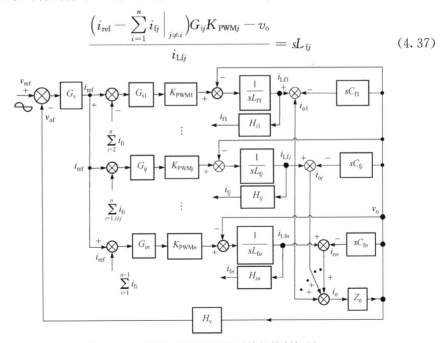

图 4.41　n 模块 ISOP 逆变器系统的控制框图

假设各个模块的滤波电感值相等,即 $L_{f1}=L_{f2}=\cdots=L_{fn}$,则根据图 4.37 可知

$$\frac{\left(i_{\mathrm{ref}}-\sum_{j=2}^{n}i_{fj}\right)G_{i1}K_{\mathrm{PWM1}}-v_{o}}{i_{Lf1}}=\frac{\left(i_{\mathrm{ref}}-\sum_{j=1}^{n}i_{fj}\Big|_{j\neq2}\right)G_{i2}K_{\mathrm{PWM2}}-v_{o}}{i_{Lf2}}=\cdots$$

$$=\frac{\left(i_{\mathrm{ref}}-\sum_{j=1}^{n-1}i_{fj}\right)G_{in}K_{\mathrm{PWM}n}-v_{o}}{i_{Lfn}} \tag{4.38}$$

在脉宽调制中,若控制器输出信号的幅值为 V_{out},三角载波的幅值为 A_{c},则在一个开关周期内,输出的调制比为 $\dfrac{V_{\mathrm{out}}}{A_{c}}$。因此,对于单个逆变器模块来说,式 (4.38) 中的 PWM 生成电路可以等效为

$$K_{\mathrm{PWM}j}=\frac{v_{cdj}}{N_{j}A_{c}} \tag{4.39}$$

其中,v_{cdj} 为逆变器模块 $\#j$ 的直流侧输入电压;A_{c} 为三角波峰值;N_{j} 为变压器匝比。将式 (4.39) 代入式 (4.38),并令逆变器模块的电流环控制器为 $G_{i}=k_{p}+k_{i}/s$,则

$$\frac{\left(i_{\mathrm{ref}}-\sum_{j=2}^{n}i_{fj}H_{ij}\right)\left(k_{ip}+\dfrac{k_{ii}}{s}\right)\dfrac{v_{cd1}}{N_{1}A_{c}}-v_{o}}{i_{Lf1}}=\frac{\left(i_{\mathrm{ref}}-\sum_{j=1}^{n}i_{fj}H_{ij}\Big|_{j\neq2}\right)\left(k_{ip}+\dfrac{k_{ii}}{s}\right)\dfrac{v_{cd2}}{N_{2}A_{c}}-v_{o}}{i_{Lf2}}=\cdots$$

$$=\frac{\left(i_{\mathrm{ref}}-\sum_{j=1}^{n-1}i_{fj}H_{ij}\right)\left(k_{ip}+\dfrac{k_{ii}}{s}\right)\dfrac{v_{cdn}}{N_{n}A_{c}}-v_{o}}{i_{Lfn}} \tag{4.40}$$

为简化运算,我们以 n 模块的 ISOP 逆变器系统中的模块 $\#1$ 与模块 $\#2$ 为例,则根据式 (4.40) 可得到

$$\frac{\left(i_{\mathrm{ref}}-\sum_{j=2}^{n}i_{fj}H_{ij}\right)\left(k_{ip}+\dfrac{k_{ii}}{s}\right)\dfrac{v_{cd1}}{N_{1}A_{c}}-v_{o}}{i_{Lf1}}=\frac{\left(i_{\mathrm{ref}}-\sum_{j=1}^{n}i_{fj}H_{ij}\Big|_{j\neq2}\right)\left(k_{ip}+\dfrac{k_{ii}}{s}\right)\dfrac{v_{cd2}}{N_{2}A_{c}}-v_{o}}{i_{Lf2}} \tag{4.41}$$

式 (4.41) 可化为

$$\left[\left(i_{\mathrm{ref}}-H_{i2}\sum_{j=2}^{n}i_{fj}\right)\left(k_{ip}+\frac{k_{ii}}{s}\right)\frac{v_{cd1}}{N_{1}A_{c}}-v_{o}\right]i_{Lf2}$$

$$=\left[\left(i_{\mathrm{ref}}-H_{i1}\sum_{j=1}^{n}i_{fj}\Big|_{j\neq2}\right)\left(k_{ip}+\frac{k_{ii}}{s}\right)\frac{v_{cd2}}{N_{2}A_{c}}-v_{o}\right]i_{Lf1} \tag{4.42}$$

如图 4.32 所示,假设输出滤波电容为 C,负载为 Z_{o},则 n 模块 ISOP 逆变器输出电压可以表示为

$$v_{\text{o}} = \sum_{j=1}^{n} i_{\text{Lf}j} \frac{Z_{\text{o}}}{1 + nsCZ_{\text{o}}} \tag{4.43}$$

将式(4.42)代入式(4.43)并展开可得

$$\frac{i_{\text{ref}} i_{\text{Lf2}} \left(k_{\text{ip}} + \dfrac{k_{\text{ii}}}{s} \right) v_{\text{cd1}}}{N_1 A_{\text{c}}} - i_{\text{Lf2}} \sum_{j=1}^{n} i_{\text{Lf}j} \frac{Z_{\text{o}}}{1 + nsCZ_{\text{o}}} - i_{\text{Lf2}} \sum_{j=2}^{n} i_{\text{Lf}j} H_{ij} \frac{\left(k_{\text{ip}} + \dfrac{k_{\text{ii}}}{s} \right) v_{\text{cd1}}}{N_1 A_{\text{c}}}$$

$$= \frac{i_{\text{ref}} i_{\text{Lf1}} \left(k_{\text{ip}} + \dfrac{k_{\text{ii}}}{s} \right) v_{\text{cd2}}}{N_2 A_{\text{c}}} - i_{\text{Lf1}} \sum_{j=1}^{n} i_{\text{Lf}j} \frac{Z_{\text{o}}}{1 + nsCZ_{\text{o}}} - i_{\text{Lf1}} \left(\sum_{j=3}^{n} i_{\text{Lf}j} H_{ij} + i_{\text{Lf1}} H_{i1} \right) \frac{\left(k_{\text{ip}} + \dfrac{k_{\text{ii}}}{s} \right) v_{\text{cd2}}}{N_2 A_{\text{c}}} \tag{4.44}$$

为了简化分析,假设 ISOP 逆变器系统各个模块参数一致,即 $N_1 = N_2 = \cdots = N_n$,$H_{i1} = H_{i2} = \cdots = H_{in}$。在稳态情况下,假设各个模块的传输效率为 100%,忽略储能元件上的能量,则由能量守恒关系可得各个模块瞬时输入和瞬时输出功率的关系为

$$\begin{cases} v_{\text{cd1}} i_{\text{in1}} = v_{\text{o}} i_{\text{o1}} \\ v_{\text{cd2}} i_{\text{in2}} = v_{\text{o}} i_{\text{o2}} \\ \quad\vdots \\ v_{\text{cd}n} i_{\text{in}n} = v_{\text{o}} i_{\text{o}n} \end{cases} \tag{4.45}$$

由式(4.45)可知,对于任意两个模块 $\#i$ 和模块 $\#j$

$$\frac{v_{\text{cd}i} i_{\text{in}i}}{v_{\text{cd}j} i_{\text{in}j}} = \frac{v_{\text{o}} i_{\text{o}i}}{v_{\text{o}} i_{\text{o}j}} \tag{4.46}$$

忽略输出并接电容上的电流值,则 $i_{\text{in}i} = i_{\text{in}j}$,代入式(4.46)可得

$$\frac{v_{\text{cd}i}}{v_{\text{cd}j}} = \frac{i_{\text{o}i}}{i_{\text{o}j}} \tag{4.47}$$

对于任意模块的逆变器,如果忽略滤波电容上的电流,滤波电感上的电流值将等于其输出电流值,即 $i_{\text{o}j} = i_{\text{Lf}j}$,因而式(4.47)可化为

$$v_{\text{cd}i} i_{\text{Lf}j} = v_{\text{cd}j} i_{\text{Lf}i} \tag{4.48}$$

对于模块 $\#1$ 和模块 $\#2$,由式(4.48)可得

$$v_{\text{cd1}} i_{\text{Lf2}} = v_{\text{cd2}} i_{\text{Lf1}} \tag{4.49}$$

将式代(4.48)入式(4.44),可得

$$i_{\text{Lf2}} \sum_{j=1}^{n} i_{\text{Lf}j} \frac{Z_{\text{o}}}{1 + nsCZ_{\text{o}}} + i_{\text{Lf2}} \sum_{j=2}^{n} i_{\text{Lf}j} H_{ij} \frac{\left(k_{\text{ip}} + \dfrac{k_{\text{ii}}}{s} \right) v_{\text{cd1}}}{N_1 A_{\text{c}}}$$

$$= i_{\text{Lf1}} \sum_{j=1}^{n} i_{\text{Lf}j} \frac{Z_{\text{o}}}{1 + nsCZ_{\text{o}}} + i_{\text{Lf1}} \left(\sum_{j=3}^{n} i_{\text{Lf}j} H_{ij} + i_{\text{Lf1}} H_{i1} \right) \frac{\left(k_{\text{ip}} + \dfrac{k_{\text{ii}}}{s} \right) v_{\text{cd2}}}{N_2 A_{\text{c}}} \tag{4.50}$$

将式(4.50)展开并化简可得

$$i_{Lf2}^2 \frac{Z_o}{1+nsCZ_o} + i_{Lf2}\sum_{j=3}^{n} i_{Lfj}\frac{Z_o}{1+nsCZ_o} + i_{Lf2}H_{i2}\left(k_{ip}+\frac{k_{ii}}{s}\right)\frac{i_{Lf2}\,v_{cd1}}{N_1A_c}$$

$$=i_{Lf1}^2 \frac{Z_o}{1+nsCZ_o} + i_{Lf1}\sum_{j=3}^{n} i_{Lfj}\frac{Z_o}{1+nsCZ_o} + i_{Lf1}H_{i1}\left(k_{ip}+\frac{k_{ii}}{s}\right)\frac{i_{Lf1}\,v_{cd2}}{N_2A_c} \tag{4.51}$$

式(4.51)可化为

$$(A+B)\cdot i_{Lf2}+C\cdot i_{Lf2}^2 = (A+B)\cdot i_{Lf1}+C\cdot i_{Lf1}^2 \tag{4.52}$$

其中,式(4.52)中的系数分别为

$$\begin{cases} A = \left(k_{ip}+\dfrac{k_{ii}}{s}\right)H_{i2}\dfrac{v_{cd1}\,i_{Lf2}}{N_1A_c} = \left(k_{ip}+\dfrac{k_{ii}}{s}\right)H_{i1}\dfrac{v_{cd2}\,i_{Lf1}}{N_2A_c} \\[3mm] B = \displaystyle\sum_{j=3}^{n} i_{Lfj}\dfrac{Z_o}{1+nsCZ_o} \\[3mm] C = \dfrac{Z_o}{1+nsCZ_o} \end{cases} \tag{4.53}$$

设 $i_{Lf2}=I\sin(\omega t+\theta)$, i_{Lf1} 和 i_{Lf2} 满足 $i_{Lf1}=ki_{Lf2}=kI\sin(\omega t+\theta)$,由式(4.52),可得

$$(A+B)I\sin(\omega t+\theta)+\frac{1}{2}CI^2-\frac{1}{2}CI^2\cos(2\omega t+2\theta)$$

$$=k(A+B)I\sin(\omega t+\theta)+\frac{1}{2}k^2CI^2-\frac{1}{2}k^2CI^2\cos(2\omega t+2\theta) \tag{4.54}$$

通过比对等式左右两边的系数,我们可以得出只有当 $k=1$ 时,等式成立,即模块 ♯1和模块 ♯2 的电流瞬时值相等。

4.5　ISOP 逆变器控制系统分析

以两模块 ISOP 逆变器系统为例,输出电流交错控制的框图如图 4.42 所示。

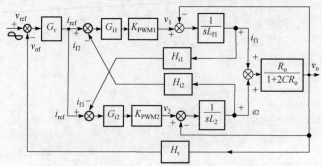

图 4.42　两模块 ISOP 逆变器系统的控制框图

由图 4.42 可知

$$\begin{cases} v_1 - v_o = sL_{f1} i_{Lf1} \\ v_2 - v_o = sL_{f2} i_{Lf2} \end{cases} \tag{4.55}$$

$$v_o = (i_{Lf1} + i_{Lf2}) \frac{R_o}{1 + 2sCR_o} \tag{4.56}$$

为了简化分析,我们假设两个模块的参数完全一致,即 $G_{i1} = G_{i2}$、$K_{PWM1} = K_{PWM2}$、$H_{i1} = H_{i2}$、$L_{f1} = L_{f2} = L_f$,则由式(4.55)、式(4.56)可得

$$\begin{cases} i_{Lf1} = \dfrac{sL + \dfrac{R}{1+2sCR}}{\left(sL + \dfrac{2R}{1+2sCR}\right)sL} v_1 - \dfrac{\dfrac{R}{1+2sCR}}{\left(sL + \dfrac{2R}{1+2sCR}\right)sL} v_2 \\[4ex] i_{Lf2} = \dfrac{sL + \dfrac{R}{1+2sCR}}{\left(sL + \dfrac{2R}{1+2sCR}\right)sL} v_2 - \dfrac{\dfrac{R}{1+2sCR}}{\left(sL + \dfrac{2R}{1+2sCR}\right)sL} v_1 \end{cases} \tag{4.57}$$

式(4.57)可表示为

$$\begin{bmatrix} i_{Lf1} \\ i_{Lf2} \end{bmatrix} = \begin{bmatrix} \dfrac{sL(1+2sCR)+R}{[sL(1+2sCR)+2R]sL} & \dfrac{-R}{[sL(1+2sCR)+2R]sL} \\[3ex] \dfrac{-R}{[sL(1+2sCR)+2R]sL} & \dfrac{sL(1+2sCR)+R}{[sL(1+2sCR)+2R]sL} \end{bmatrix} \begin{bmatrix} v_1 \\ v_2 \end{bmatrix} \tag{4.58}$$

即

$$\begin{bmatrix} i_{Lf1} \\ i_{Lf2} \end{bmatrix} = \begin{bmatrix} G_1 & G_2 \\ G_2 & G_1 \end{bmatrix} \begin{bmatrix} v_1 \\ v_2 \end{bmatrix} \tag{4.59}$$

其中

$$\begin{cases} G_1 = \dfrac{sL(1+2sCR_o)+R_o}{[sL(1+2sCR_o)+2R_o]sL} \\[3ex] G_2 = \dfrac{-R_o}{[sL(1+2sCR_o)+2R_o]sL} \end{cases} \tag{4.60}$$

则由式(4.59)可重新画出系统的控制框图,如图 4.43 所示。

由图 4.43 可知,模块♯1 的电流环开环传递函数可以表示为

$$T_{id1}(s) = G_{i1} K_{PWM1} G_2 H_{i2} = \frac{-\left(k_{pi} + \dfrac{k_{ii}}{s}\right) V_{cd1} R_o H_{i2}}{NA_c[sL(1+2sCR_o)+2R_o]sL} \tag{4.61}$$

$$\begin{cases} (i_{ref} - H_{i2} i_{Lf2}) G_{i1} K_{PWM} = v_1 \\ (i_{ref} - H_{i1} i_{Lf1}) G_{i2} K_{PWM} = v_2 \end{cases} \tag{4.62}$$

$$\begin{cases} (i_{\mathrm{ref}}-H_{\mathrm{i2}}i_{\mathrm{Lf2}})G_{\mathrm{i1}}K_{\mathrm{PWM}}-\dfrac{(i_{\mathrm{Lf1}}+i_{\mathrm{Lf2}})R_{\mathrm{o}}}{1+2sCR_{\mathrm{o}}}=i_{\mathrm{Lf1}}sL_{\mathrm{f1}} \\[3mm] (i_{\mathrm{ref}}-H_{\mathrm{i1}}i_{\mathrm{Lf1}})G_{\mathrm{i2}}K_{\mathrm{PWM}}-\dfrac{(i_{\mathrm{Lf1}}+i_{\mathrm{Lf2}})R_{\mathrm{o}}}{1+2sCR_{\mathrm{o}}}=i_{\mathrm{Lf2}}sL_{\mathrm{f2}} \end{cases} \tag{4.63}$$

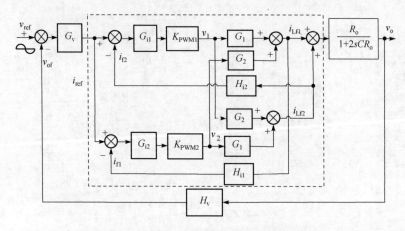

图 4.43　两模块 ISOP 逆变器系统的控制框图

设置 $G_{\mathrm{i1}}=G_{\mathrm{i2}}=G_{\mathrm{ic}}$,则由式(4.62)、式(4.63)可得

$$\begin{cases} \dfrac{i_{\mathrm{Lf1}}}{i_{\mathrm{ref}}}=\dfrac{G_{\mathrm{ic}}K_{\mathrm{PWM}}(1+2sCR_{\mathrm{o}})}{H_{\mathrm{i}}G_{\mathrm{ic}}K_{\mathrm{PWM}}(1+2sCR_{\mathrm{o}})+2R_{\mathrm{o}}+sL(1+2sCR_{\mathrm{o}})} \\[4mm] \dfrac{i_{\mathrm{Lf2}}}{i_{\mathrm{ref}}}=\dfrac{G_{\mathrm{ic}}K_{\mathrm{PWM}}(1+2sCR_{\mathrm{o}})}{H_{\mathrm{i}}G_{\mathrm{ic}}K_{\mathrm{PWM}}(1+2sCR_{\mathrm{o}})+2R_{\mathrm{o}}+sL(1+2sCR_{\mathrm{o}})} \end{cases} \tag{4.64}$$

因此,图 4.43 的虚线框部分可以等效为

$$G_{\mathrm{iequ}}=\frac{i_{\mathrm{Lf1}}+i_{\mathrm{Lf2}}}{i_{\mathrm{ref}}}=\frac{2G_{\mathrm{ic}}K_{\mathrm{PWM}}(1+2sCR_{\mathrm{o}})}{H_{\mathrm{i}}G_{\mathrm{ic}}K_{\mathrm{PWM}}(1+2sCR_{\mathrm{o}})+2R_{\mathrm{o}}+sL(1+2sCR_{\mathrm{o}})} \tag{4.65}$$

则系统电压外环的传递函数为

$$T_{\mathrm{vo}}(s)=H_{\mathrm{v}}G_{\mathrm{v}}(s)G_{\mathrm{iequ}}(s)R_{\mathrm{o}}/(2sR_{\mathrm{o}}C+1) \tag{4.66}$$

两模块 ISOP 逆变器的具体实验参数如表 4.1 所示。

表 4.1　系统试验参数

项目	值	项目	值
输入电压 V_{in}	800V	输出滤波电感 L	$300\mu\mathrm{H}$
输出电压 V_{o}	110V/50Hz	输出滤波电容 C	$20\mu\mathrm{F}$
输出电流额定值	10A	输入分压电容 C_{d}	$2.2\mu\mathrm{F}$
开关频率 f	16.7kHz	电流采样系数 H_{i}	0.2
PWM 载波幅值 V_{p}	0.375V	电压采样系数 H_{v}	0.028
变压器匝比	2:1		

系统的电压环和电流环均通过比例积分控制器进行校正,可得系统电流环开环波特图和电压环的开环波特图,如图 4.44 和图 4.45 所示。

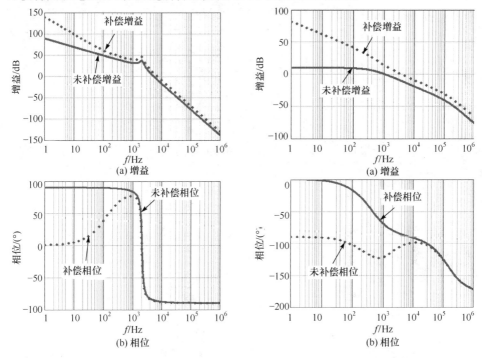

图 4.44　输出电流交错控制校正　　　　图 4.45　输出电流交错控制校正
　　　　前后电流环波特图　　　　　　　　　　前后电压环波特图

图 4.44 为输出电流交错控制校正前后电流环波特图,校正环节的传递函数为 $G_{ic}=2.5+2000/s$。从图中可以看出,电流环穿越频率选取小于系统开关频率的 1/2。从而抑制开关噪声,也能实现电流环的快速响应。校正后开环的穿越频率为 20kHz,校正前系统 7kHz 处幅值为 -8.4dB,校正后系统 7kHz 处相位为 95.3°。

图 4.45 为输出电流交错控制校正前后电压环的波特图,校正环节的传递函数为 $G_{vo}=4+8610/s$。从图中可以看出,输出电流交错控制校正后电压环的穿越频率为 3kHz,校正前系统 3kHz 处幅值为 -8.7dB,系统校正后的相位为 70°,系统有足够的相位保持稳定。此外,校正后的系统在基波频率 50Hz 处的幅值为 47.6dB,这使得输出电压反馈能够更精确地跟随给定信号。

4.6　仿真及实验结果

对上述控制策略通过 MATLAB 仿真及实验进行了验证,主电路拓扑仍然采用两模块全桥全波型 ISOP 高频链逆变器拓扑,实验参数如表 4.1 所示。

图 4.46 为稳态情况下的输出电压、输出电流仿真结果。图 4.47 为稳态情况

下输出电流和输入电压仿真结果。图 4.48 为稳态情况下的输出电压、输出电流实验结果。图 4.49 为稳态情况下输出电流和输入电压实验结果。因此,由仿真和实验结果可以得到,在稳态情况下,采用输出电流交错控制的策略,两模块全桥全波型 ISOP 高频链逆变器系统输入均压、输出均流,实现了各个模块之间的功率均分。

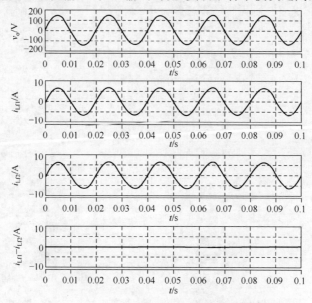

图 4.46　稳态情况下的输出电压、输出电流仿真结果

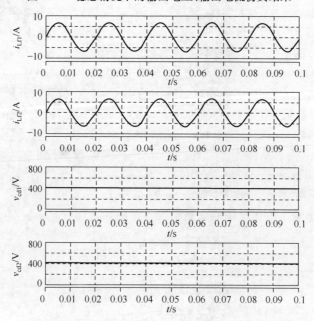

图 4.47　稳态情况下输出电流和输入电压仿真结果

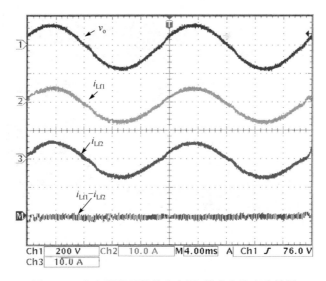

图 4.48 稳态情况下的输出电压、输出电流实验结果

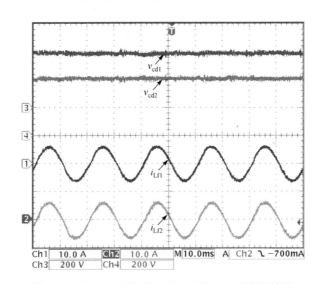

图 4.49 稳态情况下输出电流和输入电压实验结果

图 4.50、图 4.51 分别为系统负载跳变、输入跳变时的仿真结果,图 4.52 为负载跳变时输出电压、电流的实验结果,图 4.53 为负载跳变时输入电压、输出电流的实验结果,图 4.54 为输入跳变时输入电压、输出电流的实验结果。由仿真和实验结果可以得到,当输入突加或突减时,各个逆变器模块仍然可以实现输入电压、输出电流的均分。因此,图 4.51、图 4.54 对 4.3 节所分析的输入电压扰动不影响输入均压进行了验证。

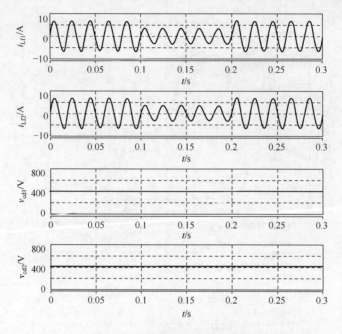

图 4.50　负载跳变的仿真结果

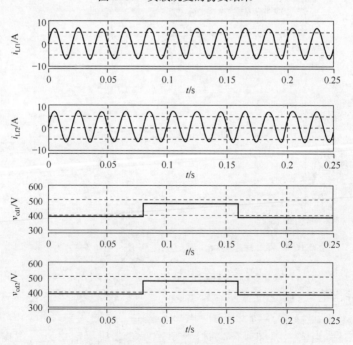

图 4.51　输入跳变的仿真结果

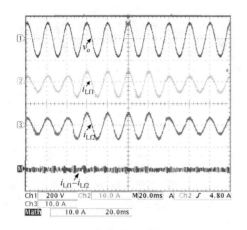

图 4.52　负载跳变时输出电压、
输出电流的实验结果

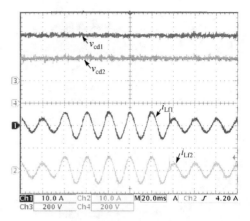

图 4.53　负载跳变时输入电压、
输出电流的实验结果

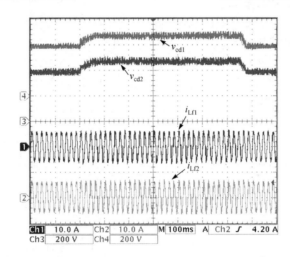

图4.54　输入电压跳变时输入电压、输出电流的实验结果

图 4.55 为感性负载下输出电流和周波变换器驱动实验结果,图 4.56 为感性负载下输出电压、输出电流、变压器副边电压实验结果,图 4.57 为整流性负载下输入电压、输出电流实验结果。由仿真和实验结果可以得到,即使是在感性和整流性负载条件下,各个逆变器模块仍然可以实现输入电压、输出电流的均分。此外,由图 4.55 可知,周波变换器的驱动信号完全是由输出电流的极性决定的,与 4.2.2 节所分析的一致;由图 4.56 可知,变压器副边的输出电压是高频的电压脉冲波形,呈正弦分布,对 4.2.2 节所分析内容进行了验证。

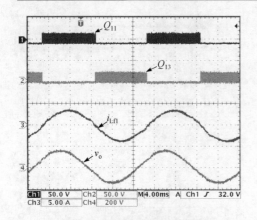

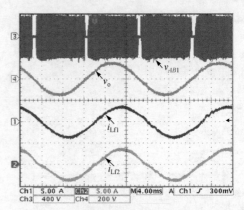

图 4.55　感性负载下输出电流和
周边变换器驱动实验结果

图 4.56　感性负载下输出电压、输出电流、
变压器副边电压实验结果

图 4.58 是两个逆变器变压器匝比不一致时系统稳态时的实验结果,其中 $N_1:1=2:1$,$N_2:1=1.7:1$。由图 4.54 可知,由于模块♯2 的变压器匝比小于模块♯1 的变压器匝比,为了实现输出的均流和输入的均压,模块♯2 的占空比大于模块♯1 占空比。图中所示各模块变压器原边波形的幅值基本相等,表明系统的输入电压实现了均压。因此,由实验结果可以得到,即使各个逆变器模块之间参数不一致,采用输出电流交错控制依然可以实现输入电压、输出电流的均分。

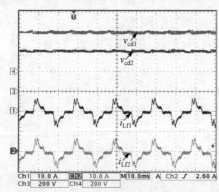

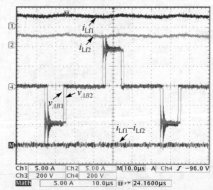

图 4.57　整流性负载下输入电压、
输出电流实验结果

图 4.58　变压器匝比不同情况
下输出电流和变压器原边波形

4.7　本　章　小　结

通过上述讨论,得到以下结论:

(1) 对于 n 模块输入串联输出并联型逆变器系统,每个逆变器模块为具有高频脉冲交流环节的全桥全波型高频链逆变器,在主电路结构和控制上更为简单,而

且更加容易实现功率双向流动,易于适应不同性质的负载。各个逆变器模块的周波变换器相同位置的驱动信号一致且由电流的极性决定,从而实现了从硬件结构上消除环流,简化了整个控制系统。针对整流性负载,提出了区域判断的控制方式是有效的。

（2）对于 n 模块输入串联输出并联型逆变器系统来说,通过实现各个模块的输出电流均分,从而实现输入电压均分及功率均分。在此基础上,通过小信号模型、劳斯判据及根轨迹分析了输出电流独立控制和输出电流交错控制控制方式的稳定性。

（3）在瞬时功率理论的基础上,对两模块输入串联输出并联型高频链逆变器系统进行了均流分析,并对系统的控制器进行了设计。

（4）在消除环流的基础上,对于 ISOP 模块化高频链逆变器,在不采样原边每个模块输入电压的情况下,提出了输出电流交叉反馈控制。仿真和实验表明,所提出的功率均分控制策略,使得模块在动态、静态下均能实现良好的功率均分。在不同负载特性下也能实现良好的功率均分,而且能够克服系统参数不一致,如变压器匝比不同带来的影响,实现模块之间良好的功率均分。

第5章 输入串联输出串联模块化高频链逆变器

对于 ISOS 模块化逆变器,本章提出了一种控制策略。逆变器模块为双向功率流的高频脉冲交流环节逆变器。每个逆变器模块均由一个高频逆变器,一个高频变压器和一个周波变换器组成。对于该双向 ISOS 逆变器系统,在通用负载下,通过分析揭示了输入电压均分和输出电压均分之间的关系。为了实现输入电压均分或者输出电压均分,提出了一种不需要采样原边输入电压的控制策略。对于每个模块,公用电压输出环乘以每个模块的幅值补偿的输出得到了用于产生占空比的调制信号。给出了环路增益分析的曲线。采用所提出的控制策略,无论在稳态还是在瞬态变换过程中,都可以实现良好的输入电压均分和输出电压均分。对于输入串联-输出串联的两模块逆变器系统进行了仿真和实验研究,验证了所提出控制方法的有效性。

5.1 引　　言

ISOS 模块化逆变器适合用于高压直流输入-高压交流输出的场合,具体组成如图 5.1 所示。

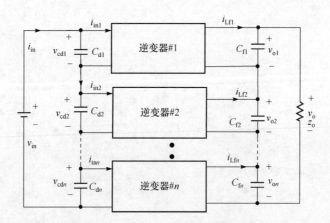

图 5.1　ISOS 模块化逆变器

在已有的文献中,对于 ISOP 模块化 DC-DC 变换器已经讨论了很多。正如第 3 章所指出的,即使一些在 ISOP DC-DC 变化器中应用非常稳定的控制策略,在 ISOS DC-DC 变换器中已不再稳定。如相同占空比控制(common duty cycle control），即使对于参数完全一致的模块，采用 ISOS 连接方式也是不稳定的。即使交错控制是稳定的，但稳定的裕度很低。

对于 ISOS 连接的两模块 DC-DC 变换器，采用占空比交叉反馈[75]，在不采样输入电压情况下可以实现模块之间良好的功率均分。对于所组成的 DC-DC 变换器，每个模块的功率流是单向的，而对于模块化 DC-AC 逆变器，至少从逆变器环节而言，功率流是双向的。因此占空比直接交叉反馈是否适用于 ISOS 两模块 DC-AC 逆变器，情况未知。

对于 ISOS 连接的多模块 DC-DC 变换器，在不采样每个模块输入直流电压情况下，提出了一种通用的功率均分控制策略[76]。对于模块化 DC-DC 变换器，各个模块功率都是由输入向输出传递。然而对于 DC-AC 逆变器，每个模块的功率流都可以是双向的，功率流具有更大的自由度。如果在控制过程中，即使采用和 ISOS DC-DC 相类似的控制策略，也可能是不稳定的。

对于所组成的高频隔离逆变器，一般采用 DC-DC 和 DC-AC 两级变换环节。采用该两级变换环节所组成的 ISOS 逆变器系统如图 5.2 所表示。

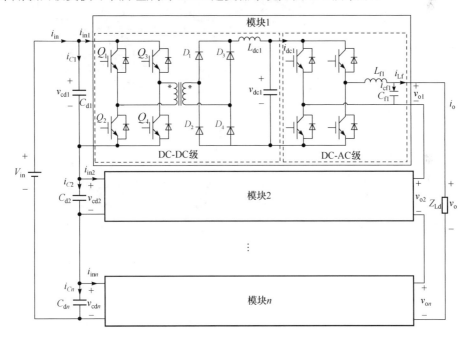

图 5.2　改用 DC-DC 和 DC-AC 两级变换环节所组成的 ISOS 逆变器系统

如图 5.2 所示，每个模块采用单相功率流的 DC-DC 变换器，交流负载所要回馈的功率无法直接传递到输入的直流电压端，所以每个模块的直流母线环节，都需要接额外的无功吸收装置，以抑制无功回馈导致母线电压的“泵生”，增加了主电路的复杂程度[77]。每个环节均需要独立的控制环节,这样使得控制策略比较复杂。为了实现输入电压均分,需要独立的输入电压均分(IVS)环。具体控制策略如图 5.3 所示。

同时图 5.3 给出了带 IVS 环的 ISOS 模块化逆变器中 DC-AC 环节所采用的三闭环控制策略。该控制策略需要采样每个输入的直流电压、每一路输出直流电流和总的输出电压。其中,每个输入电压均压环的输出和总的输出电压调节器电压相乘,作为每个电流环的给定。采样的信号量众多,需要很多传感器,同时控制系统的组成比较复杂。

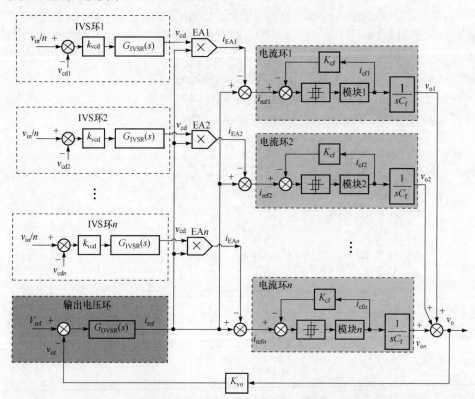

图 5.3　带输入均压环的三闭环 ISOS 模块化逆变器控制框图

对于 ISOP 高频链逆变器,在不使用输入均压环的情况下,采用了一种稳定的控制策略[78]。但是提出的 ISOP 模块化高频链逆变器适合应用在低压输出场合。所以高频链逆变器的变压器副边采用带中点抽头的绕组,周波变换器侧只采用 4 只开关管。为了防止环流产生,采样任一模块的输出电流,产生相应的逻辑以产生周波变换器开关管的驱动信号。但是带中点抽头的变压器不适合应用在高压输出场合。

本章对于 ISOS 模块化逆变器提出了一种稳定的输出电压控制策略,该控制策略不需要采样输入的直流电压,也不需要判断每个模块输出电压极性,简化了系统的控制和设计。并且所组成的逆变器模块为双向功率流,在系统可以实现双向功率流的情况下,分析了输入电压均分和输出电压均分之间的关系。另外,所采用的主电路结构非常适合用在不同负载的场合。

5.2　ISOS 逆变器中输出均流和输入均压的关系

对于 ISOS 连接的 n 个逆变器模块,所有的模块共享一个输出电流,如图 5.4 所示,总的输出电流可以表示为:$i_o = I_m \sin(\omega t)$,其中 ω 是角频率,I_m 是其幅值。对于任意模块 ♯ i 和模块 ♯ j,它们的电压幅值可表示为 V_{mi} 和 V_{mj},它们的相位为 θ_i 和 θ_j。由图 5.4 可知,当总的输出电流和模块 ♯ i 的输出电压极性相同的时候,即 $i_o v_{oi} > 0$,定义该模式为"正常能量传递模式";另一方面,当它们极性不相同的时候,即 $i_o v_{oi} < 0$,此时能量从交流侧传递到直流侧,该工作模式定义为"能量回馈模式"。

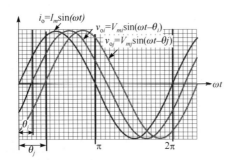

图 5.4　总的输出电流和模块 ♯ i、模块 ♯ j 的输出电压示意图

普通的单相高频隔离逆变器由一个高频隔离不控二极管整流的 DC-DC 变换器和一个 DC-AC 逆变器组成。由于 DC-DC 中整流二极管的单向导电性,负载产生的能量无法回馈到输入的直流侧。但是对于双向的高频隔离逆变器模块,在不考虑功率变换损耗的情况下,假设原边的总的电压被原边分压电容均分,即 $v_{cd1} = v_{cd2} = \cdots = v_{cdi} = \cdots = v_{cdn}$,由于原边各个模块的串联关系,所以在任何时刻,对于模块 ♯ i 和模块 ♯ j,其输入直流侧串联,所以 $i_{in1} = i_{in2} = \cdots = i_{ini} = \cdots = i_{inn}$,无论对于正常功率传递阶段发出的功率还是在功率回馈阶段吸收的功率都是相等的,可写成以下公式:

$$p_{dci} = v_{cdi} i_{ini} = v_{cdj} i_{inj} = p_{dcj} \tag{5.1}$$

其中,p_{dci} 和 p_{dcj} 为模块 ♯i 和模块 ♯j 直流侧输入的功率。假设每个功率模块的变换效率均是 100%,那么对于交流侧,在一个完整的交流基波周期内,在正常功率传递阶段,对于模块 ♯i 和模块 ♯j,它们吸收的功率是相当的,它们的表达式可列写如下:

$$\begin{cases} E_{ai} = \int_{\theta_i}^{\pi} V_{mi}\sin(\omega t)I_m\sin(\omega t - \theta_i)\mathrm{d}(\omega t) + \int_{\pi+\theta_i}^{2\pi} V_{mi}\sin(\omega t)I_m\sin(\omega t - \theta_i)\mathrm{d}(\omega t) \\ E_{aj} = \int_{\theta_j}^{\pi} V_{mj}\sin(\omega t)I_m\sin(\omega t - \theta_j)\mathrm{d}(\omega t) + \int_{\pi+\theta_j}^{2\pi} V_{mj}\sin(\omega t)I_m\sin(\omega t - \theta_j)\mathrm{d}(\omega t) \\ E_{ai} = E_{aj} \end{cases}$$

$$(5.2)$$

同样,对于交流侧,在能量回馈阶段,从交流侧回馈到输入直流侧的能量是一致的,可表示如下:

$$\begin{cases} E_{bi} = \int_{0}^{\theta_i} V_{mi}\sin(\omega t)I_m\sin(\omega t - \theta_i)\mathrm{d}(\omega t) + \int_{\pi}^{\pi+\theta_i} V_{mi}\sin(\omega t)I_m\sin(\omega t - \theta_i)\mathrm{d}(\omega t) \\ E_{bj} = \int_{0}^{\theta_j} V_{mj}\sin(\omega t)I_m\sin(\omega t - \theta_j)\mathrm{d}(\omega t) + \int_{\pi}^{\pi+\theta_j} V_{mj}\sin(\omega t)I_m\sin(\omega t - \theta_j)\mathrm{d}(\omega t) \\ E_{bi} = E_{bj} \end{cases}$$

$$(5.3)$$

根据式(5.2),可得下式:

$$V_{mi}I_m(\sin\theta_i + \cos\theta_i(\pi - \theta_i)) = V_{mj}I_m(\sin\theta_j + \cos\theta_j(\pi - \theta_j)) \qquad (5.4)$$

同样对于式(5.3),可得下式:

$$V_{mi}I_m(-\sin\theta_i + \theta_i\cos\theta_i) = V_{mj}I_m(-\sin\theta_j + \theta_j\cos\theta_j) \qquad (5.5)$$

把式(5.4)和式(5.5)相加,可得

$$V_{mi}I_m\cos\theta_i = V_{mj}I_m\cos\theta_j \qquad (5.6)$$

式(5.5) 除以式 (5.6) 可得

$$-\tan\theta_i + \theta_i = -\tan\theta_j + \theta_j \qquad (5.7)$$

对于以下函数:

$$f(x) = -\tan x + x \qquad (5.8)$$

其微分 $\dfrac{\mathrm{d}}{\mathrm{d}x}f(x) = 1 - \sec^2(x) = -\tan^2(x) < 0$,于是函数 $f(x)$ 是单调递减函数。对于交流负载,其相位应满足:$\theta_i \in (-\pi/2, \pi/2)$,$\theta_j \in (-\pi/2, \pi/2)$。根据式 (5.7),可得

$$\theta_i = \theta_j \tag{5.9}$$

把式 (5.9)代入式(5.6)可得

$$V_{mi} = V_{mj} \tag{5.10}$$

式 (5.10)表明,对于 ISOS 连接的双向功率流高频隔离逆变器模块,一旦输入电压均分,输出交流电压必然实现均分。另一方面,如果输出交流电压实现均分,即 $V_{mi} = V_{mj} = V_m$, $\theta_i = \theta_j = \theta$,则可得

$$
\begin{aligned}
p_{aci} &= V_{mi}\sin(\omega t - \theta_i)I_m\sin(\omega t) = V_m\sin(\omega t - \theta)I_m\sin(\omega t) \\
&= V_{mj}\sin(\omega t - \theta_j)I_m\sin(\omega t) = p_{acj}
\end{aligned}
\tag{5.11}
$$

其中, p_{aci} 和 p_{acj} 为模块 $\sharp i$ 和模块 $\sharp j$ 交流侧输出的功率。上式表明,一旦在任何时刻,对于每个模块的交流侧,吸收和发出的功率相等。不失一般性,考虑到每个模块的效率不同,可得下式:

$$p_{dci}\eta_i = v_{cdi}i_{ini}\eta_i = p_{aci} = p_{acj} = p_{dcj}\eta_j = v_{cdj}i_{inj}\eta_j \tag{5.12}$$

由于输入串联,两个模块的输入电流相等, $i_{ini} = i_{inj}$. 根据式(5.12)可得

$$\frac{v_{cdi}}{v_{cdj}} = \frac{\eta_j}{\eta_i} \tag{5.13}$$

这意味着一旦副边可以实现电压均分,对于组成的逆变器模块,输入电压的均分与它们各自的变换效率成反比。实际上,每个逆变器模块可以采用相同的功率器件,同样规格的高频变压器,所以每个逆变器模块的变换效率基本相同。因此如果所有的逆变器模块变换效率相同,一旦输出电压实现均分,对于 ISOS 连接的双向功率流高频隔离逆变器,则输入电压可以实现均分。

5.3　ISOS 模块化主电路结构及其 PWM 调制策略

ISOS 模块化高频链逆变器的主电路结构如图 5.5 所示,每个逆变器需要进行电气隔离,因为输入串联和输出串联逆变器用在高压输入和高压输出场合。每个逆变器模块由一个全桥逆变器、一个高频变压器、一个全桥型周波变换器和低通 LC 滤波器。高频变压器具有电气隔离和电压比调整两个作用。采用的全桥型周波变换器适合在高压场合使用,周波变换器的每个开关管是由两个 N 沟道 MOSFET 反向串联构成。在图 5.5 中,所有的二极管均是相应 MOSFET 管的体二极管。

图 5.6 为所组成的模块-全桥-全桥高频链逆变器的主电路。变压器前级为高频逆变器,把输入直流电压通过 PWM 调制逆变成正、负高频交流电压脉冲方波,因此采用高频变压器可以实现能量传递,变压器把副边的高频脉冲通过极性调整,

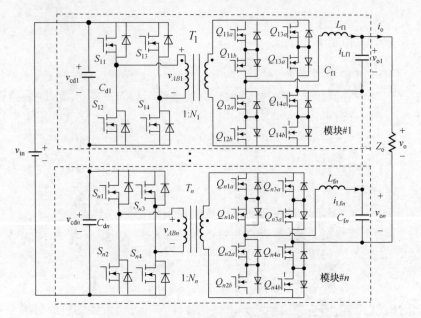

图 5.5　ISOS 模块化逆变器的主电路

在低通滤波之前得到含有正弦低频信号的脉冲波,通过低通滤波器之后,就可以得到纯净的交流电压。

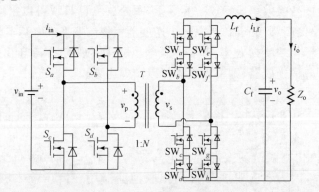

图 5.6　全桥-全桥高频链逆变器拓扑

　　该高频链的 PWM 调制策略如图 5.7 所示,其中 v_m 为调制波,$-v_m$ 为调制波的负值,v_t 为双边调制的高频载波,逆变桥为单极性调制,SPWM 调制结果驱动变压器原边桥,变压器传递的是高频交流方波 v_{AB}。周波变换器的驱动配合双边载波,把变压器传递的波形调制为单极性波形,再通过 LC 滤波得到纯净的交流电压 v_o。

　　为了简化模态,我们以阻性负载为例进行分析,此时调制波 $v_m > 0$,具体模态如图 5.8 所示。

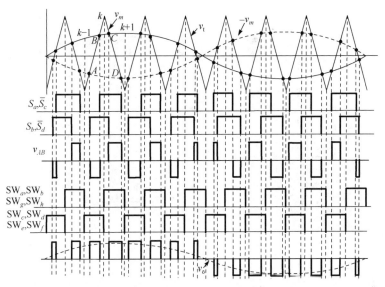

图 5.7　全桥-全桥高频链逆变器 PWM 调制策略

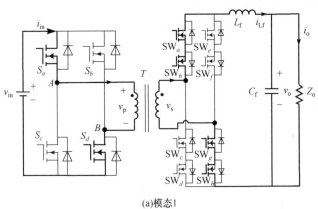

(a)模态1

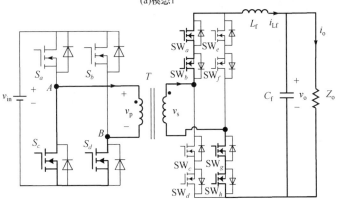

(b)模态2

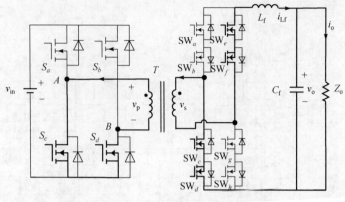

(c) 模态3

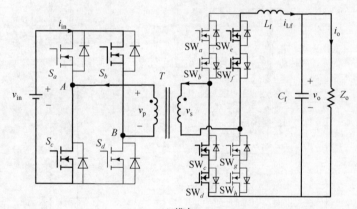

(d) 模态4

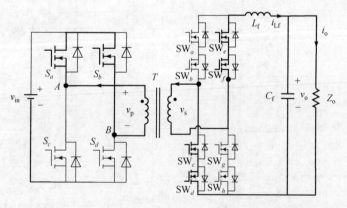

(e) 模态5

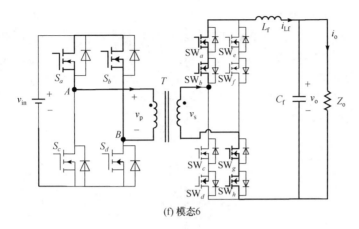

(f) 模态6

图 5.8 全桥-全桥高频链逆变器模态分析

模态 1：S_a、S_d 开通，变压器原边绕组电压为正，能量通过变压器传递到副边，周波变换器 SW_a、SW_b、SW_g、SW_h 开通，电感电流为正，输出电压为正。

模态 2：S_a 关断，S_c 开通，变压器原边被短路，并通过漏感续流。由于变压器原边绕组被短路，所以副边绕组也被短路，周波变换器通过 SW_a、SW_b、SW_g、SW_h 和输出滤波电感续流。

模态 3：SW_a、SW_b、SW_g、SW_h 关断，SW_c、SW_d、SW_e、SW_f 开通，变压器原边仍被短路，周波变换器仍然续流，续流回路由 SW_a、SW_b、SW_g、SW_h 变为 SW_c、SW_d、SW_e、SW_f。

模态 4：S_d 关断，S_b 开通，此时变压器原边承受负压，输入电源能量通过变压器传递到变压器副边，周波变换器通过 SW_c、SW_d、SW_e、SW_f 回路把能量传递到负载。

模态 5：S_c 关断，S_a 开通，此时变压器原边被短路，并通过漏感续流，变压器副边绕组也同时被短路，输出滤波电感通过周波变换器的 SW_c、SW_d、SW_e、SW_f 回路进行续流。

模态 6：SW_c、SW_d、SW_e、SW_f 关断，SW_a、SW_b、SW_g、SW_h 开通，变压器原副边仍然被短路，输出电感电流仍然续流。此模态结束后，高频链变换器将重复模态 1。

当负载为阻性且调制波 $v_m < 0$ 时，具体模态与上述相似，输出电感电流为负，输出电压也为负。

5.4 输出电压直接交叉反馈控制和所提出控制策略的对比分析

与输出电流直接交叉反馈控制应用于输入串联输出并联 DC-DC 变换器类似，

对于 ISOS 连接的逆变器模块,其输出电压直接交叉反馈控制如图 5.9 所示。其中对于任一模块,其电压反馈是其他所有模块反馈电压之和。v_{oref} 是整个输出电压的参考。为了验证该方法的有效性,对于 ISOS 连接的两逆变器模块进行了仿真,仿真参数如下:①输入直流电压:600V;②输出电压 440V/50Hz;③ 额定输出电流:5.50A;④开关频率:20kHz;⑤变压器匝比:$1:N_1=1:2,1:N_2=1:2.5$;⑥输出滤波器参数:$L_{\text{f}}=0.3\text{mH},C_{\text{f}}=20\mu\text{F}$。

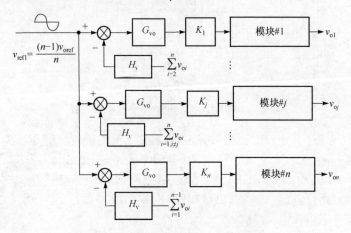

图 5.9　输出电压直接交叉反馈控制

图 5.10 给出了采用输出电压直接交叉反馈控制的仿真结果。由该图可以看出,启动刚开始以后,一个模块承担所有的电压和功率。所以,输出电压直接交叉反馈导致系统崩溃。因为每个输出交流电压均包含幅值和相位两个量,所以一旦输出电压具有相位差,功率平衡就被破坏了。

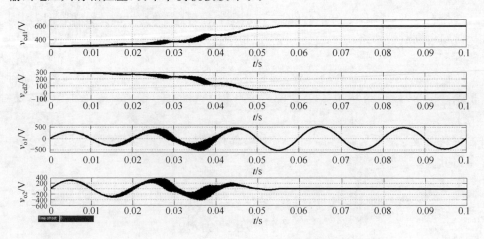

图 5.10　采用输出电压直接交叉反馈控制的仿真结果

为了确保每个输出电压在任意时刻都具有相同的相位,对于 n 个逆变器模块的 ISOS 系统,提出了一种稳定的控制策略。图 5.11 给出了该控制策略的框图。由该图可知,该控制策略中具有一个公用的电压调节器,对于该公用的电压调节器,采样总的输出电压 v_o 与给定 v_{ref} 比较,误差经过电压补偿器 G_{vo} 以后生成了输出信号 x_{totout}。

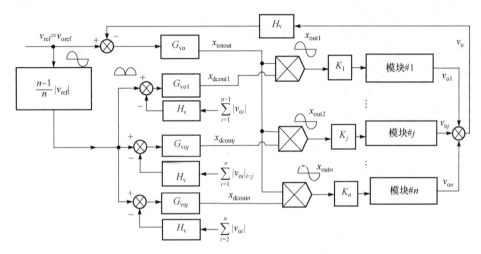

图 5.11   用于 ISOS 连接的 n 个高频链逆变器模块的控制策略

每一个模块有一个独自的电压补偿环,该电压补偿环的电压参考是总的输出电压的绝对值乘以 $n/(n-1)$,其反馈是除了自身以外其他模块输出电压的和。例如,对于模块 $\sharp j$,其电压环的反馈可以表示为:$H_v \sum\limits_{i=1}^{n} |v_{oi}|_{i \neq j}$,其中 H_v 是电压采样增益。每个电压环的误差分别通过 $G_{vo1}, G_{vo2}, \cdots, G_{von}$ 进行补偿,依次产生正的直流值 $x_{dcout1}, x_{dcout2}, \cdots, x_{dcoutn}$。这些输出的直流值分别和总输出电压环的输出 x_{totout} 相乘,分别产生调节信号:$x_{out1}, x_{out2}, \cdots, x_{outn}$。值得注意的是,所有的调节信号可能具有不同的幅值,但是具有相同的相位。K_1、K_j 和 K_n 是每个逆变器模块功率环节的等效传递函数。以模块 $\sharp j$ 为例,$K_j = v_{cdj} N_j / V_c$,其中,v_{cdj} 为模块 $\sharp j$ 的输入电压;N_j 是变压器匝比;V_c 是产生 PWM 三角载波的峰值。所有模块的载波是一样的。

对于两模块组成的高频链逆变器的 ISOS 系统,采用图 5.11 所提出的控制方法进行了仿真,仿真参数和前面采用输出电压直接交叉反馈控制的参数完全一样。

由图 5.12 给出了的仿真结果可知,采用所提出的控制策略无论是输入电压还是输出电压都实现了均分。采用所提出的控制策略,因为所有整流补偿环路的输出值均为正值,所以每个模块的输出信号 $x_{out1}, \cdots, x_{outn}$ 都大于零。假设每个逆变器交流输出侧的 LC 滤波都是相同，即 $L_{f1}=L_{f2}=L_f$，$C_{f1}=C_{f2}=C_f$。基于图 5.13 所示的输出侧的连接方式，根据基尔霍夫电压定律可得下式：

$$\begin{cases} v_1 - v_{o1} = sL_f i_{Lf1} \\ v_2 - v_{o2} = sL_f i_{Lf2} \end{cases} \tag{5.14}$$

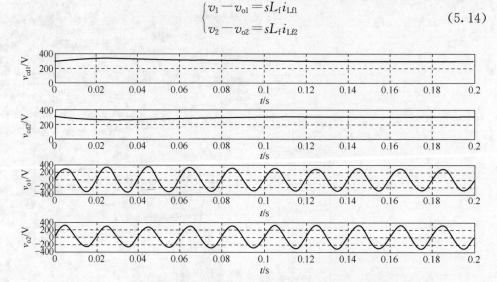

图 5.12　对于 ISOS 两模块高频链逆变器所采用的控制方法的仿真结果

同样，采用基尔霍夫电流定律可得

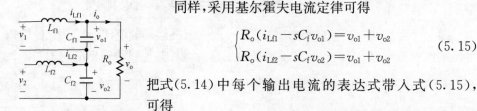

图 5.13　输出侧等效电路

$$\begin{cases} R_o(i_{Lf1} - sC_f v_{o1}) = v_{o1} + v_{o2} \\ R_o(i_{Lf2} - sC_f v_{o2}) = v_{o1} + v_{o2} \end{cases} \tag{5.15}$$

把式(5.14)中每个输出电流的表达式带入式(5.15)，可得

$$\begin{bmatrix} v_{o1} \\ v_{o2} \end{bmatrix} = \begin{bmatrix} G_1 & G_2 \\ G_2 & G_1 \end{bmatrix} \begin{bmatrix} v_1 \\ v_2 \end{bmatrix} \tag{5.16}$$

其中，G_1、G_2 值如下所示：

$$\begin{cases} G_1 = \dfrac{L_f C_f R_o s^2 + L_f s + R_o}{L_f^2 C_f^2 R_o s^4 + 2L_f^2 C_f s^3 + 2L_f C_f R_o s^2 + 2L_f s + R_o} \\[4mm] G_2 = \dfrac{-sL_f}{L_f^2 C_f^2 R_o s^4 + 2L_f^2 C_f s^3 + 2L_f C_f R_o s^2 + 2L_f s + R_o} \end{cases} \tag{5.17}$$

于是，对于所述的两逆变器组成的 ISOS 系统，其详细的控制策略如图 5.14 所示。

每个输出电压采样信号均经过整流以后与相同的交流正弦整流以后的信号相比较，得到的电压误差分别通过补偿网络 G_{vo1} 和 G_{vo2} 补偿，产生 x_{dcout1} 和 x_{dcout2} 信

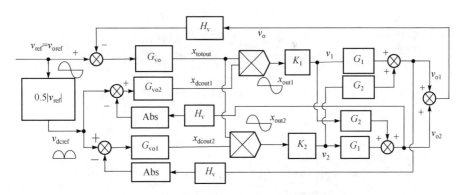

图 5.14　两逆变器模块 ISOS 系统的详细控制框图

号,产生的信号和统一电压调节器的输出相乘。K_1 和 K_2 是 PWM 产生环节的等效传递函数。

　　图 5.15 的仿真结果给出了 x_{dcout1},x_{dcout2} 和每个输出电压的波形。当输出电压实现均分的时候,x_{dcout1} 和 x_{dcout2} 是恒定的直流分量,这表明,x_{dcout1} 和 x_{dcout2} 的值仅仅影响调节信号 x_{out1} 和 x_{out2} 的幅值,而不影响它们的相位。如图 5.11 所示,x_{dcout1} 可写成下式:

$$\begin{cases} x_{dcout1} = G_{vo2}(0.5|v_{ref}| - |v_{o2}|H_v) \\ x_{dcout1} > 0 \end{cases} \qquad (5.18)$$

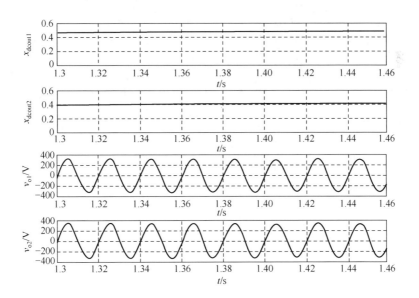

图 5.15　匝比不一致下稳态时输出电压的仿真波形

在实际运算中，如果 x_{dcout1} 的值小于零，必须对其进行限幅，以确保在任何时候，该值都大于零。乘法器的输出 x_{out1} 为模块♯1 的输出，可写成下式：

$$x_{\text{out1}} = x_{\text{totout}} x_{\text{dcout1}} = 0.5 x_{\text{totout}} + m x_{\text{totout}} = 0.5 x_{\text{totout}} + x_{\text{acout1}} \tag{5.19}$$

因为 $x_{\text{dcout1}} > 0$，所以式(5.19)中 m 的取值范围为：$-0.5 < m < 0.5$，可以得出：$x_{\text{acout1}} = m x_{\text{totout1}}$。图 5.16 所示为所提出的控制策略的等效控制框图。

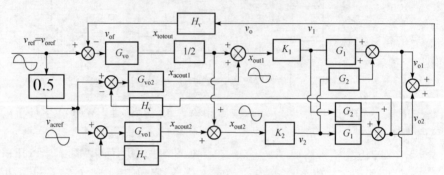

图 5.16　控制策略等效控制框图

如图 5.16 所示，可得下式：

$$\begin{cases} v_1 = x_{\text{out1}} K_1 \\ v_2 = x_{\text{out2}} K_2 \end{cases} \tag{5.20}$$

为了得到环路增益的传递函数，切断反馈电压 v_{of} 的信号，所以两个模块的调制信号可列写如下：

$$\begin{cases} x_{\text{out1}} = 0.5 G_{\text{vo}} v_{\text{ref}} + G_{\text{vo2}} (0.5 v_{\text{ref}} - v_{\text{o2}} H_{\text{v1}}) \\ x_{\text{out2}} = 0.5 G_{\text{vo}} v_{\text{ref}} + G_{\text{vo1}} (0.5 v_{\text{ref}} - v_{\text{o1}} H_{\text{v1}}) \end{cases} \tag{5.21}$$

把式(5.20)和式(5.21)代入式(5.16)可得

$$\begin{cases} A v_{\text{ref}} - B v_{\text{o1}} - C v_{\text{o2}} = 0 \\ A_1 v_{\text{ref}} - B_1 v_{\text{o1}} - C_1 v_{\text{o2}} = 0 \end{cases} \tag{5.22}$$

式(5.22)的相关的系数如下：

$$\begin{cases} A = 0.5(K_1 G_1 G_{\text{vo}} + K_2 G_2 G_{\text{vo}} + G_{\text{vo2}} K_1 G_1 + K_2 G_2 G_{\text{vo1}}) \\ B = (1 + K_2 G_2 G_{\text{vo1}} H_{\text{v}}) \\ C = K_1 G_1 G_{\text{vo2}} H_{\text{v}} \end{cases} \tag{5.23}$$

$$\begin{cases} A_1 = 0.5(K_1 G_2 G_{\text{vo}} + K_2 G_1 G_{\text{vo}} + K_1 G_2 G_{\text{vo2}} + K_2 G_1 G_{\text{vo1}}) \\ B_1 = K_2 G_1 G_{\text{vo1}} H_{\text{v}} \\ C_1 = 1 + K_1 G_2 G_{\text{vo2}} H_{\text{v}} \end{cases} \tag{5.24}$$

环路增益传递函数可列写如下：

$$T(s) = \frac{v_o H_v}{v_{ref}} = \frac{H_v(v_{o1} + v_{o2})}{v_{ref}} \tag{5.25}$$

把式(5.22)代入式(5.25)，可以得到环路增益传递函数的具体表达式：

$$T(s) = \frac{H_v(AC_1 - A_1 C)}{BC_1 - B_1 C} + \frac{H_v(AB_1 - A_1 B)}{CB_1 - BC_1} \tag{5.26}$$

为了得到整个环路增益，两模块 ISOS 系统和仿真参数除了变压器匝比以外其他参数完全一致。两个逆变器模块变压器匝比完全一致：$1:N_1 = 1:N_2 = 1:2$。电压增益 H_v 是 0.001，载波峰值 V_c 为 5V，K_1 和 K_2 是 120，无论是电压补偿环还是电流环均采用 PI 补偿。在未补偿状态，$G_v(s)$ 值取 1，补偿函数 G_{ov1} 和 G_{ov2} 取值一样：

$$G_{vo1}(s) = G_{vo2}(s) = 0.1 + \frac{300}{s} \tag{5.27}$$

对于输出电压环路的增益设计，为了得到精确的电压跟踪，补偿器设计为 PID 加改进模式的谐振控制器：

$$G_{vo}(s) = 10 + 0.004s + \frac{4000}{s} + \frac{400s}{s^2 + 2.5s + 10000\pi^2} \tag{5.28}$$

图 5.17(a)和图 5.17(b)给出了采用式(5.27)和式(5.28)补偿器的仿真和实验结果。

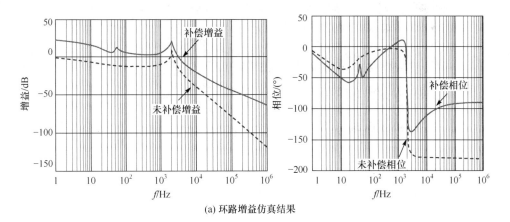

(a) 环路增益仿真结果

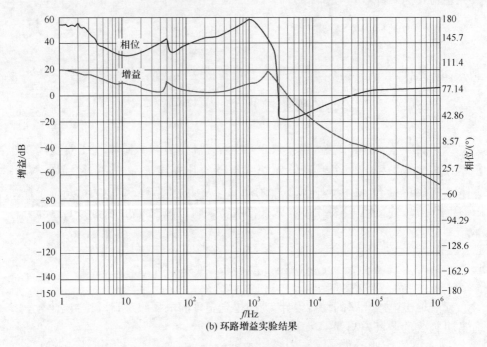

(b) 环路增益实验结果

图 5.17 环路增益仿真和实验结果

必须指出的是,实验中给出的相位裕度是仿真给出的相位和 180°之和。可以看出,仿真和实验结果吻合性很好。由图示可知,未补偿的环路增益小于 0dB。但是补偿以后,从仿真和实验结果可知,穿越频率均小于 3kHz,相位裕度大于 40°,这表明系统是稳定的。在基波频率 50Hz 处,补偿的增益很高,表明对于交流电压参考的跟踪,可以获得较高的跟踪精度。

5.5　ISOS 模块化高频链逆变器实验分析

5.5.1　变压器匝比一致情况下的实验分析

为了进一步验证所提出控制策略的有效性,搭建了 ISOS 连接的两个高频链逆变器模块实验室原理样机,样机的参数和仿真参数完全一致。实验中各个模块变压器匝比相同且为 1：2。图 5.18 为在额定输入电压和额定纯阻性负载下输入和输出电压的波形,由该图形可知,在稳态下,不采样输入电压,采用所提出的输出电压控制策略,可以实现输入电压和输出电压的均分,即实现了模块之间功率均分。图 5.19(a)给出了高频变压器原边和副边的电压,变压器的原副边为高频交流脉冲波,因为两个变压器的匝比相同,所以在任何时刻,两个模块的驱动占空比完全一样,图 5.19(b)为展开的两个模块高频变压器的原边波形,验证了两个模块占空比一致的有效性。

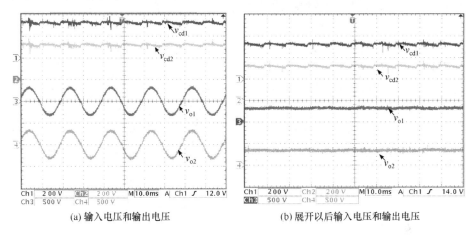

(a) 输入电压和输出电压　　　　　　　　　(b)展开以后输入电压和输出电压

图 5.18　输入电压和输出电压

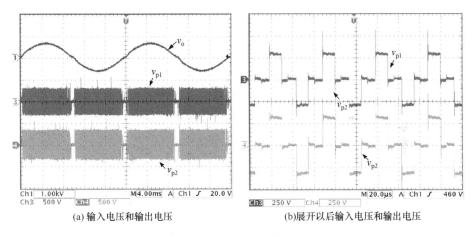

(a) 输入电压和输出电压　　　　　　　　　(b)展开以后输入电压和输出电压

图 5.19　输入电压和输出电压

　　图 5.20 为额定纯阻性负载时,输入电压突变情况下的每个模块的输出电压的波形。其中图 5.20(a)为电压从 660V 跳变到 720V,图 5.20(b)为电压从 720V 跳变到 660V。由图 5.20 可知,在任何时刻输入电压均可以实现均分,而输出电压也可以实现良好的均分,且输入电压的跳变对输出电压的瞬时值没有影响。图 5.21为输出负载在半载和满载之间切换时输出电压的波形,图 5.21(a)为负载由半载到满载切换的波形,图 5.21(b)为输出负载由满载到半载切换的波形。由图 5.21可知,不论负载如何变化,每一路输出电压的波形均不变,且它们的瞬时值相等。

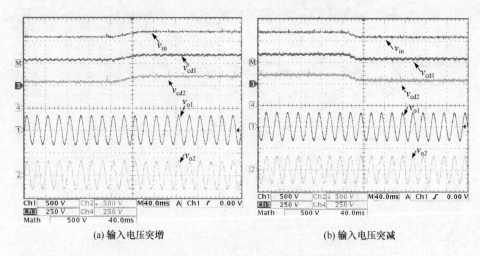

(a) 输入电压突增　　　　　　　　　　(b) 输入电压突减

图 5.20　输入电压突变情况下输出电压的波形

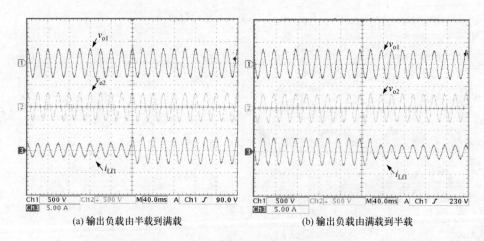

(a) 输出负载由半载到满载　　　　　　　(b) 输出负载由满载到半载

图 5.21　输出负载切换时输出电压的波形

图 5.22 为阻感性负载下实验波形,图 5.22(a) 为该情况下的输入的直流电压,一路输出电压和一路输出电流的波形。图 5.22(b) 为两路输出交流电压和一路输出电流。可见,即使在阻感性负载下也能实现良好的输入直流电压和输出交流电压的均分。图 5.23 为整流性负载下的实验波形。其中整流性负载的构成为一个全桥二极管整流输出并联一个 $1000\mu F$ 电容和额定纯阻性负载。无论是输出电压还是输入电压,均能实现良好的功率均分。

5.5.2　变压器匝比不一致情况下的实验分析

以上实验结果均是在变压器匝比完全一致的情况下取得的,为了验证该控制

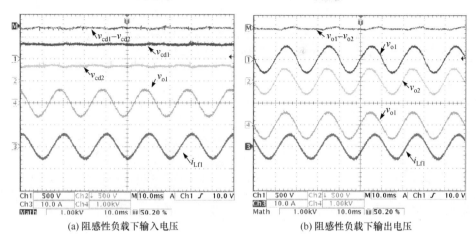

(a) 阻感性负载下输入电压　　　　　　　(b) 阻感性负载下输出电压

图 5.22　阻感性负载下输入电压和输出电压

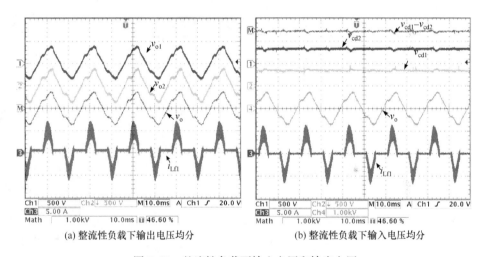

(a) 整流性负载下输出电压均分　　　　　(b) 整流性负载下输入电压均分

图 5.23　整流性负载下输入电压和输出电压

策略在变压器匝比不一致情况下的可行性,把其中一个变压器的匝比故意设计成
1：2.5,其他实验参数和仿真参数完全一致,相关的实验结果如下所示。

　　图 5.24～图 5.27 给出在稳态时纯阻性负载下的实验结果。如图 5.24 所示,
采用所提出的控制策略,输出电压实现了均分。如图 5.25 所示,输入电压也可以
实现良好的均分。图 5.26 给出了两个模块变压器原边的波形。因为模块♯2 的
变压器匝比比模块♯1 的变压器匝比大,为了实现在变压器匝比不一致下的功率
均分,模块♯2 的有效占空比要小于模块♯1 的有效占空比。图 5.27(a)和图 5.27
(b)给出了幅值补偿环的输出结果 x_{dcout1} 和 x_{dcout2}。这两个值是通过 DA 转换器
DAC7625 输出的,DAC7625 的正向参考电位是 5V,对应的数字量是 2048,如前所

述,幅值补偿环的输出限幅值是无量纲数 0.5,在定点 DSP 程序中对应的是数字量 2048。于是,正如图 5.27(a)所示,x_{dcout1} 和 x_{dcout2} 分别代表无量纲的数 0.5 和 0.4,这与图 5.15 给出的仿真结果是完全一致的。

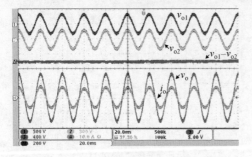

图 5.24　额定阻性负载下输出电压均分

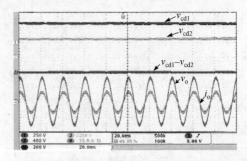

图 5.25　额定阻性负载下输入电压均分

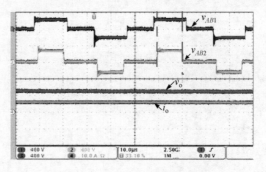

图 5.26　不同模块变压器原边电压

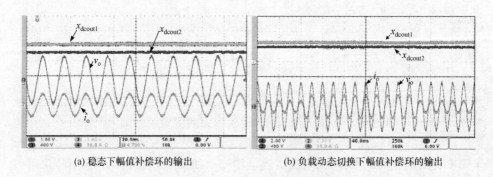

(a) 稳态下幅值补偿环的输出　　　　　　　(b) 负载动态切换下幅值补偿环的输出

图 5.27　幅值补偿环的输出

　　图 5.28 给出了在感性负载下输出电压、输出电流和输入电压的波形,其中感性负载是由 80Ω 的电阻和一个 150mH 电感串联构成。虽然采用感性负载,功率可以直接回馈到直流侧,但采用所提出的功率均分控制策略,依然可以实现输入电

压均分。图 5.29 为整流性负载下的实验波形。其中整流性负载为全桥不控整流二极管的输出并联一个 $1000\mu F$ 和一个 80Ω 的电阻。由该图可知,即使在非线性负载下,输出电流产生严重的畸变,采用所提出的控制策略,两个模块也可以实现整个输入电压的均分。

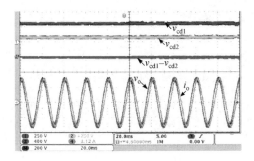 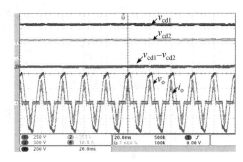

图 5.28　感性负载下的实验结果　　　　　图 5.29　整流性负载下的实验结果

图 5.30(a)和图 5.30(b)为输入电压在 500V 和 700V 之间变化的波形。如图所示,即使在切换瞬间也可以实现输入和输出电压的均分,总的输出电压根本不受该瞬态切换的影响。

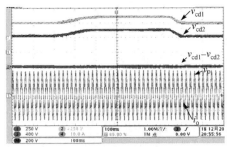 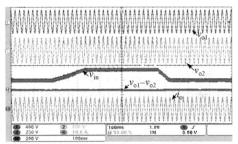

(a)输入电压突变下每个模块输入电压、　　　(b)输入电压突变下每个模块输出电压和输出电流
　　输出电压和输出电流

图 5.30　输入电压在 500V 和 700V 之间变化的波形

图 5.31(a)和图 5.31(b)为负载在半载和全载之间切换的实验波形。由图 5.31(a)可知,在负载跳变过程中,输入电压能够实现均分,而总的输出电压不受影响。而图 5.31(b)中,尽管负载切换,但是输出电压依然能够被两个模块均分。

通常高频隔离逆变器模块由一个单向隔离 DC-DC 变换器级联一个 DC-AC 逆变器组成。而采用对于这种高频隔离逆变器,输入电压和电流的相位极性不同时,由于 DC-DC 变换器输出为二极管整流,交流侧发出的功率无法回馈到直流输入侧。然而,本书所采用的高频逆变器模块为高频脉冲交流环节逆变器,它的变换环

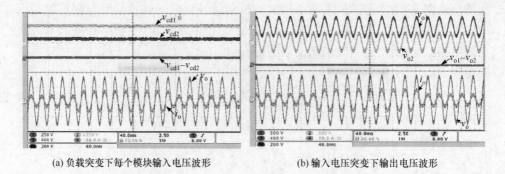

(a) 负载突变下每个模块输入电压波形　　　　(b) 输入电压突变下输出电压波形

图 5.31　负载在半载和全载之间切换的电压波形

节中没有二极管整流环节,所以输出 AC 侧产生的功率可以直接回馈到直流侧,相关的实验结果如图 5.32 所示。

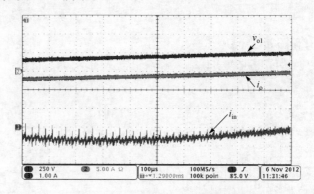

图 5.32　交流侧到直流侧功率流波形

由图 5.32 所示,对于模块♯1:当 $v_{o1}>0$ 时,总的输出电流 $i_o<0$,表明模块♯1此时向直流侧回馈功率。而总的输入电流 $i_{in}<0$ 时,表明此时对于输入侧的直流电压而言,其工作在被充电状态,即吸收功率状态。这就证明了该拓扑结构具有能量双向流特性。

5.6　本章小结

对于高压直流输入高压交流输出场合,本章采用 ISOS 模块化高频链逆变器。在不采样每个模块输入直流电压的情况下,分析了输出电压直接交叉反馈的稳定性,与 ISOS DC/DC 变换器不同,输出电压直接交叉反馈会导致 ISOS 连接模块化DC/AC 逆变器系统不稳定,其本质是交流输出不仅要控制幅值还要控制相位。为此本章提出了一种稳定的功率均分控制策略。采用该方法,在稳态时,在纯阻性负载、阻感性负载以及整流性负载下均能实现输入和输出电压良好均分;在动态情况下如输入电压突变和输出负载突变情况下也能实现输入电压和输出电压均分。即使在模块中变压器匝比不一致时,所提出的控制策略能够克服匝比不一致所带来的影响。采用所提出的控制策略,实现输入和输出电压的均分。因此系统均有良好的动态、静态性能且能够克服参数不一致所造成的影响,并且因为所组成的模块为高频链逆变器,负载产生的功率可以直接回馈到直流侧,即使在功率回馈阶段,模块之间还可以实现功率均分。

第6章　输入串联输出并联模块化高频链 AC-DC 整流器

高压交流输入低压输出隔离式 AC-DC 变换器,可采用移相工频变压器进行降压隔离,然后采用二极管进行多脉冲不控整流,虽然交流侧的输入谐波可以得到有效的抑制,但是,因为是不控整流,所以在输入交流变化的时候,不控整流的直流电压不可控[79,80],所以要采用另外的 DC-DC 变换器实现稳压[81]。对于多脉冲整流,采用工频移相变压器,也可以在副边采用晶闸管的可控整流[82],实现输出直流电压的稳定。但是采用工频变压器,系统功率密度低、成本高,且具有工频噪声。对于三相隔离,也可以通过每相工频隔离,然后整流以后采用一个闭环控制的不隔离 DC-DC 变换器输出并联以后叠加到主输出上,实现高功率因数整流,但依然采用的是笨重的工频变压器[83]。采用高频变压器也可以实现高功率因数的 AC-DC 输入,通常采用两级变换[84]。如果输入为交流高压,可以采用交流侧为背靠背的 AC-DC 变换器级联一个高频隔离变压器的方案,但是随着电压等级的提升,多电平的数目同步增长,多电平中开关管的驱动逻辑变得比较复杂[85]。采用交流侧级联模式,然后具有独立的 DC 母线,每个 DC 母线均作为高频隔离 DC-DC 模块的输入,而高频隔离 DC-DC 模块的输出并联。主要问题如下:因为交流侧采用级联模式,系统未能实现真正的模块化,系统之间功率均分控制非常复杂[86,88]。对于直流输入的模块化串并联 DC-DC 或 DC-AC 变换器已经做了很多工作,而对于 ISOP 的模块化 AC-DC 变换器目前没有讨论。

但是,AC-DC 变换器的拓扑不同于上述的 DC-DC 系统。很少有相关工作验证,上述控制方式是否能够应用于 AC-DC 系统。由于 AC-DC 拓扑的输入为变化的交流量,实际上在控制环路中相当于一个低频扰动量。这个扰动量变换范围很宽,这就要求环路的设计上必须有足够的裕量来保证其稳定性,这些几乎没有相关文章介绍。本章在已有的 DC-DC 控制环路的基础上,揭示了 ISOP AC-DC 控制系统的稳定性机制,提出了一种对 ISOP AC-DC 变换器系统控制的策略,通过变换器的建模与分析,详细论述了系统控制器的设计方法,并且实验和仿真都证明系统在所提出的控制策略下实现了很好的功率均分。

6.1　电路拓扑结构

图 6.1 为 n 模块输入串联输出并联型拓扑结构示意图。

由于该拓扑适用于高压交流输入大电流输出场合,所以在子模块(变换器♯1,

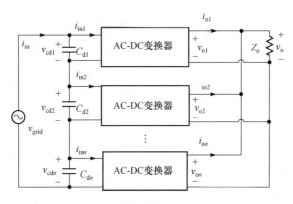

图 6.1　ISOP 模块化 AC-DC 变换器结构图

变换器♯2,…,变换器♯n)的选择上,考虑隔离式的拓扑结构。由于工频隔离式拓扑结构存在着磁性元件体积大、有工频噪声、成本高等多种缺点,所以子模块拓扑选用高频隔离型单极变换拓扑。具体使用的子模块拓扑结构如图 6.2 所示。Q_{1a}、Q_{1b}、Q_{2a}、Q_{2b}、Q_{3a}、Q_{3b}、Q_{4a}、Q_{4b} 为 MOS 管,D_1、D_2、D_3、D_4 为高频整流肖特基二极管,L_f、C_f 为输出滤波电感与电容,C_{in} 为输入滤波电容,T 为变压器。变压器原边为由两个 MOS 管反向串联的可控双向管组成的全桥电路,电网电压作为全桥电路的输入。副边为二极管整流,整流后经过滤波电感 L_f,以及滤波电容 C_f,最终得到直流输出电压。

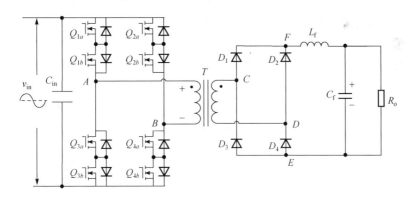

图 6.2　AC-DC 子模块拓扑电路

　　控制策略采用带极性判别的移相控制策略,具体思路大致如下:首先判定输入电压 v_{in} 的极性,如果输入电压大于零,下标为 b 的所有 MOS 管导通,原边相当于输入为正电压的全桥电路,在这个全桥电路的基础上我们采取的是移相控制,在一定的负载情况下,通过设计变压器的漏感参数以及并联 MOS 管 DS 两端电容参数,能实现各个开关管的软开通。当输入电压的极性为负的时候,变压器原边下标为 a 的所有 MOS 管导通,下标为 b 的 MOS 管采用高频调制。所得电路仍然是一个移相全桥电路。

　　具体的调制策略如图 6.3 所示:图中,v_{in} 为输入电压采样信号,用作极性的判别。v_t 为三角载波信号,v_s 为调制信号,其与载波比较并参与 PWM 调制,$\overline{v}_s$ 为调制信号关于载波零点的对称波形,目的是为了产生移相的 PWM 控制波形。Q_{1a}、Q_{1b}、Q_{2a}、Q_{2b}、Q_{3a}、Q_{3b}、Q_{4a}、Q_{4b} 为各个开关管对应的 PWM 驱动信号,v_{AB} 为变压器原边输入电压波形,v_{CD} 为二极管整流后的电压波形,该电压波形经过后级的 LC 低通滤波电路,得到输出电压。

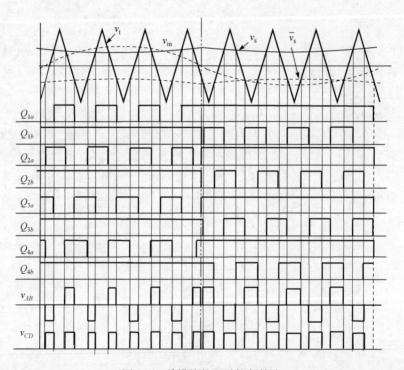

图 6.3　单模块的驱动控制策略

　　以上为子模块在一个工频周期内的调制波形,下面我们分析子模块在一个载波周期内的工作情况,考虑到不论是输入电压为正还是为负,变压器的前级都是一个全桥电路(即正负工作模态是对称的),我们仅仅考虑在输入电压大于零的情况下的模态,具体过程如图 6.4 所示。

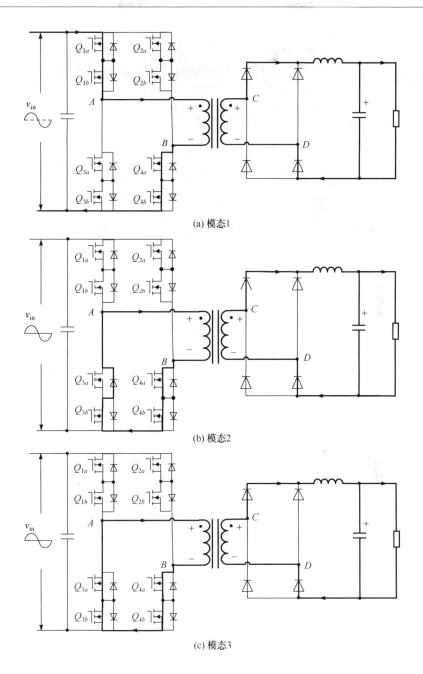

(a) 模态1

(b) 模态2

(c) 模态3

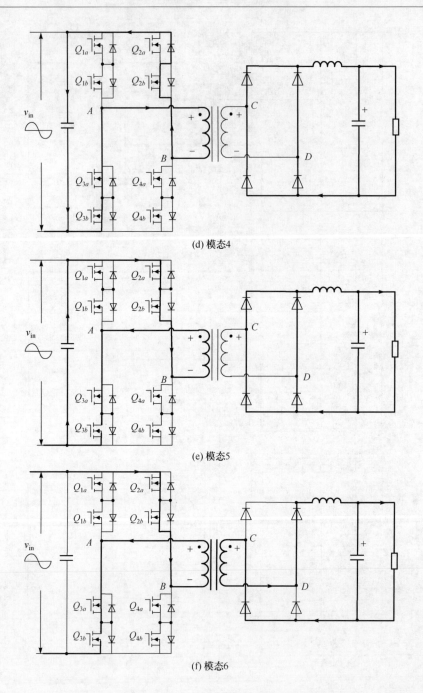

(d) 模态4

(e) 模态5

(f) 模态6

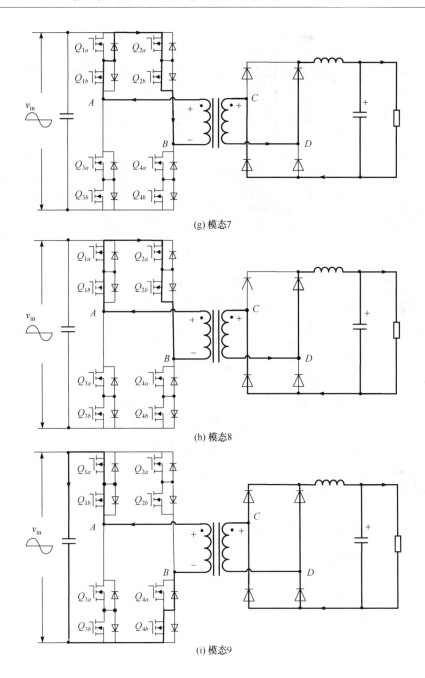

(g) 模态7

(h) 模态8

(i) 模态9

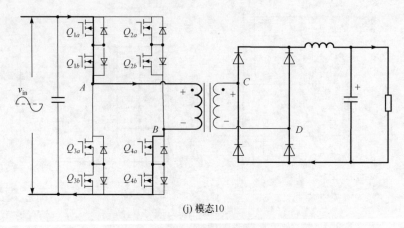

(j) 模态10

图 6.4   AC-DC 单模块模态示意图

因为只考虑在输入电压大于零的情况,在所有的 10 个模态中,Q_{1b}、Q_{2b}、Q_{3b}、Q_{4b} 恒导通。因此,在讨论每种模态的具体情况时,将不讨论 Q_{1b}、Q_{2b}、Q_{3b}、Q_{4b} 四个开关管的开通与关闭情况。

模态 1:Q_{1a}、Q_{4a} 导通,变压器原边电压为正,原边向副边传递能量,后级二极管导通为负载提供能量,此时变压器原副边电流线性上升,变压器原边中的电流等于输出电感电流折合到原边的电流。

模态 2:Q_{1a} 关断,电路只有 Q_{4a} 导通,由于有死区的作用,Q_{3a} 延迟导通。变压器原边的电流通过 Q_{4a}、Q_{4b}、Q_{3b} 以及 Q_{3a} 的体二极管进行续流。变压器仍然参与能量传递,原边变压器中的电流减小,为负载提供能量,输出电感通过二极管续流。

模态 3:Q_{3a} 导通。此时变压器原边电流仍然续流,加在变压器原边的电压仍然为零。与模态 2 不同的是由于 Q_{3a} 导通压降要比其并联的体二极管的压降低,续流回路不再经过体二极管,而是经过 Q_{3a} 本身。此时变压器原边电流仍在减小。

模态 4:Q_{4a} 关闭。由于变压器漏感的作用,电流不能强行反向,所以此时,只有通过 Q_{2a} 的体二极管续流,向电源输入端回馈能量,此时由于电源输入端相当于一个大电容,变压器漏感中的电流快速减小,由于变压器漏感中的电流快速减小,变压器副边将不足以提供负载电流,从而输出电流将通过滤波电感以及所有整流二极管进行续流。此时变压器不参与能量传递过程。

模态 5:Q_{2a} 开通。变压器原边电压为负。电源通过 Q_{2a}、Q_{3a}、Q_{2b}、Q_{3b} 与变压器形成回路。此时电感电流快速减小,直至反向,与副边负载折合到原边的电压相等时,此模态结束。在此模态时刻,变压器不参与能量传递,副边四个二极管仍然导通续流,存在占空比丢失的现象。

模态 6:所有开关管导通的情况与模态 5 一致,区别在于,由于变压器原边电压反向增加至足以提供负载电流,输入电源向负载传递能量,此时变压器原边电流仍然在缓慢线性增大。

模态 7: Q_{3a} 关闭, 由于死区的存在, Q_{1a} 延时导通, 此时变压器中的电流通过 Q_{1a} 并联的二极管以及 Q_{2a} 续流, 输出电流通过二极管续流。

模态 8: Q_{1a} 导通。此时, 由于 Q_{1a} 导通压降比其并联的二极管压降要低, 所以, 漏感中的电流回路, 将不再经过 Q_{1a} 的体二极管, 而是通过 Q_{1a} 本体进行续流。此过程中, 原边电流缓慢减小, 输出电感电流仍然通过二极管续流。

模态 9: Q_{2a} 关闭, 此时由于变压器漏感的作用, 电感电流仍然不能突变, 由于 Q_{2a} 关闭, 续流回路只有通过 Q_{1a} 以及 Q_{4a} 的体二极管续流, 此时, 漏感电流快速释放, 变压器不再参与能量传递过程。副边四个二极管同时导通续流, 变压器副边的电压被钳位在零电位。

模态 10: Q_{1a} 导通, 原边输入电源与变压器形成能量传递回路, 加在变压器两端的电压为输入电压值, 此时变压器中的电流增加。此时, 变压器输入电流不足以提供电感电流, 四个二极管全部导通, 电压被钳位在零电位。在此模态过程中, 变压器存储能量, 输入侧不向负载侧提供能量, 存在着占空比丢失。当电流增加至足以提供负载电流时, 此模态结束, 将进入模态 1, 依次循环。

注: 模态分析过程旨在了解在所给出的开关时序下, 各个开关模态的电路工作情况, 在分析的时候, 为了简便, 忽略了所有开关管上等效的并联电容引起的谐振的模态, 因此模态分析将与实际工程中的模态有一定的差别, 特予以说明。

当输入电压为负的时候, 相当于所有下标为 a 的 MOS 管与所有下标为 b 的 MOS 管互换, 电路的模态与上述模态相似。

6.2　ISOP 模块化高频链 AC-DC 变换器的稳定机制

ISOP AC-DC 整流系统多模块拓扑结构图如图 6.5 所示, 该拓扑结构为由 n 个隔离型高频链变换器组成。所有的变换器输入侧为串联结构, 输出侧为并联结构。对于 ISOP AC-DC 系统, 进行控制时, 关注的焦点还是在各个模块之间的功率均分之上。对于这样一类拓扑, 从输入侧的角度来看, 因为是串联结构, 各个模块的输入电流是一致的, 所以从输入侧的角度而言, 只要实现了输入侧电压的均分, 也就实现了各模块之间输入功率的均分。另一方面, 从输出的角度而言, 输出为并联的结构, 两个模块的输出电压一致, 如果保证了各个模块之间输出电流的一致也就能保证各个模块之间有功功率是实时均分的。在假设两模块系统的效率为 100% 的情况下, 输入功率的均分和输出功率的均分之间的关系, 和第 5 章讨论的情形一样, 在这不做具体讨论。

对于 ISOP DC-DC 的控制策略, 如前几章所述, 主要有以下几种: 相同占空比控制, 基于有源输入电压控制的策略, 无电流传感器的电流控制模式和电流交叉反

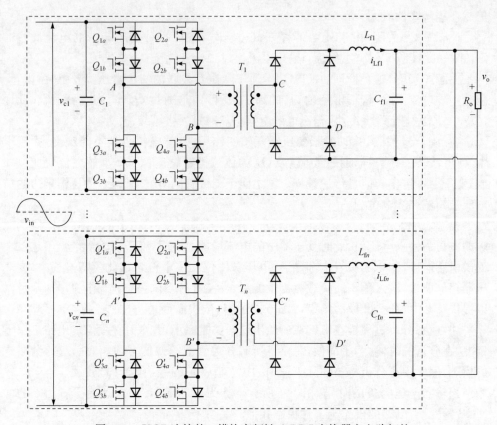

图 6.5　ISOP 连接的 n 模块高频链 AC-DC 变换器主电路拓扑

馈及控制。对于 ISOP DC-AC 的控制方式主要方法为三环控制和交叉占空比控制。本章前言中也提到过,对于 ISOP 组合型模块化 AC-DC 变换器的控制策略鲜有人研究。基于此,本章对 ISOP AC-DC 组合式系统的控制策略进行了分析与探讨。

　　对于 ISOP 模块化 DC-DC 变换器,最简单最直接的控制方式就是相同占空比控制,但由于采用相同占空比控制,一旦模块参数不一致如变压器匝比不一致时无法实现精确的功率均分。而基于有源输入电压控制的策略需要采样每个模块的输入电压,这样控制策略比较复杂。电流交叉反馈控制不需要采样每个模块的输入电压,即使在模块参数不一致时也能实现模块之间良好的功率均分。而本章所研究的 ISOP 模块化高频链 AC-DC 变换器,每个模块的输出电压和电流均为直流,这和 ISOP 模块化 DC-DC 变换器的输出是一样的。因此对于 ISOP 模块化也完全可以采用交叉电流反馈控制,具体的控制策略如图 6.6 所示。

　　如图 6.6 所示,图中 v_{ref} 为输出电压的给定信号;v_{of} 为输出电压反馈信号;G_{vo} 为电压调节器;v_{out} 为电压调节器输出,也是各个模块输出电流的给定信号;i_{f1},i_{f2},$\cdots$,$i_{\text{f}n}$ 分别为对应的各个模块的电感电流反馈信号;G_{i} 为电流误差调节器;x_{out1},

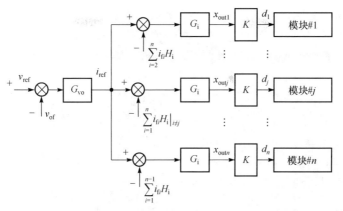

图 6.6 ISOP 连接 n 模块高频链 AC-DC 变换器控制框图

x_{out2},x_{out3},$\cdots$,x_{outn} 分别为各个对应模块的调制信号;K 为占空比产生环节传递函数,为载波峰值的倒数;d_1,d_2,$\cdots$,d_n 为各个模块对应的输出占空比信号。从图中可以看出,n 个模块中的任意一个电流反馈信号,为其他各个模块电流之和,而非本模块的电流。

图 6.7 为 ISOP 两模块 AC-DC 的主电路拓扑结构图。Q_{1a}、Q_{1b}、Q_{2a}、Q_{2b}、Q_{3a}、Q_{3b}、Q_{4a}、Q_{4b} 等为 MOS 管,T_1、T_2 为变压器,变压器副边为二极管整流,输入侧为串

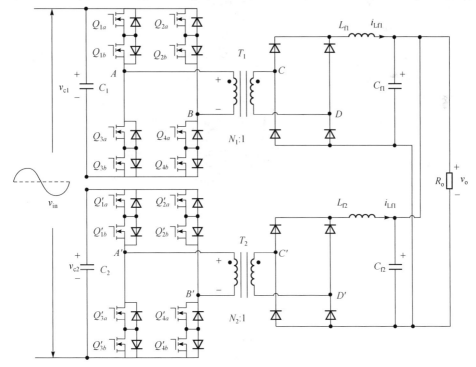

图 6.7 两模块 ISOP 主电路拓扑结构图

联结构,输出侧为两模块并联结构。上述拓扑系统仿真时采用的参数如下所示:$C_1=C_2=20\mu F$,变压器 T_1 匝比 $N_1:1=2:1$,T_2 匝比 $N_2:1=2.5:1$,$L_{f1}=L_{f2}=250\mu H$,$C_{f1}=C_{f2}=0.01F$,输入电压 $V_{in}=220V$(有效值),输出电压 $V_o=48V$,输出负载 4Ω。

图 6.8 为 ISOP 两模块 AC-DC 采用输出电流交叉反馈控制的框图,其中 v_{ref} 为系统输出电压给定信号;v_{of} 为输出电压反馈信号;G_{vo} 为电压误差调节器;i_{f1}、i_{f2} 为模块♯1 和模块♯2 的输出电感电流反馈信号;G_i 电流误差调节器。与独立电流控制方式不同的是参与模块♯1 的误差调节的控制反馈信号不是模块♯1 的电感电流信号,而是模块♯2 的电感电流信号。

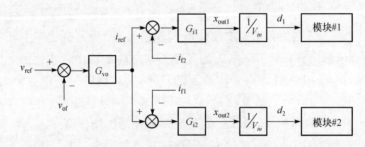

图 6.8 ISOP 两模块 AC-AC 变换器的输出电流交叉反馈控制

图 6.9 为采用图 6.8 控制结构的仿真图,其中 v_{in1} 和 v_{in2} 为模块♯1 和模块♯2 的输入电压;x_{out1} 和 x_{out2} 分别为电流调节器 G_{i1} 和 G_{i2} 的输出;i_{Lf1} 和 i_{Lf2} 为模块♯1 和模块♯2 输出电感电流值。

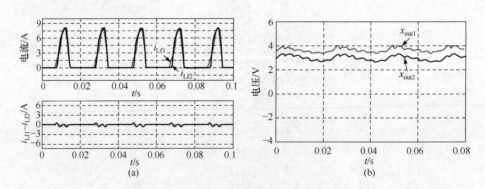

图 6.9 输出电流交叉反馈控制仿真波形

从图 6.9 可以看出两模块的输出电流基本能够实现均分,而且调节器波形并没有达到限幅值,系统仍然具有良好的自主功率均分调节能力。由以上仿真结果以及分析过程,可以看出采用输出电流交叉控制可使系统稳定。对

于两模块 ISOP 高频链 AC-DC 变换器,可以
将它等效于图 6.10 所示的结构。

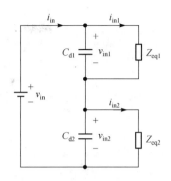

虽然输入电压信号为 50Hz 的正弦信号,
在工频周期内分析稳定性,会比较复杂。但是,
如果把输入的正弦信号等效为由变化的直流信
号组成的而进行稳定性的分析,将会变得简单
一些。如图 6.10 所示,假设在某一个工作点
上,系统总输入电压的值为 v_{in},因为此电压变
化是在工频周期内成正弦变化,所以,在高频周
期内分析的时候,可以认为输入电压在分析过
程中是一个恒定不变的值。C_{d1}、C_{d2} 分别为系统

图 6.10　两模块 ISOP 系统
等效结构

模块♯1 和模块♯2 的输入电容;i_{in1}、i_{in2} 为模块♯1 和模块♯2 的输入电流;v_{in1}、v_{in2}
为模块♯1 和模块♯2 的输入电压;Z_{eq1}、Z_{eq2} 为模块♯1 和模块♯2 的输入等效
阻抗。

对于 Z_{eq1}、Z_{eq2} 的表达式推导过程如下:对于所提出的单模块高频整流拓扑结
构,当匝比为 1∶1 时,在不考虑原边占空比丢失的情况下,实际上就是一个 Buck
型 DC-DC 变换器。如果能建立 Buck 型 DC-DC 变换器的输入阻抗表达式,那么
就很容易得到 Z_{eq1} 和 Z_{eq2} 的表达式。

图 6.11 为在一个高频开关周期内,单模块等效的 Buck DC-DC 变换器的
电路图。

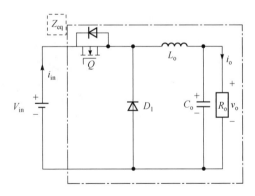

图 6.11　等效的 Buck 电路图

图 6.11 中,V_{in} 为输入电压 v_{in} 在某高频开关周期内的平均值,其数值为固定的
常数;i_{in} 为输入电流;i_o 为输出电流;v_o 为输出电压。由戴维南端口网络等效阻抗的
定义,可知

$$Z_{eq} = V_{in}/I_{in} \tag{6.1}$$

其中，I_{in} 为输入电流 i_{in} 在该高频开关周期内的平均值。

而由输入输出功率守恒可以得到如下表达式：

$$V_{in}I_{in}=V_oI_o \tag{6.2}$$

其中，V_o 为输出电压在该开关周期的平均值；I_o 为输出电流在该开关周期的平均值。再考虑到 Buck 型 DC-DC 变换器输入电压与输出电压之间的关系为

$$V_{in}D=V_o \tag{6.3}$$

其中，D 为等效的 Buck 电路 MOS 开关管的占空比。在所研究的 AC-DC 整流电路中，占空比 D 为电流环调节器的输出与三角载波峰值的比值。在调节的过程中，当电流环调节器的输出增大时，对应的占空比将增大。

将以上三个等式联立，从而可以得到

$$Z_{eq}=\frac{V_{in}^2V_o}{V_o^2I_o}=\frac{R_o}{D^2} \tag{6.4}$$

其中，$R_o=\dfrac{V_o}{I_o}$，由式(6.4)可知，电路的等效阻抗与占空比 D 的平方成反比关系。

由此，在图 6.10 所示的两模块等效电路中，可得到等效阻抗的表达式如下：

$$\begin{aligned}Z_{eq1}&=\frac{R_{o1}}{d_1^2}\\[2mm]Z_{eq2}&=\frac{R_{o2}}{d_2^2}\end{aligned} \tag{6.5}$$

其中，Z_{eq1} 为模块♯1 的等效输入阻抗；Z_{eq2} 为模块♯2 的等效输入阻抗；d_1 为模块♯1 的占空比；d_2 为模块♯2 的占空比。

为了进一步简化分析，对于如图 6.7 所示，在两个模块已经实现功率均分的前提下，可以认为 $R_{o1}=R_{o2}=2R_o$，其中 R_{o1} 为模块♯1 输出等效负载，R_{o2} 为模块♯2 的输出等效负载。在阻性负载的情况下，由于电容阻抗相当于无穷大，根据串联分压电路的关系，结合图 6.10，可以得到两模块输入电压表达式：

$$\begin{cases}v_{in1}=v_{in}\dfrac{Z_{eq1}}{Z_{eq1}+Z_{eq2}}\\[4mm]v_{in2}=v_{in}\dfrac{Z_{eq2}}{Z_{eq1}+Z_{eq2}}\end{cases} \tag{6.6}$$

再结合式(6.5)代入得

$$\begin{cases}v_{in1}=v_{in}\dfrac{d_2^2}{d_1^2+d_2^2}\\[4mm]v_{in2}=v_{in}\dfrac{d_1^2}{d_1^2+d_2^2}\end{cases} \tag{6.7}$$

由式(6.7)可以得到如下表达式:

$$\begin{cases} v_{in1} = v_{in} \dfrac{1}{\dfrac{d_1^2}{d_2^2}+1} \\[4mm] v_{in2} = v_{in} \dfrac{1}{1+\dfrac{d_2^2}{d_1^2}} \end{cases} \tag{6.8}$$

不妨假设在某一个时刻输入有一个扰动,从而使电容电压 v_{in1} 增大, v_{in2} 减小。在此时, v_{in1} 的增大将导致 i_{f1} 的增大,而 v_{in2} 的减小将导致 i_{f2} 的减小。采用输出电流交叉反馈控制,由控制环路可知, d_1 增减的趋势和($i_{ref}-i_{f2}$)一致, d_2 的增减趋势和($i_{ref}-i_{f1}$)一致。那么在输入扰动的作用下, d_2 将减小, d_1 将增加。结合式(6.8)可以得出以下结论: v_{in1} 将减小, v_{in2} 将增加。通过系统控制环路的调节,抑制了电容上电压的干扰,从而使系统重新达到平衡状态。所提出的电流交叉反馈控制为负反馈系统,系统稳定。必须指出的是在上述分析电路等效模型的时候,是把原电路的匝比设定为 1:1。此方法也适用于两模块匝比不一样的情况。

上一小节分析了两模块系统在稳态时的稳态机制,通过仿真与原理分析,采用所提出的输出电流交叉反馈控制,对于 ISOP 模块化高频链 AC-DC 变换器是稳定的。但如何建立系统的闭环系统传递函数并进行控制系统设计,则需要详细讨论。与 ISOP AC-DC 系统一样,由于 Buck 型整流电路存在着传递能量和不传递能量两个区间,在讨论系统的稳定性机制时,只考虑系统输入和输出之间能量传递的过程中的稳定性问题。另外,由于输入电压完全对称,所以在分析时,输入为正半波与输入为负半波的情形相似。

首先,建立调制信号 d_1、d_2 到两模块二极管整流后输出电压(即滤波电感前的电压) v_1、v_2 之间的传递函数。对于隔离式的 Buck 型整流电路,电流环输出信号和其输出电压的关系如下:

$$\frac{v_{ini}}{N_i v_m} = \frac{v_i}{x_{outi}}, \quad i=1,2$$

其中, v_i 为模块 $\sharp i$ 的输出电压; v_m 是载波的峰值。与直流输入变换器不同的是,在直流输入的场合,通常认为 v_{ini} 为一个固定的常量,所以电流环输出到滤波电感输入电压的传递函数为 $K=\dfrac{v_{ini}}{N_i v_m}$ 。然而在交流输入的情况下,可以效仿直流的等效方式,但电流环输出 x_{outi} 到其输出电压 v_i 的传递函数 $K_i(t)=\dfrac{N_i V_{pi}\sin(\omega t)}{v_m}$,其中 V_{pi} 为模块 $\sharp i$ 输入交流电压幅值, ω 为模块正弦输入电压的角频率,值为 314.15rad/s (50Hz),远小于开关频率,因此,可以认为在开关周期内,输入的电压扰动为零,从而将其等效为一个直流电压源。这样等效以后,不仅不影响系统动态性能的分析,而且使分析大大简化。

电路在能量传递阶段,$N_i V_o \leqslant V_{pi} \sin(\omega t) \leqslant V_{pi}$,因此

$$\frac{V_o}{v_m} = <K(t) = \frac{V_{pi} \sin(\omega t)}{N_i v_m} <= \frac{V_{pi}}{N_i v_m} \tag{6.9}$$

得到 $K(t)$ 的表达式以后,结合主电路的拓扑结构,得到如图 6.12 所示的控制框图。

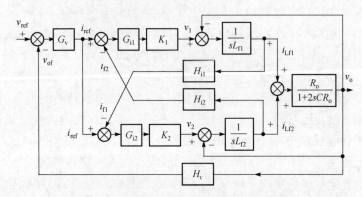

图 6.12　ISOP 2 模块高频链 AC-DC 变换器

图 6.12 中,v_{ref} 为总输出电压给定;G_v 为电压误差调节器;G_{i1}、G_{i2} 为电流误差调节器;K_1、K_2 的表达式如上文所推导;H_{i1}、H_{i2} 为电感电流反馈系数。如图中所示,系统的电流环与电压环耦合在一起,无法进行两个环路的独立设计,为了使电压外环与电流内环可以分开设计,需要求取 v_1、v_2 到 i_{Lf1}、i_{Lf2} 的传递函数。

图 6.13 表示的是 ISOP 型变换器输出的电路连接形式。

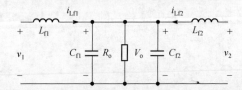

图 6.13　ISOP 两模块 AC-DC 变换器输出等效电路图

如图 6.13 所示,根据叠加定理,首先令 $v_1 = 0$,根据分压分流公式,可得电感 L_{f1}、L_{f2} 上的电流分别是

$$i_1' = \frac{-R_o v_2}{s^3 R_o L_{f1} L_{f2} (C_{f1} + C_{f2}) + s^2 L_{f1} L_{f2} + s R_o (L_{f2} + L_{f1})}$$

$$i_2' = \frac{v_2 [R_o + s L_{f1} + s^2 R_o L_{f1} (C_{f1} + C_{f2})]}{s^3 R_o L_{f1} L_{f2} (C_{f1} + C_{f2}) + s^2 L_{f1} L_{f2} + s R_o (L_{f2} + L_{f1})} \tag{6.10}$$

同样令 $v_2 = 0$,可得

$$i_1'' = \frac{v_1 [R_\mathrm{o} + sL_\mathrm{f2} + s^2 R_\mathrm{o} L_\mathrm{f2} (C_\mathrm{f1} + C_\mathrm{f2})]}{s^3 R_\mathrm{o} L_\mathrm{f1} L_\mathrm{f2} (C_\mathrm{f1} + C_\mathrm{f2}) + s^2 L_\mathrm{f1} L_\mathrm{f2} + sR_\mathrm{o} (L_\mathrm{f2} + L_\mathrm{f1})}$$

$$i_2'' = \frac{-R_\mathrm{o} v_1}{s^3 R_\mathrm{o} L_\mathrm{f1} L_\mathrm{f2} (C_\mathrm{f1} + C_\mathrm{f2}) + s^2 L_\mathrm{f1} L_\mathrm{f2} + sR_\mathrm{o} (L_\mathrm{f2} + L_\mathrm{f1})} \tag{6.11}$$

结合式(6.10)、式(6.11)可得

$$
\begin{aligned}
i_\mathrm{Lf1} = i_1' + i_1'' &= \frac{-R_\mathrm{o} v_2}{s^3 R_\mathrm{o} L_\mathrm{f1} L_\mathrm{f2} (C_\mathrm{f1} + C_\mathrm{f2}) + s^2 L_\mathrm{f1} L_\mathrm{f2} + sR_\mathrm{o} (L_\mathrm{f2} + L_\mathrm{f1})} \\
&\quad + \frac{v_1 [R_\mathrm{o} + sL_\mathrm{f2} + s^2 R_\mathrm{o} L_\mathrm{f2} (C_\mathrm{f1} + C_\mathrm{f2})]}{s^3 R_\mathrm{o} L_\mathrm{f1} L_\mathrm{f2} (C_\mathrm{f1} + C_\mathrm{f2}) + s^2 L_\mathrm{f1} L_\mathrm{f2} + sR_\mathrm{o} (L_\mathrm{f2} + L_\mathrm{f1})} \\
i_\mathrm{Lf2} = i_2' + i_2'' &= \frac{v_2 [R_\mathrm{o} + sL_1 + s^2 R_\mathrm{o} L_\mathrm{f1} (C_\mathrm{f1} + C_\mathrm{f2})]}{s^3 R_\mathrm{o} L_\mathrm{f1} L_\mathrm{f2} (C_\mathrm{f1} + C_\mathrm{f2}) + s^2 L_\mathrm{f1} L_\mathrm{f2} + sR_\mathrm{o} (L_\mathrm{f2} + L_\mathrm{f1})} \\
&\quad + \frac{-R_\mathrm{o} v_1}{s^3 R_\mathrm{o} L_\mathrm{f1} L_\mathrm{f2} (C_\mathrm{f1} + C_\mathrm{f2}) + s^2 L_\mathrm{f1} L_\mathrm{f2} + sR_\mathrm{o} (L_\mathrm{f2} + L_\mathrm{f1})}
\end{aligned} \tag{6.12}
$$

为了分析方便,假设两个模块的参数完全一致,即 $L_\mathrm{f1} = L_\mathrm{f2} = L_\mathrm{f}, C_\mathrm{f1} = C_\mathrm{f2} = C_\mathrm{f}$

$$
\begin{bmatrix} i_\mathrm{Lf1} \\ i_\mathrm{Lf2} \end{bmatrix} =
\begin{bmatrix}
\dfrac{2s^2 L_\mathrm{f} C_\mathrm{f} R_\mathrm{o} + sL_\mathrm{f} + R_\mathrm{o}}{2s^3 R_\mathrm{o} L_\mathrm{f}^2 C_\mathrm{f} + s^2 L_\mathrm{f}^2 + 2sR_\mathrm{o} L_\mathrm{f}} & \dfrac{-R_\mathrm{o}}{2s^3 R_\mathrm{o} L_\mathrm{f}^2 C_\mathrm{f} + s^2 L_\mathrm{f}^2 + 2sR_\mathrm{o} L_\mathrm{f}} \\
\dfrac{-R_\mathrm{o}}{2s^3 R_\mathrm{o} L^2 C_\mathrm{f} + s^2 L_\mathrm{f}^2 + 2sR_\mathrm{o} L_\mathrm{f}} & \dfrac{2s^2 L_\mathrm{f} C_\mathrm{f} R_\mathrm{o} + sL_\mathrm{f} + R_\mathrm{f}}{2s^3 R_\mathrm{o} L_\mathrm{f}^2 C_\mathrm{f} + s^2 L_\mathrm{f}^2 + 2sR_\mathrm{o} L_\mathrm{f}}
\end{bmatrix}
\begin{bmatrix} v_1 \\ v_2 \end{bmatrix}
\tag{6.13}
$$

令

$$
\begin{cases}
G_1 = \dfrac{2s^2 L_\mathrm{f} C_\mathrm{f} R_\mathrm{o} + sL_\mathrm{f} + R_\mathrm{o}}{2s^3 R_\mathrm{o} L_\mathrm{f}^2 C_\mathrm{f} + s^2 L_\mathrm{f}^2 + 2sR_\mathrm{o} L_\mathrm{f}} \\[4mm]
G_2 = \dfrac{-R_\mathrm{o}}{2s^3 R_\mathrm{o} L_\mathrm{f}^2 C_\mathrm{f} + s^2 L_\mathrm{f}^2 + 2sR_\mathrm{o} L_\mathrm{f}}
\end{cases}
\tag{6.14}
$$

有

$$
\begin{bmatrix} i_\mathrm{Lf1} \\ i_\mathrm{Lf2} \end{bmatrix} =
\begin{bmatrix} G_1 & G_2 \\ G_2 & G_1 \end{bmatrix}
\begin{bmatrix} v_1 \\ v_2 \end{bmatrix}
\tag{6.15}
$$

另外,由上述阻抗网络,很容易得到电感电流到输出电压之间的传递关系:

$$v_\mathrm{o} = \frac{1}{s(C_\mathrm{f1} + C_\mathrm{f2}) + \dfrac{1}{R_\mathrm{o}}} (i_\mathrm{Lf1} + i_\mathrm{Lf2}) = \frac{R_\mathrm{o}}{2sC_\mathrm{f} R_\mathrm{o} + 1} (i_\mathrm{Lf1} + i_\mathrm{Lf2}) \tag{6.16}$$

由式(6.15)、式(6.16),再结合图 6.12,可简化成如图 6.14 所示的控制传递
函数框图。

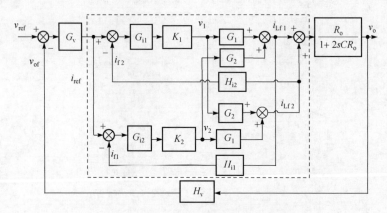

图 6.14　ISOP 两模块简化后的控制框图

图中,K_n 的表达式如式(6.9)所示,图中虚线部分为内环,应该先对其进行设
计,由内环控制框图节点的关系图,可以得到如下四个等式:

$$\begin{cases} (i_{\mathrm{ref}}-i_{\mathrm{Lf2}}H_{i2})G_{i1}K_1=v_1 \\ (i_{\mathrm{ref}}-i_{\mathrm{Lf1}}H_{i1})G_{i2}K_2=v_2 \\ i_{\mathrm{Lf1}}=v_1G_1+v_2G_2 \\ i_{\mathrm{Lf2}}=v_1G_2+v_2G_1 \end{cases} \tag{6.17}$$

其中,G_1、G_2 的表达如式(6.14)所示。同样,为了简化分析,假设两个模块的参数
完全一致,即设 $G_{i1}=G_{i2}=G_i$,$K_1=K_2=K$,$H_{i1}=H_{i2}=H_i$,结合式(6.17),通过消
元法,可以得到电流给定到电流环总输出的闭环传递函数为

$$\frac{i_{\mathrm{Lf1}}+i_{\mathrm{Lf2}}}{i_{\mathrm{ref}}}=\frac{2G_iK(G_1+G_2)}{1+G_iKH_i(G_1+G_2)} \tag{6.18}$$

式(6.18)为电流内环的闭环传递函数,为了对其进行波特图的幅频特性进行分析,
可通过图形化简的方式,求得其的开环传递函数如图 6.15 所示。

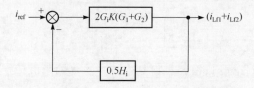

图 6.15　电流内环控制环路等效闭环框图

图 6.15 为电流内环控制环路等效闭环框图,这是一个最基本的单闭环反馈图,可直接写出其开环传递函数为

$$\frac{i_{\text{Lf1}}+i_{\text{Lf2}}}{i_{\text{ref}}}=G_i K H_i (G_1+G_2) \tag{6.19}$$

式(6.19)为电流内环开环传递函数。有了电流内环的开环表达式,就可以通过绘制波特图对其进行内环稳定性分析。下一步本章将求取电压外环的开环传递函数。另外,值得说明的是,传递函数中的 K 在推导过程中不是一个恒定不变的常量,而是一个随着输入电压变化而变化的变量。

将电流内环闭环传递函数代入到总的控制环路中,可以得到如图 6.16 所示的控制框图。

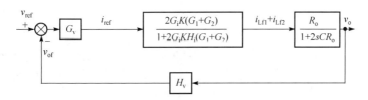

图 6.16 电压外环闭环控制框图

由图 6.16 可得电压外环开环传递函数为

$$\frac{v_o}{v_{\text{ref}}}=\frac{2G_v G_i K(G_1+G_2)H_v R_o}{[1+G_i K H_i(G_1+G_2)](1+2sCR_o)} \tag{6.20}$$

得到了式(6.19)和式(6.20),就能够实现对实际电路的环路-增益的分析。系统设计的参数如表 6.1 所示。

表 6.1　环路-增益稳定分析参数

参数	值	参数	值
输入电压 V_{in}	220V/50Hz	输出滤波电感 L	$300\mu H$
输出电压 V_o	48V	输出滤波电容 C	$20\mu F$
输出电流额定值	12A	输入分压电容 C_d	$10\mu F$
开关频率 f	20kHz	电流采样系数 H_i	0.25
PWM 载波幅值 V_m	5V	电压采样系数 H_v	0.1
变压器匝比	2:1	输出电阻 R_o	3Ω

由以上参数可以计算 K 的取值范围为:$9.6 \leqslant K \leqslant 31.1$,考虑到电流内环的开环传递函数的 K 值仅仅影响内环的幅频特性,而不影响系统的相频特性,而且 K

的取值影响增益为一次的线性增益,因此,在参数的设计时,如果能保证 K 取值的两个端点的稳定,也就能保证系统在 K 取值全范围内稳定。电压环和电流环控制器设计为

$$G_i(s) = 1 + \frac{1000}{s}$$

$$G_v(s) = 5 + \frac{2000}{s} \tag{6.21}$$

当 $K = 9.6$ 时,通过 Mathcad 软件可以绘制得到图 6.17 和图 6.18 所示的波特图。

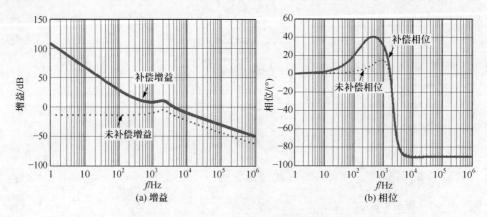

图 6.17　$K = 9.6$ 时电流流环补偿前后波特图

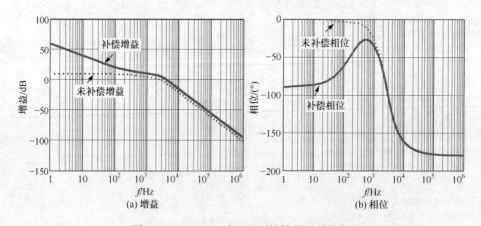

图 6.18　$K = 9.6$ 时电压环补偿前后波特图

由图 6.17 和图 6.18 可知,当 $K = 9.6$ 时,系统在经过补偿以后,外环的相位裕度为 75°左右,穿越频率在 2kHz 左右,系统有足够的稳定裕度。当 $K = 31.1$

时,电流环和电压环的波特图如图 6.19 和图 6.20 所示。

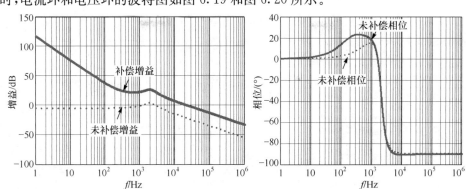

图 6.19　$K=31.1$ 时电流流环补偿前后波特图

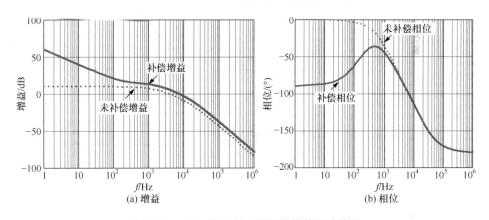

图 6.20　$K=31.1$ 时电压环补偿前后波特图

当 K 取值取到最大时,即当 $K=31.1$ 时,系统在经过补偿以后,外环的相位裕度为 65°左右,穿越频率在 6kHz 左右。因此在所提出的控制策略基础上,采用所给出的电流补偿器和电压补偿器,能够实现在 $9.6<K<31.1$ 时稳定。

6.3　仿真分析

采用表 6.1 中的参数,进行了仿真分析,为了验证所提出控制策略的一般性,模块 #1 和模块 #2 的匝比分别为 2:1 和 2.5:1。仿真结果如图 6.21 所示,该图给出的是模块 #1 中的开关管在工频周期内的驱动波形以及模块输入电压波形。其中,v_{in1} 为模块 #1 的正弦输入电压,Q_{1a}、Q_{1b}、Q_{3a}、Q_{3b} 为模块 #1 超前桥臂的开关管驱动波形,Q_{2a}、Q_{2b}、Q_{4a}、Q_{4b} 为模块 #1 滞后桥臂的开关管驱动波形。从图中可以看出,当电压输入为正的时候,Q_{1a}、Q_{3a} 为高频驱动信号,Q_{1b}、Q_{3b} 恒导通,

Q_{2a}、Q_{4a}高频驱动信号，Q_{2b}、Q_{4b}恒导通；当电压输入为负的时候，Q_{1a}、Q_{3a}恒导通，Q_{1b}、Q_{3b}为高频驱动信号，Q_{2a}、Q_{4a}恒导通，Q_{2b}、Q_{4b}为高频驱动信号。

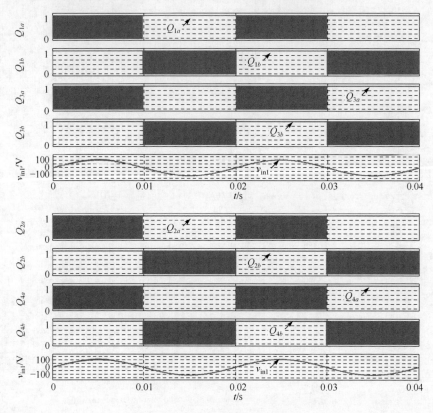

图 6.21　开关管驱动波形图

图 6.22 给出的是开关周期内的波形，图 6.22(a)为模块 ♯1 超前桥臂的上管（双向管）以及模块 ♯1 滞后桥臂的下管（双向管）驱动波形图。由图可以看出，上下管之间两管驱动有一个移相位。通过移相位的大小调节输出直流电压的幅值，图 6.22(b)中，v_s 为模块 ♯1 变压器原边电压，v_{in1} 为模块 ♯1 的输入电压，v_D 为输出整流侧二极管的反压。

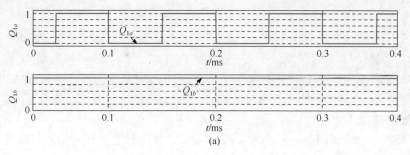

(a)

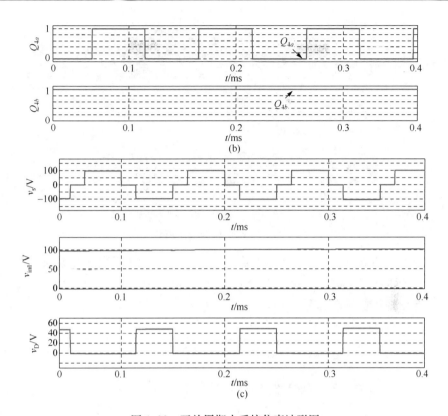

图 6.22 开关周期内系统仿真波形图

图 6.23 给出了每个模块的输出电流和输入电压波形。图 6.23(a)中,i_{Lf1}为模块♯1 的电感电流,i_{Lf2}为模块♯2 的电感电流,两模块输出电流瞬时值基本实现均分。图 6.23(b)中,v_{in1}为模块♯1 输入电压,v_{in2}为模块♯2 输入电压,v_o为系统的

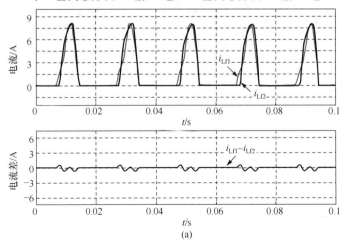

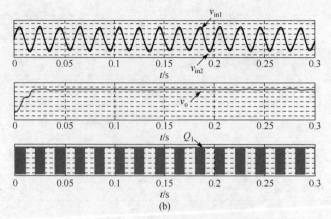

图 6.23　两模块稳态均压均流图

输出电压。由该图可知，v_{in1} 和 v_{in2} 波形基本重合，系统能实现很好的输入均压。另外，图中 S_1 信号为模块 ♯1 超前桥臂上管驱动波形，由图可见在输入电压为正的时候，开关管交替导通，在系统输入电压为负的时候，开关管恒导通。

6.4　实验结果分析

为了进一步验证该控制策略有效性，搭建了 ISOP 连接的两模块的实验室样机，具体参数同仿真完全一致。图 6.24 为系统稳态时实验结果。图 6.24(a) 中，$v_{in1}-v_{in2}$ 为模块 ♯1 和模块 ♯2 的输入电压之差，i_{Lf1} 和 i_{Lf2} 分别为两个模块的输出电流。如图所示，系统的两模块输入电压之差基本为零，两模块输入电压在相位上基本完全一致，电压幅值也能实现良好均分，实现了输入电压均分。图 6.24(b) 中，v_{in1} 为模块 ♯1 的输入电压，v_{in2} 为模块 ♯2 的输入电压，i_{Lf1} 和 i_{Lf2} 分别为模块 ♯1 和模块 ♯2 的电感电流，$i_{Lf1}-i_{Lf2}$ 为模块 ♯1 和模块 ♯2 的输出滤波电感电流之差，

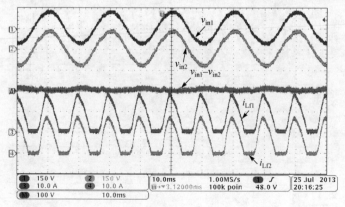

(a)

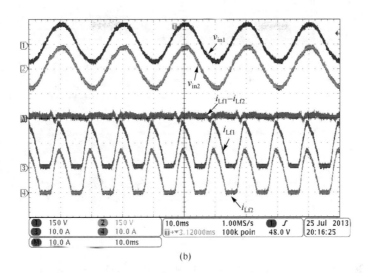

(b)

图 6.24　两模块功率均分图

如图所示,两个模块的输出电感电流的差值基本为零,说明系统电感电流不仅在幅值上,而且在相位上实现了很好的同步,实现了输出电流的均分,从而实现了功率均分。

图 6.25 为稳态时 MOS 管反压图。两图反映的是系统的软开关现象。图 6.25(a)中 v_{ds} 为系统中开关管的反压图。由图可知,在工频周期内 v_{ds} 的波形的包络线基本上就是输入电压的一半,即该模块的输入电压,从而表明在输入电压变化的过程中,开关管的反压在可以接受的范围之内。

图 6.25(b)为展开的波形。由该图可知,开关管 Q_{1a} 关断时电压尖峰低,且能实现两个模块输出电流均分。

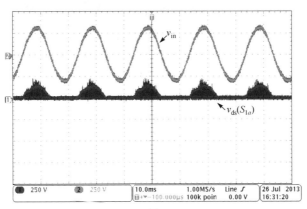

(a)

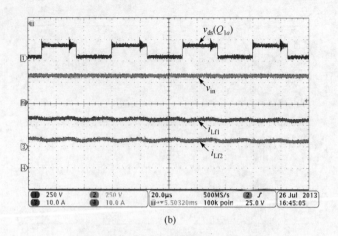

(b)

图 6.25　开关管的 DS 端电压

图 6.26 为模块♯1 的输入交流电压、输入交流电流、开关管 Q_{1a} 驱动和输出电压波形,由图可知,开关管的驱动根据输入交流电压的极性为高频和低频脉冲的组合,输入侧交流电流基本上是正弦,交流输入侧具有较高的功率因数。

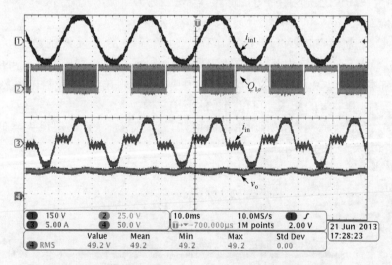

图 6.26　模块♯1 输入电压、输入电流及输出电压波形

图 6.27 为负载突减下的实验波形,可见在负载突减时,也能实现功率的良好均分。

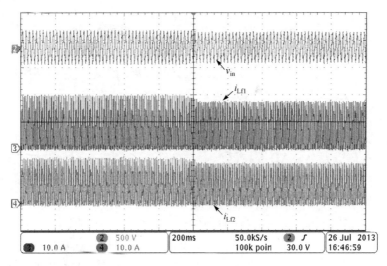

图 6.27 负载突减下的实验波形

6.5 本 章 小 结

对于高压交流输入低压直流输出场合,本章提出了 ISOP 模块化高频链单级 AC-DC 整流器的解决方案,给出了单级高频链 AC-DC 变换器开关管的驱动方式。在不采样每个模块交流侧输入电压的情况下,提出了一种稳定的功率均分控制策略。以两模块系统为例,探讨了系统参数补偿器的设计方法。通过仿真和实验验证了两模块 ISOP 模块化高频链 AC-DC 整流器功率均分机制,同时系统交流输入侧具有较高的功率因数。

第 7 章　输入串联输出串联模块化高频链 AC-DC 整流器

变换器的拓扑种类从结构上包含如下几种：DC-DC 变换器、DC-AC 变换器、AC-DC 变换器以及 AC-AC 变换器。第 6 章讨论了 ISOP 高频链 AC-DC 变换器的控制策略以及参数的设计方法等，在本章中，将重点讨论 AC-DC 模块化中的一种：ISOS 高频链 AC-DC 逆变器的控制方法。基于前几章模块化控制策略的基础，本章将交叉控制的方法应用在 AC-DC 的拓扑上，提出了一种单级高频隔离式 AC-DC 电路拓扑和一种适合整流电路模块化组合（功率均分）的控制策略。在所组合模块化的选择上，仍然采用高频链的拓扑结构，但是因为输入由直流变成了交流，电路拓扑做了修改，前级采用反串联的双向 MOS 管组合成全桥电路，控制方法采用基于极性判别的移相全桥控制方式，实现了各个 MOS 管的软开关。

如前几章所述，对于 ISOS 模块化 DC-DC 或 DC-AC 变换器，学术界已经做了一定的工作，但是对于高压交流输入、高压直流输出场合所用的 ISOS 模块化 AC-DC 变换器研究不多。正如第 3 章和第 5 章所述，相对于 ISOP 结构，ISOS 结构拓扑系统功率平衡机制较弱。即使在各个模块参数完全一致的情况下，各个模块采用相同调制信号，系统也是不稳定的。

本章对于高压交流输入，高压直流输出且输入输出隔离的情况下，研究了 ISOS 模块化单级高频链 AC-DC 整流器的拓扑结构与控制方式。在没有每个模块输入电压功率控制环的情况下，提出了功率均分控制策略，并建立了相应的数学模型，分析了系统的稳定性，同时也给出了系统环路参数设计的方法。

7.1　电路拓扑结构

ISOS 模块化 AC-DC 变换器的结构图如图 7.1 所示。

图 7.1 为 ISOS 模块化变换器结构图，ISOS 模块化的拓扑结构决定了其适用于高压输入高压输出的场合。为了保证电路的稳定可靠运行，在子模块的选取上需采用隔离型的变换器拓扑。对于电气隔离的方案，可以分为两种：工频隔离与高频隔离。考虑到在工频隔离中，磁性元件以及滤波电容的体积较大，会导致模块的功率密度低，输入电压和负载的波动导致系统动态性能差等缺点。本章提出的高频隔离 AC-DC 拓扑结构采用单级高频隔离的方案。具体的电路结构如图 7.2 所示。

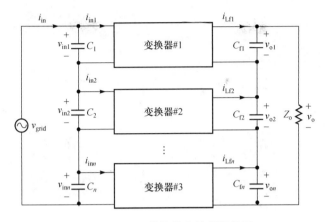

图 7.1　ISOS 模块化变换器结构图

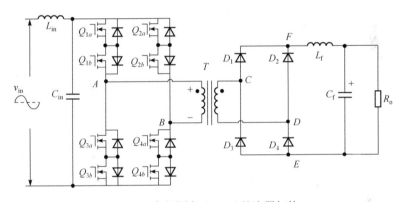

图 7.2　高频隔离 AC-DC 整流器拓扑

该主电路开关管的驱动逻辑和模态分析已经在第 6 章详细地探讨过,这里不做赘述。

7.2　ISOS 高频链整流拓扑结构以及控制方法

ISOS 的高频链整流拓扑,适用于高压输入高压输出的应用场合。该拓扑具有输入输出高频隔离、功率密度高等特点。拓扑组成结构如图 7.3 所示。

如图 7.3 所示,该拓扑结构由 n 个隔离型高频链整流器构成。输入侧和输出侧都为串联结构。对于这种组合式的拓扑,从控制的角度而言,不仅要求实现每个模块输出电压的均分,还需要保证每个模块的输入功率是否均分(或者功率分配的情况是否满足人为设定的比例)。对于 ISOS 的电路拓扑,在忽略电容上微小电流的情况下,子模块的输入电流可以认为时刻是相等的。与此同时,在忽略输出电容

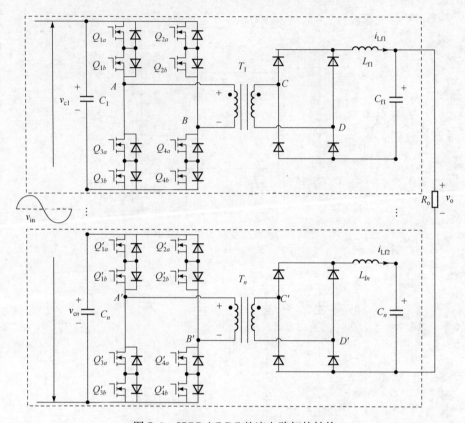

图 7.3　ISOS AC-DC 整流电路拓扑结构

电流的情况下,输出侧每个子模块的输出电流也是一样的。所以,如果假设每个模块输出功率等于输入功率(即不考虑损耗,效率为 100%),那么在这种情况下,当控制模块♯1输出电压与输入电压的幅值和相位和模块♯$n(n \geqslant 1)$分别完全一致时,n个模块的输出功率就能完全相等。具体的 ISOS 模块输入电压均分与输出电压均分的关系,可以参考第 5 章中关于 ISOS 逆变器输入电压均分与输出电压均分之间的关系表达式推导过程。

　　本章所提出的 ISOS AC-DC 变换器不同于 DC-DC 变换器。特点在于,由于系统的输入电压为交流,所以存在输入电压低于输出电压的情形。而整个电路拓扑本质上是一个等效的 Buck 整流电路。对于该电路而言,当输入电压小于等效输出电压(即输出电压乘以变压器匝比)时,电路没有能量传递的过程。此时二极管不导通,子模块变压器原边没有电流,相当于开路。同时,副边电感通过二极管进行续流。电感电流减小至零后,由电容提供负载能量,输出电压出现轻微的跌落,这就意味着电路在工作的时候有一个临界点,当输入电压大于这个临界点的时候,电路以 Buck 模式整流工作,电感中的电流从零开始上升,电流基波与电源输入电压基波基本保持一致。当输入电压小于这个临界点的时候,变压器前级不工作,后级电感与电容向负载提供能量。由于后一个状态,负载由电感和电容提供能量,自然续流,无法通过对变压器原边侧全桥的移相控制来控制功率流的大小,所以这个状态为不可控状态,在分析系统稳定性以及控制器参数设计时,将不对它进行讨论与分析。

第 3 章分析了 ISOS 模块化 DC-DC 变换器在独立控制与占空比重新分配控制下系统的稳定性问题。证明了占空比重新分配的稳定性,而且由仿真与理论定性的分析验证了所提出控制策略。在此,不妨借鉴 ISOS DC-AC 逆变器系统的控制方法,探讨一下 ISOS AC-DC 逆变器系统在独立控制与交叉电压反馈控制的稳定性情况。

图 7.4 给出了 ISOS 整流系统独立控制下的框图。v_{ref} 为每一个子模块的输入电压给定,$v_{\mathrm{o}j}$ 为第 j 个子模块输出电压反馈,该电压反馈值与给定电压作比较以后,经过一个调节器,输出的调制信号与三角载波进行比较,产生移相控制信号,对电路进行调制。与 DC-AC 控制系统不同,控制框图中 $k_1,\cdots,k_j,\cdots,k_n$ 并不再是常数,而是一个和输入电压瞬时值有关的系数,采用独立控制,系统是不稳定的。这点在后续分析中将会详细说明。

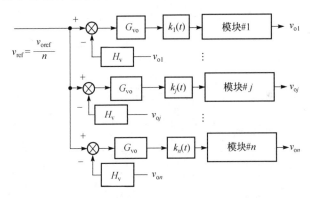

图 7.4　ISOS 模块化 AC-DC 整流器独立控制框图

另一种控制方案就是交叉电压反馈控制,如图 7.5 所示,第 i 个模块的给定电压为总输出电压的 $(n-1)/n$ 倍,调节器反馈电压为其他模块总输出电压。这就意味着,参与误差比较的反馈信号实际上是其他各模块输出电压的和,而不是其本身的输出电压,这也是其称为交叉电压反馈控制的原因。同样,由于输入电压为交流,所以控制框图中的 $k_1,\cdots,k_j,\cdots,k_n$ 并不是常数,而是一个与输入电压有关的变量。

提出交叉电压反馈控制的原因在于独立控制会导致系统不稳定,而在交叉控制的情况下,系统能体现出很好的动态性能以及均压性能。为了验证这一结果,本

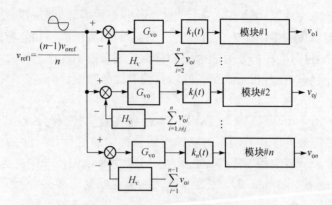

图 7.5　ISOS 系统交叉电压反馈控制框图

章以两模块的实验拓扑为代表,进行仿真与定性的分析。

两模块整流 ISOS 系统拓扑结构图如图 7.6 所示。对应于拓扑结构图,仿真的参数定义如下:$C_1=C_2=20\mu F$,变压器 T_1 匝比 $N_1:1$ 为 $2:1$,T_2 匝比 $N_2:1$ 为 $2.5:1$,$L_{f1}=L_{f2}=250\mu H$,$C_{f1}=C_{f2}=0.01F$,输入电压为 120V(有效值),输出电压为 50V,输出负载为 5Ω。

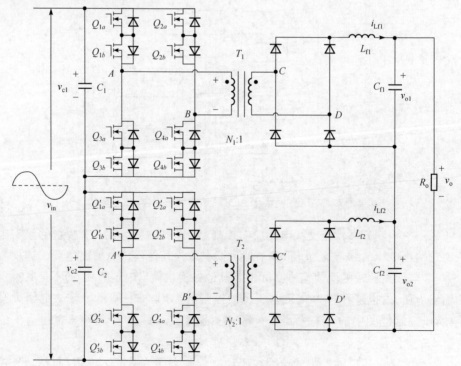

图 7.6　两模块 ISOS 整流拓扑结构图

图 7.6 给出了两模块 ISOS 整流系统的拓扑结构图。

图中，Q_{1a}、Q_{1b}、Q_{2a}、Q_{2b}、Q_{3a}、Q_{3b}、Q_{4a}、Q_{4b} 为 MOS 管；T_1、T_2 为变压器，后级为二极管整流，输出侧为两模块串联结构。

对于两模块输出电压反馈直接控制，我们采取如图 7.7 所示的控制方式。

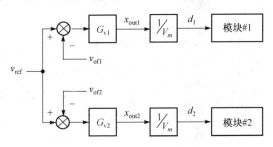

图 7.7　两模块独立反馈控制框图

如图 7.7 所示，v_{ref} 为模块 ♯1 和模块 ♯2 的电压给定；v_{of1} 和 v_{of2} 分别为模块 ♯1 和模块 ♯2 的输出电压 v_{o1} 和 v_{o2} 的反馈信号；x_{out1} 和 x_{out2} 分别为两个模块电压环调节器输出；V_m 为三角载波的幅值；d_1 和 d_2 为两模块的占空比。采用独立制，模块 ♯1 的反馈信号是模块 ♯1 的输出电压采样，同样对于模块 ♯2 反馈信号采用的是模块 ♯2 输出电压。两个电压调节器采用 PI 调节器，最终得到两模块独立控制的仿真结果如图 7.8 所示。

图 7.8 是采用独立控制下的仿真图，v_{in1} 与 v_{in2} 分别表示模块 ♯1 和模块 ♯2 的输入电压，v_{o1} 和 v_{o2} 分别表示模块 ♯1 和模块 ♯2 的输出电压，由图可以看出，在经过几个工频周期后，模块 ♯1 的输入电压接近于零，同时，其对应的输出电压也几乎减为零，系统的总输出电压并不是给定的 50V，而仅仅是模块 ♯2 单独工作的闭环电压，即 25V。显然，此时两个模块的输入功率是不均分的，而仅仅由单个模块提供负载功率，这种情况将很有可能损坏电路中的元器件，从而导致系统完全崩溃。

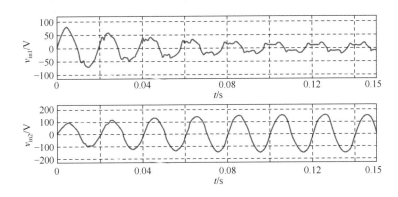

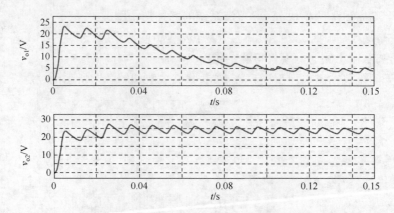

图 7.8　独立反馈控制控制仿真波形

相反,对于两模块的输出电压交叉反馈控制,系统能够实现很好的输入输出电压均分效果。两模块交叉电压反馈控制的框图如图 7.9 所示。

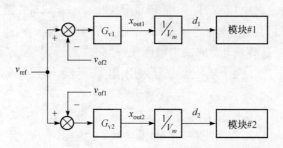

图 7.9　两模块输出电压交叉反馈控制控制框图

如图 7.9 所示,v_{ref} 仍然为两个模块单独的电压给定。但是与直接电压反馈控制不同的是,模块♯1 的电压调节器反馈信号不再是模块♯1 的输出电压,而是模块♯2 的输出电压。同时,参与模块♯2 的电压调节器反馈信号不再是模块♯2 的输出电压,而是模块♯1 的输出电压。对于此种控制策略,仿真结果如图 7.10 所示。

如图 7.10 所示,v_{o1} 为模块♯1 的输出电压,v_{o2} 为模块♯2 的输出电压,$v_{\mathrm{o1}} - v_{\mathrm{o2}}$ 为两个模块输出电压的差值;v_{in1} 为模块♯1 的输入电压,v_{in2} 为模块♯2 的输入电压,$v_{\mathrm{in1}} - v_{\mathrm{in2}}$ 为两个模块的输入电压差值。由图可得,模块♯1 和模块♯2 实现了输出电压很好的均分,在达到稳态时,两模块的输出电压的差值非常小。

由上述仿真结果,可以得出以下结论:独立反馈控制不稳定,而输出电压交叉反馈控制能使系统稳定,并且能克服模块变压器匝比不一致带来的影响。

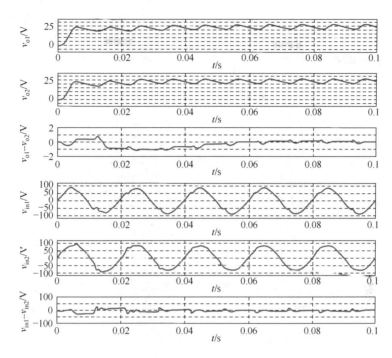

图 7.10　交叉电压反馈控制仿真波形

7.3　ISOS 高频整流系统稳定性机制分析

对于两模块 ISOS 系统,在半个输入工频周期内,其等效电路模型如图 7.11 所示。

与 ISOP 高频整流变换器一样,由于输入电压信号为 50Hz 的正弦信号,工频周期内系统的稳定性分析较为复杂。但是,如果把输入的正弦信号在高频周期内等效为变化的直流信号,系统稳定性的分析会变得相对简单。如图 7.11 所示,我们假设在某一个工作点上,系统的总输入电压为 v_{in}。由于此电压变化是在工频周期内成正弦变化,所以,在高频周期内分析时,可以认为输入电压是一个恒定不变的值。C_1、C_2 分别为系统模块 #1 和模块 #2 的输入电容;i_{in1}、i_{in2} 为模块 #1 和模块 #2 的输入电流;v_{in1}、v_{in2} 为模块 #1 和模块 #2 的输入电压;Z_{eq1}、Z_{eq2} 为模块 #1 和模

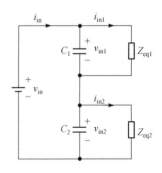

图 7.11　两模块 ISOS 等效
拓扑结构图

块 #2 的输入等效阻抗。对于 Z_{eq1}、Z_{eq2} 的表达式推导过程如下:对于所提出的单模块高频整流拓扑结构,当匝比为 1:1 时,在不考虑原边占空比丢失的情况下,可

以等效为一个 Buck 型 DC-DC 变换器。如果能建立 Buck 型变换器的输入阻抗表达式,那么就很容易得到 Z_{eq1} 和 Z_{eq2} 的表达式。图 7.12 为单模块等效的 Buck DC-DC 变换器电路图。

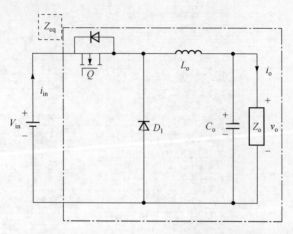

图 7.12　等效 Buck 型 DC-DC 变换器电路图

图中,V_{in} 为 v_{in1} 或者 v_{in2} 在某一高频周期内的幅值;i_{in} 为输入电流;i_o 为输出电流;v_o 为输出电压。由戴维南端口网络等效阻抗的定义,可知

$$Z_{eq}=V_{in}/I_{in} \tag{7.1}$$

其中,I_{in} 为输入电流 i_{in} 在一个高频开关周期内的平均值。而由输入输出功率守恒,可以得到如下表达式:

$$V_{in}I_{in}=V_oI_o \tag{7.2}$$

其中,V_o 和 I_o 分别为输出电压和输出电流在一个高频开关周期内的平均值。再考虑到 Buck 型 DC-DC 变换器输入电压与输出电压之间关系可列写如下:

$$V_{in}D=V_o \tag{7.3}$$

其中,D 为等效的 Buck 电路占空比。将以上三个等式联立,可以得到

$$Z_{eq}=\frac{V_{in}^2 V_o}{V_o^2 I_o}=\frac{R_o}{D^2} \tag{7.4}$$

其中,$R_o=\dfrac{V_o}{I_o}$。

由此可知,电路的等效阻抗与占空比 D 的平方成反比关系。由此,我们将它应用于图 7.11 所示的两模块等效电路中,得到等效阻抗的表达式如下:

$$Z_{eq1}=\frac{R_{o1}}{d_1^2}$$
$$Z_{eq2}=\frac{R_{o2}}{d_2^2} \tag{7.5}$$

其中,Z_{eq1} 为模块♯1 的等效输入阻抗,Z_{eq2} 为模块♯2 的等效输入阻抗;d_1 为模块 ♯1 的占空比,d_2 为模块♯2 的占空比。为了分析,进一步简化,对于如图 7.6 所 示,在功率均分实现的前提下,可以认为 $R_{o1}=R_{o2}=R_o/2$,其中 R_{o1} 为模块♯1 输出 等效负载,R_{o2} 为模块♯2 的输出等效负载。在阻性负载的情况下,由于电容阻抗 相当于无穷大,根据串联分压电路的关系,结合图 7.11,可以得到两模块稳态输入 电压表达式:

$$\begin{cases} v_{in1} = v_{in} \dfrac{Z_{eq1}}{Z_{eq1}+Z_{eq2}} \\[3mm] v_{in2} = v_{in} \dfrac{Z_{eq2}}{Z_{eq1}+Z_{eq2}} \end{cases} \tag{7.6}$$

把式(7.5)代入式(7.6)可得每个模块的输入电压表达式:

$$\begin{cases} v_{in1} = v_{in} \dfrac{d_2^2}{d_1^2+d_2^2} \\[3mm] v_{in2} = v_{in} \dfrac{d_1^2}{d_1^2+d_2^2} \end{cases} \tag{7.7}$$

把式(7.7)中两个式相除可得

$$\begin{cases} v_{in1} = v_{in} \dfrac{1}{d_1^2/d_2^2+1} \\[3mm] v_{in2} = v_{in} \dfrac{1}{1+d_2^2/d_1^2} \end{cases} \tag{7.8}$$

假设在某一个时刻输入有一个扰动,从而使电容电压 v_{in1} 增大,v_{in2} 减小。在此 时,v_{in1} 的增大将导致 v_{of1} 的增大;v_{in2} 的减小将导致 v_{of2} 的减小。对于独立反馈控制 而言,由控制环路可知,d_1 增减的趋势和 $v_{ref}-v_{of1}$ 一致,d_2 增减的趋势和 $v_{ref}-v_{of2}$ 一致。那么在输入扰动的作用下,d_1 将减小,d_2 将增加,即 d_1/d_2 减小,d_2/d_1 增加。 根据式(7.8)可得,v_{cd1} 将增加,v_{cd2} 将减小。这样以后,电容电压 v_{in1} 的扰动将会使 v_{in1} 一直增加,v_{in2} 一直减小,此为正反馈系统,将导致系统崩溃。

相反,对于输出电压交叉反馈控制而言,假设有一个扰动,使电容电压 v_{in1} 增 大,v_{in2} 减小。在此时,v_{in1} 的增大将导致 v_{of1} 的增大;v_{in2} 的减小将导致 v_{of2} 的减小。 由控制环路可知,d_1 增减的趋势和 $v_{ref}-v_{of2}$ 一致,d_2 的增减趋势和 $v_{ref}-v_{of1}$ 一致。 那么在输入扰动的作用下,d_2 将减小,d_1 将增加,即 d_1/d_2 增加,d_2/d_1 减小。结合 式(6.8)可得,v_{in1} 将减小,v_{in2} 将增加。这样以后,通过系统控制环路的调节,抑制了 输入电容电压的干扰,从而使系统重新达到平衡状态。此为负反馈系统,系统 稳定。

7.4　两模块整流器 ISOS 系统的建模和环路增益分析

7.3 节分析了两模块稳定性的机制,通过仿真与原理的分析表明,在控制环路的设计时,不应该采用直接电压反馈控制的方法,而交叉电压反馈控制能使系统稳定。要构建 ISOS AC-DC 系统的模型,首先要建立其电路拓扑的传递函数。如前所述,由于 Buck 型 AC-DC 变换器存在一个不传递能量的区间,此时两个模块的输入电压在输入分压电容的情况下能实现自然的功率均分。因此,以下的稳定性分析,只考虑系统在参与输入到输出能量传递过程中的稳定性。

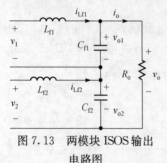

图 7.13　两模块 ISOS 输出
电路图

首先我们需要建立起模块输出电感前端电压到模块输出总电压之间的关系,模型如图 7.13 所示。

图 7.13 中,v_1 为模块#1 滤波电感前的电压,v_2 为模块#2 滤波电感前的电压;L_{f1}、L_{f2} 分别为模块#1、模块#2 的输出滤波电感;C_{f1}、C_{f2} 为电路输出滤波电容;v_{o1}、v_{o2} 为系统的输出电压;i_{Lf1}、i_{Lf2} 分别为模块#1 和模块#2 的滤波电感电流。根据图 7.13 所示的电路,由 KVL 定律得到如下两个等式:

$$\begin{cases} v_1 - v_{o1} = sL_{f1}\,i_{Lf1} \\ v_2 - v_{o2} = sL_{f2}\,i_{Lf2} \end{cases} \tag{7.9}$$

再由基本 KCL 电流定律,可以得到如下表达式:

$$\begin{cases} R_o(i_{Lf1} - sC_{f1}v_{o1}) = v_{o1} + v_{o2} \\ R_o(i_{Lf2} - sC_{f1}v_{o2}) = v_{o1} + v_{o2} \end{cases} \tag{7.10}$$

实际电路中,两个滤波电感的取值一样,两个滤波电容的值也一样。于是,可令

$$L_{f1} = L_{f2} = L_f, \quad C_{f1} = C_{f2} = C_f \tag{7.11}$$

结合式(7.9)~式(7.11)可以得到图 7.13 中输入电压与输出电压之间的关系式如下所示:

$$\begin{bmatrix} v_{o1} \\ v_{o2} \end{bmatrix} = \begin{bmatrix} G_1 & G_2 \\ G_2 & G_1 \end{bmatrix} \begin{bmatrix} v_1 \\ v_2 \end{bmatrix} \tag{7.12}$$

其中,G_1、G_2 值如下所示:

$$\begin{cases} G_1 = \dfrac{L_f C_f R_o s^2 + L_f s + R_o}{L_f^2 C_f^2 R_o s^4 + 2L_f^2 C_f s^3 + 2L_f C_f R_o s^2 + 2L_f s + R_o} \\[4mm] G_2 = \dfrac{-sL_f}{L_f^2 C_f^2 R_o s^4 + 2L_f^2 C_f s^3 + 2L_f C_f R_o s^2 + 2L_f s + R_o} \end{cases} \tag{7.13}$$

对于直流输入变换器而言,调节器输出到滤波电感前电压的传递函数通常为恒定的比例关系。对于本章所采用的电路,也可以采用类似方法建立两者的传递函数。PWM 产生如图 7.14 所示。

图中,v_m 为三角载波的幅值;x_{out} 为调节器的输出电压值;DT_s 即产生的 PWM 驱动的开通时间。对于本章所采用的两模块 ISOS AC-DC 变换器,由 Buck

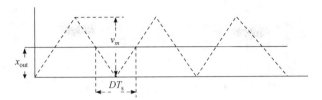

图 7.14　调节器输出参与 PWM 调制原理图

电路的输入与输出和占空比信号之间的关系,可得

$$\frac{v_{\text{in}i}}{N_i v_m} = \frac{v_i}{x_{\text{out}i}}, \quad i = 1, 2 \tag{7.14}$$

其中,N_i 表示变压器匝比(N_i:1);$v_{\text{in}i}$ 为模块 ♯i 的输入电压。在直流输入的场合,通常认为 $v_{\text{in}i}$ 为一个固定的常量,所以 $x_{\text{out}i}$ 到 v_i 传递函数为固定的常值,而在交流输入的情况下,不能等效为常值。但是,在交流输入的情况下,可以效仿直流输入的情况,将 $x_{\text{out}i}$ 到 $v_{\text{in}i}$ 的传递函数等效为

$$K_i(t) = \frac{V_{\text{p}i} \sin(\omega t)}{N_i v_m} \tag{7.15}$$

其中,ω 为模块 ♯i 正弦输入电压 $v_{\text{in}i}$ 的角频率;$V_{\text{p}i}$ 为交流输入电压 $v_{\text{in}i}$ 的幅值。实际系统中,ω 为 314.15rad/s,远小于开关频率,因此,可以认为在一个开关周期内,输入的电压扰动为零,从而可以将其等效为一个直流电压源。这样等效以后,不仅不影响系统动态性能的分析,而且使分析大大简化。

电路在传递能量的时候,$N_i V_\text{o} \leqslant V_{\text{p}i} \sin(\omega t) \leqslant V_{\text{p}i}$,因此

$$\frac{V_\text{o}}{v_m} \leqslant K_i(t) = \frac{V_{\text{p}i} \sin(\omega t)}{N_i v_m} \leqslant \frac{V_{\text{p}i}}{N_i v_m} \tag{7.16}$$

得到了 $K_i(t)$ 的取值范围以后,如果所设计的调节器的参数对每一个 K_i 取值都满足系统稳定性的条件,那么就可认为系统是稳定的。

结合以上对电路模型等效的分析,最终可以绘制如图 7.15 所示控制框图。

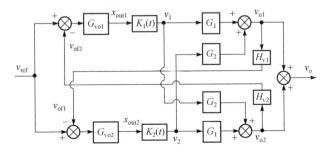

图 7.15　在所提出控制策略下的控制环路图

图 7.15 中，G_1、G_2 为式(7.13)中对应的表达式，$K_1(t)$、$K_2(t)$ 满足式(7.16)所示的约束条件，通过节点分析，我们可以列出如下四个方程：

$$\begin{cases} (v_{\text{ref}}-v_{o2}H_{v1})G_{vo1}\cdot K_1(t)=v_1 \\ (v_{\text{ref}}-v_{o2}H_{v2})G_{vo2}\cdot K_2(t)=v_2 \\ v_{o1}=v_1G_1+v_2G_2 \\ v_{o2}=v_1G_2+v_2G_1 \end{cases} \tag{7.17}$$

结合实际电路情况，为了分析简便，取 $H_{v1}=H_{v2}=H_v$，$G_{vo1}=G_{vo2}=G_{vo}$，$K_1(t)=K_2(t)=K(t)$。将式(7.17)化简，可以得到如下表达式：

$$\frac{v_o}{v_{\text{ref}}}=\frac{v_{o1}+v_{o2}}{v_{\text{ref}}}=\frac{2G_{vo}K(t)(G_1+G_2)}{1+G_{vo}KH_v(G_1+G_2)} \tag{7.18}$$

此为闭环传递函数表达式，其控制框图等效图如图 7.16 所示。

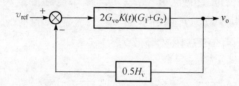

图 7.16　控制环路等效闭环框图

由图 7.16 可以很容易得出系统的开环传递函数为

$$G(s)=G_{vo}K(t)H_v(G_1+G_2) \tag{7.19}$$

其中，$K(t)$ 的取值范围满足式(7.16)：

$$\frac{V_o}{v_m}\leqslant K_i(t)=\frac{V_{\text{pi}}\sin(\omega t)}{N_iv_m}\leqslant\frac{V_{\text{pi}}}{N_iv_m}。$$

对于式(7.19)中的表达式，$K(t)$ 为变化量，当 $K(t)$ 取值越大时，系统的波特图增益曲线越往上移，这样系统的穿越频率增大，对应的相位裕度将减小，同时稳定性也会降低。因此，要使系统稳定，必须设计 G_{vo} 保证系统在 $K(t)$ 取最大值时系统的相位裕度仍然处于 45°以上。

基于上述思想，用 Mathcad 对所述模型进行仿真。仿真时，取 $L_f=250\mu H$，$C_f=0.01F$，$v_{\text{in}}=120V(AC)$，$v_o=48V(DC)$，两个变压器匝比为 2∶1，载波幅值为 5V，电压反馈系数 0.04。

此时　　　　　　　　　　$$K_{\max}(t)=\frac{120\times1.414}{5\times2}=16.96。$$

按照如上参数，由 Mathcad 软件进行仿真，得到如图 7.17 所示的波特图。

如图所示，在控制环路中没有 PI 补偿器时，系统的穿越频率很低，而且在穿越频率附近出现了谐振现象，相位裕度也接近零，这将会导致系统不稳定。通过加入补偿器以后，系统的增益提高，增强了系统快速响应的能力。另外，通过补偿以后，

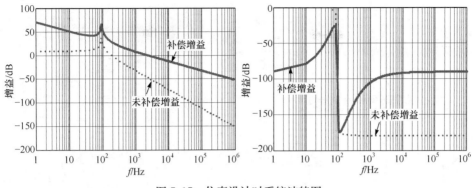

图 7.17　仿真设计时系统波特图

在 100Hz 处的谐振点上也没有出现两次穿越 0dB 的情况,这也保证了系统的稳定性。

7.5　仿真及实验结果

系统仿真参数除了两个变压器匝比分别为 $N_1 = 2 : 1$ 和 $N_2 = 2.5 : 1$ 以外,其余的参数与上一节中控制器的设计一致,仿真结果如图 7.18～图 7.20 所示。图 7.18 所示为模块 ♯1 的开关管的驱动波形以及模块输入电压波形。其中,v_{in1} 为模块的正弦输入电压,Q_{1a}、Q_{1b}、Q_{3a}、Q_{3b} 为模块 ♯1 超前桥臂的开关管驱动波形,Q_{2a}、Q_{2b}、Q_{4a}、Q_{4b} 为模块 ♯1 滞后桥臂的开关管驱动波形。从图中可以看出,当电压输入为正的时候,Q_{1a}、Q_{3a} 驱动为高频信号,Q_{1b}、Q_{3b} 恒导通,Q_{2a}、Q_{4a} 驱动为高频信号,Q_{2b}、Q_{4b} 恒导通;当电压输入为负的时候,Q_{1a}、Q_{3a} 恒导通,Q_{1b}、Q_{3b} 驱动为高频信号,Q_{2a}、Q_{4a} 恒导通,Q_{2b}、Q_{4b} 驱动为高频信号。

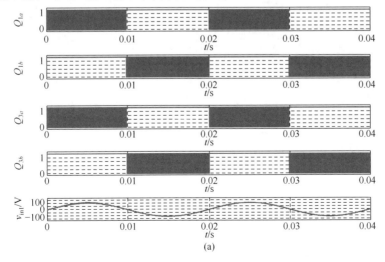

(a)

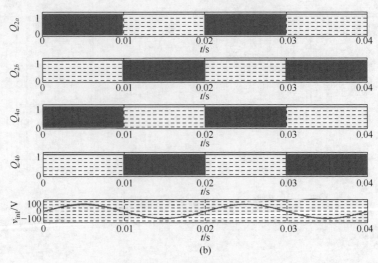

图 7.18 开关管驱动波形图

图 7.19 显示的是系统在开关周期内的波形，图 7.19(a)为模块♯1超前桥臂的上管(双向管)以及模块♯1滞后桥臂的下管(双向管)驱动波形图。由图可以看

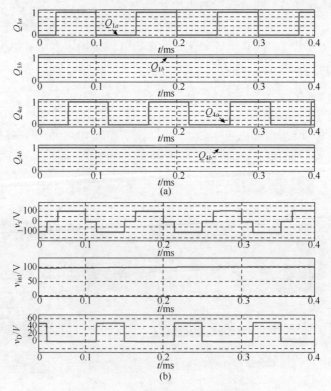

图 7.19 开关周期内系统相关波形

出,上下管之间两管驱动有一个移相位。通过移相位的大小调节输出直流电压的幅值,图 7.19(b)中,v_s 为模块 ♯1 变压器原边电压,v_{in1} 为模块 ♯1 的输入电压,v_D 为输出整流侧二极管的反压。

图 7.20 为系统在稳态时的波形图。在图 7.20(a)中,v_{in1} 和 v_{in2} 为模块 ♯1 和模块 ♯2 的输入电压,v_{o1} 和 v_{o2} 分别为两个模块的输出电压。图 7.20(b)中,x_{out1} 和 x_{out2} 分别为模块 ♯1 和模块 ♯2 控制器输出电压。

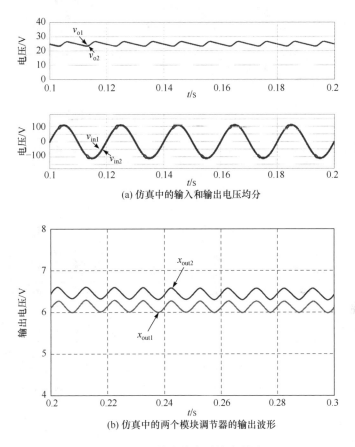

(a) 仿真中的输入和输出电压均分

(b) 仿真中的两个模块调节器的输出波形

图 7.20　系统在稳态时的波形图

由图可以看出,系统的输入电压能实现均分,同时系统的输出电压也能实现均分,由于系统在工作时,有一段时间处于没有能量传递的状态,输出电压由电容放电得以维持,与此同时也导致了输出电压不可避免地出现微小的低频脉动。图 7.20(b)为模块 ♯1 和模块 ♯2 的调制波波形,如图所示,由于两个模块设置的变压器匝比不一致,两模块的调制信号不同,变压器匝比高的模块对应的调制信号低,系统可以补偿变压器匝比不同所造成的功率不均分的影响。

实验的参数与仿真参数一致,通过实验得到了如图 7.21～图 7.23 所示的结果。

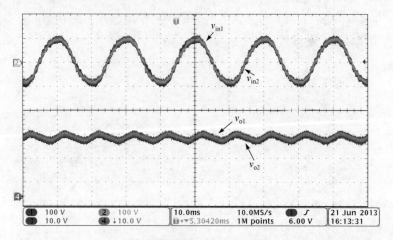

(a) 每个模块的输入电压和输出电压

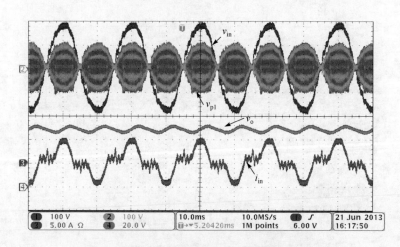

(b) 总的输入电压、输出电压、变压器原边波形和输入电流波形

图 7.21 实验结果一

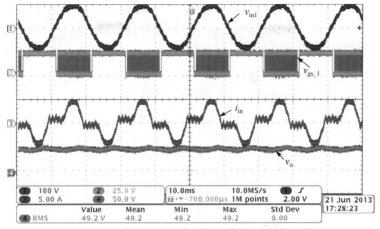

(a) 稳态下开关管的驱动、输入电压、输出电压和输入电流

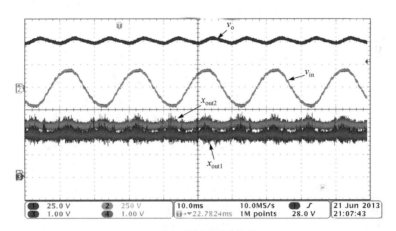

(b) 稳态下调节器输出波形

图 7.22　实验结果二

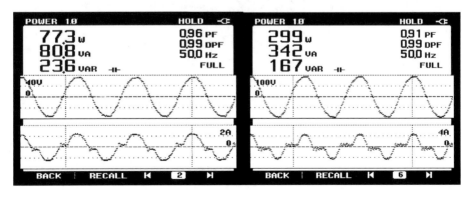

图 7.23　实验功率因数对比图

如图 7.21(a) 所示，v_{in1} 为系统模块 ♯1 输入电压；v_{in2} 为系统模块 ♯2 输入电压；v_{o1} 为系统模块 ♯1 的输出电压；v_{o2} 为系统模块 ♯2 的输出电压，由图中可以看出，系统各个模块之间，输入电压与输出电压的波形几乎完全重合，表现出来的是良好的输入电压输出电压均分能力，从而表明在所提出控制策略下，各个模块能够实现的功率均分。在图 7.21(b) 中，v_{in} 为总输入电压；v_{p1} 为模块 ♯1 变压器原边输入电压波形；v_o 为总输出电压；i_{in} 为总输入电流。图中变压器波形的正弦包络线与 $v_{in}/2$ 输入电压一致，从而反映出，在开关管关断期间，开关管没有反压，实现了软开关。由 v_o 的输出波形可以看出，系统在输出 48V 的情况下，输出电压脉动峰峰值约为 2V，占总输出电压的 4.1%，能够适应大部分的应用场合。i_{in} 和 v_{in} 的波形，反映出电网端与模块之间的功率流情况，在电流为零的区间，电网不向负载传递功率，输出负载的能量由后级输出滤波电容提供。另外，电网和电流的基波相位一致，从而也保证了整流器的高功率因数。

图 7.22(a) 中，v_{in1} 为系统模块 ♯1 的输入电压；v_{gs_1} 为系统的超前桥臂上管的驱动；i_{in} 为输入电压；v_o 为输出电压。从该图可以看出，v_{gs_1} 在 v_{in1} 输入为负的时候始终处于导通状态，这和本章给出的控制时序图以及仿真结果相吻合。微小的不同就在于，在判定输入电压极性时，加入了滞环控制，所以在输入电压过零时，所有开关管关闭。如图所示，输入电压在过零且为正时，v_{gs_1} 仍然处于低电平，开关管关闭。

图 7.22(b) 中，v_o 为输出电压；v_{in} 为输入电压；x_{out1}、x_{out2} 为两模块调制波信号。由图中也可以看出两个调节器输出幅值不同，以此来补偿变压器匝比不同的影响。此图与仿真图 7.20(b) 相对应。也验证了分析与仿真的正确性。

图 7.23 为系统在两个功率等级下的功率因数对比图。在输入功率为 77.3W 时 (输入电压 80V，输出电压 32V，负载 15Ω) 情况下，系统的输入功率因数为 0.96，效率为 88.3%。在输入功率在 299W (输入电压 120V，输出电压 50V，负载 10Ω) 时，系统的输入功率因数为 0.91，效率为 89.6%。

7.6　本 章 小 结

本章对于高压交流电压输入、高压直流电压输出场合，提出了 ISOS 模块化高频链 AC-DC 整流器解决方案。所组成的模块化单级高频链 Buck 型 AC-DC 整流器，给出了开关管驱动脉冲策略。在不采样每个模块交流输入电压的情况下，提出了一种稳定的功率均分策略。采用所提出的控制策略能够自动补偿模块参数不一致的影响。探讨了 ISOS AC-DC 模块化系统的稳定性机制以及系统补偿器设计的方法。通过两模块 ISOS 系统的仿真与实验验证了所提出控制策略的功率均分机制的可行性和有效性。

第 8 章　输入串联输出并联模块化 AC-AC 电子变压器

　　前面几章讨论了 DC-DC 变换器、DC-AC 变换器、AC-DC 变换器,而对于 AC-AC 变换器,输入和输出均为交流,所以情况更为复杂。AC-AC 变换器可以实现任意的极性、频率和相数的变化,没有直流环节,消除了影响寿命的直流电容,所以可靠性大大增加。同时可以实现功率流的自然双向流动,且功率变换环节少,因此得到了广泛的应用。但讨论更多的 AC-AC 变换器为非隔离型的[89-92],即变换器的输出和输入具有电气联系,输入和输出的电压增益不能相差太大。为了实现灵活的电压变换增益和电气隔离,可以采用工频变压器进行隔离,但是工频变压器功率密度低,具有低频噪声、成本高等缺点[93]。在传统的矩阵变换器中,可以插入高频变压器,实现良好的电气隔离、电压比调整[94-96],也可以称之为电子变压器。与传统变压器相比,电子变压器功率密度大,在输入电压一定的情况下,可以实现高质量、稳定的电压输出。传统的电子变压器采用了全控器件,在输入电压为高压的情况下,采用的传统的拓扑结构则使得开关管必须承担过高的电压应力。可以采用多电平 AC-AC 变换器[97],但是一旦电平的数量更多以后,控制策略显得非常复杂,并且系统缺乏冗余运行能力,一旦其中某个元件失效,系统可能不能正常运行。相比较而言,采用模块化 AC-AC 变换器是可行的[98,99],但是从模块之间的均流而言,需要采样每个模块的输入电压信息,系统功率均分控制中需要引入输入电压环,系统控制策略复杂。正如前几章所述,对于直流电压输入下的模块输入串联,可以得出输入电压均分和输出电流均分之间的关系。然而对于输入为交流电压的情况,与直流电压略有不同:①分压电容具有交流阻抗;②另一方面,输入电压要实现瞬时值相同;③无功的作用要充分考虑。

8.1　输出均流和输入均压之间的关系

　　图 8.1 给出了 ISOP 连接的 AC-AC 模块化电子变压器的结构图。

　　图中,C_{d1},C_{d2},$\cdots$,C_{dn} 是每个模块的输入分压电容;i_{in} 为交流电源的输入总电流;i_{in1},i_{in2},$\cdots$,i_{inn} 和 i_{1f1},i_{1f2},$\cdots$,i_{1fn} 分别是每个模块的输入电流和输出电流。每个模块的输入电压为:v_{in1},v_{in2},$\cdots$,v_{inn}。在图 8.1 中,为了便于对系统无功平衡的分析,已经将变换器中的无功元件从变换器中分离开来。对于任意两个模块 #k 和模块 #i 为例,来解释输出均流和输入均压之间的关系,假设所组成模块的变换器效率均为 100%,根据功率守恒的原理,每个模块输入的复功率和它输出的复功率

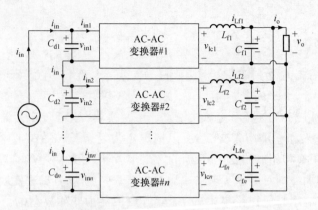

图 8.1　输入串联输出并联 模块化 AC-AC 变换器结构图

是完全相等的,具体见式(8.1):

$$\begin{cases} S_{\text{in}i}=P_{\text{in}i}+\mathrm{j}Q_{\text{in}i}=P_{oi}+\mathrm{j}Q_{oi}=S_{oi} \\ S_{\text{in}k}=P_{\text{in}k}+\mathrm{j}Q_{\text{in}k}=P_{ok}+\mathrm{j}Q_{ok}=S_{ok} \end{cases} \tag{8.1}$$

其中,$S_{\text{in}i}$、$S_{\text{in}k}$ 和 S_{oi}、S_{ok} 分别是模块 $\sharp i$ 和模块 $\sharp k$ 的输入复功率和输出复功率,注意在分析时,没有输出侧 LC 滤波器中的储能。其中,$P_{\text{in}i}$、$P_{\text{in}k}$、P_{oi} 和 P_{ok} 是模块 $\sharp i$、模块 $\sharp k$ 的输入有功和输出有功;$Q_{\text{in}i}$、$Q_{\text{in}k}$、Q_{oi} 和 Q_{ok} 是模块 $\sharp i$、模块 $\sharp k$ 的输入无功和输出无功;j 是虚数单位。

因为所有的模块输入端串联,输出端是并联的,所以对于任意模块包括模块 $\sharp k$ 和模块 $\sharp i$ 的输入电流和输出电压时一样的,所以以下公式成立:

$$\begin{cases} v_{\text{lc}k}(t)=v_o(t)+v_{\text{lf}k}(t) \\ v_{\text{lc}i}(t)=v_o(t)+v_{\text{lf}i}(t) \end{cases} \tag{8.2}$$

其中,$v_{\text{lc}k}$ 和 $v_{\text{lc}i}$ 是每个模块输出 LC 滤波器的输入电压;v_o 是输出电压;$i_{\text{in}k}$ 和 $i_{\text{in}i}$ 分别是模块 $\sharp k$ 和模块 $\sharp i$ 的输入电流。对于每个模块,输入的有功功率和输出的有功功率相等,所以对于模块 $\sharp i$ 和模块 $\sharp k$,有下式成立:

$$\begin{cases} V_{\text{in}i}I_{\text{in}}\cos\alpha_i=V_{\text{lc}i}I_{\text{Lf}i}\cos\theta_i \\ V_{\text{in}k}I_{\text{in}}\cos\alpha_k=V_{\text{lc}k}I_{\text{Lf}k}\cos\theta_k \end{cases} \tag{8.3}$$

其中,α_i 和 α_k 分别为模块 $\sharp i$ 和模块 $\sharp k$ 输入电压($v_{\text{in}i}$,$v_{\text{in}k}$)和输入总电流(i_{in})之间的相位差;$V_{\text{lc}k}$、$V_{\text{lc}i}$ 是它们在 LC 滤波器之前的输出电压有效值;θ_i 和 θ_k 分别是模块 $\sharp i$ 和模块 $\sharp k$ 的电感电流和输出电压之间的相位差;I_{in} 是输入电流的有效值;$V_{\text{in}i}$ 和 $V_{\text{in}k}$ 分别模块 $\sharp i$ 和模块 $\sharp k$ 的输入电压有效值。对于 Buck 型 AC-AC 变换器,主电路中没有无源储能元件,在一个输入电压基波周期内,对于模块 $\sharp i$ 和模块 $\sharp k$,其输入的无功功率等于其输出的无功功率。

$$\begin{cases} V_{\text{in}i}I_{\text{in}}\sin\alpha_i=V_{\text{lc}i}I_{\text{lf}i}\sin\theta_i-2\pi fC_{\text{d}i}V_{\text{in}i}^2 \\ V_{\text{in}k}I_{\text{in}}\sin\alpha_k=V_{\text{lc}k}I_{\text{lf}k}\sin\theta_k-2\pi fC_{\text{d}k}V_{\text{in}k}^2 \end{cases} \tag{8.4}$$

　　假设每个模块的输入电容和 LC 滤波器的参数是完全一样的,即 $C_{d1}=C_{d2}$ $=\cdots=C_{dn}=C_d,C_{f1}=C_{f2}=\cdots=C_{fn}=C_f$ 和 $L_{f1}=L_{f2}=\cdots=L_{fn}=L_f$。如果输出电流均分,即 $i_{Lfi}(t)$ 和 $i_{Lfk}(t)$ 相等。因为 LC 滤波器的参数是一样的,所以电感上的压降是相等的。即 $v_{lfk}(t)=v_{lfi}(t)$。根据式(8.2),模块♯k 和模块♯i 的滤波器件之间的电压瞬时值是相等的,即 $v_{lck}(t)=v_{lcj}(t)$,所以可得下式:

$$\begin{cases} I_{Lfi}=I_{Lfk}=I_{Lf} \\ V_{lci}=V_{lck}=V_{lc} \\ \theta_i=\theta_k=\theta_o \end{cases} \tag{8.5}$$

其中,I_{Lfi}、I_{Lfk} 是分别是两个模块滤波电感电流的有效值;θ_i 和 θ_k 是滤波器之前电压的相位。

　　将式(8.3)和式(8.5)代入式(8.4)可以得到

$$\begin{cases} I_{in}^2(\cos\theta_o\sin\alpha_i\cos\alpha_i-\sin\theta_o\cos^2\alpha_i)=-2\pi fC_dV_{lc}I_{Lf}\cos^2\theta_o \\ I_{in}^2(\cos\theta_o\sin\alpha_k\cos\alpha_k-\sin\theta_o\cos^2\alpha_k)-\ \ 2\pi fC_dV_{lc}I_{Lf}\cos^2\theta_o \end{cases} \tag{8.6}$$

整理可得

$$\begin{cases} I_{in}^2(\sin(2\alpha_i+\theta_o)-\sin\theta_o)=-2\pi fC_dV_{lc}I_{Lf}\cos^2\theta_o \\ I_{in}^2(\sin(2\alpha_k+\theta_o)-\sin\theta_o)=-2\pi fC_dV_{lc}I_{Lf}\cos^2\theta_o \end{cases} \tag{8.7}$$

因此可以得到下式中 α_i 和 α_k 的关系:

$$\sin(2\alpha_i+\theta_o)=\sin(2\alpha_k+\theta_o) \tag{8.8}$$

　　在输出均流已经实现的前提下,各个模块之间没有环流。因此,α_i 和 α_k 的正负极性是一样的,并且 α_i、α_k 和 θ_o 的取值范围都为:$(-\pi/2,\pi/2)$。

　　由式(8.8)求解 α_i,可得

$$\alpha_i=\alpha_k \quad 或 \quad \alpha_i=\frac{\pi}{2}-\theta_o-\alpha_k \tag{8.9}$$

另外,式(8.7)中的两个等式的右边恒小于零,因此可得

$$\sin(2\alpha_i+\theta_o)-\sin\theta_o=2\cos(\alpha_i+\theta_o)\sin\alpha_i<0 \tag{8.10}$$

从而,α_i 的取值范围可表示如下:

$$\begin{cases} -\pi/2<\alpha_i+\theta_o<\pi/2, & \alpha_i,\alpha_k<0 \\ -\pi<\alpha_i+\theta_o<-\pi/2\cup\pi/2<\alpha_i+\theta_o<\pi, & \alpha_i,\alpha_k>0 \end{cases} \tag{8.11}$$

　　从式(8.11)中可以看出在上述两种取值范围内,$\alpha_i+\theta_o+\alpha_k=\pi/2$ 这个式子都不成立,因此,式(8.9)可以写成

$$\alpha_i=\alpha_k \tag{8.12}$$

把式(8.12)代入式(8.3)可以得到

$$V_{ini}=V_{ink} \tag{8.13}$$

式(8.12)和式(8.13)表明模块♯k 和模块♯i 的输入电压与总输入电流之间相位是相等的。由于这两个模块是任意的,所以输入电压可以被所有的子模块均分。

因此,当输出均流满足时,可以得到输入均压。

与此同时,设 β_i 和 β_k 分别表示任意两模块的输入电压(v_{ini},v_{ink})与输入电流(i_{ini},i_{ink})之间的相位。如果输入均压满足,则可以得到

$$\begin{cases} v_{\mathrm{ini}}(t)=v_{\mathrm{ink}}(t) \\ i_{\mathrm{ini}}(t)=i_{\mathrm{ink}}(t) \\ \beta_i=\beta_k=\beta_{\mathrm{in}} \end{cases} \tag{8.14}$$

由于输入侧为串联结构,下面的式子成立:

$$\begin{cases} V_{\mathrm{ini}}=V_{\mathrm{ink}}=V_{\mathrm{div}} \\ I_{\mathrm{ini}}=I_{\mathrm{ink}}=I_{\mathrm{av}} \end{cases} \tag{8.15}$$

设 δ_i、δ_k 分别表示 v_{o} 和 $i_{\mathrm{Lf}i}$、$i_{\mathrm{Lf}k}$ 之间的相位。系统的有功均分情况可以由下式表示:

$$\begin{cases} V_{\mathrm{div}}I_{\mathrm{av}}\cos\beta_{\mathrm{in}}=V_{\mathrm{o}}I_{\mathrm{Lf}i}\cos\delta_i \\ V_{\mathrm{div}}I_{\mathrm{av}}\cos\beta_{\mathrm{in}}=V_{\mathrm{o}}I_{\mathrm{Lf}k}\cos\delta_k \end{cases} \tag{8.16}$$

同样,系统的无功均分情况可表示如下:

$$\begin{cases} V_{\mathrm{div}}I_{\mathrm{av}}\sin\beta_{\mathrm{in}}=V_{\mathrm{o}}I_{\mathrm{lf}}\sin\delta_i+2\pi fL_{\mathrm{f}}I_{\mathrm{Lf}i}^2 \\ V_{\mathrm{div}}I_{\mathrm{av}}\sin\beta_{\mathrm{in}}=V_{\mathrm{o}}I_{\mathrm{lf}}\sin\delta_k+2\pi fL_{\mathrm{f}}I_{\mathrm{Lf}k}^2 \end{cases} \tag{8.17}$$

结合式(8.16)与式(8.17)可以得到

$$\begin{cases} V_{\mathrm{o}}^2(\cos\beta_{\mathrm{in}}\cos\delta_i\sin\delta_i-\sin\beta_{\mathrm{in}}\cos^2\delta_i)=-2\pi fL_{\mathrm{f}}I_{\mathrm{av}}V_{\mathrm{div}}\cos^2\beta_{\mathrm{in}} \\ V_{\mathrm{o}}^2(\cos\beta_{\mathrm{in}}\cos\delta_k\sin\delta_k-\sin\beta_{\mathrm{in}}\cos^2\delta_k)=-2\pi fL_{\mathrm{f}}I_{\mathrm{av}}V_{\mathrm{div}}\cos^2\beta_{\mathrm{in}} \end{cases} \tag{8.18}$$

由此可得

$$\sin(2\delta_i+\beta_{\mathrm{in}})=\sin(2\delta_k+\beta_{\mathrm{in}}) \tag{8.19}$$

对式(8.19)中 δ_i 与 δ_k 取值讨论与式(8.8)中的讨论一样。同理可得

$$\begin{cases} \delta_i=\delta_k \\ I_{\mathrm{Lf}i}=I_{\mathrm{Lf}k} \end{cases} \tag{8.20}$$

由于两个模块是任意选取的,各个模块的输出电流能够实现均分,因而当输入电压均分可以实现输出电流均分。

8.2　系统主电路组成及 PWM 逻辑时序

ISOP 模块化 AC-AC 变换器拓扑结构如图 8.2 所示。以子模块 #1 为例,变换器输入侧为半桥结构,开关管为 Q_{11a}、Q_{11b}、Q_{12a}、Q_{12b};输出侧为变压器带中点抽头的全波整流,同步整流管为 Q_{1a}、Q_{1b}、Q_{1c}、Q_{1d};L_{f1} 和 C_{f1} 为输出滤波电感和滤波电容。各个子模块拓扑的输入侧为串联结构,输出侧为并联结构,此种连接拓扑适用于高压输入,大电流输出的场合。输入侧和输出侧都是交流电压输入,所以变换器的开关管是由两个反向串联的 MOS 管组成。

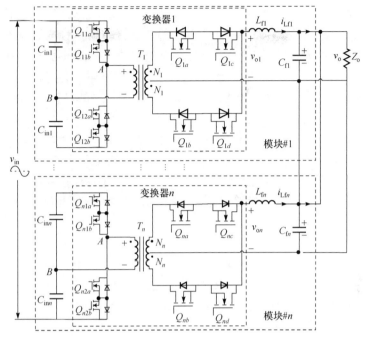

图 8.2　ISOP AC-AC 主电路图

图 8.3 给出了子模块 ♯1 的 PWM 时序控制图。图中,输入电压的极性被用于产生输入侧半桥型拓扑的各个开关管的开关驱动信号。这种方法有助于减小变

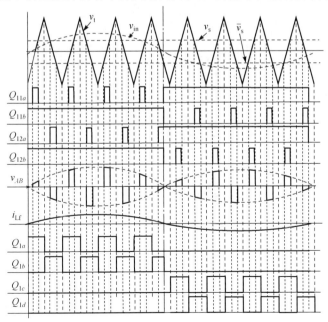

图 8.3　模块 ♯1 各个开关管的时序控制图

压器原边输入侧的开关损耗,从而提高系统的变换效率。如图所示,当输入电压极性为正时,Q_{11b} 和 Q_{12b} 始终导通,Q_{11a} 和 Q_{12a} 的开关管驱动信号按照对称半桥电路的控制方式进行控制,反之亦然。对于输出侧的四个开关管而言,其开关状态只在变压器输出端电压为零的时候变化。四个开关管的开关状态由变压器副边的输出电压,总的输出电压以及输出电流的极性决定。同时,采样输出侧的电感电流进行极性判断后,产生开关管时序控制波形,也能消除各个模块之间的环流。这三个信号的极性与输出侧的各个开关管开关状态时序逻辑对应关系如图 8.4 所示。图中,对 v_o、i_{Lf} 和 v_{AB} 而言,"0"表示它们的极性为负,"1"表示极性为正。对开关管 Q_{1a}、Q_{1b}、Q_{1c}、Q_{1d} 而言,当开关管开通时其状态为"1",当开关管关闭时其状态为"0"。

　　表 8.1 中列出了变压器后级电路的八种工作模态。通过这种驱动逻辑产生机制,可以消除各个子模块之间的环流现象。图 8.4 中列出了上表 8.1 中八种工作模态中的四种,如图所示,在每种工作模态中,都有一个二极管串联在电流的回路,这个二极管能阻止电流反向。在控制中,任选一个子模块的电流进行判断,从而同步各个模块的输出侧的开关管控制信号。因为每一种模态下,当电流极性相同时,其输出侧的回路中都串联一支 MOS 管的体二极管,从而消除了各个模块之间的环流。

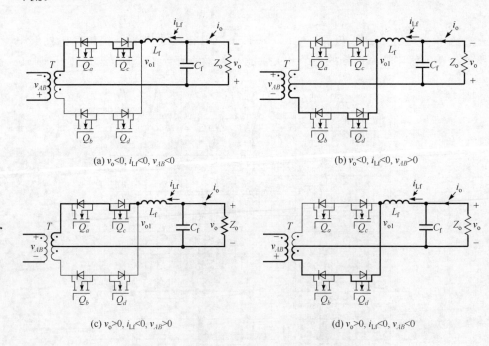

(a) $v_o<0, i_{Lf}<0, v_{AB}<0$　　　　　　　　　(b) $v_o<0, i_{Lf}<0, v_{AB}>0$

(c) $v_o>0, i_{Lf}<0, v_{AB}>0$　　　　　　　　　(d) $v_o>0, i_{Lf}<0, v_{AB}<0$

图 8.4　当输出电流极性为负时的四种模态图

表 8.1　模块 ♯1 后级输出侧开关管开关信号逻辑图

v_o	i_{lf}	v_{AB}	Q_{1a}	Q_{1b}	Q_{1c}	Q_{1d}
0	0	0	0	0	1	0
0	0	1	0	0	0	1
0	1	0	1	0	0	0
0	1	1	0	1	0	0
1	0	0	0	0	0	1
1	0	1	0	0	1	0
1	1	0	0	1	0	0
1	1	1	1	0	0	0

8.3　无输入均压环的系统控制策略与仿真分析

多模块 ISOP AC-AC 高频链变换器的控制框图如图 8.5 所示。外环为电压环,G_v 为电压环控制器。输出均流补偿环输出与电压环控制器输出相加作为 AC-AC 变换器的调制信号。以模块♯1 的均流补偿环为例,其给定为本模块输出电感电流的绝对值,反馈为输出电流绝对值的平均值。当系统工作在稳态时,各个模块的输出电感电流的绝对值等于各个模块输出电流绝对值的平均值,从而保证了各个模块输出电流的均分。最终可以保证输入电压的均分。

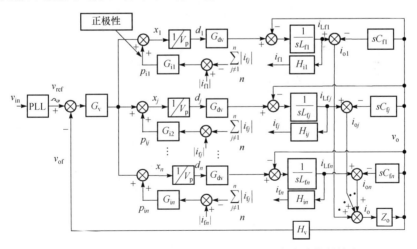

图 8.5　所提出的没有输入电压控制环的功率均分控制策略

由于控制器都是 PI 调节器,在稳态条件下,可得

$$|i_{f1}| = \frac{\sum_{j=1}^{n}|i_{fj}|}{n} = |i_{f2}| = \cdots = |i_{fn}| \tag{8.21}$$

实际上，系统所有的电流反馈系数应相同，即 $H_{i1} = H_{i2} = \cdots = H_{in}$。由式(8.21)可得

$$|i_{Lf1}| = |i_{Lf2}| = \cdots = |i_{Lfn}| \tag{8.22}$$

因此，对于任意两个模块♯k 和♯i 而言，$i_{Lfk} = i_{Lfi}$ 或者是 $i_{Lfk} = -i_{Lfi}$。在所提出的 PWM 时序产生方法上，系统各个子模块的环流可以被消除。i_{Lfk} 的极性和 i_{Lfi} 的极性一致，所以

$$i_{Lf1} = i_{Lf2} = \cdots = i_{Lfn} \tag{8.23}$$

因此在所提出的系统控制策略下，能够实现输出均流。值得指出的是，在动态调节过程中，各个子模块的电流反馈到自身调节器上的极性为正极性，如图 8.5 所示。以模块♯1 为例，假设系统在 t_0 时刻之前处于稳态运行，并且输出均流已经实现。在 t_0 时刻，由于外界干扰，导致模块♯1 的输入电流增大。这时模块♯1 的电流超过各个模块电流的平均值，在所提出的控制策略下，模块♯1 电流环的输出会增大，而不是减小。这个增大的信号将会使电压外环的输出控制信号也相应增大，与此同时其余模块电压外环输出控制信号会相应地减小。这也就意味着，当模块♯1 的输出电流增大时，需要通过增大 PWM 产生单元的输入信号，从而增大模块♯1 的占空比以达到各个模块均流的效果。这种电流正反馈的极性是由拓扑的输入串联和输出并联的结构所决定的。

图 8.6 为 ISOP 两模块 AC-AC 变换器所采用的正反馈和负反馈控制策略，其中正反馈控制策略为本章提出的控制策略，而负反馈为常用的控制架构。

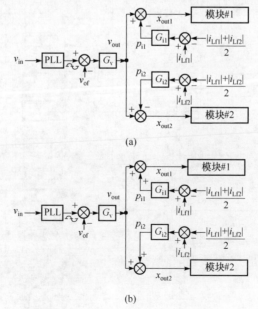

图 8.6　所提出的没有输入电压控制环的功率均分控制策略

　　为了对比所提出的正反馈控制策略的稳定性,和传统的电流负反馈控制策略进行了仿真对比,对 ISOP 两模块 AC-AC 变换器进行了仿真,参数如表 8.2 所示。

表 8.2　两模块仿真参数

参数	值
输入电压 V_{in}	220V/50Hz
输出电压 V_o	40V/50Hz
输入电容 C_{in1}、C_{in2}	22μF
输出电感值 L_{f1}、L_{f2}	200μH
输出电容 C_{f1}、C_{f2}	30μF
变压器匝比 $N_1:N_2$	1:1
额定输出电流 I_o	16A(rms)
开关频率 f_k	20kHz

　　图 8.7 给出了采样负极性反馈的仿真结果。仿真参数如表 8.2 所示,尽管两模块的参数是完全一致的,系统还是无法实现功率均分。如图所示,无论是输入电压还是输出电流,都不能实现均分。x_{out1} 和 x_{out2} 分别是模块♯1 和模块♯2 产生占空比的调节信号。但是 x_{out1} 会趋于它的正饱和值,但 x_{out2} 会趋向于其负饱和值,所以系统无法实现功率均分,产生崩溃。

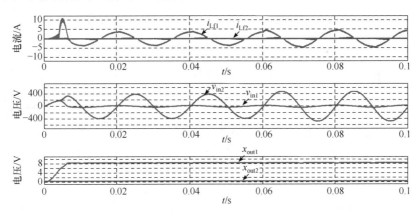

图 8.7　负极性反馈的仿真图

　　图 8.8 给出了当均流环的环节是正反馈时的仿真结果,x_{out1} 和 x_{out2} 是 PWM 产生环节的调制信号,如图 8.6 所示。当两个模块的参数是完全一样时,如图 8.8(a)所示,系统可以实现良好的功率均分。即使当模块参数有一定的误差,如两个模块的参数不同时,也能实现输入电压和输出电流良好的均分,如图 8.8(b)所示。为了实现克服变压器匝比不同的影响,稳态下 x_{out1} 和 x_{out2} 是不同的。因此采用本

章所提出的电路正反馈方法,不管模块参数是否一致,均能实现模块之间良好的功率均分。

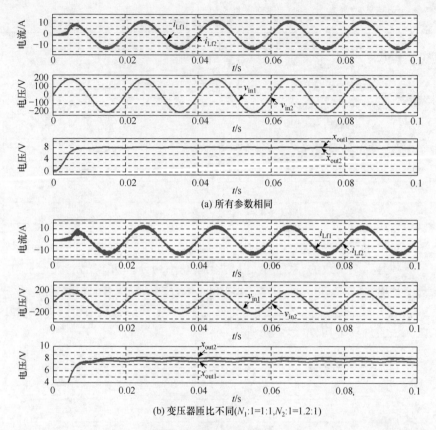

(a) 所有参数相同

(b) 变压器匝比不同(N_1:1=1:1,N_2:1=1.2:1)

图 8.8　正反馈下的仿真结果

以两模块为例的系统仿真和实验的参数和表 8.2 完全一致。图 8.9(a)所示为单模块各个开关管驱动波形,由该图可知,所有开关管的波形具有高频开关和低频开关混合信号,而图 8.9(b)为展开以后的波形。

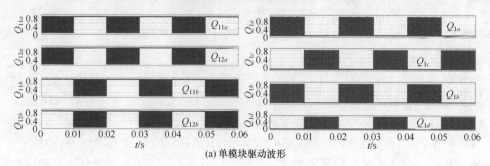

(a) 单模块驱动波形

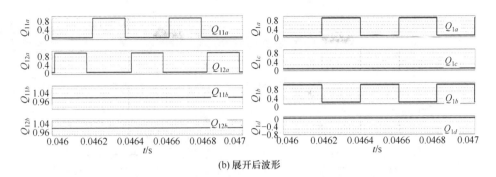

(b) 展开后波形

图 8.9 单模块 AC-AC 变化器各个开关管驱动波形及展开后波形

当输入电压为正时，Q_{1b} 和 Q_{2b} 常开，Q_{1a} 和 Q_{2a} 进行 PWM 调制；反之，Q_{1a} 和 Q_{2a} 常开，Q_{1b} 和 Q_{2b} 进行 PWM 调制。当输出电流为正时，Q_a 和 Q_b 为高频 PWM 驱动信号，此时 Q_c 和 Q_d 通过其体二极管导通电流；当输出电流为负时，Q_c 和 Q_d 为高频 PWM 驱动信号，此时 Q_a 和 Q_b 通过其体二极管导通电流。

图 8.10 为稳态仿真波形。如图所示，系统稳定工作时，尽管变压器匝比不相等，但输入电压和输出电压仍然可以实现均分，从而各个变换器也实现了功率均分。

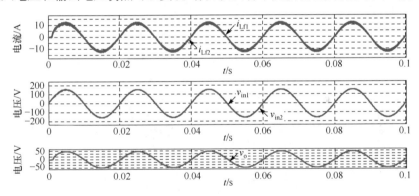

图 8.10 两模块 ISOP AC-AC 变换器输入输出稳态仿真结果

图 8.11 为控制器输出信号和输出电流的仿真结果，v_{out} 为电压调节器输出；x_{out1} 和 x_{out2} 为两个模块的调制信号；i_{Lf1} 和 i_{Lf2} 为两模块的输出电流。如图所示，系统均流补偿环使得两个模块的调制信号不相同，从而能够克服由于变压器匝比的参数不一致的影响，实现模块之间良好的功率均分。

图 8.12 所示为突加突减负载的仿真结果。从图 8.12 的仿真结果可知，无论突加还是突减负载，输出电流仍然可以实现均分，而在负载切换的过程中，输出电压基本不受影响。上述仿真结果表明，采用所提出的输出电流控制是可行的，可以实现各个模块之间静态和动态情况下良好的功率均分。

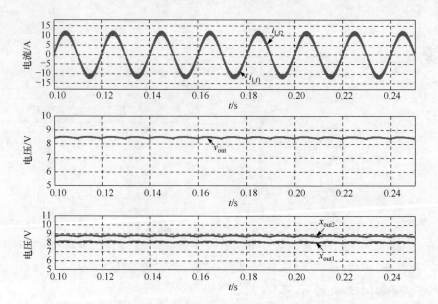

图 8.11　两模块 ISOP AC-AC 变换器控制其输出波形和输出电流波形

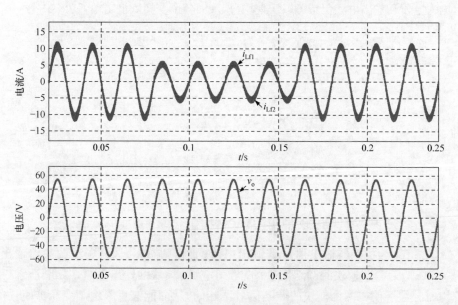

图 8.12　两模块 ISOP AC-AC 变换器突加突减负载的仿真波形

图 8.13 所示为输入电压跳变的仿真结果,由于该图可知,在输入电压跳变的过程中,输出电流可以实现良好的均分。采用所提出的控制策略,即使在输入电压跳变的过程中,系统也是稳定的。

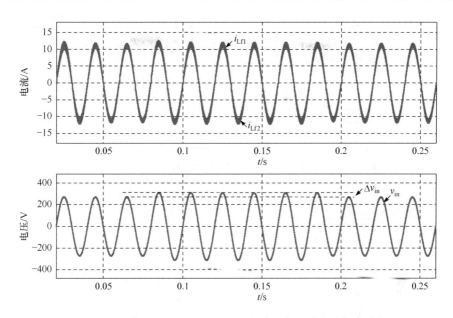

图 8.13　两模块 ISOP AC-AC 变换器输入电压跳变的仿真波形

8.4　ISOP 两模块 AC-AC 变换器实验结果分析

采用上述的仿真参数,相应的实验结果如下所示。图 8.14 所示为系统稳态且在阻性负载下输入电压的均分特性。v_{in1} 为系统模块 #1 输入电压;v_{in2} 为系统模块 #2 输入电压;i_{Lf1} 为系统模块 #1 的输出电感电流;i_{Lf2} 为系统模块 #2 的输出电感电流;

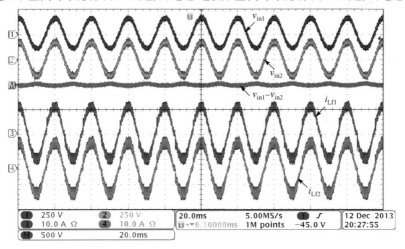

图 8.14　阻性负载下输入电压均分和输出电流均分

$v_{in1}-v_{in2}$ 为输入电压的差值。由图 8.14 可以看出,系统各个模块之间,输入电压波形几乎完全重合,从而表明采用所提出控制策略可以实现输入电压良好的均分。

图 8.15 为额定负载时输出电流的均流波形。$i_{Lf1}-i_{Lf2}$ 为输出电流的差值,由图中可以看出,系统各个模块之间,输出电流波形几乎完全重合,从而表明所提出控制策略可以实现良好的输出电流均分。从图 8.14 和图 8.15 可以看出由于输入电压和输出电流实现了均分,因此两个模块的功率也实现了均分。

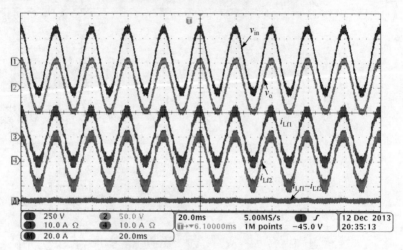

图 8.15　阻性负载下输出均流

图 8.16 所示为系统稳态且在阻性负载调节器的输出波形。图中 v_{in} 为总输入电压;v_o 为总输出电压;x_{out1} 为模块 ♯1 控制占空比调节信号;x_{out2} 为模块

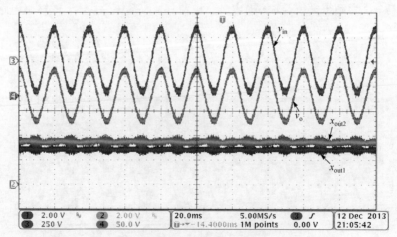

图 8.16　两个模块调节器输出信号

♯2为控制占空比调节信号。由于两个模块变压器的匝比不一致,所以为了实现两个模块功率均分,它们调节器需要输出不同的信号,以克服变压器匝比不一致的影响。

图 8.17 和图 8.18 分别为感性负载下的输入电压均分和输出电流均分的实验结果,感性负载为一个 2.5Ω 的电阻和一个 $4.5mH$ 的电感串联。由 8.17 可知,输入电压可以实现良好的均分;由图 8.18 可知,输出电流也可以实现良好的均分。

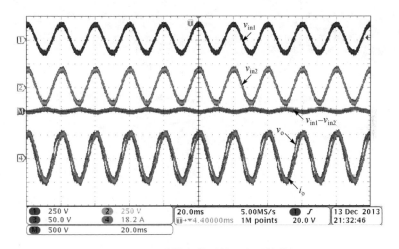

图 8.17 感性负载下输入电压均分

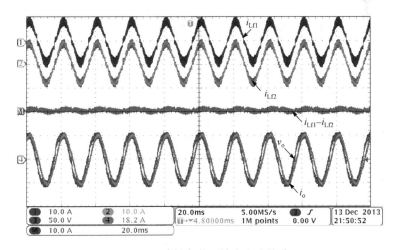

图 8.18 感性负载下输出电流均分

　　图 8.19 为整流性负载下的实验结果,整流负载为一个整流桥接一个 $450\mu F$ 的电解电容并联一个 5Ω 的电阻。每个模块的输出电流都产生了畸变,但依旧实现了输出电流的均流。

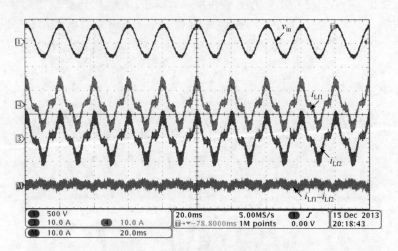

图 8.19　整流负载输出电流均分

　　图 8.20 和图 8.21 分别为系统突加和突减负载时输入电压均分和输出电流均分的动态响应实验结果。由图 8.20 可知,当负载突变时输出电流可以实现均分,而输出电压与输入电压同相位,不受负载突变的影响。而由图 8.21 可知,当负载突变时,也能实现输入电压的良好均分。

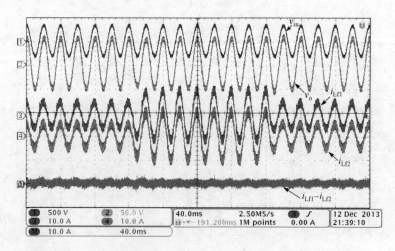

图 8.20　系统突加和突减负载输出电流均分的动态响应实验结果

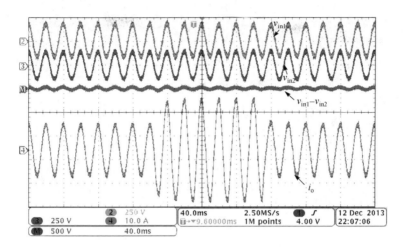

图 8.21　系统突加和突减负载输入电压均分的动态响应实验结果

图 8.22 为输入电压跳变时的实验结果。由该图可知,即使在输入电压跳变时,也能实现输出电流的均分,并且在跳变的过程中,输出电压 v_o 保持不变,不受输入电压变化的影响。

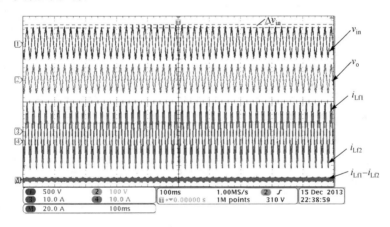

图 8.22　输入电压跳变下的实验结果

8.5　本 章 小 结

本章讨论了输入串联输出并联模块化 AC-AC 电子变换器的功率组成架构及其相应控制策略。在基于有功和无功守恒的前提下,充分考虑所组成模块两侧储能元件的影响,揭示了了输入电压均分和输出电流均分之间的关系。在不采样每个模块输入电压的情况下,通过采样每个模块的输出电流,提出了一种稳定的功率均分控制策略。以两模块 AC-AC 变换器为例,通过仿真和实验验证了所提出的控制策略对于 ISOP 结构的有效性。仿真和实验表明:采用所提出的控制策略,在稳态下对于不同性质的负载均能实现良好的功率均分,而且对于负载突变或输入电压跳变情况下,也能实现良好的功率均分。

第9章　输入串联输出串联模块化 AC-AC 电子变压器

第 8 章所讨论的 ISOP 模块化 AC-AC 电子变压器适合应用于高压交流输入和低压大电流交流输出场合。如果是高压交流输入、高压交流输出场合,则应采用 ISOS 模块化 AC-AC 电子变换器。这样在实现各个模块均压的前提下,能够降低每个模块的输入电压和输出电压的等级。同时,各个模块的功率等级也大大降低。在保证电路各个功率管可靠运行的同时,也降低了每个模块的磁性元件体积。本章在第 8 章的基础上,提出了一种 ISOS 型模块化 AC-AC 电子变压器的控制方法,通过仿真和实验验证了该方法的有效性。

9.1　输出均压和输入均压之间的关系

图 9.1 为 ISOS 模块化 AC-AC 变换器结构图。图中,C_{d1},C_{d2},$\cdots$,C_{dn} 是每个模块的输入分压电容;i_{in} 为交流电源的输入总电流;i_{in1},i_{in2},$\cdots$,i_{inn} 和 i_{Lf1},i_{Lf2},$\cdots$,i_{Lfn} 分别是每个模块的输入电流和输出电流;每个模块的输入电压为 v_{in1},v_{in2},$\cdots$,v_{inn},输出电压为 v_{o1},v_{o2},$\cdots$,v_{on}。在图 9.1 中,为了便于对系统无功平衡的分析,已经将变换器中的无功元件从变换器中分离开来。以任意两个模块 $\sharp k$ 和模块 $\sharp i$ 为例,来解释输出电流均分和输入电压均分之间的关系,假设所组成模块的变换器效率均为 100%,根据功率守恒的原理,每个模块输入的复功率和它输出的复功率是完全相等的,具体见式(9.1):

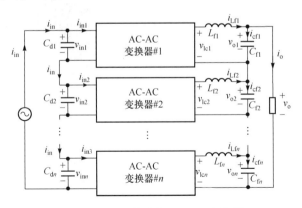

图 9.1　ISOS 模块化 AC-AC 变换器

$$\begin{cases} S_{\text{in}i} = P_{\text{in}i} + \text{j}Q_{\text{in}i} = P_{\text{o}i} + \text{j}Q_{\text{o}i} = S_{\text{o}i} \\ S_{\text{in}k} = P_{\text{in}k} + \text{j}Q_{\text{in}k} = P_{\text{o}k} + \text{j}Q_{\text{o}k} = S_{\text{o}k} \end{cases} \tag{9.1}$$

其中,$S_{\text{in}i}$、$S_{\text{in}k}$ 和 $S_{\text{o}i}$、$S_{\text{o}k}$ 分别是模块 $\sharp i$ 和模块 $\sharp k$ 的输入和输出复功率,注意在分析时,没有输出侧 LC 滤波器中的储能;$P_{\text{in}i}$、$P_{\text{in}k}$、$P_{\text{o}i}$ 和 $P_{\text{o}k}$ 是模块 $\sharp i$、模块 $\sharp k$ 的输入有功和输出有功;$Q_{\text{in}i}$、$Q_{\text{in}k}$、$Q_{\text{o}i}$ 和 $Q_{\text{o}k}$ 是模块 $\sharp i$、模块 $\sharp k$ 的输入无功和输出无功;j 是虚数单位。

因为所有的模块输出端是串联,所以对于任意模块 $\sharp k$ 和任意模块 $\sharp i$,输出电流是一样的,以下公式成立:

$$\begin{cases} i_{\text{l}fk}(t) = i_{\text{o}}(t) + i_{\text{c}fk}(t) \\ i_{\text{l}fi}(t) = i_{\text{o}}(t) + i_{\text{c}fi}(t) \end{cases} \tag{9.2}$$

其中,i_{o} 为模块化变换器的总输出电流;$i_{\text{c}fi}$ 和 $i_{\text{c}fk}$ 为模块 $\sharp i$ 和模块 $\sharp k$ 输出电容上的电流。

另外,对于每个模块,输入的有功功率和输出的有功功率相等,所以对于模块 $\sharp i$ 和模块 $\sharp k$,下式成立:

$$\begin{cases} V_{\text{in}i} I_{\text{in}} \cos\alpha_i = V_{\text{lc}i} I_{\text{L}fi} \cos\theta_i \\ V_{\text{in}k} I_{\text{in}} \cos\alpha_k = V_{\text{lc}k} I_{\text{L}fk} \cos\theta_k \end{cases} \tag{9.3}$$

其中,α_i 和 α_k 分别为模块 $\sharp i$ 和模块 $\sharp k$ 输入电压($v_{\text{in}i}$,$v_{\text{in}k}$)和输入总电流(i_{in})之间的相位;$V_{\text{lc}k}$、$V_{\text{lc}i}$ 是它们在 LC 滤波器之前的输出电压有效值;θ_i 和 θ_k 分别是模块 $\sharp i$ 和模块 $\sharp k$ 的电感电流和它们滤波器电压之间的相位差。对于 Buck 型 AC-AC 变换器,主电路中没有无源储能元件,在一个输入电压基波周期内,对于模块 $\sharp i$ 和模块 $\sharp k$,其输入的无功功率等于其输出的无功功率。

$$\begin{cases} V_{\text{in}i} I_{\text{in}} \sin\alpha_i = V_{\text{lc}i} I_{\text{L}fi} \sin\theta_i - 2\pi f C_{\text{d}i} V_{\text{in}i}^2 \\ V_{\text{in}k} I_{\text{in}} \sin\alpha_k = V_{\text{lc}k} I_{\text{L}fk} \sin\theta_k - 2\pi f C_{\text{d}k} V_{\text{in}k}^2 \end{cases} \tag{9.4}$$

假设每个模块的输入电容和 LC 滤波器的参数是完全一样的,即 $C_{\text{d}1} = C_{\text{d}2} = \cdots = C_{\text{d}n} = C_{\text{d}}$,$C_{\text{f}1} = C_{\text{f}2} = \cdots = C_{\text{f}n} = C_{\text{f}}$ 和 $L_{\text{f}1} = L_{\text{f}2} = \cdots = L_{\text{f}n} = L_{\text{f}}$。如果输出电压均分,即 $v_{\text{o}i} = v_{\text{o}k}$。由于各个模块的输出电容一样,所以有 $i_{\text{c}fk}(t) = i_{\text{c}fi}(t)$。再结合式(9.2)可知,$i_{\text{L}fi}(t) = i_{\text{L}fk}(t)$。

同时,由电路网络分压公式可知

$$\begin{cases} v_{\text{lc}k}(t) = L_{\text{f}} \dfrac{\text{d}i_{lfk}}{\text{d}t} + \dfrac{1}{C_{\text{f}}} \displaystyle\int i_{\text{c}fk}(t)\,\text{d}t \\ v_{\text{lc}i}(t) = L_{\text{f}} \dfrac{\text{d}i_{lfi}}{\text{d}t} + \dfrac{1}{C_{\text{f}}} \displaystyle\int i_{\text{c}fi}(t)\,\text{d}t \end{cases} \tag{9.5}$$

在输出电容上初始电压为零的情况下,由式(9.5)可得 $v_{\text{lc}k}(t) = v_{\text{lc}j}(t)$,结合以上结论可得下式:

$$\begin{cases} I_{\mathrm{Lf}i}=I_{\mathrm{Lf}k}=I_{\mathrm{Lf}} \\ V_{\mathrm{lc}i}=V_{\mathrm{lc}k}=V_{\mathrm{lc}} \\ \theta_i=\theta_k=\theta_o \end{cases} \tag{9.6}$$

其中，$I_{\mathrm{lf}i}$、$I_{\mathrm{lf}k}$ 分别是两个模块滤波电感电流的有效值；θ_i 和 θ_k 分别是两个模块滤波器之前电压和它们电流的相位差。

将式(9.3)和式(9.6)代入式(9.4)可以得到

$$\begin{cases} I_{\mathrm{in}}^2(\cos\theta_o\sin\alpha_i\cos\alpha_i-\sin\theta_o\cos^2\alpha_i)=-2\pi fC_dV_{\mathrm{lc}}I_{\mathrm{Lf}}\cos^2\theta_o \\ I_{\mathrm{in}}^2(\cos\theta_o\sin\alpha_k\cos\alpha_k-\sin\theta_o\cos^2\alpha_k)=-2\pi fC_dV_{\mathrm{lc}}I_{\mathrm{Lf}}\cos^2\theta_o \end{cases} \tag{9.7}$$

整理可得

$$\begin{cases} I_{\mathrm{in}}^2(\sin(2\alpha_i+\theta_o)-\sin\theta_o)=-2\pi fC_dV_{\mathrm{lc}}I_{\mathrm{lf}}\cos^2\theta_o \\ I_{\mathrm{in}}^2(\sin(2\alpha_k+\theta_o)-\sin\theta_o)=-2\pi fC_dV_{\mathrm{lc}}I_{\mathrm{lf}}\cos^2\theta_o \end{cases} \tag{9.8}$$

因此可以得到下式中 α_i 和 α_k 的关系：

$$\sin(2\alpha_i+\theta_o)=\sin(2\alpha_k+\theta_o) \tag{9.9}$$

在输出电流均分已经实现的前提下，各个模块之间没有环流。因此，α_i 和 α_k 的正负极性一样，并且 α_i、α_k 和 θ_o 的取值范围都为：$(-\pi/2,\pi/2)$。

由式(9.9)求解 α_i，可得

$$\alpha_i=\alpha_k \quad \text{或者} \quad \alpha_i=\frac{\pi}{2}-\theta_o-\alpha_k \tag{9.10}$$

另外，式(9.8)中的两个等式的右边恒小于零，因此可得

$$\sin(2\alpha_i+\theta_o)-\sin\theta_o=2\cos(\alpha_i+\theta_o)\sin\alpha_i<0 \tag{9.11}$$

从而，α_i 的取值范围可表示如下：

$$\begin{cases} -\pi/2<\alpha_i+\theta_o<\pi/2, & \alpha_i,\alpha_k<0 \\ -\pi<\alpha_i+\theta_o<-\pi/2\bigcup\pi/2<\alpha_i+\theta_o<\pi, & \alpha_i,\alpha_k>0 \end{cases} \tag{9.12}$$

从式(9.12)中可以看出在上述两种取值范围内，$\alpha_i+\theta_o+\alpha_k=\pi/2$ 这个式子均不成立，因此，式(9.10)可以写成

$$\alpha_i=\alpha_k \tag{9.13}$$

把式(9.13)代入式(9.14) 可以得到

$$V_{\mathrm{in}i}=V_{\mathrm{in}k} \tag{9.14}$$

式(9.13)和式(9.14)表明模块 ♯k 和模块 ♯i 的输入电压以及总输入电流与电压之间的相位都是一样的。由于这两个模块是任意的，所以输入电压可以被所有的子模块均分。因此，当输出电流均分满足时，可以得到输入电压均分。

9.2　系统主电路组成及 PWM 逻辑时序

ISOS 模块化 AC-AC 变换器拓扑结构如图 9.2 所示。以子模块 ♯1 为例,变换器输入侧为半桥结构,开关管为 Q_{11a}、Q_{11b}、Q_{12a}、Q_{12b}。副边侧为变压器带中点抽头的全波整流,同步整流管为 Q_{1a}、Q_{1b}、Q_{1c}、Q_{1d}。L_{f1} 和 C_{f1} 为输出滤波电感和滤波电容。各个子模块拓扑的输入侧为串联结构,输出侧为串联结构,此种拓扑适用于高压输入、高压输出的场合。输入侧和输出侧的电压都是交流,所以变换器的开关管是由两个反向串联的 MOS 管组成。

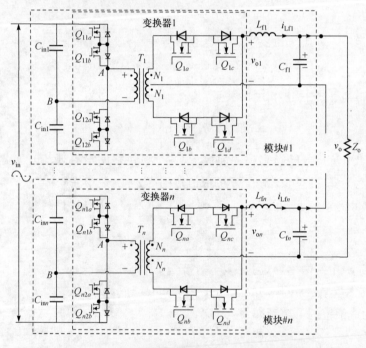

图 9.2　ISOS 模块化 AC-AC 电子变压器主电路

图 9.3 给出了模块 ♯1 的 PWM 时序逻辑图。在该图中,采用输入电压的极性产生输入侧半桥变换器各个开关管的开关驱动信号。由于每个驱动脉冲均是高频信号和低频信号的混合,所以大大降低了开关损耗,从而可以提高系统变换效率。如图 9.3 所示,当输入电压极性为正时,Q_{11b} 和 Q_{12b} 始终导通,Q_{11a} 和 Q_{12a} 的开关管驱动信号按照对称半桥电路的控制方式进行控制,反之亦然。对于输出侧的四个开关管而言,其开关状态只在变压器输出端电压为零的时候变化。Q_{1a} 和 Q_{1c} 共用一个驱动信号,Q_{1b} 和 Q_{1d} 共用一个驱动信号。

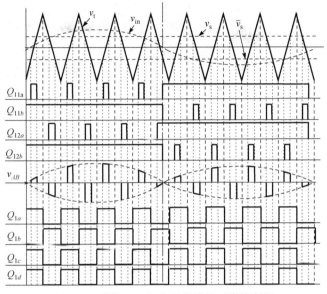

图 9.3　模块 #1 各个开关管的时序控制图

9.3　无输入均压环的系统控制策略

ISOS 模块化 AC-AC 电子变压器的控制框图如图 9.4 所示。v_{in} 为输入电压，PLL 为锁相环单元，锁相环的输出取绝对值之后产生相位的正弦值，该正弦值和输出电压给定的幅值 V_{ref} 相乘得到参考电压 v_{ref}。采样各个模块的输出电压以后，经过取绝对值后叠加作为反馈量。值得注意的是，任意模块的反馈是将其他模块的电压采样量的绝对值之和作为该模块的电压反馈量。

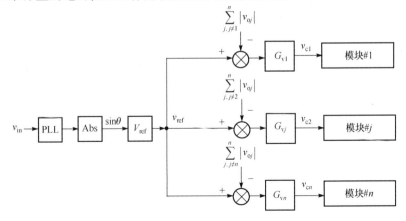

图 9.4　所提出的没有输入电压控制环的功率均分控制策略

针对这种控制策略,以三模块为例的系统仿真参数如下所示:输入电压有效值为 440V/50Hz,输出电压有效值为 440V/50Hz,交流的半桥输入电容值为 $22\mu F$,输出滤波电感为 $200\mu H$,输出滤波电容为 $30\mu F$。仿真时变压器匝比分两种情况,即匝比相同和匝比不同。在相同匝比下,三个变压器原副边匝比均为 $1:4$。在不同匝比下,三个变压器的原副边匝比分别为 $1:3.8$、$1:4$ 和 $1:4$,负载为阻值为 45Ω 的纯电阻。

图 9.5 为匝比相同情况下,系统在稳态的输入均压图。其中 v_{in1} 为模块 #1 的输入电压,v_{in2} 为模块 #2 的输入电压,v_{in3} 为模块 #3 的输入电压。三个模块的输入电压幅值与相位都基本相同,说明达到了很好的输入均压的效果。另外,输出电压与输入电压的相位也实现了同步,实现了变压器功能。

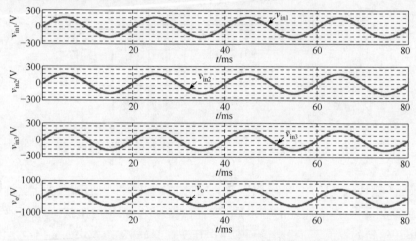

图 9.5　三模块 ISOS AC-AC 变换器输入均压稳态仿真结果图(变压器匝比一致)

当两模块的变压器匝比一致时,系统稳态运行下的输出均压图如图 9.6 所示,v_{o1}、v_{o2} 和 v_{o3} 分别为三模块的输出电压。由图可见,各模块实现了输出电压均分,因此实现了功率均分。

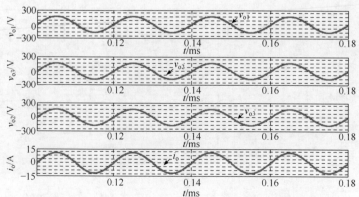

图 9.6　三模块 ISOS AC-AC 变换器输出均压稳态仿真结果(变压器匝比一致)

　　图 9.7 所示为三模块匝比不一致的情况下系统的输入均压图,从图 9.7 的仿真结果可以看出,系统在变压器匝比不一致的情况下,仍然能够实现输入电压良好的均分。

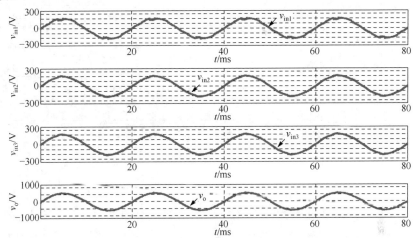

图 9.7　三模块 ISOS AC-AC 变换器输入均压稳态仿真结果图(变压器匝比不一致)

　　当三模块的变压器匝比不一致时,系统稳态运行下的输出均压图如图 9.8 所示。由该图可见,各模块实现了输出电压均分。

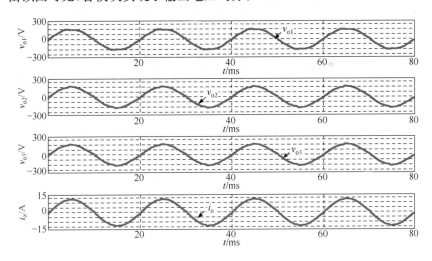

图 9.8　三模块 ISOS AC-AC 变换器输入均压稳态仿真结果图(变压器匝比不一致)

　　当三模块变压器匝比不一致时,系统在负载跳变的情况下仿真结果如 9.9 所示。其中负载从满载切到半载,然后由半载切到满载。由图可知,即使在输出功率变化的情况下,系统在稳态与动态都能实现很好的输出电压均分,且输出电压不受负载变化的影响。

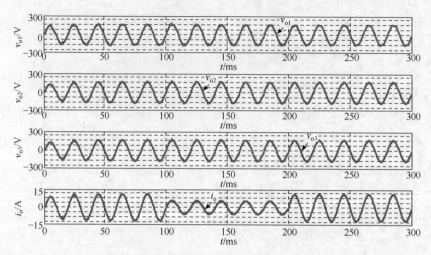

图 9.9　突加突卸负载下输出电压波形(变压器匝比不一致)

图 9.10 为在变压器匝比不一致的情况下,系统突加突卸负载时输入波形。v_g 为突加突减负载的控制信号。当 v_g 为高时,输出为额定功率,当 v_g 为低时,输出的功率为额定功率的一半。如图所示,在负载跳变的情况下,在稳态与动态过程中均能实现输入电压的均分。

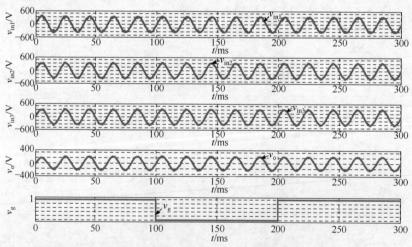

图 9.10　突加突卸负载下系统输入电压波形(变压器匝比不一致)

图 9.11 为输出负载切换时三个电压环调节器的输出波形。如图所示,当输入切载时,三个调节器输出信号的幅值基本不受输出功率的影响,从而保证变换器在切换负载的过程中,输出电压仍然一致。另外,值得指出的是,在模块♯1 的变压器匝比为 1∶3.8,比其他两个模块的变压器匝比小的情况下,模块♯1 电压环调节器的输出幅值要比其他两个模块的调节器幅值小,这也验证了所提出的控制策略

能够自动适应模块参数不一致,如变压器匝比不同的影响。

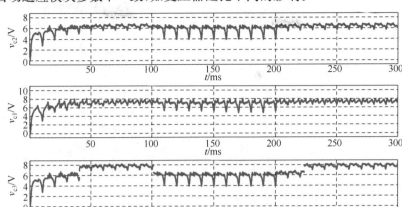

图 9.11　突加突卸负载下系统调节器输出波形(变压器匝比不一致)

当三模块变压器匝比不一致时,系统在输入电压跳变下的仿真结果如 9.12 所示。其中输入电压由 340V 跳变至 540V,然后再跳变到 340V。由图可知,再输入电压跳变的情况下,系统在稳态与动态都能实现输出电压的均分,而且输出电压基本不受输入电压跳变的影响。

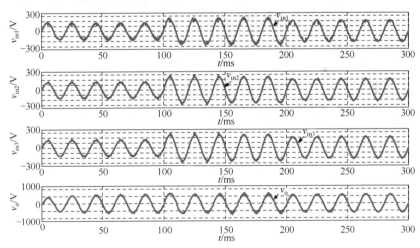

图 9.12　输入电压跳变下各个模块输入电压和总输出电压(变压器匝比不一致)

图 9.13 为在变压器匝比不一致、系统输入电压突变情况下,输出电压均分效果图。v_g 为输入电压突变的控制信号。当 v_g 第一次跳变时,系统输入电压由 340V 跳变至 540V。当 v_g 第二次跳变时,系统的输入电压由 540V 跳变至 440V。如图所示,系统在输入电压跳变的情况下,稳态与动态过程中都能实现输出电压的均分。

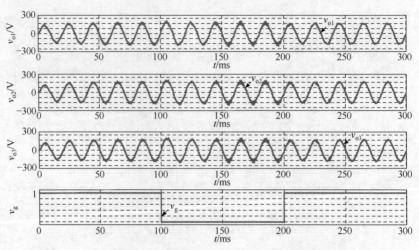

图 9.13　输入跳变情况下系统输出电压均分图（变压器匝比不一致）

9.4　两模块 ISOS 实验结果及其分析

为了验证所提出控制策略的稳定性，搭建了两模块 ISOS 高频隔离 AC-AC 变换器的实验平台，实验参数如下：输入电压为 120V/50Hz，输出电压为 40V/50Hz，交流的半桥输入电容容值为 $22\mu F$，输出滤波电感为 $200\mu H$，输出滤波电容为 $30\mu F$。两个模块的变压器匝比分别为 $1:1$ 和 $1:1.2$。额定负载为 10Ω。

图 9.14 所示为系统稳态且在阻性负载下输入电压的均分特性。v_{in1} 为系统模块 #1 输入电压，v_{in2} 为系统模块 #2 输入电压，$v_{in1}-v_{in2}$ 为输入电压的差值。由图 9.14 可以看出，两个模块输入电压波形之差几乎为 0，从而表明采用提出控制策略可以实现输入电压良好的均分。

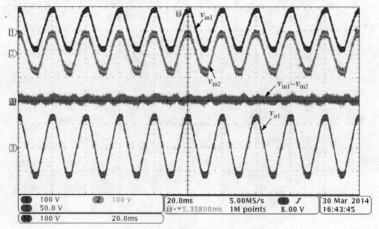

图 9.14　阻性负载下输入均压

图 9.15 为系统稳态且在阻性负载时输出电压均分特性。v_{in} 为系统总输入电压,v_{o1} 和 v_{o2} 分别为模块♯1 和模块♯2 的输出电压。由图中可以看出,两个模块的输出电压在相位和幅值上都是一致的,因此实现了输出功率的良好均分。

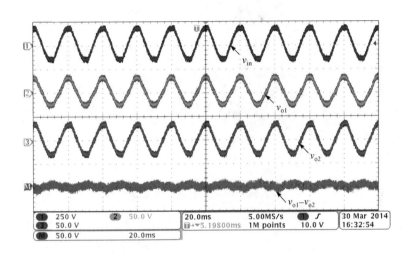

图 9.15 阻性负载下输出均压

图 9.16 和图 9.17 为系统在阻感性负载下输出均压的效果图。负载为 6.67Ω 电阻与 15mH 的电感串联。如图所示,在阻感性负载下,系统功率能自动实现双向流动,并且两个模块实现了输入电压和输出电压的良好均分。

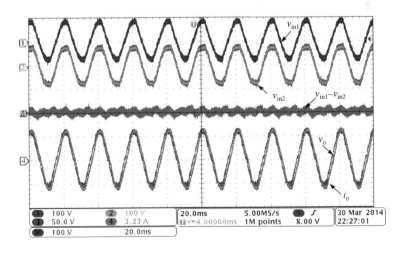

图 9.16 阻感性负载下系统输入均压图

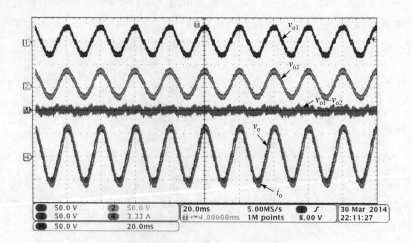

图 9.17　阻感性负载下系统输出均压图

图 9.18 为系统在整流性负载下的输入电压均分效果图。整流性负载由一个整流桥后接 10Ω 负载与 $470\mu F$ 电容并联构成。如图所示,虽然输出电流产生了严重的畸变,但两个模块实现了输入电压的良好均分。

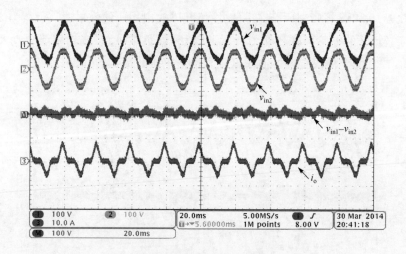

图 9.18　整流性负载下输入均分效果图

图 9.19 为系统在上述整流性负载下的输出电压均分效果图。虽然每个模块的输出电压都已经畸变,不再是纯正弦波形,但两模块仍然能实现输出电压的良好均分。由图 9.16 和图 9.17 可知,在整流性负载下,能够实现各个模块的功率均分。

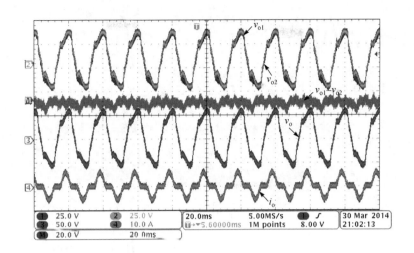

图 9.19　整流性负载下输出均分效果图

图 9.20 为系统突加和突减负载下输入电压的动态响应实验结果,负载由半载切换到满载然后再切回到半载。如图中所示,当负载突变时输入电压的峰值与相位基本不变,两个模块的输入电压在动态的情况下仍然能实现均分。

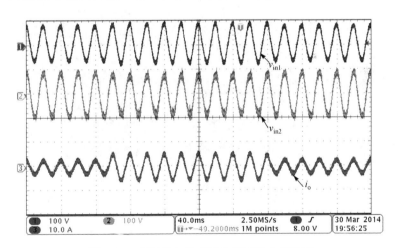

图 9.20　系统突加和突减负载下输入均压图

图 9.21 为系统突加和突减负载时输出电压和输出总电流的实验结果。由该图可知当负载突变时输出电压的差值仍然为 0,两个模块可以实现输出电压的良好均分。因此在负载突变下,无论是输入电压还是输出电压均能实现良好的功率均分。

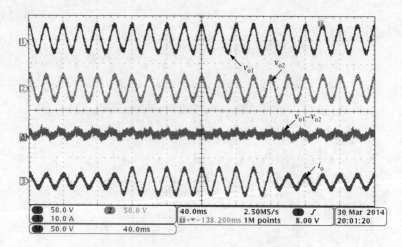

图 9.21　系统突加和突减负载下输出均压图

　　图 9.22 为系统在输入电压跳变($90\text{V}\rightarrow130\text{V}\rightarrow90\text{V}$)的情况下的实验波形。由该图可知,系统在输入电压变化的情况下,两个模块仍然能实现输出电压良好的均分,并且每个模块的输出电压基本不受输入电压变化的影响。

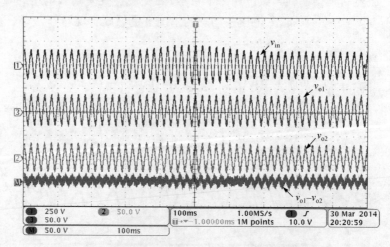

图 9.22　输入电压跳变情况下输出电压均分效果图

9.5　本章小结

　　本章在功率平衡基础上研究了 ISOS 模块化 AC-AC 电子压器,得出输出电压均分可以实现输入电压均分。探讨了 ISOS AC-AC 模块化电子变压器的稳定性机制以及相应的控制策略。在不采样每个模块输入电压的情况下,通过采样每个模块的输出电压,提出了一种稳定的功率均分控制策略。以三模块 AC-AC 变换器为例,通过仿真验证了所提出的控制策略对于 ISOS 结构的有效性。并对两模块 ISOS 系统进行了实验。仿真和实验表明:系统不仅可以保证稳态的功率均分,同时可以保证输入电压或负载动态切换下均实现良好的功率均分。

第 10 章　总结与展望

本书对于高压输入场合的电力电子解决方案进行了回顾,采用输入串联的模块化电力电子变压器具有器件应力低、控制简单、易于实现冗余运行等优点。但是一个基本的问题是要实现各种模块在动、静态下的功率均分。本书对于输入串联不同结构的模块化电力电子变换器,在不采样每个模块输入电压的情况下,提出了一系列基于副边稳定控制的策略。分析了所提出控制策略的原理,揭示了其稳定的数学本质。对于 ISOP 和 ISOS 隔离式电力电子变换器进行了相应的仿真和实验,验证了所提出控制策略的可行性,也验证了该方法具有一定的通用性。但是限于作者水平的限制,未来还需做以下工作:

(1) 基于分散式功率均分控制策略,本书所讨论依然为集中式控制策略,随着模块数的不断增多,采用集中控制使得控制器的负担很重,有可能受到控制器自身条件的限制而无法实现更多模块的控制功能。如 DSP 的 PWM 口数量有限,无法实现更多模块的 PWM 口分配。同时,采用集中控制,无法实现真正意义上的模块化。如果控制器产生故障,则有可能所有模块都无法工作。所以实现模块的“热插拔”运行,也仅仅是指主电路上的热插拔。采用分散式控制策略以后,每个模块对应的控制器是完全独立的,可以实现真正意义上的冗余运行。

(2) 对于采用输入串联的模块化电力电子变换器,虽然从系统控制的角度,降低了每个模块输入电压应力。但是对于这种特殊的连接结构,能够采用相应的辅助谐振电路,实现开关管在开关级的软开关,可以进一步降低开关损耗,提高变换效率。

(3) 本书对于所组成的模块化电力电子变换器,讨论组成模块均采用 PWM 控制,而对于变频控制则没有讨论。假设组成的模块为 LLC 变换器,所得的结论能否使用还需进一步商榷。

(4) 虽然本书部分所组成的模块具有双向功率流功能,如高频交流环节 DC-AC 逆变器和高频交流环节 AC-AC 变换器。但是这种双向功率流仅仅由负载性质决定,本质为被动双向流。如果所组成的模块为主动双向流,即两侧均为电压源,可以实现能量双向的人为主动控制,如采用相控的 DAB DC-DC 或者相控的高频隔离 AC-AC 变换器。本书所提出的结论能否应用值得进一步研究。在主动双向功率情况下,如果不采高压侧每个模块的电压,那么实现功率均分的控制架构如何,亦值得讨论。

(5) 对于所组成的 AC-DC 模块,本书讨论的是 Buck 隔离型的,存在功率传递断续情况,功率因数较低的情况。可采用 Boost 隔离单级 AC-DC 变换器,实现功率的连续传递。

（6）如果输入为高压交流,可以采用级联技术,以进一步降低高压交流侧的滤波器设计负担。同时每个级联逆变器输出的直流电压依然可以接高频隔离式的 DC-AC 逆变器或 DC-DC 变换器。此时功率均分控制策略如何值得进一步讨论。

参 考 文 献

[1] Gerster C. Fast high-power/high-voltage switch using series-connected IGBT's with active gate-controlled voltage-balancing. Proc. IEEE APEC, Orlando, 1994:469-472.

[2] Consoli A, Musumeci S, Oriti G, et al. Active voltage balancement of series connected IGBTs. Proc. IEEE IAS, Orlando, 1995:2752-2758.

[3] Bakran M, Michel M. A Learning Controller for Voltage-Balancing on GTO's in Series. Proc. IPEC, Yokohama, 1995:1735-1739.

[4] Lim T, Williams B, Finney S, et al. Series-connected IGBTs using active voltage control technique. IEEE Transactions on Power Electron, 2013, 28(8):4083-4103.

[5] Nabae A, Takahashi I, Akagi H. A new neutral-point-clamped PWM inverter. IEEE Transactions on Industrial Application, 1981:17(5), 518-523.

[6] Monge S, Somavilla S, Bordonau J, Boroyevich D. Capacitor voltage balance for the neutral-point-clamped converter using the virtual space vector concept with optimized spectral performance. IEEE Transactions on Power Electron, 2007, 22(4):1128-1135.

[7] Li J, Bhattacharya S, Huang A. A new nine-level active NPC (ANPC) converter for grid connection of large wind turbines for distributed generation. IEEE Transactions on Power Electron, 2011, 26(3):961-972.

[8] Barbosa P, Steimer P, Steinke J, et al. Active-neutral-point-clamped (ANPC) multilevel converter technology. Proc. IEEE PESC, Dresden, 2005:2296-2301.

[9] Jin K, Ruan X, Liu F. Improved voltage clamping scheme for ZVS PWM three-level converter. IEEE Power Electronics Letters, 2005, 3(1):14-18.

[10] Chen W, Ruan X. Zero-voltage -switching PWM hybrid full-bridge three - level converter with secondary-voltage clamping scheme. IEEE Transactions on Industrial Electronics, 2008, 55(2):644-654.

[11] Shi Y, Yang X. Zero-voltage switching PWM three-level full-bridge dc-dc converter with wide zvs load range. IEEE Transactions on Power Electronics, 2013, 28(10):4511-4524.

[12] Deng F, Chen Z. Control of improved full-bridge three-level DC/DC converter for wind turbines in a DC grid. IEEE Transactions on Power Electronics, 2013, 28(1):314-324.

[13] Pou J, Pindado R, Boroyevich D. Voltage-balance limits in four-level diode-clamped converters with passive front ends. IEEE Transactions on Industrial Electronics, 2005, 52(1):190-196.

[14] Bruckner T, Bernet S, Guldner H. The active NPC converter and its loss-balancing control. IEEE Transactions on Industrial Electronics, 2005, 52(3):855-868.

[15] McGrath B, Holmes D. Enhanced voltage balancing of a flying capacitor multilevel converter using phase disposition(pd) modulation. IEEE Transactions on Power Electronics, 2011, 26(7):1933-1942.

[16] Rodriguez J, Bernet S, Wu B, et al. Multilevel voltage-source-converter topologies for indus-

trial medium-voltage drives. IEEE Transactions on Industrial Electronics, 2007, 54 (6):
2930-2945.

[17] Tatcho P, Li H, Jiang Y, et al. A novel hierarchical section protection based on the solid
state transformer for the future renewable electric energy delivery and management
(freedm) system. IEEE Transactions on Smart Grid, 2013, 4(2):1096-1104.

[18] Zhao T, Wang G, Bhattacharya S, et al. Voltage and power balance control for a cascaded h-
bridge converter-based solid-state transformer. IEEE Transactions on Power Electronics,
2013, 28(4):1523-1532.

[19] Shi J, Gou W, Yuan H, et al. Research on voltage and power balance control for cascaded
modular solid-state transformer. IEEE Transactions on Power Electronics, 2011, 26 (4):
1154-1166.

[20] Xu S, Huang A, Wang G. 3-d space modulation with voltage balancing capability for a casca-
ded seven-level converter in a solid-state transformer. IEEE Transactions on Power Elec-
tronics, 2011, 26(12):3778-3789.

[21] Knaak H. Modular multilevel converters and HVDC/facts: A success story. Proc. IEEE
Power Electronics and Applications, Birmingham, 2011:1-6.

[22] Chattopadhyay S, Chakraborty C, Pal B. Cascaded h-bridge & neutral point clamped hybrid
asymmetric multilevel inverter topology for grid interactive transformerless photovoltaic
power plant. IECON 2012 Annual Conference on IEEE Industrial Electronics Society,
Montreal, 2012:5074-5079.

[23] Ge B, Peng F, Almeida A, et al. An effective control technique for medium-voltage high-
power induction motor fed by cascaded neutral-point-clamped inverter. IEEE Transactions
on Industrial Electronics, 2010, 57(8):2659-2668.

[24] Pulikanti. Hybrid flying-capacitor-based active-neutral-point-clamped five-level converter op-
erated with SHE-PWM. IEEE Transactions on Industrial Electronics, 2011, 58 (10):
4643-4653.

[25] Naderi R, Rahmati A. Phase-shifted carrier PWM technique for general cascaded inverters.
IEEE Transactions on Power Electronics, 2008, 23(3):1257-1269.

[26] Giri R, Choudhary V, Ayyanar R, et al. Common duty ratio control of input-series connected
modular DC-DC converters with active input voltage and load-current sharing. IEEE Trans-
actions on Industrial Application, 2006, 42(4):1101-1111.

[27] Shi J, Luo J, He X. Common-duty-ratio control of input-series output-parallel connected
phase-shift full-bridge DC-DC converter modules. IEEE Transactions on Power Electronics,
2011, 26(11):3318-3329.

[28] Kim J, You J, Cho B. Modeling, control, and design of input-series-output-parallel-connected
converter for high-speed-train power system. IEEE Transactions on Industrial Electronics,
2001, 48(3):534-544.

[29] Smedley K, Cuk S. One-cycle control of switching converters. IEEE Transactions on Indus-

trial Electronics,1995,10(6):625-633.

[30] Ayyanar R,Giri R,Mohan N. Active input-voltage and load-current sharing in input-series and output-parallel connected modular DC-DC converters using dynamic input-voltage reference sheme. IEEE Transactions on Power Electronics,2004,19(6):316-328.

[31] Siri K,Willhoff M,Conner K. Uniform voltage distribution control for series connected DC-DC converters. IEEE Transactions on Power Electronics,2007,22(4):1269-1279.

[32] Chen W,Ruan X,Yan H,et al. DC/DC conversion system consisting of multiple converter modules : Stability, control and experimental verification. IEEE Transactions on Power Electronics,2009,24(6):1463-1474.

[33] Ruan X,Chen W,Cheng L,et al. Control strategy for input-series-output-parallel converters. IEEE Transactions on Industrial Electronics,2009,56(4):1174-1185.

[34] Huang Y,Tse C,Ruan X. General control considerations for input-series connected DC/DC converters. IEEE Transactions on Power Circuit System I,2009,56(6):1286-1296.

[35] Grbovic P. Master/slave control of input-series-and output-parallel-connected converters: Concept for low-cost high-voltage auxiliary power supplies. IEEE Transactions on Power Electronics,2009,24(2):316-328.

[36] Kimball J,Mossoba J,Krein P. A stabilizing,high performance controller for input-series-output parallel converters. IEEE Transactions on Power Electronics, 2008, 23 (3): 1416-1427.

[37] Thottuvelil V,Verghese G. Analysis and control design of paralleled DC/DC converters with current sharing. IEEE Transactions on Power Electronics,1998,13(4):635-644.

[38] Luo S,Ye Z,Lin R,et al. A classification and evaluation of paralleling methods for power supply modules. Proc. IEEE PESC,Charleston,1999:901-908.

[39] Li P,Lehman B. A design method for paralleling current mode controlled DC-DC converters. IEEE Transactions on Power Electronics,2004,19(3):748-756.

[40] Panov Y,Jovanovic M. Loop gain measurement of paralleled DC-DC converters with average-current-sharing control. IEEE Transactions on Power Electronics, 2008, 23 (6): 2942-2948.

[41] Sun C,Lehman B. Discussions on control loop design in average current mode control. Proc. IAS,Rome,2000:2411-2417.

[42] Choudhary V,Ledezma E,Ayyanar R,et al. Fault tolerant circuit topology and control method for input-series and output-parallel modular DC-DC converters. IEEE Transactions on Power Electronics,2008,23(1):402-411.

[43] Lin B,Chao C. Soft switching converter with two series half-bridge legs to reduce voltage stress of active switches. IEEE Transactions on Industrial Electronics, 2013, 60 (6): 2214-2224.

[44] Park K,Moon G,Youn M. Series-input series-rectifier interleaved forward converter with a common transformer reset circuit for high-input-voltage applications. IEEE Transactions on

Power Electronics,2011,26(11):3242-3253..

[45] Giri R,Ayyanar R,Ledezma E. Input-series and output-series connected modular DC-DC converters with active input voltage and output voltage sharing. Proc. IEEE APEC, Anaheim,2004:1751-1756.

[46] Merwe J,Mouton H. An investigation of the natural balancing mechanisms of modular input-series-output-series DC-DC converters. Proc. IEEE ECCE,2010:817-822.

[47] Chen B,Lai Y. Switching control technique of phase-shift-controlled full-bridge converter to improve efficiency under light-load and standby conditions without additional auxiliary components. IEEE Transactions on Power Electronics,2010,25(4):1001-1012.

[48] Kinnares V,Hothongkham P. Circuit analysis and modeling of a phase-shifted pulsewidth modulation full-bridge-inverter-fed ozone generator with constant applied electrode voltage. IEEE Transactions on Power Electronics,2010,25(7):1739-1752.

[49] Kong X,Khambadkone A. Analysis and implementation of a high efficiency,interleaved current-fed full bridge converter for fuel cell system. IEEE Transactions on Power Electronics, 2007:22(2),543-550.

[50] Mason A,Tschirhart D,Jain P. New ZVS phase shift modulated full-bridge converter topologies with adaptive energy storage for soft application. IEEE Transactions on Power Electronics,2008,23(1):332-342.

[51] Sun J J. Dynamic Performance Analyses of Current Sharing Control for DC/DC Converters [Ph. D. Thesis]. Carnegie : Virginia Polytechnic Institute and State University,2007.

[52] Schutten M,Torrey D. Improved small-signal analysis for the phase-shifted PWM power converter. IEEE Transactions on Power Electronics,2003,18(2):659-669.

[53] Feng X,Liu J,Lee F. Impedance specifications for stable dc distributed power systems. IEEE Transactions on Power Electronics,2002,17(2):157-162.

[54] Erickson R. Optimal single resistors damping of input filters. Proc. IEEE APEC, Dallas, 1999:1073-1079.

[55] Sha D,Guo Z,Liao X. Control strategy for input-parallel-output-parallel connected high frequency isolated inverter modules. IEEE Transactions on Power Electronics, 2011, 26(8): 2237-2248.

[56] Chen W,Zhang K,Ruan X. A input-series-and output-parallel-connected inverter system for high-input-voltage applications. IEEE Transactions on Power Electronics, 2009, 24 (9): 2127-2137.

[57] Chen D,Li L. Novel static inverters with high frequency pulse DC link. IEEE Transactions on Power Electronics,2004,19(4):971-978.

[58] Sha D,Wu D,Qin Z,et al. A digitally controlled 3 phase cycloconverter type high frequency ac link inverter using space vector modulation. Journal of Power Electronics,2011,11(1): 28-36.

[59] Sha D,Guo Z,Deng K,et al. Parallel connected high frequency link inverters based on full

digital control. Journal of power Electronics,2012,12(4):576-604.

[60] Chen D,Liu J. The uni-polarity phase-shifted controlled voltage mode AC-AC converters with high frequency link. IEEE Transactions on Power Electronics,2006,21(4):899-905.

[61] Cai H,Zhao R,Yang H. Study on ideal operation status of parallel inverters. IEEE Transactions on Power Electronics,2008,23(6):2964 -2969.

[62] Pascual M,Garcerá G,Figueres E,et al. Robust model-following control of parallel UPS single -phase inverters. IEEE Transactions on Industrial Electronics, 2008, 55 (8): 2870-2883.

[63] Yao Z,Xiao L,Yan Y. Dual-buck full-bridge inverter with hysteresis current control. IEEE Transactions on Industrial Electronics,2009,56(8):3153-3160.

[64] Ye Z,Jain P,Sen P. Circulating current minimization in high-frequency AC power distribution architecture with multiple inverter modules operated in parallel. IEEE Transactions on Industrial Electronics,2007,54(5):2673 -2687.

[65] Cacciato M,Consoli A,Attanasio R,et al. Soft-switching converter with HF transformer for grid-connected photovoltaic systems. IEEE Transactions on Industrial Electronics,2010,57 (5):1678 -1686.

[66] Sha D,Guo Z,Liao X. Control strategy for input- parallel -output-parallel connected high-frequency isolated inverter modules. IEEE Transactions on Power Electronics,2011,26(8): 2237-2248.

[67] Chen W,Zhang K,Ruan X. A input-series and output-parallel-connected inverter system for high-input-voltage applications. IEEE Transactions on Power Electronics, 2009, 24 (9): 2127-2137.

[68] Chen W,Ruan X. An improved control strategy for input-series and output-parallel inverter system at extreme conditions. Proc. IEEE ECCE,Atlanta,2010:2096-2100.

[69] De D,Ramanarayanan V. A dc-to-three-phase-ac high -frequency link converter with compensation for nonlinear distortion. IEEE Transactions on Industrial Electronics,2010,57 (11):3669-3677.

[70] Mazumder K,Burra R,Huang R,et al. A universal grid-connected fuel-cell inverter for residential application. IEEE Transactions on Industrial Electronics,2010,57(10):3431-3447.

[71] Cai H,Zhao R,Yang H. Study on ideal operation status of parallel inverters. IEEE Transactions on Power Electronics,2008,23(6):2964-2969.

[72] Yamato I,Tokunaga N,Matsuda Y,et al. New conversion system for UPS using high frequency link. Power Electronics Specialists Conference,1988,2(11-14):658-663.

[73] Deng S,Mao H,Mazumdar J,et al. A new control scheme for high-frequency link inverter design. Applied Power Electronics Conference and Exposition,2003,1(9-13):512-517.

[74] 沙德尚. 双向电压型高频链逆变器的数字化控制策略研究. 北京:中国科学院博士学位论文,2005.

[75] Sha D,Deng K,Liao X. Duty cycle exchanging control for two PS—FB DC-DC converters.

IEEE Transactions on Power Electronics,2012,27(3):1490-1501.

[76] Sha D,Guo Z,Luo T,et al. A general control strategy for input-series-output-series connected modular DC-DC converters. IEEE Transactions on Power Electronics,2014,29(7):3766-3775.

[77] Fang T,Ruan X,Tse C. Control strategy to achieve input and output voltage sharing for input-series-output-series-connected inverter systems. IEEE Transactions on Power Electronics,2010,25(6):1585-1596.

[78] Sha D,Deng K,Guo Z,et al. Control strategy for input series output parallel high frequency ac link inverters. IEEE Transactions on Industrial Electronics,2012,59(11):4101-4111.

[79] Giri R,Choudhary V,Ayyanar R,et al. Common duty ratio control of input-series connected modular DC-DC converters with active input voltage and load-current sharing. IEEE Transactions on Industrial Application,2006,42(4):1101-1111.

[80] Singh B,Bhuvaneswari E,et al. T-connected autotransformer-based 24-pulse AC-AC converter for variable frequency induction motor drives. IEEE Transactions on Energy conversion,2006,21(3):663-672.

[81] Zhang M,Wu B,Xiao Y,et al. A multilevel buck converter based rectifier with sinusoidal inputs and unity power factor for medium voltage (4160-7200V) applications. IEEE Transaction on Power Electronics,2006,17(6):853-863.

[82] Peterson M,Singh B. Multipulse controlled AC-DC converters for harmonic mitigation and reactive power management. IET Power Electronics,2009,2(4):443-455.

[83] Freitas L,Simões M,Canesin C. Performance evaluation of a novel hybrid multipulse rectifier for utility interface of power electronic converters. IEEE Transactions on Industrial Electronics,2007,54(6):3041-3041.

[84] Gallo C,Tofoli F,Pinto J. Two-stage isolated switch-mode power supply with high efficiency and high input power factor. IEEE Transactions on Industrial Electronics,2010,57(11):3754-3766.

[85] Lai J,Maitra A,Mansoor A,et al. Multilevel intelligent universal transformer for medium voltage applications. Industry Applications Conference,Hongkong,2005:1893-1899.

[86] Liu C,Sun P,Lai J,et al. Cascade dual-boost/buck active-front-end converter for intelligent universal transformer. IEEE Transactions on Industrial Electronics, 2012, 59 (12):4671-4680.

[87] Fan H,Li H. High-frequency transformer isolated bidirectional DC-DC converter modules with high efficiency over wide load range for 20 kVA solid-state transformer. IEEE Transactions on Power Electronics,2012,26(12):3599-4680.

[88] Huang X S Burgos A. Review of solid-state transformer technologies and their application in power distribution systems. IEEE Journal of Emerging and Selected Topics in Power Electronics,2013,1(3):186-198.

[89] Arevalo S,Zanchetta P,Wheeler P,et al. Control and implementation of a matrix-converter-

based ac ground power-supply unit for aircraft servicing. IEEE Transactions on Industrial Electronics,2010,57(6):2076-2084.

[90] Lee M,Wheeler P,Klumpner C. Space -vector modulated mutilevel matrix converter. IEEE Transactions on Industrial Electronics,2010,57(10):3385-3394.

[91] Zanchetta P,Wheeler P,Clare J,et al. Control design of a three-phase matrix-converter-based AC-AC mobile utility power supply. IEEE Transactions on Industrial Electronics, 2008,55(1):209-217.

[92] Nikkhajoei H,Iravani M. A matrix converter based micro-turbine distributed generation system. IEEE Transactions on Power Electronics,2005,20(5):1055-1065.

[93] Kazerani M. A direct AC/AC converter based on current-source converter modules. IEEE Transactions on Power Electronics,2003,28(5):11685-1175.

[94] Chen D. Novel current-mode AC/AC converters with high-frequency AC link. IEEE Transactions on Industrial Electronics,2008,55(1):30-37.

[95] Chen D,Chen Y. Step-up AC voltage regulators with high-frequency link. IEEE Transactions on Industrial Electronics,2013,28(1):390-397.

[96] Krishnaswami H,Ramanarayanan V. Control of high frequency AC link electronic transformer. IET Electrical Application,2005,152(3):509-516.

[97] Yang K,Li L. Full bridge-full wave mode three-level AC/AC converter with high frequency link. Applied Power Electronics Conference and Exposition, Washington, D. C. , 2009: 696-699.

[98] Li L,Hu W. Isop current mode AC-AC converter with high frequency AC link. ICIEA,Beijing,2011:1777-1779.

[99] Qin H,Kimball J. Solid-state transformer architecture using AC-AC dual-active-bridge converter. IEEE Transactions on Industrial Electronics,2013,60(9):3720-3730.

秦安 著

Cyberspace Quantum Leap

暗黑、渗透、棱镜、网军、攻击
谁在威胁我们的网络新生活？
大国网络博弈，中国如何突围？

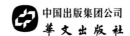中国出版集团公司
华文出版社

图书在版编目（CIP）数据

网络突围 / 秦安著. —— 北京：华文出版社，
2015.6
　　ISBN 978-7-5075-4373-5

　　Ⅰ.①网… Ⅱ.①秦… Ⅲ.①互联网络－发展－研究
－中国 Ⅳ.①TP393.4

中国版本图书馆CIP数据核字(2015)第138073号

网络突围

著　　者：秦 安
责任编辑：胡慧华
出版发行：华文出版社
社　　址：北京市西城区广外大街 305 号 8 区 2 号楼
邮政编码：100055
网　　址：http://www.hwcbs.com.cn
电　　话：总 编 室 010-58336239　发 行 部 010-58336212 58336238
　　　　　责任编辑 010-63421256
经　　销：新华书店
印　　刷：北京明恒达印务有限公司
开　　本：710×1000　1/16
印　　张：16.25
字　　数：243 千字
版　　次：2015 年 8 月第 1 版
印　　次：2015 年 8 月第 1 次印刷
标准书号：978-7-5075-4373-5
定　　价：48.00 元

目 录

一、谁是网络空间的最大威胁／001

网络空间五大风险：网络恐怖主义、网络军国主义、网络霸权主义、网络自由主义和网络犯罪等威胁，典型代表就是美国严加防范的"网络9·11"、"网络珍珠港"，已经发生的"棱镜门"事件以及"维基解密"事件。

二、没有网络安全就没有国家安全 / 059

2014年2月27日，习总书记在中央网络安全和信息化领导小组成立大会上指出，没有网络安全就没有国家安全，没有信息化就没有现代化。中央网络安全和信息化领导小组的成立，标志着我国对网络空间威胁的认识上升到国家战略高度。

三、"控时代"的最大命运共同体 / 101

习总书记曾强调，互联网真正让世界变成了地球村，让国际社会越来越成为你中有我、我中有你的命运共同体。

四、中国突围（一）：打造网络空间治理体系 / 129

习总书记曾强调，互联网发展对国家主权、安全、发展利益提出了新的挑战，迫切需要国际社会认真应对、谋求共治、实现共赢。中国愿意同世界各国携手努力，本着相互尊重、相互信任的原则，深化国际合作，尊重网络主权，维护网络安全，共同构建和平、安全、开放、合作的网络空间，建立多边、民主、透明的国际互联网治理体系。

五、中国突围（二）：经略网络空间 / 167

经略网络空间，要在网络强国建设的新格局、新期待与新思路中，凝练国家网络空间治理方略，全球互联网治理的中国智慧，网络国防建设刻不容缓；创新驱动网络国防发展；网络安全的国家担当；贯彻落实总体国家安全观；

六、中国突围（三）：建立新型中美大国网络关系 / 205

中美网络博弈不可避免，也无需回避。作为世界第一、二大经济体，中美也是网络空间最大的受益者。因此，必须认识到：一是将网络空间视为真正的"第二类"生存空间。它既是人们的精神乐园，也是人类社会发展的新资源、新财富。

推荐序
高度重视网络新平台

整个世界都在网络之中，不是"自投罗网"，就是被"网罗其中"。不足半个世纪，从最初一条只有5米长的网线，互联网跨越时空、互联大众、通联世界、超越未来，已经成为知民情、聚民智、汇民意的平台，成为促进生产、传播文化、巩固国防的沃土。共产党人就应像一粒种子，在网络这块前所未有的沃土上生根、开花、结果。

当前，中国正在走向国际舞台的中央。新一届国家领导人紧紧把握时代脉搏，提出网络强国战略，强调"没有网络安全就没有国家安全，没有信息化就没有现代化"。刚刚通过的《国家安全法》，也特别强调维护国家网络空间主权、安全和发展利益。这一切都无可辩驳地说明，国家治理体系和治理能力现代化进入"无网而不胜"的新常态，中华民族复兴需要驾驭"牵一网而促全局"的大格局。

党中央审时度势，兼顾国际国内两个大局，推动"一带一路"战略走出去，启动"互联网+"行动计划活起来，中华民族崛起插上了网络的翅膀。为此，我们尤其需要提升网络时代大数据格局下的治国理政能力，以当年"三湾改编"的胆识，开启一场网络时代的"新三湾改编"，始终清醒地认识到，互联网不是洪水猛兽，而是当今最重要、最先进的工具。战争年代，缴获了"一部半"电台，我们党就组建了一支先进的无线电部队。在人人都在主席台，人人都有麦克风的网络时代，我们更需要认清党执政为民面临的诸多危机，将网络作为"新资源"、"新财富"，进而锻造亲民为民的"新工具"，治国理政的"新平台"。以互联网为主体的网络空间就一定会蕴藏着中华民族复兴的最大财富和不竭动力，成为中华民族复兴的新希望。

我们必须始终清醒地认识到，今天的网络，不仅是技术、是媒体，更是政治，不仅是器物、是产业，更是意识形态。走过了90多年历程的党，只要坚持学网、懂网、用网，按照十八届三中全会决定提出的坚持积极利用、科学发展的方针，加大依法管理网络力度，就一定可以让网络成为"国之重器"，成为党建、执政、强军、经济、文化、动员的新工具，进而促进"执政为民"的优良传统呈现"一网情深"的新局面。

一是党建工具：开启网络时代的"三湾改编"。战争年代，一个支部就是一个堡垒，一名党员就是一面旗帜，一个干部就是一个标杆。和平年代，网络就是主战场，"互联网+"行动计划启动"大众创业、万众创新"，网上意识形态斗争日趋激烈，网络攻防事关国家安危。为此，有必要进行一次"新三湾改编"，把"支部建在网上"，一方面，让党员干部再次重新回到人民群众的汪洋大海中去，接受人民的监督、考察，用网络拉近和广大人民群众的密切联系。另一方面，智慧在基层，创新在实践，让网络成为新形势下加强和改进党建工作的一个突破口，用新技术、新手段，深化制度改革，完善党的领导体制和执政方式，保持党的先进性和纯洁性，提升党组织的凝聚力。

二是问政工具：架设无所不在的"无线电波"。问政，社会主义民主政治建设的重要一环，也是世界上任何一个政党了解民情、科学决策、民主决策的重要方式。网络时代，善于利用网络科学执政、民主执政，有助于将党与人民的关系由"鱼水深情"拓展为"一网情深"。其一，使用网络，让党员干部拥有勤政亲民的新通道。网络已经成为参政议政的大广场，社交活动的大平台，为了解民情民意提供了前所未有的新通道。党员干部要趋大势、接地气、和民意，乐于使用网络新通道。其二，勤用网络，让政府机关成为高效运行的好榜样。网络时代，效率优先；带头作用，政府先行。政府机关要利用网络运作，即时互动了解民情、沟通民意、解决民生，成为为老百姓提供贴心、安心、放心服务的表率。其三，善用网络，让领导干部创新执政为民的新模式。领导干部不仅要学网、用网，更要懂网、爱网，从"要我公开"走向"我要公开"，坚持上网交心、下网服务，网上问题、网下解决，让服务意识在网上开花，在网下结果。

三是强军工具：建设信息时代的"网络国防"。随着网络空间成为人类社会的"第二类生存空间"，国家主权和管辖权自然向网络空间延伸，网络边疆和网络国防问题脱颖而出，网络空间已经成为陆海空天之外的"第五大作战领域"。为此，首先要改变传统的安全观念，建立网络国防观。信息时代，网络主权是国家主权新增的"制高点"，网络边疆是国家安全必要的"警戒线"，网络国防是国家防卫急需的"新长城"，网络空间国家防卫要像传统国防一样引起重视。其次要改变传统的国防模式，建立全民防卫观。网络时代，国家安全成为一个复杂的巨系统。

网络空间，全球通联，家家都在网防线，人人都是安防员。网络边疆，军队并非完全在第一线。因此，树立全民防卫观，打好网络时代的人民战争，是把握时代脉搏的最佳防务模式。特别要发挥制度的属性优势，集中资源建设网络国防。网络时代，危机时刻，国家防卫的实力不光是专业部队的作战实力，也是国家对网络资源的调配能力。应充分发挥社会主义可以集中力量办大事的制度优势，在国家最高层面，统筹网络优势资源，尽快形成集中力量建设网络国防的良好态势，紧紧握住网络时代国家防卫的制高点。

四是经济工具：铸造国家发展的"新引擎"。中国网络经济之所以飞速发展，是因为解放思想、解放和发展社会生产力、解放和增强社会活力，破除各方面体制机制弊端。如今，国家"互联网＋"行动计划正掀起万众创新、大众创业的新热潮。我们更需在国家战略层面运筹帷幄，在以互联网为主体的网络空间，紧紧围绕市场在资源配置中起决定性作用，坚持和完善基本经济制度，加快完善现代市场体系、宏观调控体系、开放型经济体系，加快转变经济发展方式。一方面，改革国家投资政策，国家加大对互联网企业的投入和控股，走出当前大部分互联网企业国有资产为零的困局。另一方面，加快建设依托网络的创新型国家，建立产学研协同创新机制，强化互联网企业在技术创新中的主体地位，让互联网企业推动中国乃至世界经济高效、可持续发展。

五是文化工具：培养网络时代的"笔杆子"。文化凝聚起中国人民走向复兴的巨大力量。战争年代，"手里拿着笔的队伍"与"手里拿着枪的军队"携手战斗，一软一硬、相得益彰。几年之内，到达延安的知识分子多大4万，相当于1937年初共产党员人数总和。毛泽东曾填词一阕《临江仙》，"纤笔一支谁与似，三千毛瑟精兵"！当今世界，网络时代，谁是"毛瑟精兵"？据统计，10% 的意见领袖创造了 80% 的原创帖，吸引了 90% 的点击率，这个笔杆子，影响力不可小觑。为此，应大力培养网上意见领袖，让为人民服务的"笔杆子"理念一脉相承、一网传承，坚信"心有多大，舞台有多大"，让网络成为一个重要的文化工具，成为"传播社会主义先进文化的前沿阵地、提供公共文化服务的有效平台、促进人民精神生活健康发展的广阔空间"。

六是动员工具：用好线上线下的"新通道"。社会动员力说到底是民心。星星之火可以燎原，既是历史经验，也是网络规律；既是战术问题，更是把握民心所向的战略选择。随着互联网媒体和社会属性重叠交加，网上治理远远跟不上形势发展变化。特别是面对传播快、影响大、覆盖广、社会动员能力强的微博、微信等社交网络和即时通信工具用户的快速增长，一张网搅动世界！从线上动员到线下运动，线上辐射线下，速度加快、无声无息、无处不在、防不胜防。在互联网时代，必须重视常常容易忽略的"小人物"、非主流人群。"长尾理论"揭示了网络在组织占全体 80% 的零散个体时发挥的强大力量，打破了传统的"二八效应"。无论是汶川抗震救灾、"随手拍解救被拐儿童"，还是网购消费等等，都是无数零散的网民，涓涓细流汇集成强大的力量。为此，党组织始终一切为了人民，一切依靠人民；始终利用互联网最简单、最便捷的方式；始终保持学习的热情，不断在实践中创新，加强网络法制建设和舆论引导，就一定可以组织聚集起最广大的人民群众，确保网络信息传播秩序、国家安全和社会稳定。

秦安同志作为网络空间战略的系统研究者，率先倡导国家网络空间治理等一系列领先概念，取得了众多具有战略价值的研究成果，为网络强国建设辛勤耕耘。《网络突围》一书，汇集了网络强国战略出台前后三年来，他对网络空间重大事件的真知灼见，表述了多视角对网络空间治理的战略思考，警示了中华民族复兴现实和潜在的网络威胁，可谓辛辛苦苦三载路，凝聚一颗网络强国心。这些盛世危言，有助于现代中国从睁开眼睛看世界走向睁大眼睛看网络，有利于打造国家治理体系和治理能力现代化的网络新平台，值得上升到网络强国建设的战略层面认真思考。

2015年 7月 15日

　　马利，中国互联网发展基金会理事长，人民网董事长，人民日报原副总编辑，其 2012 年 11 月 1 日出版的重要著作之一《互联网：治国理政新平台》，已经成为网络强国建设的重要理论依据。

序言（一）
网络强国情

　　2014 年 2 月 27 日，习总书记主持召开中央网络安全和信息化领导小组第一次工作会议，开启了从网络大国走向网络强国的战略元年。在这个战略觉醒的过程中，自己有幸参与其中，在中华民族崛起的"网络突围"路上发出了一声声"盛世危言"。

　　其一，2012 年 7 月 22 日，有缘得见尊敬的郑必坚校长，一句"这是天大的事"，如醍醐灌顶，启动了《直面挑战、统筹经略，力争十年内建成世界一流网络强国》报告的撰写，并在校长关心下成立了中国第一个网络空间战略研究中心。

　　其二，2013 年 6 月 4 日，也就是斯诺登于英国《卫报》披露"棱镜门"前一日，在环球时报发表《美思科等"八大金刚"不能不设防》。在"斯诺登事件"的作用下，得到广大网民的高度关注，非常荣幸地被网民称为网络空间战略家。

　　其三，2013 年 8 月，在"爱国懂网"的《中国信息安全》团队及其总编辑吴世忠的启发和指导下，创办了国内公开刊物中第一个"网络空间战略论坛"，已连续推出二十多期专题，聚焦网络强国建设，凝聚网络智慧力量，研究了网络空间安全与发展的一系列重大问题。

其四，2014年7月22日，在时任人民网董事长马利的大力支持下，与人民网理论频道合作，在中国共产党新闻网推出"聚焦中国网络空间战略"专题，成为人民网第一个网络强国战略专题，并多次被人民网以"特别关注"的方式推向首页。

序言（二）
网络突围路

翻开人类社会发展的历史长卷，在任何一个大的转折点，首当其冲的都是战略突围。工农红军历经"四渡赤水"，两万五千里长征走过雪山草地，都记载着新中国的突围之路。并由此上溯到汉武大帝的雄才大略，至今闪烁着中华民族北上突围、霍去病勇冠三军、张骞开拓丝绸之路的"博望"奇功。而且这种战略突围并非全部处于发展的起点，而是存在于中华文明绵延不断的每一个关键节点。

网络时代来临，我们在历史长河浩浩荡荡的大趋势中思考时代重大课题，在世界发展波涛汹涌的大格局中思考民族复兴大计，在国家改革开放渐入佳境的大形势中思考党的施政大略，都无法回避网络时代蕴含的巨大历史机遇和挑战。诚如习总书记所讲，"我们前所未有地靠近世界舞台中心，前所未有地接近实现中华民族伟大复兴的目标，前所未有地具有实现这个目标的能力和信心"，但同时，"当今世界，互联网发展对国家主权、安全、发展利益提出了新的挑战，必须认真应对"。

网络时代来临，以"数字立国"的战略魄力适应新常态、开拓大格局，这既是时代的呼唤、对手的挑战，更是我们主动应变。当前，以网络空间为战略高地，"境内因素与境外因素相互交织、传统安全因素与非传统安全因素相互交织、现实社会与虚拟社会相互交织、敌我矛盾与人民内部矛盾相互交织"。这其中，尤为突出的是，网络经济结构的复杂程度前所未有，网络颠覆渗透的激烈程度前所未有，网络攻防难以预料的威胁程度前所未有，国家网络空间治理面临"生产力、文化力、国防力"全面突围的迫切需求。

网络时代，我们警示：作为世界第二大经济体的中国，已经赤裸裸地站在美思科等"八大金刚"面前；我们疾呼：危急时刻，网络"八大金刚"带来的巨大威胁，丝毫不亚于火烧圆明园、毁灭世界文明的"八国联军"。中央网信办王秀军副主任也指出，"在危机时刻，如果一个国家涉及国计民生的关键基础设施被人攻击后瘫痪，甚至军队的指挥控制系统被人接管，那真是'国将不国'的局面"。此时此刻，中华民族伟大复兴必须直面网络挑战，以网络空间"一把手"工程为牵引，走出一条网络突围路。

2014 年 2 月 27 日，网络空间"一把手"工程启动，习总书记强调"没有网络安全就没有国家安全"，中华民族走上了从网络大国走向网络强国的伟大历程。这个伟大历程，需要涵盖"技术先进、产业领先、攻防兼备"等一系列基础性工程，但"战略清晰"必须始终作为置顶选项。尤其面对赤裸裸地站在美思科等"八大金刚"面前的现实威胁，面对军国主义可能在网络空间复燃的潜在危机，我们必须有"中华民族已经到了最危急时候"的战略清晰，以"数字立国"的战略魄力，让"网络突围"成为从网络大国走向网络强国长征路上的"一号工程"。

实现网络突围，既要看到信息失控、技术弱势、利益羁绊的现实短板，更要看到思维落后的主观弱点。也就是说，我们不仅要突破美思科等"八大金刚"们重重设置的技术包围，也要突破利益集团们层层包裹的糖衣炮弹，更要突破传统思维的叠叠涌现的行为羁绊。具体来讲，需要在国际、国家、军队层面直面挑战、统筹经略，警惕并防范"三种任性"态势的滋生和延续。

在国际层面，一是防范美国"有权利就任性"，其实际独自控制互联网域名管理权、标准制定权，网络霸权思维广为诟病，并主导结成网络联盟，形成网络强权包围之势；二是国际财团"有金钱就任性"，国际资本正利用网络经济的新结构影响网络政治的新生态，中国名义上占有全球十大互联网企业的四席地位，但哪一家都是外资实际控股，资本包围格局已经存在；三是包括个人在内的先进技术拥有者"有技术就任性"，无论是黑客炫耀技术，网络犯罪借用技术，还是利益集团垄断技术，事实上都形成技术包围之势。突出这重重包围，需要大智大勇、循序渐进，激发"网络空间命运共同体"意识，推动国际网络空间治理体系改革，实现"互联互通、共享共治"的美好愿景。

在国家层面，一是职能部门可能"有权利就任性"，让网络空间"一把手"工程的战略清晰被部门利益所淹没；二是BAT等成功互联网公司可能"有美元就任性"，让网络强国的"产业领先"被企业利益所淹没；三是缺少网络基因的国家队很可能"有背景就任性"，让"自主可控"的国家战略被企业属性所淹没。这些人性很可能导致"良木因无水而枯，洼地因多水而腐"。突出这重重包围，需要以网络强国建设为责任，以大智慧化解大矛盾，不断提升国家网络空间治理体系和治理能力现代化水平。

在军队层面，一是新军事变革不排除"有忠诚就任性"，只考虑"打胜仗"，不考虑"能打仗"，依然将未来战争输赢聚焦于传统领域，忽视网络战争的巨大威慑力量；二是战斗力生成很可能"有位置就任性"，缺乏正确的评估标准和任免机制，忽视战争转型对指挥员知识结构的网络化要求；三是人才管理经常会"有规则就任性"，在军民融合程度前所未有的网络国防领域，忽视"高手在民间"的基本态势，用"个人利益"驱动"落伍规则"，遏制了全新领域的创新发展。突出这重重包围，需要加速推动军队机制体制变革和网络化转型，才会有能力维护网络空间国家主权、安全和发展利益。

任何突围之路，很多时候并不是规划出来的，而是对手逼迫出来的。本书内容主要是针对当时热点事件的思考，出现很多"四渡赤水"式的重叠，章节之间的衔接并非一个完备的整体，但希望可以"形散而神不散"。全书从"谁是网络空间的最大威胁"入手，强调"没有网络安全就没有国家安全"，进而在"网络空间是人类最大命运共同体"的理念上，从"建立国家网络空间治理体系"、"经略网络空间"、"建立中美新型大国网络关系"三个视角，探讨了中华民族的网络突围之路。

书中的大部分内容，已在《环球时报》、《解放军报》、《中国青年报》、《国际先驱导报》和《中国信息安全》等报纸和期刊公开发表。其中一部分文章，被列入 2013、2014、2015 年公务员考试热点命题。这一切为本书的出版起到了至关重要的作用。另外，华文出版社同仁们的远见卓识、严谨细致与谦和包容，打开了本书出版的最后一扇大门，在这里一并表示深深的感谢。

序言（三）
网络甲午祭

2014 走来，甲午风云再起，中日钓鱼岛博弈加剧，日本加快对"法律约束"的突破，军国主义复活迹象明显，美帝"网络总统"狂言协防我钓鱼岛。很多中日人士担忧爆发军事冲突。中华有识之士思虑，日寇会否第三次打断中华民族现代化步伐。

2014 不是 1914，2014 更不是 1894。天时、地利、人和都打上网络时代的烙印。历史并未远去，战争或将继续，只是转换了时空。谁也不曾想，为防范核攻击而生的互联网，已然成为网络时代的"核武器"。无论是伊朗核设施遭遇"震网"毁瘫，还是西亚北非多国政府被社交网络批量颠覆，网络威慑与现实威胁并存，而且似乎来得更猛烈一些。

这可谓，网络空间风乍起，于无声处听惊雷。甲午之年网络祭，必须换挡网络思维看世界。我们既要警告日本政客，促其尊重人类良知和国际公理的底线，遏制重走军国主义道路的邪念，也要警示中华民族，认识网络时代的新特征，不仅仅停留在传统领域的军事对决，加紧严密防范网络军国主义横生事端的企图。

网络空间已成为人类社会第二类生存空间和第五作战领域，网络空间对于陆海空实体空间，融入其中、控制其内、凌驾其上，网络攻击直击现代社会赖以生存的信息和控制机制。一个国家、民族和政党，很可能不是倒在战场上，而是"死"在网上。网络空间暗流涌动，已经不是界限分明的"楚河汉界"，决不能单纯实施刀光剑影的两军对垒。

网络时代，中华民族崛起面临的威胁注定更加复杂。网络恐怖主义、网络霸权主义、网络军国主义、网络自由主义和网络犯罪，里应外合、虚实交织、相互转化。2013 年国庆长假期间，美日召开"2+2"会议，决定共同防范网络攻击，矛头明确指向中国。今年春节期间，日美两国防卫部门召开首次网络防御工作组会议，确认加强人才与技术交流，网络攻防合作进入实质性操作阶段。今年 3 月 26 日，日本防卫大臣直接管辖的 90 人规模"网络防御队"成立，将与美国共同进行防卫网络攻击的模拟训练。

美日以"空海一体战"博弈钓鱼岛之外，已经对我开辟了网络空间新战线，构成三大威胁：一是可以利用直达人心的互联网便捷通道攻心夺志，实现信息渗透、文化入侵和思想殖民，直至颠覆国家政权。二是可以利用全球一体的物联网实现远程控制，阻瘫交通、能源、金融、供水等民生基础设施。三是可以通过各种通道网络入侵军事信息系统，阻瘫作战网络体系。

尤为值得警惕的是，日本军国主义倾向近几年明显抬头，其借重日本网络实力的可能性也在增大。美国前国防部长就曾多次警示，防范"网络珍珠港"事件发生。在日本军国主义者的眼中，偷袭"网络珍珠港"，其一，可迅速实现军国主义者疯狂的目标；其二，风险很低，由于网络空间的隐秘性、匿名性和通联性，攻击来源难以确定，到时候可死不认账；其三，网络攻击行为容易实施。网络空间，可以一键敲击，在闪电之间到达全球。网络技术和个人极端思维的结合可能造成破坏力惊人的网络攻击。当年偷袭珍珠港攻击的是美国，今天偷袭"网络珍珠港"自然也不会少了美国。被作为日本遏制对手的中国，自然也难免例外。

由此来看，网络霸权主义和网络军国主义或将发生交织融合，共同威胁人类社会的可能性正在一步步加大。网络恐怖主义危害性日益突出，引起国际社会广泛关注，已经成为国际反恐斗争的重要课题。2012 年12 月17 日，联合国安理会一致通过第 2129 号决议，要求成员国加强合作，打击网络恐怖主义。再考虑网络自由主义的双重性和网络犯罪的普遍性，伴随着中国社会网络普及和信息化程度的深入，这些来自网络空间的威胁已经成为中华民族复兴的最大隐患，而其交织融合、相互转化的可能性，由于网络空间独有的特质正变得越发可能。

从现实情况看，网络空间正逐渐成为中华民族和平崛起"内忧外患"的聚合点。在国外，"五眼联盟"和"日美网络联军"已经形成的情况下，国内形势也日趋复杂。世界第二大经济体中国赤裸裸地站在美思科等"八大金刚"面前的局面短期难以改变。而驻守网络空间关键枢纽要地的"网络卫士"，满脸尽是大胡子，纷纷扎上了"羊肚肚毛巾"，进驻网络空间"中南海"。更为复杂的是，国外资本主导的中国互联网经济占 GDP 比重已超过美国。中国网上购物、网络社交、互联网金融等多种领域，已成为美日资本的盛宴。2014"双 11"，350 亿背后的股东利益链、信息动员力和社会控制力值得深思。

网络时代正向纵深发展，万物相连的时代正在走来，没有网络安全就没有国家安全。网络安全威胁已经成为中华民族伟大复兴路上一时难以清除的安全"雾霾"，急需要有国歌中"中华民族已经到了最危急的时候"的战略清晰，也需要有"用我们的血肉和灵魂铸成网络盾牌"的战略定力，更需要有当年"两弹一星"工程聚合制度和资源优势的战略智慧，还需要有"互联网思维"聚全社会之力，集全世界智慧的包容精神，以应对"网络上甘岭"险些失守，"网络抗战"刻不容缓的网络空间态势。

习总书记在出访德国时指出，日本战时暴行仍历历在目、记忆犹新。我们中国人认为，已所不欲勿施于人。中国需要和平就像人类需要空气、植物需要水分。德国前总理勃兰特曾经说过："谁忘记历史，谁就会在灵魂上生病。"历史是最好老师，给每一个国家未来的发展提供启示。但是安倍政府主导下的日本，在遭人唾弃的自我道德拔高和掩饰下，一直给自己赋予了亚洲解放者和文明传播者的光彩外衣。正如不少研究者所说，日本无论是军国主义思想、武士道精神还是内政外交，都具有相当多的内在冲突和复杂性。数代日本知识分子，都呈现出典型的人格断裂。而这种人格断裂加上网络攻击的隐蔽性，极大地增加了网络军国主义滋生蔓延的可能性。

此情此景，此时此刻，促使我们必须做出正确的应对，从"网络上甘岭"的激烈攻防对垒，转入"网络抗战"的论持久战。

所幸至极，2014 年 2 月 27 日，中央网络安全和信息化领导小组的成立，提出"网络强国"的宏伟目标，是甲午之年一件具有划时代意义的大事情。中国在国家最高层面认识到，没有网络安全就没有国家安全，提出网络安全和信息化"一体之两翼、双轮之驱动"，聚焦技术、经济、文化、人才、国际交流等方面，启动从网络大国走向网络强国的伟大历程。这就是一声清除网络安全"雾霾"的春雷,是网络甲午祭的号角。

更为可喜的是,中央国家安全委员会第一次会议提出"总体国家安全观",号召走出一条中国特色国家安全道路。这条道路,必然是适应国家安全新形势新任务,符合网络时代新变化新特征,足以应对网络恐怖主义、网络霸权主义、网络军国主义、网络自由主义和网络犯罪的危害,具有"无网而不胜"特质的总体国家安全之路。

甲午战败后,梁启超有一阕《水调歌头》,词中有曰:"千金剑,万言策,两蹉跎! 醉中呵壁自语,醒后一滂沱!",端的是写尽家国情仇。

又逢甲午年,网络甲午祭,饱含的是热忱和期盼,蕴含的是警惕和责任。甲午一场海战决定了之后中国六十年的命运,惨不忍睹、几近亡国灭种;今天甲午网战,超越传统范畴,事关国家安全、社会稳定和经济发展,依然决定了中华民族崛起的伟大梦想。

网络甲午祭,我们需牢记,"网络抗日战争"才刚刚开始,从网络大国走向网络强国,正在路上。中华儿女只要团结如一人,才可舒张一体之两翼,加速双轮之驱动,实现中华民族复兴大业。

网络甲午祭,我们要强调,忘战必危,网弱国难强,网络备战,势在必行。世界潮流,浩浩荡荡,顺之则昌,逆之则亡,提升网络空间承载的新质生产力、文化力、国防力,已经成为中华民族伟大崛起的头等大事。

网络甲午祭,我们仍坚持,中华民族是爱好和平的民族。一个民族最深沉的精神追求,一定要在其薪火相传的民族精神中来进行基因测序。有着8000多年历史的中华文明,始终崇尚和平,和睦、和谐的追求深深植根于中华民族的精神世界之中,深深溶化在中国人民的血脉之中。

谁是网络空间最大威胁？网络空间五大风险：网络恐怖主义、网络军国主义、网络霸权主义、网络自由主义和网络犯罪等威胁，典型代表就是美国严加防范的"网络9·11"、"网络珍珠港"，已经发生的"棱镜门"事件以及"维基解密"事件。

一是网络恐怖主义的现实威胁。美国一直在严密防范"网络9·11"。其前国家情报总监、海军上将迈克·迈康奈尔认为，"恐怖组织迟早会掌握复杂的网络技术，就像核扩散一样，只是它容易落实得多"。2013年3月12日，美国国家情报总监克拉珀在国会宣称，网络威胁已经取代恐怖主义成为美国最大的威胁。

二是网络霸权主义带来的全面威胁。网络强国既有网络空间国际战略和行动战略，也有网络空间司令部和网络战部队，它们毫无疑问是网络霸权主义的代表。

以美国为例，从"棱镜门"事件就可以看出，美国是互联网的缔造者和网络战的始作俑者，在技术上领先优势明显。同时，它也是世界上唯一的超级大国，拥有霸权思维惯性。另外，网络空间是新兴的生存领域，法理的空白为其提供了自由空间。

三是网络军国主义的潜在威胁。2012 年，时代美国国防部长帕内塔警告说，美国可能面临一场"网络珍珠港"事件，"网络攻击可破坏载客火车的运行、污染供水或关闭全美大部分的电力供应，堪称网络版'珍珠港事件'，它会造成大量实体破坏与人员伤亡，使社会运转陷入瘫痪，让民众感到震惊，制造出新的恐惧感"。

"珍珠港事件"是日本军国主义的深重罪孽。当前安倍政权正积极扩充军备，包括增强网络战力量，加速走向军国主义道路，因此，"网络军国主义"不可不防。

四是"网络自由主义"的特殊威胁。代表性案例是"维基解密"和"斯诺登事件"。必须警惕的是，网络自由主义是一把双刃剑，我们不能保证每个人都拥有善良、正义的目的。

五是网络犯罪的普遍威胁。金融领域的网络犯罪，被形容为"现代版的抢银行"。据统计，网络犯罪每年会给全球经济带来 1 万亿美元的损失。这个问题在我国也特别突出，据不完全统计，网络犯罪每年给中国网民造成的经济损失高达 2890 亿元。

网络攻击直接威胁现代社会赖以运转的信息存储与控制机制，其威慑程度甚至远远超过原子弹。一是网络战威慑范围更大。二是网络战威慑效果更强。三是网络战威慑实施更快。四是网络战威慑方式更多。

1. 兰德预言：网络战是信息时代的核武器

相比于核扩散，网络战武器既不需要"倾国之力"，也不需要运载能力，一个恐怖分子的个人智慧可能造出网络"超级武器"，一段恶意代码的杀伤力可能胜过传统的任何武器。网络战扩散猛于核扩散，这恰恰应该是被恐怖分子视为公敌的美国最担心的。

新型中美大国网络关系应该包括三个要点：一是扩大共同网络利益。二是形成对等网络威慑。三是确保相互网络安全。

美国务卿克里上任后的首次访华之旅，重点讨论建立新型大国关系、朝鲜半岛危机和网络安全三个议题。对于网络安全问题，揣测其论调，应如美国家情报总监克拉珀指责中国"涉军黑客"时宣称,网络攻击的严重性超过了大规模恐怖袭击。我们有必要告诫克里,以中国为网络空间最大"假想敌",美国战略误判蕴藏巨大风险。

美国政府著名智囊兰德公司早在 2009 年就表示,网络战是信息时代的核武器。这并非危言耸听,因为网络攻击直接威胁现代社会赖以运转的信息存储与控制机制,其威慑程度甚至远远超过原子弹。一是网络战威慑范围更大。目前一枚能量最大的核弹摧毁范围有限。但一次网络攻击,理论上可以瘫痪一个国家、甚至整个世界。二是网络战威慑效果更强。网络战不仅可以在网络空间制造混乱,也可以通过控制攻击实体空间,其匿名性也将使威慑报复陷入混乱。三是网络战威慑实施更快。一个网络天才能够"一键敲击、全球到达",瞬间发动一场致命的网络攻击,无需核弹打击需求的运载工具。四是网络战威慑方式更多。对一个国家政权来说,网络战不仅可以实施攻击瘫痪其民生基础,而且能通过思想殖民颠覆其国体政体。

面对核威胁,美国将重点放在防止核扩散上,而并非中国的核武器。同样道理,在网络空间,恐怖分子更容易利用"全球一网"的特性,匿名发起网络攻击,结果就如美前国防部长帕内塔所说,可破坏载客火车的运作、污染供水或关闭全美大部分的电力供应,造成大量实体破坏与人命伤亡,使日常运作陷入瘫痪,制造新的恐惧感。

为此,笔者认为,美国有必要纠正网络空间战略误判,建立确保相互安全的中美网络关系。这种新型大国网络关系应该包括三个要点:一是扩大共同网络利益。网络空间不仅是实体空间的全息映射,而且也是人类社会全新的"命运共同体",尤其是世界第一、二大经济体美国和中国，已成为网络经济的最大受益者。二是形成对等网络威慑。无论抱有多么美好的愿望，拥有多少共同的利益，都无法回避美国像当年率先拥有了核武器一样具备网络威慑能力。为保持网络空间长久和平，中国必须理直气壮地发展网络战力量，形成与美足以抗衡的网络空间力量。三是确保相互网络安全。中美要在网络空间实现共赢，就必须以确保网络空间相互安全为目的，防范网络武器扩散、防范网络恐怖主义，区别于美苏冷战时期核战略的"确保相互摧毁"，建立"确保相互安全"的中美网络关系，避免恐怖分子掌握超级网络武器。但愿美国纠正与我为敌的战略误判，走到防范网络恐怖袭击的正确道路上来。

美国网络空间战略三部曲：一是力量布局：从国内防御到全球攻击；二是话语权争夺：从国际准则到作战规则；三是国际合作：从双边防御到网络结盟。

在美国的主导下，网络空间"中国威胁论"已从舆论围攻进入联合制衡的新阶段。美国以中国为网络空间"最大假想敌"，已实现了其全球范围内联合制衡的战略企图。

网络空间已经成为全新的作战领域，在这个新战场，美军最早觉醒、最先行动，因此，收益也最多。

与实体空间一样，美军采取一系列措施，努力保持其网络战能力的领先优势。2014年以来，美军网络空间司令部大幅扩编，宣布成立40支全球作战网络战部队，秘密制定网络战规则，并由北约率先推出"塔林手册"，意图作为网络战国际法典，美军网络空间国际化步伐明显加快。

2. 美军网络战三步曲

力量布局：从国内防御到全球攻击

美国政府网络空间安全战略演进经历了 3 个阶段，与此同时，美军网络战力量建设也完成了从国内防御到全球攻击的布局。

克林顿政府时期，美国网络空间安全战略"浮出水面"，美军主要进行网络防御。1993 年，克林顿政府首次提出建立"国家信息基础设施"。1998 年，克林顿颁布 63 号总统令，首次提出"信息安全"概念。同年，美国国防部正式将信息战列入作战条令，并批准成立"计算机网络防御联合特种部队"，专司军事信息网络防御。

小布什政府时期，美国网络空间安全战略"加速发展"，美军扮演着"以攻验防"的角色。"9·11"事件之后，布什政府把加强网络信息安全和防范网络恐怖主义作为头等大事。2003 年 2 月，美国发布第一份专门针对网络空间国家安全的战略报告《网络空间安全国家战略》。

2005 年，美军组建专门负责网络作战的"网络战联合构成司令部"。从 2006 年起，美国每两年举行一次"网络风暴"演习，以全面检验国家网络防御水平和实战能力。演习中，由美军网络战专业力量担任"蓝军"，承担演习中的网络攻击任务。

奥巴马政府时期，美国网络空间发展战略"基本成型"，美军网络战力量加紧在全球布局。2009 年，奥巴马上台伊始，立即开始了为期60 天的信息安全评估，随后出台一系列战略报告。值得关注的是《美国网络空间国际战略》，它成为美国处理网络问题的"指南针"和"路线图"。美国国防部紧接着出台《美国网络空间行动战略》，强调将与盟友和国际伙伴合力加强集体网络安全，具体行动体现在两个方面。

一方面，美军加快开发全球作战的网络战武器。2010 年 7 月，伊朗核电站使用的德国西门子工业控制系统遭到"震网"病毒攻击，至少有 3 万台电脑"中招"，1/5 的离心机瘫痪，核发展计划被迫延缓两年。

"震网"病毒是美国政府针对伊朗核设施实施的"奥运会"计划的一部分，类似的美军全球攻击武器级病毒相继浮出水面。2012 年 5 月，威力巨大的网络攻击病毒"火焰"现身。俄罗斯杀毒软件厂商卡巴斯基指出，有证据显示，"火焰"病毒与"震网"病毒同宗同源。

去年夏天，美国国防部又启动了网络战武器研发的"X-计划"，开始开发全球感知、全球攻击、全球反制的网络战武器，美军网络战的触角已经延伸到全球网络空间。

另一方面，美军大规模扩编全球作战的网络攻击部队。2012 年 3 月 24 日，美《防务新闻》周刊网站发表题为《美国采取网络攻势》的文章称，美军网络空间司令部正在所有 6 个地区战斗司令部成立网络战小组。2014 年年初，美军将网络空间司令部由 900 人扩编到 4900 人，并建立"国家任务部队"、"作战任务部队"和"网络保护部队"，明确了协助海外部队策划并执行全球网络攻击任务。

随后，美军网络空间司令部司令亚历山大上将在国会又宣布拟成立 40 支网络战部队，承担在全球范围内进行网络攻击的任务。美军网络战力量已经从作战武器、作战任务到力量部署，实现了全球网络攻击的力量布局。

话语权争夺：从国际准则到作战规则

随着网络战力量全球化布局进程加快，国际社会网络空间话语权争夺愈演愈烈。

2009年与俄罗斯进行核军控谈判时，美国首次同意与俄罗斯磋商网络军控问题。

据法新社报道，双方主要商谈了三方面的内容：一是反网络恐怖主义合作；二是禁止攻击性网络战武器使用；三是欧洲委员会提出的《网络犯罪公约》中的部分内容。

同年9月12日，俄罗斯、中国、塔吉克斯坦和乌兹别克斯坦四国在第66届联大上提出确保国际信息安全的行为准则草案。11月1日，有60多个国家参加的伦敦国际网络安全会议召开，俄中与英美激辩网络话语权，力促通过联合国框架内的互联网行为准则，呼吁与"散布旨在宣扬恐怖主义、分离主义和极端主义或破坏其他国家政治、经济和社会稳定的信息"作斗争。

美国认识到主导网络空间国际规则的困难性，转而由军方加紧秘密制定网络战规则。2011年，《美国网络空间国际战略》刚推出，五角大楼就制定了一份网络武器清单，为美国如何开展网络战争提供了依据。

2013年1月4日，《纽约时报》报道，美国政府已秘密制定出利用网络力量攻击他国的规则，"只要美国发现他国从境外攻击美国目标的可靠证据"，奥巴马总统就有权命令对他国发起先发制人的打击。

报道称，这是美国首次制定出军方如何网络回击他国网络攻击的规则。新规定还显示，"情报部门可对海外电脑进行远程分析，寻找针对美国境内的潜在网攻迹象"，如果获得总统批准，"即使没有公开宣布战争"，美国军方可通过植入破坏性病毒攻击对手的网络系统。

2013 年 3 月 18 日，英国《卫报》报道，一份为北约撰写的网络战手册已经发行。位于爱沙尼亚首都塔林的北约卓越合作网络防御中心邀请了 20 名法律专家，在国际红十字会和美国网络战司令部的协助下撰写了该手册（被称为"塔林手册"）。该手册包含 95 条规则，其内容强调，由国家发起的网络攻击行为必须避免敏感的民用目标，如医院、水库、堤坝和核电站等目标，规则允许通过常规打击来反击造成人员死亡和重大财产损失的网络攻击行为。

但正如北约助理法律顾问 Abbott 上校在"塔林手册"发行仪式上所说，手册发行是"首次尝试打造一种适用于网络攻击的国际法典"，是目前"关于网络战的法律方面最重要的文献，将会发挥重大作用，手册并非北约官方文件或者政策，只是一个建议性指南。"由此可见，美国及其北约盟国利用"塔林手册"抢占网络战规则制定权的意图明显。

国际合作：从双边防御到网络结盟

争夺网络空间话语权仅是美国网络空间国际合作的一个方面。美国延续了其实体空间军事结盟的一贯理念，认为网络安全不是一个国家单独努力就可以做到的。为此，美国与盟国（地区）持续开展合作，提高网络空间整体安全。

2011 年 9 月 15 日，美国与澳大利亚在双边防御协定中增加了网络共同防御条例。美军与日本自卫队也就如何应对黑客攻击展开了磋商，共享具体应对措施，摸索双方合作领域。网络战也已成为美韩军事演习的常态化课目，2010 年 8 月举行的美韩联合军演中，就已经增加了网络战防御课目。

2010 年 9 月 15 日，时任美国国防部副部长的威廉·林恩指出，北约组织必须建立"网络盾牌"，以保护北约国家军事和基础设施免受网络攻击。第二年，美国和北约首次举行了"网络大西洋–2011"演习，欧盟国家也接连举行了"网络欧洲–2010"、"网络欧洲–2012"网络空间防御演习。

2011 年，北约空袭利比亚的"奥德赛黎明"行动实施的同时，一个国际非营利性组织启动了"网络黎明–利比亚"项目，利用美国 Palantir（分析软件提供商）公司强大的网络情报分析软件，对利比亚互联网进行了全面监控，为北约军队提供评估报告。由此可见，美国主导的"网络北约"已进入实质性运行阶段。

另外，美国明确以中国为网络空间的"最大对手"，多次指责中国"网络攻击行为"，渲染中国"网络威胁"。今年年初美国炒作中国"涉军黑客事件"之后，其盟军明确以防范中国"网络攻击"为目标，纷纷成立或扩编网军。日本成立"网络攻击特备搜查队"，韩国拟增设总统府"网络安全秘书"，并将网军扩充一倍，英国组建网络防御机构，明确防范"来自中国、俄罗斯和伊朗的网络攻击"。

在美国的主导下，网络空间"中国威胁论"已从舆论围攻进入联合制衡的新阶段。美国以中国为网络空间"最大假想敌"，已实现了其全球范围内联合制衡的战略企图。

最早起步，重在防御。美国是网络战的缔造者。美国网军诞生于国防部网络防御任务。从20世纪90年代起，美军就开始大量招募网络人才。1995年，美国防部已经拥有第一批"黑客"。

由防转攻，统一整合。2009年，"网络总统"奥巴马一上台，就开始了为期60天的网络空间威胁评估，明确了美国核、太空与网络空间"三位一体"国家安全战略。美网军发展进入快车道。

全球攻击，大幅扩编。2013年以来，随着奥巴马进入第二个任期，美国总统、国家情报总监等高官罕见地集体发声，热炒中国"涉军黑客"，并以此为借口，大幅扩编网军，加紧制定网络战交战规则。

3. 美军加紧网络空间战争准备

据新华社2013年7月18日报道，美国国防部副部长阿什顿·卡特当日在年度国内安全会议上说，五角大楼组建网络部队的工作即将完成，总人数达 4000 人的网军将很快全部就位。

他表示，国防部希望尽快完成网军组建工作，尽管眼下国防经费面临削减，但对网军的投入却毫不吝啬。

卡特还说，网军将由兼任国家安全局局长的美军网络司令部司令基思·亚历山大指挥，与国家安全局相互支持，确保美国网络安全。他说，眼下网军成员都是来自各兵种的电脑专家，但今后这支部队可能会按照特种部队的思路来建设。

美军在世界上最早组建网络战力量，经过十余年的发展，从公开数据估计，美国目前网军总人数已达 5.3 万到 5.8 万人。尽管实力最强，美国防部还计划将网络空间司令部扩编，并计划新增 40 支网络战部队，相关人士表示，美网军已经完成全球作战准备。

最早起步，重在防御

美国网军诞生于国防部网络防御任务。从 20 世纪 90 年代起，美军就开始大量招募网络人才。1995 年，美国防部已经拥有第一批"黑客"。

1997 年，美军组织了网络攻击演习，测试国防部计算机系统的网络防御能力。但演习评估结果让美军大吃一惊，其计算机网络系统脆弱得不堪一击。为此，美国防部在 1998 年组建了第一支计算机防御作战部队，即计算机防御联合特遣部队，以便向位于世界各处的国防部区域作战司令官直接提供网络防御支持。美各军兵种也开始建立类似的防御部队，以满足军事计算机网络的安全需求。

"9·11"之后，小布什政府加紧防范恐怖分子利用互联网实施恐怖袭击。为加强统一领导协调、提升网络战能力，2002 年发布了 16 号"国家安全总统令"，组建了美军历史上第一个网络战指挥机构和战略力量，即网络战联合功能构成司令部。这个司令部由世界顶级的计算机专家组成，其成员包括中央情报局、国家安全局、联邦调查局以及其他部门的专家，兼具指挥协调和作战职能。

与此同时，美国政府借助美军的防御教训和经验，于 2003 年启动了"爱因斯坦计划"，以控制和保护美联邦政府的互联网出口。到 2010 年，该计划已实施到 3.0 版，美国政府 20 多个部门的 1000 多个网络出入口得到保护。2008 年，美国又启动用于国家网络战略防御的"曼哈顿计划"，以避免网络空间给美国带来的战略损害，美网军在其中发挥了重要作用。

在美诸军兵种中，网络战力量的发展并不齐步，空军网络空间作战力量在各军兵种之中，发展最早、能力最强。2002 年，作为美国空军信息作战"规范化"的一部分，美空军制定了一项计划，将其情报、监视和侦察飞机都集中到第 8 航空队，为实施网络中心战奠定基础。

2006 年，频频爆发的网络攻击事件引起美国军方对网络战前所未有的重视，但军方没有部门来统一负责网络空间的作战。美国空军敏锐地看到了网络对于现代作战的重要作用，在 2006 年颁布的《空军战略计划》中，明确把网络空间正式界定为一个新的作战领域，提出了掌握天空、太空和网络空间控制权的概念。

同年 11 月，美空军部长宣布将设立空军网络战司令部（暂编）。2008 年 3 月 21 日的美国《空军时报》披露了计划中的美空军网络战司令部编制架构，网络战司令部包括 65 个空军中队、预备役和国民警卫队。此外，还有 4 个空军联队。

2008 年 10 月，美国空军正式宣布，赋予第 24 航空队网络作战任务，第 24 航空队被认为是先前的网络战司令部的"缩水版"。2009 年 8 月，第 24 航空联队正式成立，隶属于空军航天司令部，负责建立、运作、维护和防护美空军的网络，实施全频谱网络空间作战。

由防转攻，统一整合

2009 年，"网络总统"奥巴马一上台，就开始了为期 60 天的网络空间威胁评估，随后将网络威胁视为美国面临的第一层级威胁，明确了美国核、太空与网络空间"三位一体"国家安全战略。在此基础上，美国正式成立网络空间司令部，接连宣布网络空间国际战略和行动战略，美网军发展进入正规化的快车道。

2009 年 6 月 23 日，时代美国防部长盖茨下达了"成立一个美国战略司令部下属的联合美国网络司令部以负责军事网络空间作战"的指示。他要求，美国战略司令部司令要立刻采取有效措施成立一个下属的联合司令部，命名为网络空间司令部。网络空间司令部是美军网络战的最高指挥机构，主要职责是领导、整合和更好地协调国防部网络的日常防御、保护和运作；指导国防部信息网络的运作和防御，并准备奉命实施网络空间的全谱军事行动；担负作战任务时还将发挥领导作用，将网络战纳入作战和应急计划。经过一年多筹备工作，2010 年 10 月，美军网络空间司令部正式投入运行。

美军网络空间司令部组建后，各军兵种也成立相应的机构。美空军网络空间司令部为第 24 航空联队，由 3339 名军人、2975 名平民、1364

名承办商人员和第 67 网络战联队等作战部队组成。

美陆军网军建设起步较晚，2008 年 7 月才宣布正式启动陆军网络空间作战营，为全球各地陆军部队提供网络战方面的支持。2011 年年底，美陆军成立了美军第一支旅级网络战部队，即 780 军事情报旅，由美陆军网络空间司令部指挥，其任务是搜集潜在威胁情报，部队编制 1200 人。

2009 年 10 月，美海军成立舰队网络战司令部，把海防作战司令部、海军网络战司令部、海军信息作战司令部 / 联合特遣部队、休特兰海军信息作战司令部都整合到一起。2010 年 1 月，海军作战部正式发布的舰队网络司令部和第 10 舰队组建的备忘录，确定舰队网络空间司令部即日开始履行职能，作为美国网络空间司令部的海军组成部分。

与此同时，美网军研发的网络战武器也开始小试牛刀。2010 年，美国研发的"震网"病毒开启了虚拟网络空间瘫痪实体空间的大门，2011 年、2012 年接连发作的"毒雀"和"火焰"病毒，暴露出美国针对伊朗核设施进行网络攻击的"奥运会"计划，也显示了美军网络战武器的先进性。

《华盛顿邮报》2012 年 3 月 19 日报道，有美国官员透露，五角大楼正加速开发新一代网络武器，这种武器能够瘫痪敌方军用网络，甚至那些未连接到互联网的网络也无法幸免。有媒体报道，美国网络战武器库中已有超过 2000 种武器级病毒。

在此基础上，美军加快网络战部队的部署。美《防务新闻》周刊网站发表题为《美国采取网络攻势》的文章称，网络空间司令部正在所有 6 个地区战斗司令部成立网络战小组。司令亚历山大上将证实，美军正在将进攻性网络武器派发到地区战斗指挥官手中，"让他们更广泛地获得各种战斗能力，并将传统的动能打击和新开发的网络战斗力结合了起来"。

全球攻击，大幅扩编

2013 年以来，随着奥巴马进入第二个任期，美国总统、国家情报总监等高官罕见地集体发声，热炒中国"涉军黑客"，并以此为借口，大幅扩编网军，加紧制定网络战交战规则。

2013 年 1 月 29 日的《华盛顿邮报》报道，美国一位不愿公开姓名的官员透露，美国国防部近日决定，今后几年把网络空间司令部扩编至现有人数的 5 倍，美网络空间司令部现有 900 人，扩编后将增至 4900 人，并成立"国家任务部队"、"网络保护部队"和"作战任务部队"，"以增强主要计算机网络防御和海外网络攻击能力"，保护美国电网、核电站等基础设施，协助海外部队策划并执行网络袭击等进攻行动，以及保护国防部内部网络。

2013 年 3 月 15 日，借炒作中国"涉军黑客"事件，美网络空间司令部司令亚历山大在国会宣布，将新增 40 支网络战部队，这一数字让世界各国震惊。根据计划，这 40 支网络战部队将在未来 3 年内组建完毕，其中三分之一将在今年 9 月组建完毕，三分之一将在 2014 年年底成立，最后三分之一于 2015 年到位。

新增的 40 支网络战部队，其中 13 支明确用来实施全球网络攻击，其他 27 支用来保卫国家信息基础设施、关键业务网络，以及支援全球作战部队实施进攻作战。因此，从本质上讲，这 40 支部队均具有全球作战的网络攻击能力。

当前，让世界一片哗然的"棱镜门"事件尚未平息，美国依然宣称网络部队部署完毕，这说明"斯诺登事件"并未影响美军网络战部队的建设步伐。可以预见，随着网络空间的重要性日益提升、军事化程度不断加剧，网络空间的舆论对攻、产业竞争、攻防对抗将不可避免。

以思科为代表的美国"八大金刚"（思科、IBM、谷歌、高通、英特尔、苹果、甲骨文、微软）在中国绝大多数核心领域占据了庞大的市场份额。

中国网络安全面临四大风险：首先是机密情报被窃。其次，网络资源被控。第三，业务网络被瘫。第四，运行设施被毁。

我应启动"替代战略"以防受制于人，完善法规制度能够对应出招，强化政府监管以控制态势。

4. 高科技美企成"侵华网络联军"

继美国之后，最近欧盟宣布准备启动对华为、中兴的调查。

2013年6月6日，英国议会安全委员会称华为可能使英国陷入网络攻击和间谍骚扰中。而澳大利亚政府也曾阻止华为参与该国推出的高速宽带网络建设。

西方这些做法，营造出一种虚幻情势，正如习总书记与奥巴马召开记者招待会时曾指出的，"似乎给人一种感觉，网络安全的威胁主要来自中国，或者中美之间最突出的问题就是这个问题……中国也是网络安全方面的受害者，我们也希望切实解决这个问题"。

揭露美国情报机构监听公众通信的中情局前技术人员爱德华·斯诺登日前一针见血地说，美国对中国进行黑客攻击的批评是伪善的，因为美国也在从事信息窃取。斯诺登的话只是描述了美国网络行为的冰山一角。事实上，美国及西方高科技企业对中国的渗透超乎想象，在它们面前，中国的信息安全如赤身裸体，几乎毫无秘密可言。

美公司占据我信息安全枢纽

随着互联网的普及和信息网络技术在各行业的普遍应用，从关系国计民生的关键基础设施，到作战体系和战争潜力目标，都依赖网络运行。我国信息基础设施和关键业务网络建设，基本上照搬、引进了以美国为主的西方国家软硬件设施，西方高科技企业的产品已逐渐占据了我信息安全的枢纽重地。

据媒体披露，以思科为代表的美国"八大金刚"（思科、IBM、谷歌、高通、英特尔、苹果、甲骨文、微软）在中国绝大多数核心领域占据了庞大的市场份额。其中思科的潜在危害最大，主要原因是其主要领地是网络基础设施领域，并且与美国政府和军方关系密切，是美国"网络风暴"系列演习的主要设计者之一。

在软件系统方面，当前我国包括政府部门、军队、武警、军工企业等在内的所有单位，几乎 100% 使用美国微软的操作系统和办公软件。

尤其是一些储存重要信息的数据库软件，以及工业控制系统，也均为西方高科技公司所研发。如果这些软件嵌入木马程序，再加上思科等互联网关键基础设备，等于以美为代表的西方高科技公司已经在我国家信息基础设施和关键业务网络中嵌入了无数条隐形的通道。

可以说，在危急时刻，以思科为代表的"八大金刚"可能对中国带来的危害，丝毫不亚于当年的火烧圆明园的"八国联军"。就像一位信息安全领域专家说的那样，"作为全球第二大经济体，中国几乎是赤身裸体地站在已经武装到牙齿的美国'八大金刚'面前"。

中国网络安全面临四大风险

这些现实和潜在的威胁主要包括四个方面：首先是机密情报被窃。尽管美国一直指责中国政府和军方进行有组织的"网络窃密"，但事实上，美国"窃取"网络信息的专业性和系统性，在全世界无国能及。

英国《卫报》和美国《华盛顿邮报》6日报道说，美国家安全局和联邦调查局正在开展一个代号为"棱镜"的秘密项目，直接接入包括微软、谷歌、雅虎、脸谱以及苹果等在内的9家美国互联网公司中心服务器，以搜集情报。而思科等公司产品深度嵌入我核心枢纽，我重要信息基础设施和关键业务网络的数据可能悉数进入美国情报库。据美国媒体披露，美国"情报部门可对海外电脑进行远程分析，寻找针对美国境内的潜在网攻迹象"，这种远程分析难保不会利用"思科"们设置的秘密通道。

其次，网络资源被控。中国国家互联网应急中心抽样监测显示，2011年有近5万个境外IP地址作为木马或僵尸网络控制服务器，参与控制了我国境内近 890 万台主机，其中有超过 99.4% 的被控主机，源头在美国。而仿冒我国境内银行网站站点的 IP 也有将近四分之三来自美国。《2012 年度江苏省互联网网络安全报告》数据披露，当年，江苏省 75 万多个 IP 地址对应的主机成为木马僵尸受控端，被其他国家或地区通过木马或僵尸程序控制，同比增长 5.16%，控制端主要来自于美国、日本、俄罗斯、瑞士等国家。

第三，业务网络被瘫。据了解，使用思科的互联网路由器的厦门电信和北京网通的宽带网络，曾同时突然出现大面积中断等情况。而且思科设备中隐藏了后门，甚至出现"明文密码"的低级安全错误，这些安全隐患不仅可以在平时被黑客以及恐怖分子所利用，在战时，更会造成大面积的关键业务网络瘫痪，其严峻情况正如美前国防部长帕内塔在 2012 年底所说，"可破坏载客火车的运作、污染供水或关闭大部分的电力供应，使日常运作陷入瘫痪。"

第四，运行设施被毁。"思科把持着中国经济的神经中枢。有冲突出现时，中国没有丝毫的抵抗能力。"从军事角度来看，在战争状态中，美国政府极有可能利用思科在全球部署的产品，对我国信息基础设施和关键业务网络实施致命打击。事实上，早在 2010 年，美国攻击伊朗核设施的"震网"病毒，就展示了其利用恶意代码摧毁实体设备的巨大能力，曾导致伊朗核设施 1000 多台离心机瘫痪。

同时，美国一直在加紧网络战争准备，不仅成立了网络战指挥机构，研发了网络战武器，制定了网络空间国际战略和行动战略，而且大规模发展网络战力量。2014 年年初，美网络空间司令部大幅扩编由 900 人至 4900 人，并宣布大规模成立 40 支全球攻击的网络战部队。据美媒体报道，美军已秘密制定了网络战规则。可以看出，美国已处于发动网络战争的临战状态，对中国造成的重大网络威胁不言而喻。

启动"替代战略"以防受制于人

面对国家信息基础设施和关键业务网络的严峻局面，建议应从三个方面着手。首先是启动"替代战略"。早在 2010 年，华为就出资在英国设立了一个监控自己活动的系统，还聘请了英国政府的前首席信息官员萨福克担任全球网络安全主管，可依然遭遇到英国排斥。由此来看，华为遇阻本身就是一个国家安全战略问题，需要在国家层面从根本上解决。

当前，美国并不满足于已有的互联网技术和资源垄断优势，一直不遗余力地通过国家层面的战略规划，巩固其以技术、标准等核心互联网权力为代表的网络霸权地位。思科等"八大金刚"就是急先锋。

为避免陷入核心软硬件长期被人控制的严峻局面，我必须举倾国之力，下大决心、施大战略，克服观念和行动上的现实障碍，推动核心软硬件国产化"替代战略"，才能从根本上解决受制于人的严峻局面。

第二，完善法规制度。在这方面，应该向美国等西方国家学习。国家有关部门，包括华为、中兴等在美受阻企业，应全面梳理美国等国家阻击其产品的具体做法和法理依据，尽快提出中国的类似法规。

据中国工程院倪光南院士披露，早前中国有关部门与微软签订的"政府源代码备案"（GSP），仅容许中方人员在微软指定的场所对其约97%的源代码进行"观看"，不许复制、打印，更谈不上编译、重构，这样的审核根本不能确定源代码是否真实、是否有后门。这种做法对于中国方面的信息安全保障来说，基本上没有价值。因此，我国在信息安全审查方面，可以仿照英国对华为设备的审核办法——英国要求华为完全、彻底、100%地开放源代码，并对其进行编译、重构，以验证源代码的真实性，验证是否有后门等。同时，应从《政府采购法》和《招标投标法》的修订入手，对政府采购国产化产品进行明确界定和替代要求，从根本上解决安全问题。

第三，强化政府监管。经过十多年的努力，以华为、中兴为代表的中国通信企业已经基本上达到了与思科同等的水平。现在用华为、中兴等企业的产品全面取代思科产品已经没有技术问题。如果说还有什么问题，那就是心理问题。这种心理问题事实上就是西方高科技公司在中国的代理人制度催生的腐败心理。

有专家指出，在经济实力衰落、"军事主义"功效不断打折扣的情形下，美国霸权将愈发依赖"智能帝国主义"这一"软实力"与"巧实力"。而其本质就是利用中国官员的实际需要、情感驱使和利害关联，实施完美的"洋贿赂"，满足肆虐的"爱资病"，甚至将一些部门整建制、成系列拖下水，让其制定对跨国公司有利的政策甚至法律。

思科等"八大金刚"在我信息安全枢纽重点如入无人之境，与美国的"智能帝国主义"战略密切相关。因此，正如习总书记所讲，"打铁还得自身硬"。加强政府和行业相关人员行为监管，打击腐败行为，也是提升国家信息基础设施和关键业务网络安全必不可少的措施。

所谓联想电脑存在漏洞，可谓是"莫须有"的现代"典范"。连澳大利亚本土媒体都忍不住提出质疑，既然言之凿凿，为何西方从不公布"中企威胁"的证据？英国学者指出，"禁用联想"的潜规则即使存在也不足为奇，"中国未必是敌人，但肯定算不上朋友"是导致西方恐惧中企最根本的心理因素。

西方国家依仗自身的信息科技产业处于领先地位，动辄利用国内法案处罚国外企业。应对这种情况，企业单独难以作为，国家层面启动"自家的孩子有人管"的国家战略，从外交应对、产业扶植、法制支撑等方面，为企业国际化撑起发展的空间。

5. "西方五眼"的里应外合

2013 年 7 月 29 日，英国、澳大利亚等多家媒体援引一份刚披露的内部禁令称，美国、英国、澳大利亚、新西兰和加拿大等五国情报与防务机构在机密层级禁用联想电脑已有数年，原因是"大量实验证明，联想电脑存在硬件漏洞，易被入侵者远程控制"。

显然，这又是一次"中国威胁论"的炒作，但这一次炒作跟以往在时机选择上有所不同。此次爆出禁用联想电脑，恰恰发生于斯诺登披露"五眼联盟"、爆出英国大规模"时光"监控计划之后。西方媒体曝光内部禁令，是想把联想也拉下水，转移视线，重述"天下乌鸦一般黑"的故事，属于典型的"祸水东引"手法。相对于之前炒作中国"涉军黑客"等主动出招的做法，这次事后出招，抹黑他人的意味更浓厚。

所谓联想电脑存在漏洞，可谓是"莫须有"的现代"典范"。连澳大利亚本土媒体都忍不住提出质疑，既然言之凿凿，为何西方从不公布"中企威胁"的证据？英国学者指出，"禁用联想"的潜规则即使存在也不足为奇，"中国未必是敌人，但肯定算不上朋友"是导致西方恐惧中企最根本的心理因素。纵观所谓"中企威胁"的事例，无论是美国对中兴、华为的审查报告，还是禁用联想传言，在西方渲染"中企威胁"时，连他们最为推崇的法理精神都弃之一边。由此看来，所谓证据也就不一定有了。

这次的炒作，实际上也暴露出了西方媒体的隐形联盟。此次禁用联想事件的报道，主要来自《独立报》、《每日电讯报》等英国媒体，而它们的共同消息源是《澳大利亚金融评论》。在"棱镜门"事件余波不断的情况下，对于西方媒体耐人寻味的做法，人们其实已经习以为常。西方媒体其实已经结成一个隐形的联盟，为自己国家的利益服务。为国家利益而结成联盟倒也无可厚非，但若是以虚假消息主导世界舆论，就应该受到职业道德的拷问了。

应对此起彼落的"中企威胁论"，需要在国家层面采取统一行动，防止中企陷入被西方经济强国绑架的被动局面。

具体来说，首先，应基于国家安全，实施对等的核心产品国产化替代。美等"五眼联盟"国家以安全为由，禁止中企产品在其核心枢纽和关键部位使用，仅从贸易自由化的角度难以动摇其做法。对于我国来说，实施对等的核心产品国产化替代，既可以确保国家安全和发展，也可以"堤外损失堤内补"。这里的关键是，提高政府的介入程度，并尽快出台相应制度。

其次，基于"中企"发展，启动"自家的孩子有人管"的国家战略。西方国家依仗自身的信息科技产业处于领先地位，动辄利用国内法案处罚国外企业，这已经成为其获取自身利益的惯常做法，是典型的"为一己之私，搅乱整个世界"。应对这种"禁令"，企业单独难以作为，国家层面必须从外交应对、产业扶植、法制支撑等方面，采取一整套应对战略和实施细则，以"顶天立地"的方式为我国的企业撑起发展的空间。

支撑美网络霸权的两支力量：一支就是大幅扩编的正规网军。另一支就是以网络安全公司曼迪昂特为代表的行业力量。我们不妨称之为网络"黑水公司"。而且网络"黑水公司"的很大部分是隐藏在其整个产业力量之中。

包括"火眼"等专业公司在内的上千家企业，形成了三个梯队。"火眼"等属于第一梯队，是整个队伍的"尖兵班"；包括以思科为代表的"八大金刚"和斯诺登披露的"九匹狼"在内的跨国公司是第二梯队，成为触角遍布全世界的"先锋队"；而其他上千家高科技企业，就是强大的后援力量，并在其中不断涌现出曼迪昂特这样的"先锋队员"。

6. 美国网络"黑水公司"

2014 年在中国人民解放军总参谋长刚刚结束访美之际，美司法部随后公然起诉 5 名中国军人，美联邦调查局在其网站赫然贴出通缉照片。

如此缺乏外交礼仪的行为，在斯诺登揭开美"网络自由"遮羞布之后，显得尤为刺目。

深入思考美国为什么这样做？凭什么这样做？我们有必要回想之前美国利用网络安全公司曼迪昂特的一份报告，热炒"中国涉军黑客"，随之宣布大幅扩编网络空间司令部从900人到4900人，并扩编40支全球作战的网络战部队。而在之前公布的《四年防务》中，美国网络战部队扩编的数量已经扩大为133支。美国外交政策杂志报道说，从公开数据估计，美网军包括海陆空，总人数约为5.3万到5.8万人。也就是说，美国利用网络安全公司曼迪昂特的报告，已经顺利完成了网军的大规模扩编。

美方这种布局的方式让我们看到了支撑其网络霸权的两支力量：一支就是大幅扩编的正规网军。另一支就是以网络安全公司曼迪昂特为代表的行业力量。我们不妨称之为网络"黑水公司"。而且网络"黑水公司"的很大部分是隐藏在其整个产业力量之中。

网络"黑水公司"风生水起

综合美联社、英国《金融时报》、英国广播公司20日消息，为转移前中情局职员斯诺登披露的美国不择手段监控全世界的视线和压力，以及打击中国在国际社会上的声誉，美国政府正招揽越来越多的私人企业乃至个人，提升对付中国的网络实力。不少私人网络安保公司因此风生水起。这其中最有名的就是曼迪昂特。

曼迪昂特由美空军退役军官曼迪亚创办，员工主要由退休的情报和执法人员组成。他们精通电脑，能获取第一手资料，已经成为美国军方和国务院高度依赖的私人承包商。美军方甚至将其与在全球战场上服务美军的"黑水公司"相提并论。

另一家专业网络"黑水公司"是来自美加州的"火眼"。2014年初，它以超过10亿美元的价格收购了曼迪昂特。该公司于2013年9月20日上市，市值已达将近100亿美元，数年来致力于追踪所谓中国黑客活动。2013年10月，"火眼"公司发布《世界网络大战：理解网络攻击背后的国家意图》，分析了亚太、俄罗斯和东欧、中东以及美国网络间谍活动背后隐藏的国家意图。其中报告还特别针对中国进行指责，称中国对全世界都发动了网络攻击。2014年2月，"火眼"公司第二次发布报告指出，中国网络黑客攻击了美国军事网站，意图窃取军事情报。

除了这些专业的网络安全公司外，美国也将黑客组织和黑客个人纳入控制之中。"警戒"是一个民间人士自发组成的互联网监视团体，拥有600多名互联网专家，据称招募到一些大型集团的技术主管和部分从美国政府机构退休的网络高级间谍，该组织号称是美国最精锐、最强大的网络活动民间监视组织。早在2010年8月，该组织就宣布由"地下"转至"地上"，同时增加招募黑客，展开网络反恐斗争，以完成"政府不能完成的任务"。根据美联社公布的数据显示，"警戒"在全球22个国家和地区拥有"情报监视官"，负责为其搜集互联网信息，并与美国间谍机构"共享"重要信息。

另外，早在2009年"网络总统"奥巴马上台后，美国政府加紧搜寻"黑客"高手，包括每年在"黑客大会"搜罗人才。对于黑客，美国不是把他们送上法庭，而是希望这些"坏小孩"能成为保卫网络安全的排头兵。

美国土安全局就曾通过一家网络技术服务公司发布广告,招募网络高手。在招聘启事中提出,申请者应能够"像恶意攻击者那样思考",同时掌握黑客的常用技术,熟悉网络运行原理并能迅速判断政府网络系统的"薄弱之处"。

"三大梯队"形成群狼战术

如果把以上专业网络公司、黑客组织和黑客个人称为专业的网络"黑水公司",在"棱镜门"中上榜的美国高科技企业就算是兼职了。据斯诺登爆料,谷歌、雅虎、微软、苹果、Facebook、美国在线、PalTalk、Skype、YouTube 等九大公司参与网络间谍行为,这些公司涉嫌向美国家安全局开放其服务器,使政府能轻而易举地监控全球上百万网民的邮件、即时通话及存取的数据。

值得注意的是,2013 年 6 月,美国彭博新闻社援引消息人士说法称,上千家科技、金融和制造业公司正与美国家安全部门紧密合作,向其提供敏感信息,同时获得机密情报。这些项目的参与者被称作"可信合作伙伴",范围远超"棱镜"计划。这个庞大的企业群体,就是美国网络"黑水公司"的"狼群",已经成为美全球网络控制战略中的重要支撑。

在这包括"火眼"等专业公司在内的上千家企业,形成了三个梯队。"火眼"等属于第一梯队,是整个队伍的"尖兵班";包括以思科为代表的"八大金刚"和斯诺登披露的"九匹狼"在内的跨国公司是第二梯队,成为触角遍布全世界的"先锋队";而其他上千家高科技企业,就是强大的后援力量,并在其中不断涌现出"先锋队员"。

这三个梯队助力美国实施网络控制的手法也各不相同。最典型的就是曼迪昂特和"火眼"系统性的报告。曼迪昂特的"APT1"报告已为世人熟悉。作为亏损企业上市的"火眼"既然已经收购了曼迪昂特，其重要性不言而喻。他们长期通过查证恶意软件留下的语言线索，以及指挥被侵入系统的远程电脑所用的文字，得以探测所谓来自中国黑客的行为。该公司在2013年9月20国集团（G20）峰会前发表报告，声称中国黑客以领事馆字眼后缀的邮件，发送叙利亚危机升级的恶意邮件，侵入了5个欧洲国家政府的电脑系统。第二种方式就是"八大金刚"、"九匹狼"等跨国公司利用产业链优势为美国网络控制提供潜在通道。其手法斯诺登已有详细披露。与此同时，这些公司中的一些网络安全高手，甚至直接参与对中国的网络行动。《彭博商业周刊》去年刊登了一篇特写，详细介绍戴尔公司负责网络安全工作的斯图尔特，如何追踪确认中国黑客身份。斯图尔特透露，在网络安全行业内，越来越多的人致力于对付中国的网络攻击。他们寻找各种线索，比如通过分析域名注册的假名和代号、旧的网络身份、论坛中的发言等等，增加对黑客的了解。第三种方式就是数量上千的高科技公司与美国政府和军方的各种合作，为其提供技术支撑，以完整产业链的方式，成为美国实施网络空间国家战略和行动战略的坚实基础。

背后折射美国网络霸权思维

那么，美国缘何"扩招"这些私人网络安全"黑水公司"？背后折射了美国怎样的战略和野心？

其一，看清美国权利运行的利益驱动机制。美国政治人物"出来混，迟早是要还的"。其选举经费的募捐制度，需要企业家拿出大把的银子支持总统上台，成功后就要得到经济利益回报，属于典型的财团政治。所谓的美国民主，其实成为富人和政治家的盛宴。诺贝尔经济学奖获得者斯蒂格利茨认为：林肯总统所说的"民有、民治、民享"的民主制度已经演变成了"1%的人有、1%的人治、1%的人享"。被称为"网络总统"的奥巴马扶植网络公司，既是时代的必然，对抗的需要，也是利益的输送。当前，美国形成了每年300亿美元的网络安全产业。曼迪安特公司去年收益1亿美元，较前年提高60%，服务费高达每小时400美元。

其二，看透美国霸权思维在网络空间的延续模式。奥巴马国情咨文公然宣称，"凡是在和美国竞争中占了优势的，都必然是作弊的，否则就不可能战胜占据了压倒性优势的美国公司"。因此，在美国人的眼中，别人的成就都是偷窃美国的结果。殊不知美国本身就是一个移民国家，连美国轰炸日本的原子弹技术也来自德国的科学家。

鉴于此，在大国网络空间博弈过程中，我们始终要清醒地认识到国家领导人倡导的共同、综合、合作、可持续安全的全人类价值，进而思考中国的应对之策。其一，"对等制衡"。中国政府要细化审查制度，明确宣布建立网军等一系列事情，尤其是要立即着手应对美军可能推出的《网络战规则》。其二，"对位布局"。从美方屡次"披露"中国涉军黑客的事情来看，其背后网络"黑水公司"力量强大，中国应贯彻落实网络安全和信息化"一体之两翼、双轮之驱动"的思想，长远筹划网络安全产业发展。其三，"对路出手"。对于美国屡次指责中国"涉军黑客"事件，中国应从斗争方法和斗争策略上做出调整，从"停止对话"等表面工作走出来，针锋相对地推出一系列有力措施，让对手下次出招之时有所忌惮。

一石激起千层浪，一贯指责中国窃取商业机密的美国，又剥去了一层"遮羞布"。从"棱镜门"中狠狠跌落"网络自由"道德高地的美国，又陷入商业窃密的深渊。

剖析此次"侵入华为"事件，充分说明美国不仅加紧建立网络攻防力量，而且早已开始了网络攻击行动。其中尤其需要警惕的是，美国不仅利用思科的设备留下网络攻击的便利大门，也在利用华为的设备"暗渡陈仓"，架设全球网络攻击的"栈道"。两条"路线"互为弥补，将全球"一网打尽"。

7. 入侵华为

美国宣布"网络放权"尘埃尚未落定，《纽约时报》就披露斯诺登最新爆料，美国家安全局（NSA）早在 2007 年就已经开始代号为"攻击巨人"的行动，侵入了中国华为的总部服务器，并且获得了非常敏感的数据信息，同时还对其高管的通讯数据进行了长期监控。

一石激起千层浪，一贯指责中国窃取商业机密的美国，又剥去了一层"遮羞布"。从"棱镜门"中狠狠跌落"网络自由"道德高地的美国，又陷入商业窃密的深渊。

　　尽管《纽约时报》称，斯诺登提供的文件显示，美国国安局侵入华为巨型服务器和精密的数字交换器，旨在调查华为与中国军方有无联系；美国国家安全局发言人也发表声明称，美国国家安全局并不代表美国公司窃取外国公司的商业机密，不会把这些机密给美国公司以增强其国际竞争力，但这种解释显然难以服人。

　　如果说"棱镜门"折射出的是中国网络防线全线危急的警示，那"侵入华为"体现出的就是中国网络空间重点部位的沦陷。由此我们看到，在国家网络安全和信息化这"一体之两翼、双轮之驱动"中，包括金融、能源、交通等关键信息基础设施的网络安全，就是中国从网络大国走向网络强国的短板所在。

　　进一步深入剖析此次"侵入华为"事件，充分说明美国不仅加紧建立网络攻防力量，而且早已开始了网络攻击行动。其中尤其需要警惕两个方面：一方面，美国在利用思科建立网络攻击通道的同时，利用入侵华为建立另一条网络攻击通道。"八大金刚"被披露后，世界范围内去思科化进程加快，美国利用思科设备控制全球网络的行为或多或少受到限制，使用华为公司路由器的互联网部分更加被美国觊觎。美媒报道，"攻击巨人"行动还寻求发现华为的技术漏洞，通过华为卖给其他国家的电脑和电话网络进行监控。由此可见，美国不仅利用思科的设备留下网络攻击的便利大门，也在利用华为的设备"暗渡陈仓"，架设全球网络攻击的"栈道"。两条"路线"互为弥补，将全球"一网打尽"。

另一方面，美国的优势不仅仅在于产业链各环节，也在于关键领域的卡位防御能力。当前，包括中国在内的各国网络之所以被美国如此轻易攻陷，除美国所具有的互联网技术和资源优势外，还因为美国具有"火眼"（已收购在2013年炒作"中国涉军黑客事件"的曼迪昂特网络安全公司）等网络安全公司的关键网络防御能力。而中国的网络安全厂商，在体量、规范以及在国家安全顶层设计中的位置，都无法与其相比。更为危险的是，大多数国内的网络安全公司都使用国外的病毒引擎，这相当于守卫三峡大坝的武警战士都是国外的雇佣兵，其安全与否不言自明。

　　没有网络安全就没有国家安全，没有信息化就没有现代化。要改变美国在我网络空间"攻城掠地"的被动局面，当务之急就是尽快建立包括专业网络战力量和网络安全厂商在内的网络空间国家力量，形成网络空间关键领域的卡位防御能力，包括必要时的网络攻击能力。这样才能逐步摆脱面对网络攻击后"讨要说法"的外交被动，形成与美对等制衡的新型大国网络关系，进而成为维护全球网络空间和平的决定性力量。

在国际层面，需要加强不结盟的网络空间攻防合作，提升世界范围内共同应对网络恐怖等人类社会威胁的能力。

在国家层面，要强调网络国防力量不同于传统军事力量，加强建设军民融合的网络国防力量。

在军队层面，需要建设一支技术能力和文化素养兼备的网络空间防御专业力量，承担维护国家网络空间主权、安全和发展利益的重大历史责任。

8. 美国全球监听

西方媒体曾经披露，美国国家安全局在全球约80个地点的驻外使馆都设有监听站，35国首脑的电话被监听。其中，就包括德国总理默克尔。

奥巴马否认知晓任何监听默克尔的行动。但德国《星期日图片报》援引美国国家安全局一名高级官员的话称，美国国家安全局局长亚历山大早在2010年就将监听默克尔的行动告知了奥巴马。默克尔表示，"朋友之间从事监听活动，那是绝不应该的"。

其他国家也纷纷谴责美国的监听行动。墨西哥内政部长称将自行调查美方的间谍行为。法国总统奥朗德称，"我们不能接受以朋友关系干涉法国公民的私人生活"。巴西总统罗塞夫说，"以此种方式干涉他国事务的行为违反了国际法和国际关系准则"。

在美国华盛顿，数千名示威者高举写着"停止大规模监控"、"谢谢你，斯诺登"、"拒绝国家安全局监控"等字样的条幅，要求美国政府停止监听行动。

美国敢冒天下之大不韪，从普通网民到政府首脑"一网打尽"，原因不外乎：其一，美国是互联网的缔造者和网络战的始作俑者，明显的技术领先优势为其提供了便利之门。其二，美国是恐怖主义的最大攻击目标，防范心理为其提供了现实借口。其三，美国是世界上唯一的超级大国，一贯的霸权思维为其提供了惯性动力。其四，网络空间是新兴的生存领域，法理的空白为其提供了自由空间。

其实，美国的监听行为由来已久。在20世纪80年代末之前，短波通信和卫星通信担负着全球90%的语音与数据通信，美国随之建立了庞大的无线监听系统。

1988年，美国电报电话公司成功开发出海底光缆，光纤通信技术使得成千上万的电话、传真、电子邮件和加密数据可以转换成光束传送，全球通讯方式出现革命性变革。目前，海底光缆已经覆盖了99%的洲际通讯，光纤已取代短波和卫星成为通信的主角，而监听海底光缆对于美国来说，早已是轻车熟路。

电话监听设备大致有3种：一是软件型监听。它属于一种电话窃听器，通过监听软件来实施，目前的智能手机就是其监控对象，此方法一般只能监听一部电话。这种软件可以在网上免费下载。二是芯片型监听。通过在电话或手机中加装芯片实现监听，可以针对固定电话和移动电话，但同样只能监听一部电话。三是专业电话监听系统。分为信号监听和网络监听两种。对于信号监听，它的有效监听距离，与地球同步通讯卫星信号覆盖范围几乎相等，但只可以监听 GSM 等制式电话。由于目前洲际电话数据和互联网数据一样，主要通过海底光缆通信。因此，网络监听系统则可以拦截包括 IP 电话数据在内的所有通过海底光缆的电话通信数据。

在美国监控 35 国首脑电话的消息曝光后，各国政府在表示强烈谴责的同时，已经采取了应对行动。巴西总统罗塞夫宣布，巴西政府将建立一套安全电邮通讯系统，以抵御美国及其他国家对巴西官方通讯的监控。墨西哥内政部长米格尔·奥索里奥·钟也表示，墨西哥总统恩里克·佩纳·涅托下令详尽调查美方对其国家高级官员的间谍行为。

同时，在美国国内，反对监控的声音也不断强大。就在不久前，卷入美国"棱镜门"的美国互联网公司已经开始寻求摆脱作为监听帮凶的尴尬角色。微软和谷歌就起诉了美国政府，要求公布监控信息。

这种从美国国内到国外，从普通大众到国家首脑的集体发声和共同行动，在网络空间产生了三类深刻的影响：其一，全球监控行动使美国从它一贯标榜的网络空间道德高地上跌落下来。其二，各种迹象表明，针对美国的监听行动，多国正加强对美国的防范，大力提升网络空间防御能力。其三，反对美国独自管理互联网的呼声渐起，其管理地位也将受到越来越大的冲击。

思考进一步的对策，此次美国监听多国政要电话行为曝光，在某种程度上，也为我们提供了一个从个人数据隐私权，到企业数据所有权，再到国家数据主权，应对美国网络霸权的思路。

目前，普通网民获得个人隐私被侵犯的证据比较困难。而对于专业公司来说，相对就要容易一些。大型企业，特别是互联网公司，可以通过所掌握的有效证据，强调自己的数据所有权被美国侵犯，以及由此造成的经济损失，要求美国政府赔偿。

对于国家，则应强调网络主权所必须包含的数据主权。网络空间既然已经成为人类社会"第二类生存空间"，国家管辖权自然延伸，网络边疆、网络主权必须明确界定。而且网络主权应该涵盖数据主权，数据主权是网络主权的核心内容。因此从数据主权入手，世界各国应针对美国的监控行为采取国家行动，这不失为一条可行之路。

我们知道，经历多年发展，美国的网络战力量已经处于全球一枝独秀的领先地位。美国对全球政要"一网打尽"，依靠的就是其网络空间实力。

为此，加快网络国防建设，尽快形成与美对等的网络空间力量，是遏制其网络霸权的根本道路。但在建设网络国防的过程中，必须认识到网络国防不同于传统国防，需要在国际、国家和军队层面采取不同的方略。

在国际层面，考虑到网络攻击不可控风险的大幅增加，需要加强不结盟的网络空间攻防合作，提升世界范围内共同应对网络恐怖等人类社会威胁的能力。

在国家层面，要强调网络国防力量不同于传统军事力量，加强建设军民融合的网络国防力量,形成国家网络资源效能的最大程度发挥。

在军队层面,需要建设一支技术能力和文化素养兼备的网络空间防御专业力量,才能承担起维护国家网络空间安全的重大历史责任。

美国依据《1930关税法》第337节，动辄对我中兴、华为等创新型国际化企业进行调查。中国已经成为美"337调查"的主要对象国和最大受害国。中国企业的败诉率已达60%，远高于世界平均值26%。

调动大众的群众运动可以赚钱，但凝聚小众的科技创新才是社会进步的中坚力量。历史证明，大炼钢铁、大跃进等群众运动解决不了技术先进和行业领先的事情。

知识产权保护，犹如农夫手中驱赶"野雀"的工具，必然是国家治理体系和治理能力现代化的重要手段。

9. 美网军从威慑到实战

2015年以来，网络空间暗流涌动，美国网络战准备骤然加速。3月13日，美国新任国防部长卡特上任后第一次视察部队，就选择美军网络司令部。4月1日，奥巴马签署行政命令，授权对网络攻击美国者进行精准经济制裁。4 月 14 日，美助理国防部长罗森巴赫表示，美国防部即将公布新的网络安全战略，提升针对网络攻击行为的威慑能力。一系列动作表明，美国对网络战的重视已经到达一个新高度，美国已经完成了发动网络战争的全部准备。

力量准备

成立网络司令部，规划网络空间行动战略，增编网络战部队，美军探索形成了网络攻防战斗力生成的有效模式。

美国既是互联网的缔造者，也是网络战的始作俑者。2009 年初，"网络总统"奥巴马上台伊始，就启动了为期 60 天的网络空间安全评估，随之宣布成立网络司令部。2010 年，网络司令部正式运行，美国网络战力量进入统一协调发展的"快车道"。2011 年，美国防部"网络空间行动战略"出台；2012 年，美国家网络靶场正式交付军方试用；2013 年，美热炒黑客攻击事件，借机将网络司令部由 900 人扩编到 4900 人，宣布 3 年内扩建 40 支网络战部队；2014 年，美国防部发布《四年防务评估报告》，明确提出"投资新扩展的网络能力，建设 133 支网络任务部队"。值得关注的是，从 2013 年到 2014 年一年中，美军宣称网络战部队扩编 3 倍以上。一系列动作表明，美军突破了网络战的编制体制、装备设备、融入联合等一系列瓶颈问题，探索形成了网络攻防战斗力生成的有效模式。

这些训练有素、全球部署的美军网络战部队，可能穿过"棱镜门"软件便道，翻越路由器"陈仓暗道"，进入智能手机"芯片天窗"，在全球互联互通的网络空间肆意行动，被美国智库兰德公司称为信息时代的"核武器"，事实上已经成为当前网络空间安全实实在在的最大威胁。

规则准备

从《塔林手册》到《网络空间联合作战条令》，美军拟制了网络军事行动的基本规则。

作为全新领域，网络空间话语权的争夺从未间断，涵盖 4 方面的内容：网络军控、网络公约、网络技术标准和网络作战规则。在网络军控方面，早在 2009 年 11 月 28 日，美俄核裁军谈判期间，美国首次同意与俄罗斯进行网络军控谈判。两周后，2009 年 12 月 12 日，美俄日内瓦核裁军谈判期间，两国就网络军控问题进行了磋商。在网络公约方面，2011 年 9 月 12 日，俄罗斯、中国、塔吉克斯坦和乌兹别克斯坦 4 国在第 66 届联大上提出确保国际信息安全的行为准则草案。美国则坚持支持 2001 年 26 个欧盟成员国以及美国、加拿大、日本和南非等共 30 个国家共同签署的《打击网络犯罪公约》。在网络技术标准方面，美国作为互联网技术的发明者，其技术标准基本上成为世界标准，这一现实背后的巨大安全隐患不容小视。比如美国"Wi-Fi"联盟以一个符号绑架一个产业，将不具有商标属性的"无线局域网"通用名称变为自身品牌"Wi-Fi"，其他国家自己的无线局域网标准却被束之高阁。

如果说在以上 3 个方面各国对于美国还存在一定程度博弈的话，在网络作战规则制定上，美国更是占尽先机。2013 年 3 月 18 日，在网络司令部直接指导下，美国出版了一部所谓"世界网络战争法典"——《塔林手册》。《塔林手册》包含95条规则，其内容强调，由国家发起的网络攻击行为必须避免敏感的民用目标，如医院、水库、堤坝和核电站等，规则允许通过常规打击来反击造成人员死亡和重大财产损失的网络攻击行为。而到2014年10月21日，美国干脆直接推出了《网络空间联合作战条令》。

众所周知，作战条令不同于一般法律文件，其条文更多是作战实力的标志，是网络攻防基本套路的规范。这在一定程度上可以说明，美国网络战争已经完成了最贴近实战的一道"工序"。

结盟准备

从"五眼联盟"到多国演练，结盟是美国情报整合，发动网络战争的基本方式。

联合盟友是美国发起战争的一贯手段，伊拉克、利比亚、阿富汗战场都是如此。在网络空间，美国亦是如此运作。美国"网络结盟"运动基本上可以划分为3个交错演进的阶段：国内联合演习阶段、国际联合演习阶段、双边和多边网络攻防合作阶段。

在第一阶段，主要是2006年、2008年、2010年的"网络风暴"系列演习。在2006年的"网络风暴-1"演习中，美国联合英、加、澳、新西兰共5国，以及国内11个部门，9个IT公司，6个电力公司，在位于华盛顿市区的地下室里，演练通过网络攻击瓦解对手关键基础设施。2008年的"网络风暴-2"演习中，仍是这5国参与其中。但到了2010年的"网络风暴-3"演习，参演国家扩大到包含澳大利亚、加拿大、法国、德国、匈牙利、意大利、日本、荷兰、新西兰、瑞典、瑞士、英国等在内的 13 个国家。

在第二阶段，美国主要是在北约范围内组织网络攻防演习，形成事实上的"网络北约"。从 2012 年开始，美国首先在北约范围内启动了"锁定盾牌"网络演习，旨在促进不同国家的国际协作。目前，这一系列演练已经成为美国主导下的"网络北约"及其他盟国的网络练兵场。

第三阶段，美国主要是与相对独立于"北约"的其他军事盟国建立网络攻防合作关系。2011 年 9 月 14 日至 16 日，美国与澳大利亚把网络空间防御纳入军事同盟协定。2013 年，日美进行了首次"网络对话"，发布了关于加强网络防御合作的联合声明，同年，日美"2+2"安保协议委员会会议，确认两国合作应对网络攻击。

在情报方面，美国也非常重视与盟友联合。早在第二次世界大战期间，英美多项秘密协议催生了"五眼联盟"，也就是最早参与"网络风暴"演习的美、英、加、澳、新西兰 5 国。进入网络时代，"五眼联盟"的主要工作就是收集全球英语占主导地位的互联网上的情报。美国通过与盟国合作，即时掌握了大量的网络空间动态情报。由此可见，美与传统军事同盟国家几乎都建立了网络军事同盟关系，多国联合作战极有可能成为美发动网络战的基本模式。

实战准备

从伊朗"震网"到朝鲜"断网"，美军或由网络威慑走向网络实战。2014 年底到 2015 年初，朝鲜半岛上演了一部由"涉核"到"触网"

的"大片"。由"索尼事件"引发的对索尼公司的网络攻击，美国明确称是朝鲜所为。2014年12月19日，美国联邦调查局发布声明，表示美国有足够的证据得出这一结论。奥巴马也表示，将对索尼影业遭到黑客攻击事件作出回应。对于什么回应方式，美国务院副发言人哈尔夫颇有深意地说，"有些看得见、有些看不见"。

声明发出3天后，2014年12月22日，朝鲜网络大面积瘫痪，互联网服务大规模中断，全境几乎没法上网。朝中社随后刊文表示：朝鲜民主主义人民共和国的人民军和全体人民已经做好与美帝国主义在包括网络战在内所有领域作战的准备。2015年1月2日，奥巴马签署行政命令，授权对朝鲜追加制裁，以回应朝鲜"挑衅性、破坏性和压制性行为和政策，尤其是对索尼公司的破坏性和胁迫性网络攻击"。

从朝鲜"断网"事件，到2010年伊朗核设施遭受"震网"病毒攻击，导致1000多台离心机瘫痪一事，再到2011年社交网络催化的西亚北非"街头革命"，导致多国政府倒台，美国主导的"网络战争"逐步掀开了神秘面纱——"震网"病毒攻击瘫痪物理设施，震慑军心民情；社交媒体网络宣传操纵"街头革命"，颠覆国家政权；全面"断网"进行国家对抗，形成网络隔离。

网络空间安全威胁，源自新空间、运用新机理、依托新力量，是一个充满未知的新事物，对人类生存发展提出了全新挑战。从"震慑"伊朗到"隔离"朝鲜，美军走出了从网络威慑到网络攻击的实质步伐。伴随着网络战准备的基本就绪，美国很可能改变长期的网络威慑政策，转而以常态化的网络行动，包括网络攻击，来实现维护网络空间绝对优势地位的目标。

美国前国防部长帕内塔曾警告说，"网络攻击可破坏载客火车运行、污染供水或关闭全美大部分的电力供应，造成大量实体破坏与人命伤亡，使日常运作陷入瘫痪。"

美国前国家情报总监迈克·麦克奈尔认为，"恐怖组织迟早会掌握复杂的网络技术，就像核扩散一样，只是它要容易落实得多。"然而，让人担忧的是，美国作为世界恐怖组织的最大袭击目标，竟然打开了网络攻击的"潘多拉之盒"，给网络恐怖主义留下了可乘之机。

10. 美国为网络恐怖主义留可乘之机

联合国安理会曾经通过决议，要求加强对恐怖组织或恐怖分子利用互联网实施恐怖行为的打击力度。

1997年，美国加州情报与安全研究所提出"网络恐怖主义"一词，认为它是"网络与恐怖主义相结合的产物。"随着全球网络化程度的提升，人类社会生活生产越来越依靠网络运行和网络控制。网络恐怖主义也成为人类社会的共同威胁。

网络恐怖主义有几个特点：一是实施网络恐怖的武器是程序代码，更易扩散，成本也更低；二是实施网络恐怖的途径是全球通连的网络，行动更隐蔽，完全可超越地理位置的限制；三是实施网络恐怖的后果是毁瘫社会赖以运行的信息和控制机制，影响更严重而广泛。美国前国防部长帕内塔曾警告说，"网络攻击可破坏载客火车运行、污染供水或关闭全美大部分的电力供应，造成大量实体破坏与人命伤亡，使日常运作陷入瘫痪。"

因此，网络恐怖主义并非是仅仅利用互联网招募人员，传播暴力恐怖思想和技术，筹集恐怖活动资金，策划恐怖袭击活动，也包括利用网络攻击实现恐怖活动，而后者的危害程度将远远超越前者。

美国前国家情报总监迈克·麦克奈尔认为，"恐怖组织迟早会掌握复杂的网络技术，就像核扩散一样，只是它要容易落实得多。"然而，让人担忧的是，美国作为世界恐怖组织的最大袭击目标，竟然打开了网络攻击的"潘多拉之盒"，给网络恐怖主义留下了可乘之机。

美国拥有世界最大、最先进的网络武器库，更易扩散至恐怖分子之手。据媒体报道，美国已拥有2000多种武器级病毒。众所周知，网络武器扩散猛于"核扩散"，即使是网络强国也明白并无万全之策，很难控制自己手中的网络攻击武器不扩散。因此，这相当于美国为网络恐怖主义制造好了网络"超级武器"。

美国为一己之私而滥用网络武器，对恐怖分子具有强烈的示范效应。2010年，美国利用"震网"病毒瘫痪了伊朗1000多台离心机，开启了利用工业控制系统摧毁实体空间的大门。美国高官多次描述网络攻击造成的恐怖后果，也有可能"引导"恐怖分子激烈心动。

美国监控世界的行为给网络恐怖主义留下了便利之门。斯诺登披露的"棱镜门"显示，美国在利用网络技术和资源优势，为自己留下便利通道监控世界的同时，也为网络恐怖主义预留了攻击通道。

美国在世界反恐领域采取的"双重标准"，助长了网络恐怖分子的侥幸心理。这种情况在世界反恐过程中已经产生负面效应，这种标准一旦蔓延到网络空间，后果将更加严重。

最后，要强调的是，面对网络恐怖袭击，无论是美国，还是世界其他各国，绝不可能像当年核武器轰炸广岛、长崎一样独善其身。对这一点，包括美国人民和政府在内的世界各国必须有清醒的认识。

互联网是把双刃剑。网络时代的到来，颠覆性地改变了人类社会的信息传播方式和生产流通模式。在善良的人们利用网络提高生活质量，提升生产效率的同时，网络也成为恐怖分子的乐园，网络成为一把锋利的"双刃剑"。

11. 网络恐怖主义：没有国家能独善其身

从 ISIS 向球星梅西隔空喊话，到"东伊运"利用网络散布暴恐宣传音视频；从内罗毕商场恐怖袭击，到波士顿马拉松爆炸案，恐怖分子运用网络的能力不断增强。

网络恐怖主义：没有国家能独善其身

世界杯激战正酣，恐怖组织也不甘寂寞。在世界杯期间，直逼伊拉克首都巴格达的"伊拉克和黎凡特伊斯兰国"（ISIS）恐怖组织利用"推特"（Twitter）发帖，向阿根廷球星梅西喊话，邀请其加入圣战组织。在打击网络恐怖主义日益成为各国共识之际，ISIS 的喊话，更凸显出网络正成为恐怖组织煽动、招募、资助或策划恐怖活动的便利工具，而所谓"网络恐怖主义"也日渐成为恐怖主义发展的一个趋势。

互联网是把双刃剑
恐怖主义插上网络翅膀

网络时代的到来，颠覆性地改变了人类社会的信息传播方式和生产流通模式。在善良的人们利用网络提高生活质量，提升生产效率的同时，网络也成为恐怖分子的乐园，网络成为一把锋利的"双刃剑"。早在1997年，美国加州情报与安全研究所柏林·科林首先提出"网络恐怖主义"一词，认为它是"网络与恐怖主义相结合的产物"。此后，美国联邦调查局将网络恐怖主义定义为"一些非政府组织或秘密组织对信息、计算机系统、计算机程序和数据所进行的有预谋、含有政治动机的攻击，以造成严重的暴力侵害"。

事实上，网络恐怖主义可以分为两类。一类就是目前普遍强调的，以互联网等信息技术作为恐怖势力开展活动的重要工具，利用互联网和社交媒体等招募人员，传播暴恐思想，传授暴恐技术，筹集恐怖活动资金，策划恐怖袭击活动。这种类型，成为当前网络恐怖的主流。之前发生在肯尼亚首都内罗毕韦斯特盖特购物中心的恐怖袭击事件，就是由来自索马里、英国等多国的恐怖分子利用社交网站组织、策划并实施的。同时，另一类更加恐怖的网络攻击正在孕育。恐怖分子可能利用互联网发起网络攻击，结果就如美国前国防部长帕内塔所说：恐怖分子可能利用互联网破坏载客火车的运作、污染供水或关闭全美大部分的电力供应，造成大量实体破坏与人命伤亡，使日常运作陷入瘫痪，制造新的恐惧感。

相比于核扩散，网络战武器既不需要"倾国之力"，也不需要运载能力，一个恐怖分子的个人智慧可能造出网络"超级武器"，一段恶意代码的杀伤力可能胜过传统的任何武器。这种网络恐怖方式更加凶猛，其隐蔽、便利、廉价、远程，以及攻击范围广的特性，将给人类社会带来更大的威胁。

以己之矛攻己之盾
美国打开了网络攻击现实世界大门

作为互联网的缔造者和网络战的始作俑者，美国拥有世界最大、最先进的网络武器库。据媒体报道，美国已拥有2000多种武器级病毒。网络武器扩散猛于"核扩散"，即使是网络强国也明白很难控制自己手中的网络攻击武器不扩散。事实上，美国作为世界恐怖组织的最大袭击目标，也是打开了网络攻击"潘多拉魔盒"的第一人。美国在其掌握的全球网络基础设施中暗留"方便之门"，给网络恐怖主义留下了可乘之机。

美国滥用网络武器，对恐怖分子具有强烈的示范效应。2010年，美国利用"震网"病毒瘫痪了伊朗1000多台离心机，开启了利用工业控制系统摧毁实体空间的大门，这一行为，必然"让恐怖分子激动得心跳加速"。美国前国家情报总监迈克·麦克奈尔也认为，"恐怖组织迟早会掌握复杂的网络技术，就像核扩散一样，只是它要容易得多。"事实上，近年来基地组织开始越来越多地利用网络来为其恐怖活动服务，广泛利用互联网与其支持者进行联系，加紧建立策划恐怖袭击的新基地。

正所谓依赖越重、了解越深、恐惧越强。美国最为担忧的是发生"网络珍珠港""网络9·11"事件。早在1997年，来自美国的一群专家就曾利用互联网上的黑客程序同时侵入了9座城市的电网控制系统和9·11报警系统，并侵入了五角大楼的36个电脑网络系统。美国国防部曾进行过模拟对国家输电网络进行攻击试验，结果显示黑客能对包括美国电力网络在内的国家基础设施造成巨大破坏。

作为世界上拥有最强网络攻击能力的国家，美国在不断研发网络攻击武器的同时，正在把防范网络恐怖主义上升为国家战略。然而，这种一手持矛、一手铸盾的行为，在制造极坏示范作用的同时，也在把其他国家不断推向"相对不安全"的境地。

打铁还得自身硬
中国需要提升打击网络恐怖主义能力

近年来，中国反恐形势严峻，境内外"三股势力"加速合流，借助互联网等新兴媒体搞煽动破坏，利用智能手机上网等现代信息化传播手段，为暴恐思想和技术传播提供了便利。以"东伊运"为首的"东突"恐怖势力大肆发布恐怖音视频，煽动对中国政府发动所谓"圣战"，成为近年来中国境内特别是新疆地区恐怖袭击多发的主要和直接原因之一。最近，由国信办会同公安部、国务院新闻办公室等有关部门，发布了反恐专题片，吹响了打击网络恐怖主义的号角。专题片梳理了已破获的北京"10·28"、昆明"3·01"以及乌鲁木齐"4·30"、乌鲁木齐"5·22"等多起暴力恐怖袭击案件，揭示了暴恐音视频的危害及其与暴力恐怖违法犯罪活动之间的联系，并将境外"东伊运"组织指挥、在网上传播涉暴恐音视频、煽动境内恐怖活动的行径公之于众。

作为负责任大国和网络恐怖主义的受害者，中国加入联合国机制，应对网络恐怖主义已经势在必行。打击网络恐怖主义已经成为中国的国家责任。同时，我们要看到，网络恐怖主义只是网络威胁的一个方面。美国著名学者约瑟夫·奈曾指出，网络威胁有网络战、网络间谍、网络犯罪和网络恐怖主义四种表现形式。目前，主要损害来自网络间谍和网络犯罪。但未来10年，网络战和网络恐怖主义的威胁将远大于今天。由非国家网络行动者造成的网络威胁，将迫使各国政府进行更紧密的合作。

面对日益猖獗的网络恐怖主义及发展极度不平衡的网络世界，包括中国在内的网络恐怖主义和网络犯罪受害国，重视保护自身权益已是当务之急。

打造利益共同体

构建打击网络恐怖主义世界联盟

面对网络恐怖袭击，无论是美国，还是世界其他各国，绝不可能独善其身。对这一点，包括美国在内的世界各国应该清醒认识。加强世界范围内的打击网络恐怖主义合作势在必行。中国外交部发言人华春莹曾表示，希望国际社会理解和支持中国打击"东伊运"的努力，合力打击各种恐怖势力利用互联网等信息技术从事的一切形式恐怖主义活动。并且，中央网络安全和信息化领导小组办公室主任鲁炜在 ICANN 伦敦高级别政府会议上发言指出，各国政府应当加强合作，严厉打击网络违法犯罪行为。

为提升打击网络恐怖主义的效果，世界各国应该联合起来，构建利益共同体，形成"三位一体"的全球联盟，即实现对网络空间的"共同治理"，对网络恐怖主义的"联合防范"和"合力打击"。在这个过程中，要特别做好"三个防范"。其一，防范利用网络技术和资源优势，为自己留下便利通道监控世界的同时，也给网络恐怖主义预留了攻击通道。斯诺登披露的美国"棱镜门"充分说明，美国监控世界的行为给网络恐怖主义留下了便利之门。其二，防范以任何理由使用类似"震网"的超级网络武器，在提升自己网络威慑的同时，给恐怖分子带来强烈的示范效应。必须认识到网络扩散猛于核扩散，否则一旦超级网络武器扩散到恐怖分子手里，那将是既害人也害己。其三，防范在世界反恐领域采取的"双重标准"，打消网络恐怖分子的侥幸心理。这种情况在现实社会反恐过程中已经产生负面效应，这种标准一旦蔓延到网络空间，将事实上拓展网络恐怖分子的生存空间，后果更加严重。

二、
没有网络安全就没有国家安全

2014 年 2 月 27 日，习总书记在中央网络安全和信息化领导小组成立大会上指出，没有网络安全就没有国家安全，没有信息化就没有现代化。中央网络安全和信息化领导小组的成立，标志着我国对网络空间威胁的认识上升到国家战略高度。

事实上，伴随着中国发展需要，美国借助思科等信息产业"八大金刚"的产业链优势，深度渗透到国家信息基础设施和军民关键业务网络等信息枢纽重地。中央网络安全和信息化领导小组办公室副主任王秀军指出，"在危机时刻，如果一个国家涉及国计民生的关键基础设施被人攻击后瘫痪，甚至军队的指挥控制系统被人接管，那真是'国将不国'的局面"。尤其值得警惕的是，网络安全不仅包括意识形态安全、数据安全、技术安全、应用安全、资本安全、渠道安全等方面，而且总体国家安全观涵盖的政治安全、经济安全、军事安全、文化安全、信息安全等 11 种领域安全也是"无网而不胜"。网络空间已经成为大国博弈的战略制高点。

在移动互联是"新渠道"、大数据是"新石油"、智慧城市是"新要地"、云计算是"新能力"、物联网是"新未来"的网络时代，要实现中华民族的伟大复兴，就必须维护网络空间主权、安全和发展利益，始终把自己的命运掌握在自己手中。

1. 网络强国的七种意识

互通互联的网络空间，每一条网线都是网上"新丝路"，每一个声音都是网上"驼铃声"。网络空间为我们提供了宣扬中华文化，借鉴世界文明前所未有的新平台，但同时，网上意识形态斗争也日趋激烈，急需树立正确的网络文化意识。

以"共建网络安全，共享网络文明"为主题的首届国家网络安全宣传周于 2014 年 11 月在北京中华世纪坛举行，成为那年冬日里涌动的一股热流。正所谓"接地气才能有底气"，让网络安全意识深入人心，就需要将其作为网络强国建设的基础工程，突出培养"七种意识"。

一是网络主权意识。网络作为陆海空天之外的"第五类疆域"，国家必然要实施网络空间的管辖权，维护网络空间主权。在移动互联是"新渠道"、大数据是"新石油"、智慧城市是"新要地"、云计算是"新能力"、物联网是"新未来"的网络时代，要实现中华民族的伟大复兴，就必须维护网络空间主权、安全和发展利益，始终把自己的命运掌握在自己手中。

二是网络发展意识。包罗万象的网络空间已经成为人类社会的共同福祉。网络空间蕴含的新质生产力，不仅重新定义了人们的生活生产方式，更成为世界发展的革命性力量。因此，我们必须始终坚持发展就是硬道理，始终基于网络空间创新驱动发展，将世界第一网络大国的自信，转化为建设网络强国的智慧。

三是网络安全意识。让"没有网络安全就没有国家安全"的意识深入人心，让"网络信息人人共享、网络安全人人有责"的意识落地生根，这是举行国家网络安全宣传周的目的所在。我们既要学会用老百姓听得懂的语言讲述网络安全风险，也要善于用群众看得清的实力化解网络安全风险，让网络安全的成果真正惠及你我他。

四是网络文化意识。互通互联的网络空间，每一条网线都是网上"新丝路"，每一个声音都是网上"驼铃声"。网络空间为我们提供了宣扬中华文化，借鉴世界文明前所未有的新平台，但同时，网上意识形态斗争也日趋激烈，急需树立正确的网络文化意识。

五是网络法制意识。让网络空间晴朗起来，不仅要大力宣传上网、用网行为规范，引导人们增强法治意识，做到依法办网、依法上网，更要利用法律武器，塑造国际网络秩序。为此，必须尽快完善网络空间法制体系，让国家网络空间治理走向法制化的快车道，让人人成为网络秩序的维护者，让国家网络治理成为世界网络治理的典范。

六是网络国防意识。在"全球一网"的时代，面对网络强国大幅扩充网络战部队，网络空间明显军事化的趋势，我们既需要国际层面的文化实力、国家层面的法制效力，更需要军队层面的军事实力。中国建设网络强国，成为网络空间和平发展的骨干力量，发展网络空间国防力量刻不容缓。

七是网络合作意识。要建立"和平、安全、开放、合作的网络空间，多边、民主、透明的国际互联网治理体系"，就必须认识到，面对网络霸权主义、网络恐怖主义、网络自由主义和网络犯罪等诸多共同风险，任何国家都无法独善其身，唯有加强合作，才能同舟共济、赢得未来。

一位信息安全专家称："作为全球第二大经济体，中国几乎是赤身裸体地站在已经武装到牙齿的美国'八大金刚'面前。"在危机时刻，美国"八大金刚"可能对中国带来的危害，丝毫不亚于当年火烧圆明园的"八国联军"。

问题的严重性还在于，"八大金刚"普遍采取了在中国寻找代理人的策略，与其结成"利益共同体"，并利用其巨大影响力，形成了中国各级政府"不设防"甚至是欢迎的心态，直接造成"八大金刚"长驱直入事关国计民生的核心枢纽重地。

2. 网络"八大金刚"

美国《纽约时报》2013年6月2日报道称，美中同意定期举行高层会谈，加强规范网络安全和打击商业间谍行为。

近年来，美国频繁就网络安全问题向中国挥舞大棒。去年，美国众议院常设特别情报委员会发布报告称华为、中兴的产品威胁美国国家安全。今年，奥巴马总统签署开支法案，禁止包括司法部、商务部、航空航天局及联邦调查局在内的联邦政府机构，采购"中国所有、运营或提供补贴的企业制造、加工或组装的信息技术产品。"以市场经济标榜的美国以国家安全为由行政干涉商业自由。

与众多中国企业在美国遭到封杀形成鲜明对比的是，以思科为代表的美国"八大金刚"（思科、IBM、谷歌、高通、英特尔、苹果、甲骨文、微软）在中国风生水起。有数据为证：思科占据了中国电信163骨干网络约73%的份额，把持了163骨干网所有的超级核心节点和绝大部分普通核心节点。在金融行业，中国四大银行及各城市商业银行的数据中心全部采用思科设备，思科占有了金融行业70%以上的份额；在海关、公安、武警、工商、教育等政府机构，思科的份额超过了50%；在铁路系统，思科的份额约占60%；在民航，空中管制骨干网络全部为思科设备；在机场、码头和港口，思科占有超过60%以上的份额；在石油、制造、轻工和烟草等行业，思科的份额超过60%，甚至很多企业和机构只采用思科设备；在互联网行业，腾讯、阿里巴巴、百度、新浪等排名前20的互联网企业，思科设备占据了约60%份额，而在电视台及传媒行业，思科的份额更是达到了80%以上。

一位信息安全专家称："作为全球第二大经济体，中国几乎是赤身裸体地站在已经武装到牙齿的美国'八大金刚'面前。"在危机时刻，美国"八大金刚"可能对中国带来的危害，丝毫不亚于当年火烧圆明园的"八国联军"。而这其中，尤以思科危害最大。这是因为：其一，"思科和谷歌、微软、高通等不同，思科主要的领地在网络基础设施领域，这是整个网络的命脉所在。"其二，思科与美国政府和军方关系密切，是美国"网络风暴"系列演习的主要设计者之一。其三，思科产品已经全面渗透到我国电信、金融、石油、化工等关系到国计民生的关键信息基础设施。

问题的严重性还在于，"八大金刚"普遍采取了在中国寻找代理人的策略，与其结成"利益共同体"，并利用其巨大影响力，包括各级官员"政绩心态"在内的各种条件，形成了中国各级政府"不设防"甚至是欢迎的态度，直接造成"八大金刚"长驱直入事关国计民生的核心枢纽重地。

面对这种严峻局面，建议从三个方面着手：一是向美国学习。国家有关部门，联合华为、中兴等在美受阻企业，全面梳理美国阻击其产品的具体做法和法理依据，尽快提出"国家信息基础设施和关键业务网络核心产品替代战略"。二是完善相关法规。我国《政府采购法》和《招标投标法》是2001年制定的，不仅已经落后于日新月异的网络时代，而且两部法律对政府采购国产化产品的界定比较模糊。为此需加紧修订。三是采用源代码托管和首席安全官制度。源代码托管是很多国家在用的信息安全监管方法。另外，大型企业设立首席安全官也是世界通行做法，他既是企业的一员，又接受国家安全机构领导，在涉及到安全领域的大量采购时拥有一票否决权。

网络空间已进入以"网络扩军"为代表的"后黑客时代"，中国必须当机立断，坚决维护网络空间国家主权、安全和发展利益。

　　面对"后黑客时代"的网络扩军热，面对网络技术扩散和攻击来源匿名背后可能的网络恐怖袭击，中国必须当机立断，建立网络空间防御力量，坚决维护网络空间国家主权、安全和发展利益。

3. "后黑客时代"网络扩军热

　　近段时间，美方持续炒作"中国网络威胁"，甚至宣称网络攻击超越恐怖袭击。与此同时，美军秘密制定网络战作战规则；北约推出网络战规则指导手册；朝鲜半岛上演"虚拟战争"；日美两国把源自中国等的网络攻击定位为国家安全的新威胁；美、日、韩、德、英，甚至台湾地区都纷纷建立和扩充网军。网络空间已进入以网络扩军热为代表的"后黑客时代"，中国必须当机立断，坚决维护网络空间国家主权、安全和发展利益。

面对外界复杂形势，笔者认为可以在战术、战略上各出三招。在战术层面，积极应对美公然挑战。第一，承认美咄咄逼人的网络攻势和网络黑客，以及网络恐怖对中国和世界安全带来威胁的严重性。第二，承诺调查对中国成功发动的网络攻击一半以上来自美国背后的真相和支持者。仅2014年头两月，共有美国的2194台服务器侵入或者控制了中国129万台主机。第三，启动多方对话，讨论将美国绝对控制的国际互联网管理权交由联合国管理。

在战略层面，实施三类国家行为。一是面对"后黑客时代"的网络扩军热，面对网络技术扩散和攻击来源匿名背后可能的网络恐怖袭击，中国必须当机立断，建立网络空间防御力量，坚决维护网络空间国家主权、安全和发展利益。二是与美方展开双边谈判，形成确保相互安全的中美网络关系。中美关系是全球最重要的大国关系之一，中美两国也是网络经济发展的最大受益者。网络空间需要的不是战争，而是规则与合作。中美要在网络空间实现共赢，就必须以确保网络空间相互安全为目的，防范网络武器扩散、防范网络恐怖主义，防范战略战术误判。和则两利、斗则俱伤，建立积极健康的中美网络关系，是两国的共同责任，也符合国际社会的根本利益。三是加强国际合作，建立和平、安全、开放、合作的网络空间。要确保网络空间国家主权、安全和发展利益，实施全球网络治理十分恰当，其核心是采取和平协商、合作共赢的方式，让国际社会各方面普遍参与、普遍受益。中国应积极利用上合组织、"金砖国家"等平台，推动联合国为代表的多边机制，依据公认的国际法、国际关系准则和惯例，力求在打破美国独控的国际互联网管理问题上取得突破，与世界各国一道，共同步入和谐发展的网络时代。

防范"网络珍珠港",要构建全球网络和平联盟。防范"网络珍珠港",要加强网络国防建设。防范"网络珍珠港",要积极参与世界网络空间规则制定。这既是防范"数字9·11"和"网络珍珠港"威胁的有效途径,也是遏制网络霸权的必然选择。

4. 网络珍珠港

2013年5月,日本举办"恢复主权日"活动,以修复被美国占领"受损的民族自信心。"其首相安培更是表示,"侵略无定论"。甚至像当年日本"神风敢死队"出击前一样振臂高呼"天皇万岁",并身穿迷彩、头戴钢盔,登上自卫队的最新型战车,被日本网民称为"用实际行动为国际社会指责日本军国主义复活提供了实证"。因此,不能排除日本军国主义者将来发动一次"网络珍珠港"的可能性。

日本已经具备发动"网络战"的强大实力。日本是世界第三大经济体,具有领先的信息网络技术。据日本《产经新闻》此前的报道,2013财年,日本防卫省将新设"网络空间防卫队",国际裁军研究所调查称日本正推进网络战对策。

日本军国主义倾向近几年明显抬头,其借重日本网络实力的可能性也在增大。在日本军国主义者的眼中,中国、美国等都是他们的敌人,也自然成为他们可能攻击的目标。偷袭"网络珍珠港",首先可迅速扩大军国主义者的影响;其二,风险很低,由于网络空间的隐秘性、匿名性和通联性,攻击来源难以确定,到时候可死不认账;其三,网络攻击行为容易实施。网络空间,可以一键敲击,在闪电之间到达全球。网络技术和个人极端思维的结合可能造成破坏力惊人的网络攻击。

防范"网络珍珠港",要构建全球网络和平联盟。在网络军国主义之外,全球网络空间还面临网络霸权主义、网络恐怖主义威胁。构建全球网络和平联盟是遏制"三大网络威胁"的有效方式。特别是,包括中美在内的国际社会要对日本军国主义倾向保持高压,对网络军国主义动向保持高度警惕。

防范"网络珍珠港",要加强网络国防建设。一个国家政权必须像陆、海、空防一样要维护网络空间主权、安全和发展利益,形成网络国防的全新观念。网络空间连接千家万户,人人都能起作用。完全不同于传统国防的纯军事性质,网络国防人人有责。只有提升全民的防卫意识,兼顾技术水平和文化素养,才能构建"数字长城"。此外网络空间浩瀚,技术驱动和人造特性,使其具有与生俱来的缺陷,单纯防卫难以完备,攻势制胜才能安全。就像拥有核威慑一样,一个高度依赖网络运行的大国必须建立相应的网络威慑力量,对等制衡才能维护网络和平。

防范"网络珍珠港",要积极参与世界网络空间规则制定。目前,面对网络空间混沌初开的复杂局面，美军已抢先秘密制定了网络战规则，北约最近已推出了意图作为世界网络战法典的"塔林手册"。因此，中国尤其不能掉以轻心，需积极参与网络规则制定，这既是防范"数字9·11"和"网络珍珠港"威胁的有效途径，也是遏制网络霸权的必然选择。

安全标准意味着什么？安全标准的推广绝对不是单纯做好事，隐含在其后的商业利益不言而喻。采用某一标准，不仅要将自己的安全机制和盘托出，而且要使用符合其标准的配套产品，标准背后跟随的是一个完整的利益链。

5. "捧杀"中国云安全

英国标准协会(简称BSI)经过多轮评议，最终宣布阿里云计算有限公司(简称阿里云)获得全球首张云安全国际认证金牌，这也是BSI向全球云服务商颁发的首张金牌。

这则消息有几个看点。一是认证的权威性。英国标准协会(BSI)是一家全球领先的商业标准服务机构，成立于1901年，并于1929年获得英国皇家特许，成为世界上第一个国家标准机构。同时，作为国际标准化组织(ISO)的创始成员之一，BSI创立了全球最值得信赖和得到广泛认可的ISO系列管理体系。而与BSI联合推出云安全国际认证的云安全

联盟 (CSA)，是一家非盈利性组织，遵循 BSI 标准，获得业界的广泛认可。二是金牌的独特性。除阿里云获金牌之外，仅有惠普 (HP) 等两家国外企业获得了云安全国际认证的银牌。三是安全的可信度。在互联网技术领域，由于起步较晚等原因，中国长期落后于美国等发达国家。对于还处在初级发展阶段的云计算来说，阿里云似乎把握住了弯道超车的机会，赢得先机。阿里巴巴集团副总裁兼副首席技术官表示，金牌的真正价值在于让更多的用户信任并敢于尝试云计算服务。这里的逻辑似乎是通过 BSI 认证的，就是值得用户信任的。四是业务的重要性。在中国，阿里云不但为几十万中小网站提供高弹性、低成本的云计算服务，同时也为电商、金融、政府用户提供强大、稳定、安全的云计算服务保障。

基于以上，笔者认为，阿里云的成绩可喜可贺。但我们不妨从成立国家安全委员会，国家安全模式升级的视角重新思考这个问题，审视其对国家安全的影响，提出几点疑问。其一，云安全认证谁说了算？阿里云的业务不仅涵盖中国几十万中小网站，而且涉及金融、能源，以及政府用户等关系国计民生的核心业务网络。其能否提供强大、稳定、安全的云计算服务保障？通过英国标准机构认证是好事，但千万不能由其说了就算。

其二，安全标准意味着什么？安全标准的推广绝对不是单纯做好事，隐含在其后的商业利益不言而喻。采用某一标准，不仅要将自己的安全机制和盘托出，而且要使用符合其标准的配套产品，标准背后跟随的是一个完整的利益链。

其三，安全"捧杀"会不会有？且不说阿里集团能否触类旁通，将网络营销的辉煌移植到网络安全，单就美国及其盟友对中兴、华为产品的封杀来讲，如果英国真正允许阿里云在其政府、金融、能源领域开展业务，那才算是真正授予金牌。记得有位资深的密码学家说过一句话，"在网络和信息安全上，最可怕的是，事实上已经不安全了，可你还不知道"。但愿刚刚起步的中国云产业，不要陷入被国际利益集团"捧杀"的危险境地。

中国互联网企业虽然风生水起，但其热闹后面的股东利益链、信息控制力、社会动员力，其实在国际财团的控制下随时可以上升为国家安全风险。

实现网络强国梦，要凝聚多元力量守望相助，才能摆脱利益羁绊、权利藩篱，走出"九龙治网"的旧路、"八大金刚"的控制。

中国成立网络安全和信息化领导小组，如此正常不过的事情，竟然让一些外媒"感到意外"。是真不懂战略，还是现代网络版的"友邦惊诧论"。拿老百姓的俗话说，"你们都二奶、三奶了，我们娶个媳妇你们惊诧什么？"

6. 网络版"友邦惊诧论"

犹如一场春雨，驱散了北京的雾霾。中央网络安全与信息化领导小组召开第一次会议，启动了中华民族网络强国梦的实际步伐，这既是中国梦的有机组成部分，也是网络渗透到政治、经济、军事、文化、社会各个领域的必然选择，更是网络强国咄咄逼人战略攻势的自然应对。力求驱散的，就是美国"棱镜门"雾霾。如此正常不过的事情，竟然让一些外媒"感到意外"。是真不懂战略，还是现代网络版的"友邦惊诧论"。拿老百姓的俗话说，"你们都二奶、三奶了，我们娶个媳妇你们意外什么？"

美国媒体倒是对网络空间战略有深入理解。《福布斯》杂志认为，外界往往认为中国的网络安全政策是中心驱动的战略行为，但事实上政策的制定却是碎片化的，至少有6个不同的部门（公安、密码管理、国家保密、国家安全、工、信、军队），各自制定网络安全政策。新领导小组的成立意味着部门之间的竞争和对峙将得以解决。事实上，笔者认为，网络空间安全事关国家安全，网络空间治理事关国家治理体系和治理能力现代化，中央网络安全与信息化领导小组的成立是实现三中全会改革开放总目标的既定战略步伐。

回击现代网络版的"友邦惊诧论"之余，做好自己的事情才是最重要的。我们必须清楚地认识到，小组成立仅仅是迈出了国家网络空间治理现代化的第一步。从网络治理涵盖的战略力、生产力、文化力和国防力来看，这第一步就是提升战略力，是战略清晰的固化形式。在网络安全与信息化工作中，要舒展一体之双翼，加速驱动之双轮，从网络大国到网络强国，中国要走的路还很长。

生产力方面，中国互联网企业虽然风生水起，但其热闹后面的股东利益链、信息控制力、社会动员力，其实在国际财团的控制下随时可以上升为国家安全风险。而我们恰恰缺少像俄罗斯卡巴斯基、美国赛门铁克这样的安全企业，在有效制衡"八大金刚"方面缺乏实质性的进展。

文化力方面，可喜的是国家核心领导"老虎苍蝇一起打"，迎来与百姓"同呼吸、共命运"的晴朗，但要凝聚最大正能量，实现"维稳实质是维权"的人民满意目标，既要善于依托中华文化润物细无声似的深厚底蕴，也要善于驾驭网络空间电闪雷鸣般的创新激情，更要善于应对"友邦惊诧"者精心策划的思想颠覆。国防力方面，虽然解放军两位上将进入领导小组，但对于手下连"网军"都不存在的将军，当务之急恐怕不言自明。除此之外，驾驭战略力也只是刚刚起步，如何紧紧把握住政策规范和技术突破两个关键，无论是国际博弈，还是国内羁绊，都才是刚刚开始。

　　网络空间的威胁也许比人类历史上任何一种威胁都来得更猛烈一些，联合国已经把网络恐怖主义上升为重要国际议题。中国人民面对这种局面，实现网络强国梦，要凝聚多元力量守望相助，才能摆脱利益羁绊、权利藩篱，走出"九龙治网"的旧路，摆脱"八大金刚"的控制。但同时，世界人民面对网络时代，也要守望相助，才能虚实相济，守卫人类社会共同的美好家园。

　　所以，解析网络安全与信息化工作的守望相助，既涵盖各权利部门，也包括各相关企业，还涉及每个网民。上升到国际视野，那就是各个国家要先守住自己网络家园，再登高望远、统筹经略，建设网络强国。在这个过程中，必须兼顾国际国内两个大局，基于"命运共同体"和"利益汇合点"，形成最大合力和最多共识，共同创造信息驱动的人类社会美好生活。这其中蕴含的，首先是网络历史责任、网络发展责任和网络文化责任，最后才是网络安全责任。

"网络列车"开向哪里，一定要由自己掌控。切莫搭车搭到悬崖边！

　　"欧联网"计划的出炉，揭示了一个再简单不过的道理：涉及到网络与信息安全，搭别人的车，不如走自己的路。它更告诉人们这样一个事实：网络无形但有界，绝不能因"开放""自由""共享"等"美丽"的字眼而把"网络国防"抛至脑后。

7. 搭车已到悬崖边

　　如果有人重新发明自行车，你会为此投资吗？"我才没这么傻！"你也许会不屑地说。2月19日，当德国总理默克尔提议建设"欧洲自己的互联网"后，有媒体随即评论："如同重新发明自行车，此举注定难以吸引投资者！"

　　然而，仔细思考后可以发现，默克尔"重新发明自行车"之举，要的并不是投资，而是安全。

"棱镜门"事件后,默克尔强硬表态:"欧洲人可以掌握自己的信息安全命运!"即便美欧是传统盟友,为了信息安全,欧洲万不得已也只能"自立门户";即便互联网已把全世界紧紧缠绕,没了安全保障,欧洲也不得不考虑花费巨资"另起炉灶"。

"欧联网"计划的出炉,揭示了一个再简单不过的道理:涉及到网络与信息安全,搭别人的车,不如走自己的路。它更告诉人们这样一个事实:网络无形但有界,绝不能因"开放""自由""共享"等"美丽"的字眼而把"网络国防"抛至脑后。

与传统领域的安全相比,网络空间安全有其独特之处。网络的开放程度前所未有,敌人可能来无影去无踪,"巡疆守界"十分困难;网络空间中信息入侵的密度和激烈程度非比寻常,几乎每时每刻都发生着没有硝烟的战争;网络的虚拟性造成管控困难、真假难辨,防范"网络水军"兴风作浪、无端生事、造谣诽谤也是网络国防的重要内容。

一直以来,"电脑黑客""网络水军"神出鬼没,"数字大炮""震网病毒"威力惊人,网络战成为战略博弈和军事角力不可忽视的战争形态,网络由最初的"世外桃源"变成了陷阱与馅饼并存的世界。就在2月初,美国和日本举行了首次网络防御工作小组会议,讨论合作应对网络攻击的具体方案。有学者发出警告,随着美日合作的一步步加深,其未来不仅可能打造网络空间的"反导系统",还有可能会制造网络进攻利器。

随着4G、云计算、物联网等技术迈向成熟,网络必将更深地楔入到真实空间。加强网络国防是应对安全威胁的必然选择。尤其不容忽视的是,网络国防建立在自主控制权的基础上,没有了"以我为主、自我掌控"这块基石,网络安全就像在钢丝上舞蹈一样,充满了摇摇欲坠的危险。

无论"欧联网"倡议能否实现,都将对全球网络安全格局带来影响,并提醒那些将互联网视为"童话世界"的人们,该想想如何避免吞下"毒苹果"了。

对追求独立与安全的国家和民族而言,路再难也要自己走。生活在网络时代的中国军人,更应有全局意识和多维视角,通盘考虑网络安全现状,树立符合时代需求的网络国防观念,加强网络空间安全防范意识,提高对网络的自主控制能力,积极应对来自网络空间的威胁,加速我军核心军事能力的转型。

"网络列车"开向哪里,一定要由自己掌控。切莫搭车搭到悬崖边!

一个是充满"善意"的笑脸，一个是肌肉鼓鼓的拳头，"放权"与"扩军"，美国截然相反的两种态度，释放的信号耐人寻味。

短短数年，美国网军如雨后春笋般崛起。这恰恰说明，无论美国政府打着怎样善意的幌子，在扩充网络战力量的进程上，美军不仅没有放慢步伐，反而步入了快车道。

将"棱镜门"、"射击巨人"行动、大规模组建网军和网络放权等一系列事件联系起来，世人就能清晰地看出美国的真实用意。所谓的"放权"，不过是在"明修栈道，暗度陈仓"。其背后，是美国对全球网络空间控制实力的迅速膨胀。

8. "善意"背后有文章

时代美国国防部长哈格尔访华期间，在中国人民解放军国防大学发表演讲时称，美方认为"自由、开放的网络空间"是构建稳定的以规则为基础的亚太乃至全球秩序的基础之一。他来中国访问前夕还表示，美方不寻求网络空间军事化，希望使之成为自由与繁荣的"催化剂"。从他的言语中，人们似乎感受到了不少善意。

然而，人们不会忘记：哈格尔出席时任美国国家安全局局长兼网络司令部司令基思·亚历山大的退休仪式时表示，美国国防部将继续致力于扩大网络部队规模，提升美国在网络安全领域的能力，计划于2016年将网络司令部网络部队人数增至6000人。

一个是充满"善意"的笑脸，一个是肌肉鼓鼓的拳头，"放权"与"扩军"，美国截然相反的两种态度，释放的信号耐人寻味。

早在2009年，美国就成立了全球第一个网络司令部，整合美军网络战力量；2013年，美国大幅扩编网络司令部，宣布新建40支网络战部队，成为名副其实的"网军强国"；今年，美国国防部又宣布成立133支网络战部队……

短短数年，美国网军如雨后春笋般崛起。这恰恰说明，无论美国政府打着怎样善意的幌子，在扩充网络战力量的进程上，美军不仅没有放慢步伐，反而步入了快车道。有媒体认为，哈格尔的讲话才代表着美国政府的真实面目。在此之前，德国《明镜》周刊的一份爆料也间接地证实了这一点。

《明镜》报道称：美国国家安全局早在2007年就已经开始代号为"射击巨人"的行动，侵入中国华为公司总部服务器，并获得了非常敏感的数据信息，同时还对华为高管的通讯数据进行了长期监控。这足以证明，就算美国表面上网络放权，其网军依然有能力利用众多网络设备的漏洞或后门随意进出别国网络，哪怕这些网络的设备并非"美国制造"。

将"棱镜门"、"射击巨人"行动、大规模组建网军和网络放权等一系列事件联系起来，世人就能清晰地看出美国的真实用意。所谓的"放权"，不过是在"明修栈道，暗度陈仓"。其背后，是美国对全球网络空间控制实力的迅速膨胀。

六千网军欲何为？维护美国自身网络安全当然是一个方面，但作为全球唯一的网络霸权国家，一次次扩充网军，背后的动机又岂是一句自保可以解释的？打着"世界警察"旗号的山姆大叔，会在网络空间中充当一个怎样的"警察"？从近年来发生的一系列网络事件，或许能够窥斑见豹：一是可以利用直达人心的便捷通道攻心夺志，实现信息渗透、文化入侵和思想殖民，直至颠覆别国政权。西亚、北非、东欧一些国家政权非正常更迭的例子现实而生动。二是可以利用全球一体的网络实现远程控制，阻瘫交通、能源、金融、供水供电等国家核心基础设施。三是可以入侵攻击军事网络，阻瘫作战体系，从而兵不血刃地击败对手。

面对这场没有硝烟的战争，世界各国又该如何应对？

"三大变化"：第一，从十八大到三中全会，网络空间安全得到高度重视。第二，从中央网络安全与信息化领导小组到中央国家安全委员会，网络空间战略开始启动。第三，从网络安全和信息化领导小组成立到办公室运行，网络空间战略开始实施。

　　"五个防范"：第一，防范陷入没有规则的尴尬，在国际话语权争夺中出现失语失策的危险；第二，防范陷入利益集团主导的老路，在资源分配上不均衡；第三，防范陷入完全依赖市场的决定性作用，在国家治理上出现部门缺位；第四，防范陷入技术大跃进式的蜂拥而上，在自主可控上自欺欺人；第五，防范陷入"闭网自守"的虚幻安全，在国际竞争中进一步拉大差距。

　　"三个对策"：其一，不要把美国的做法简单地归结为道德问题。其二，不要以应对美国的舆论攻势代替中国从网络大国到网络强国的现实努力。其三，不要用斯诺登的出现减轻中国肩负的责任。应坚持"对位布局"谋大局，采取"对路出击"出硬拳，最后实现"对等制衡"的战略制衡态势。

9. 回看"斯诺登"事件

关于"斯诺登事件"，我感觉核心还是做好自己的事。我想说三句话，第一，"斯诺登事件"之后中国有了哪些变化。第二，我们要承担什么样的国家责任。第三，我们网络空间战略有哪些缺失、需要重视哪些对策？

第一句话，核心体现在"三大变化"。第一，从十八大到三中全会，网络空间安全得到高度重视。这是从十八大到三中全会体现出来的，这个内容大家都知道，我就不说了。特别是在三中全会，习总书记对三中全会通报解读里，专门提到网络安全涉及国家安全等等，这是一个很大的变化，使我们在国家最高层面更加重视网络空间安全。第二，从中央网络安全与信息化领导小组到中央国家安全委员会，网络空间战略开始启动，习总书记强调没有网络安全就没有国家安全，并亲自担纲，两个机构的成立，就是标志中国网络空间安全战略以"一把手"工程的方式启动了。第三，从中国网络安全和信息化领导小组成立，到小组办公室运行，应该说是网络空间战略开始实施。包括目前大家正在酝酿中的中国网络空间安全协会，这也应该是这个战略的一个重要部分。在这三种变化之后我想强调的是咱们一定要把握好"三种关系"：第一，把握好实体空间和虚拟空间的关系。我们认为网络空间是"第二类生存空间"和第五类"作战领域"，与实体空间是"融入其中，控制其内，凌驾其上"的关系。第二，一定要把握好网络安全、信息安全和总体国家安全的关系。我们强调信息安全是一个重要的领域安全。网络安全是国家安全的战略组成部分，而且网络安全对于总体国家安全观提出的 11 种领域安全是"无网而不胜"。第三，网络自由和网络立法的关系。这是美国的两个武器，一个是网络自由。美国常常自以为在道德高地指责我们，直到斯诺登将其拉入反"网络自由"的道德深渊。第二，这次起诉五名军人，代表着美国对中国的攻击从借热炒中国黑客大幅扩编网络战部队，进入了立规建制的新时期，我预计它下一步有可能推出网络战规则，所以我们一定要看到美国利用网络自由和法制效力两个工具，在网络空间"先入为主，占山为王"的基本手法。

第二句话，要履行什么样的国家责任？第一，要树立"以网治党"、"以网强军"、"以网兴国"的理念，这是时代的必然。现在这个势头还不错的，因为新一代国家领导人以打铁还需自身硬的倡导，我觉得势头很好。这个观念很重要。第二，明确政策法规，技术和市场两组卡位点，抓紧制定政策法规，其中最紧迫的就是实行市场准入制度和安全检测、安全承诺制度，从这次应对美起诉五名军人的办法可以看出它的好的迹象，就是准备出台网络安全审查。另外，寻求自主可控技术的突破，一定要给出明确的市场预期，用市场的力量进行资源配置。第三，加强网络空间力量建设。这个力量建设基本可以分为三个层次：一个基础设施方面，中兴、华为等力量值得称道，美国阻击其进入就是最好的说明。二是网络政治、经济、文化方面：中国互联网第一阵营 TABLE，腾讯、阿里、百度、小米、360。三是网络安全方面：绿盟、启明星辰、安天科技，众人科技等等。但目前，无论是规模体量，还是技术水平，需要提升的空间还很大，国家需要加大扶植力度。

最后一句话，网络空间战略缺失和对策缺乏。我感觉"斯诺登事件"很清楚告诉我们，从数据主权到网络空间主权面临严重失控，政治、经济、军事和文化安全威胁并存。而网络空间的新产业革命决定了中国发展的未来，我们需要追求跨越式的发展。

为此我们首先要做好"五个防范"：第一，防范陷入没有规则的尴尬，在国际话语权争夺中出现失语失策的危险；第二，防范陷入利益集团主导的老路，在资源分配上不均衡；第三，防范陷入完全依赖市场的决定性作用，在国家治理上出现部门缺位；第四，防范陷入技术大跃进式的蜂拥而上，在自主可控上自欺欺人；第五，防范陷入"闭网自守"的虚幻安全，在国际竞争中进一步拉大差距。

对策上，在自己如何做好方面，其一，认真调节大众运动与小众创新的平衡；其二，切实发挥好中央网络安全和信息化领导小组的作用；其三，从国家间网络空间对抗的视角，建立好国际层面的文化实力、国家层面的法制效力和军队层面的作战能力"三道防线"。其四，加强国家网络智库建设，此其时也。把好"思想关"，看清、看深、看透网络空间威胁是涉及国家主权、安全和发展利益的大事情。必须聚焦"决策关"，避免陷入"老套路"，进入停滞不前的"旧胡同"。必须抓好"行动关"，既防范"良木"因无雨而枯，也防范"洼地"因水多而腐。只要这样，就一定可以实现从网络大国到网络强国的伟大梦想。

最后，我想说一下，对美对策方面，我们一定要看到：其一，不要把美国的做法简单地归结为道德问题，要考虑到其背后的战略谋划，美国正按照既定战略逐步落实。其二，不要以应对美国的舆论攻势代替中国从网络大国到网络强国的现实努力。中国必须踏踏实实走出自主可控安全的发展道路。其三，不要用斯诺登的出现减轻中国肩负的责任。斯诺登只是延长了热炒中国涉军黑客到起诉五名军人的时间。为此，可坚持"对位布局"谋大局，采取"对路出击"出硬拳，最后实现"对等制衡"的战略制衡态势。

网络新规做了该做的事，管了该管的人，既避免"孩子和脏水一起泼"的尴尬，也避免了"小偷和百姓一起抓"的困局。《规定》所打击的都是不少人深恶痛绝的一些信息，包括"黄赌毒"。同时出于国家安全考虑，打击网络颠覆行为，从头像到简介禁止包含破坏民族团结和公然分裂国家信息。为了网络空间的长远健康发展，还专门打击假冒欺骗窝点，包括假冒党政机关误导公众、假冒媒体发布虚假新闻等等。但同时，我们要看到，网络空间法制化尚处于"事件驱动"和"责任驱动"的初级阶段，迫切需要加紧推出国家网络空间安全战略、网络安全立法、网络安全审查制度等重要战略和法律文本，并体现各个互联网管理条例和规定之间的协同效果。

10. 网络新规

国家网信办正式发布《互联网用户账号名称管理规定》(以下简

称《规定》），整治和规范当前互联网用户的账号名称、头像和简介等注册信息中出现的违法和不良信息。回顾 2014 年 1 月 13 日依法永久关闭一批违法假冒网站、栏目和微信公众账号，2014 年 1 月 21 日联合多部门启动"网络敲诈和有偿删帖"专项整治工作，2014 年 2 月 2 日宣布将加快制定个人信息保护法等。可以看到，2014 年以来，国家网信办的确是"蛮拼"的。这些都是推进国家网络空间治理体系和治理能力现代化的坚实步伐。

网络新规值得肯定。一是内容覆盖面广，涉及到博客、微博客、即时通信工具、论坛、贴吧、跟帖评论等使用的所有账号。二是充分尊重个性，按照"后台实名、前台自愿"的原则。三是明确互联网企业要承担管理的主体责任，建立健全举报受理处置机制。

此次新规做了该做的事，管了该管的人，既避免"孩子和脏水一起泼"的尴尬，也避免了"小偷和百姓一起抓"的困局。《规定》所打击的都是不少人深恶痛绝的一些信息，包括"黄赌毒"。同时出于国家安全考虑，打击网络颠覆行为，从头像到简介禁止包含破坏民族团结和公然分裂国家信息。为了网络空间的长远健康发展，还专门打击假冒欺骗窝点，包括假冒党政机关误导公众、假冒媒体发布虚假新闻等等。

在充分肯定之余，我们也要看到网络空间法制化尚处于"事件驱动"和"责任驱动"的初级阶段。我们迫切需要加紧推出国家网络空间安全战略、网络安全立法、网络安全审查制度等重要战略和法律文本，并体现各个互联网管理条例和规定之间的协同效果。

这其中，首先要清晰梳理"八类问题"：信息基础设施受制于人、民族网络安全产业落后、网络应急保障能力不足、网络泄密事件频繁发生、网上谣言屡禁不止、网络恐怖活动猖獗、关键岗位管理不严、法律责任不够明晰等突出问题。其次，要正确认识"五类矛盾"：开放包容与安全审查、个人隐私与网络监管、技术领先与法规滞后、网络认证与现实身份、综合执法与跨界追责之间存在的矛盾。另外，要着力处理好"四大关系"，即网络空间法制化的长期性和阶段性的关系、安全和发展的关系、权利和治理的关系、国内和国际的关系，确保实现国家网络空间利益最大化。

总之，我们要积极推动网络治理体系的现代化建设，使网络空间生机勃勃又井然有序。只有加紧完善网络空间的法制化，才能确保网络空间内经济繁荣、文化昌盛、生态良好，加速实现网络强国的宏伟目标。

2014 年 2 月 27 日，中央网络安全和信息化领导小组成立。中央网信办作为常设办事机构，形成了舆情管控、网络安全和信息化"三位一体"的网络治理新常态，加紧践行依法治网的基本策略，有力推进正本清源的专项行动，积极倡导全球网络治理的中国主张，推动网络安全和信息化工作长远发展，扎扎实实打出了"筹划方略、制定规则、强化治理、宣扬主张、谋划长远"的"组合拳"，有效地落实了国家网络空间"一把手"工程，建设网络强国的大格局已初现端倪。

11. 近观网信办

2014 年是中国网络强国战略的启动年，面对充满复杂性和不确定性的国内国际环境，中央网信办承担着拟定网络安全和信息化发展战略规划、互联网新闻信息传播方针政策，以及负责全国互联网信息内容管理工作和监督执法的重要职能。近一年来，中央网信办因事而谋、应势而动、顺势而为，使得网络安全和信息化工作的领导管理体系日益清晰，网络思想文化生态逐渐好转，网络空间大国形象和"中国信心"开始显现，网络治理基础工程渐有成效，有力地推动了国家网络空间"一把手"工程的全面实施。

一、加强顶层设计，形成舆情引导、网络安全和信息化"三位一体"网络治理新常态

作为推动网络强国战略的执行机构，中央网信办成立之初，召开"习总书记关于网络安全和信息化系列重要讲话"学习座谈会，秉承"忠诚、担当、创新、廉洁、团结、奉献"的网信精神全面开展网络强国建设的顶层设计，重组整合机构，公开遴选和选拔人员，制定工作规则和重点工作，为有效履行职责奠定了基础。一年来，中央网信办逐步推动"九龙治网"旧常态向舆情管控、网络安全和信息化"三位一体"网络治理协调一致的新常态过渡。

舆情引导方面，中央网信办高度重视媒体宣传作用，从国家改革战略大局出发，强化网络思维，推动传统媒体和新兴媒体融合发展。以"打铁还需自身硬"为底气，境内网上舆情发生明显变化，总体向好，正能量充沛，支持拥护党和政府的声音不断聚集壮大。网络安全方面，以"没有网络安全就没有国家安全"的战略清晰，主动作为，聚合网络安全专家团队，组织网络安全专题研讨、实施网络安全培训、谋划网络安全产业发展，正形成国家队强大、民族产业崛起、混合经济可控的多层次网络安全产业体系。信息化方面，践行"没有信息化就没有现代化"，打

造移动互联网产业链，重视大数据、云计算产业发展，推进智慧城市和物联网建设，加强电子商务和网络购物的统筹推进工作，国家信息化产业将在网络安全的保障下更好更快的发展。

当前，中央网信办的组织机构正在不断健全，全国多个省市的网络安全和信息化领导小组逐步成立，一个覆盖中央和地方的网络安全和信息化领导体系正在形成。中央网信办正在扭转"九龙治水"、政出多门的管理局面，统筹管理、协调一致的国家网络空间治理新常态值得期待。

二、制定网络规则，加紧践行依法治网的基本策略

十八届四中全会以后，中国网络空间法治化进程加快，网络立法、司法、执法并行并重。中央网信办切实落实四中全会"依法治国"精神，举办"学习宣传党的十八大四中全会精神，全面推进网络空间法治化"座谈会，提出依法管网、依法办网，依法上网，全面推进网络空间法治化，发挥法治对引领和规范网络行为的主导性作用。

实践中，中央网信办聚焦制定立法规划，完善互联网信息内容管理、关键信息基础设施保护等法律法规，对重要技术产品和服务提出安全管理要求。召开重点网站负责人座谈会，研讨重点网站如何做依法办网的践行者和推进网络空间法治的引领者。小组成立后仅3个月，中央网信办2014年5月22日发布消息称，为维护国家网络安全、保障中国用户合法利益，我国即将推出网络安全审查制度，对于关系国家安全和公共利益的系统使用的重要技术产品和服务，须通过网络安全审查。2014年5月9日，中央网信办下发《关于加强党政机关网站安全管理的通知》。

10月，网信办称将出台APP应用程序发展管理办法。11月的世界互联网大会上，网信办政策法规局表示，正在抓紧制定网络安全法。网络空间未成年人保护条例已有初稿，电子商务法也正在抓紧起草和调研。

2014年岁末，中央网信办又召开了"网络安全标准化工作座谈会"，提出网络安全标准的制订关系业界发展的根基和未来，中国需要从战略博弈的角度出发，推进网络安全技术标准的制订和完善，以"公正、公平"的方式推进网络安全标准化建设。

依法治网，是统筹推进网络强国建设的根基之举，中央网信办聚焦长治久安，践行依法治网的网络强国理念，完善网络空间政策法规和规章制度，创新协同多元力量参与完善国家网络法治体系的新模式，使依靠法制来规范管理网络行为的能力越来越强。在未来的工作中，必将形成驱散"网络雾霾"的国家网络空间治理长效机制。

三、实施网络治理，有力推进正本清源的专项行动

中央网信办成立之后，积极探索网络空间多部门"协同治理"新模式，在互联网领域开展了20余项专项行动，效果显著。2014年4月13日，开展"净网2014"治理行动，通过线面结合的方式整治网络乱象，对各类涉及互联网的不法行为依法进行了深入、持久、卓有成效的治理，严厉打击利用互联网传播淫秽色情及低俗信息行为，推进网上整体面貌显著改观。

2014年年初，开展"打击伪基站"专项行动，依法整治影响公共通信秩序的突出问题，切实维护群众利益。6月12日，"剑网2014"专

项行动，规范网络转载行为，进一步加强网络版权执法监管工作，打击网络侵权盗版，净化网络版权环境。6月20日，"铲除网上暴恐音视频"专项行动有效遏制暴恐音视频网上传播势头，形成了反对暴恐的强大声势，为维护社会稳定和实现长治久安筑牢网络防线。

为严厉打击虚假违法广告，净化网络广告市场，国家互联网信息办公室等部门开展了整治互联网重点领域广告专项行动。中央网信办会同工业和信息化部、国家工商总局召开"整治网络弹窗"专题座谈会，专项研究治理网络弹窗乱象，进一步加大对网络弹窗的整治力度，严肃查处传播淫秽色情信息、木马病毒、诈骗信息等非法弹窗行为。同时，开展微信等移动即时通信工具治理专项行动，推动互联网企业自查自纠，有效遏制了利用移动即时通信工具破坏网络传播秩序、危害公共利益的行为。各类专项行动针对网上突出问题，务实推进专项治理，网上舆论生态明显好转，网络空间日渐清朗。

四、开展网络外交，积极倡导全球治理的网络中国主张

2014年，中国网络空间治理不仅着眼国内，更积极参与到全球治理大格局中。习总书记在中美元首会晤、巴西国会演讲等多个国际场合推动国际网络治理，展开网络外交。习总书记明确提出建设构筑"和平、安全、开放、合作"的网络空间，建立"多边、民主、透明"的国际网络治理体系，表述了更能广为世人接受的"中国主张"。

中央网信办在一系列世界级的网络盛会上接连发出"中国声音"，无论是主场还是客场，都宣示了"中国主张"。2014年11月19日，首

届乌镇世界互联网大会，以"互通互联，共享共治"为主题，为中国与世界互联互通搭建国际平台，为国际互联网共享共治搭建中国平台，让全世界在这个平台上交流思想、探索规律、凝聚共识。在2014年12月2日，第七届中美互联网论坛上，中央网信办主任鲁炜发表主旨演讲，阐述信任在中美网络关系中的重要性，并呼吁中美之间"合作共赢而不是零和博弈"。另外，中国还在中国—东盟网络空间论坛、夏季达沃斯论坛等场合阐释中国网络治理的立场和主张。从各国反响看，对中国网络治理"点赞"者日众。我国在网络外交舞台上亮出中国底线、发出中国声音、展示中国风范得到肯定和支持。

五、启动基础工程，推动网络安全和信息化工作长远发展

斯诺登、XP停服等事件敲响了我国网络安全的警钟。中央网信办及时启动网络强国建设"基础工程"，宣传网络安全知识，强化国家网络安全和信息化产业基础，切实夯实思想意识、物质条件基础，扎实推动网络强国建设。

2014年11月24日至30日，首届国家网络安全宣传周活动成功举办，倡导"共建网络安全，共享网络文明"，提升了公众的网络安全意识和防护技能，活动提出网络信息人人共享、网络安全人人有责，不断增强全民网络安全意识，切实维护网络安全，为建设网络强国提供有力保障。2014年10月15日，国家集成电路产业投资基金正式设立，重点投资集成电路芯片制造业，推动信息企业提升产能水平和实行兼并重组、规范企业治理，形成信息产业良性自我发展能力。与此同时，银行去IOE

化浪潮渐起，高校与互联网企业举办多场网络靶场挑战赛加速网络安全人才建设，国家网络空间一系列"基础工程"正在有序开展。

在网络强国建设中，中国还需要启动更多网络空间"基础工程"建设，特别是国家级网络靶场建设、网络攻防演练统筹协调、自主可控国产化网络产品研发、网络经济自主发展以及加快中国特色网络空间智库建设等方面，需要以政策、资金、人才、技术等系统配套措施推动其快速健康发展。

三、
"控时代"的最大命运共同体

习总书记曾强调，互联网真正让世界变成了地球村，让国际社会越来越成为你中有我、我中有你的命运共同体。

当前，以互联网为主体的网络空间成为陆海空天电实体空间之外的"第二类"生存空间，人们的生产方式、生活模式、文化生态和冲突形态悄然发生了变化，信息的控制与反控制成为事关生产力、文化力和国防力的关键，人类社会进入"控"时代。

信息化、网络化推动社会运转的自动化和智能化程度日益提升，"以信息为主导，以网络为载体的信息化社会"已经成型。

信息控制与反控制上升到战争范畴。网络攻击已经成为信息时代的"核武器"。

全球互联的网络空间在加强信息流动的同时，催生了控制人心、控制社会、颠覆政权的新模式。信息网络所代表的"意志与思想"走向台前。

网络时代的到来，对人类社会提出同舟共济的客观要求。聚焦到中美之间，就是构建"相互确保安全"的新型中美网络关系，之所以区别于美苏冷战时期核战略的"相互确保摧毁"，一个重要原因就是"网络扩散"远远超过"核扩散"，其杀伤力甚至超越人们的想象。恐怖分子相对容易掌握的超级"网络武器"，可能使世界面临根本无法控制的灾难，任何国家都不可能独立应对。

1. 网络空间成为社会最大"利益汇合点"

"斯诺登事件"的爆发，激起了世界网民和舆论对美国监控行为的愤怒。但笔者更希望"棱镜门"成为人类历史长河中的"冷静门"。因为在深层次上它还显示：网络空间事关生产力、国防力和文化力，成为迄今为止人类社会最大的"利益汇合点"。

首先，网络空间承载着先进的生产力。"棱镜门"折射出美国从软件系统到硬件设施完整的产业链。在一定程度上说明网络空间铸就了人类社会经济发展的新引擎。网络经济对世界 GDP 贡献率逐年跃升，2010 年已经成为美国的第一大经济，有预计称，中国 2015 年将取代美国成为全球最大的电子商务市场。世界第一、第二大经济体的美国和中国，已成为网络经济的最大受益者。世界正以网络空间为纽带，形成一个巨大的"经济共同体"。

其次，网络空间蕴藏着新质国防力。网络空间已经成为全新的作战领域，"棱镜门"折射出美国拥有的网络资源和技术优势对整个世界的控制能力，威胁到整个世界的安全。网络空间悄无声息地穿越传统国界的限制，而且把整个世界前所未有地连接在一起。因此，不同于美国当年在广岛、长崎扔核弹，在伊朗释放"震网"病毒，不仅让德黑兰的 1000 多台离心机瘫痪，而且感染了大半个世界。网络攻击的波及面之大，危害性之深，可能让整个人类社会都承受恶果。

第三，网络空间催生出新的文化力。网络空间已成为人类社会生存的"第二类空间"，"棱镜门"折射的是一个国家、民族的道德水准和文化品质，事关人类社会的文明。网络空间不再是实体空间的附属品。它前所未有地拓展了人们生存的深度、宽度和广度，并承载了大量的私密信息，催生了网络文化，成为人类社会共同的精神乐园。

除了生产力、国防力、文化力能显示网络空间是人类社会最大的"利益汇合点"之外，"棱镜门"折射出的网络空间四大威胁也能说明上述问题。一是网络犯罪分子，比如网络窃密等；二是网络恐怖主义，比如"网络 9·11"；三是网络军国主义，比如"网络珍珠港"；四是网络霸权主义，典型的就是"监控你没商量"、"动网等于动武"。

"棱镜门"代表一个全新网络时代的到来，其生产、安全和文化态势的深刻变化，对人类社会提出同舟共济的客观要求。聚焦到中美之间，就是构建"相互确保安全"的新型中美网络关系，之所以区别于美苏冷战时期核战略的"相互确保摧毁"，一个重要原因就是"网络扩散"远远超过"核扩散"，其杀伤力甚至超越人们的想象。恐怖分子相对容易掌握的超级"网络武器"，可能使世界面临根本无法控制的灾难，任何国家都不可能独立应对。

雅安地震发生以后，微信、微博等网络社交工具在虚拟空间开辟了救灾的"第二战场"。政府部门对此应有所触动，在危机时刻，加强网络化思维，形成一种利用虚拟空间，并映射到实体空间的思维方式和组织模式，达到连续不间断、公开透明的危机处理最佳状态。

2. 震灾中的网络思维

　　雅安地震发生以后，微信、微博等网络社交工具在虚拟空间开辟了救灾的"第二战场"。政府部门对此应有所触动，在危机时刻，加强网络化思维，形成一种利用虚拟空间，并映射到实体空间的思维方式和组织模式，达到连续不间断、公开透明的危机处理最佳状态。

　　政府部门加强网络化思维，应将网络治理作为国家治理的重要组成部分，积极推动"三大战略"，并尽快推出"三个制度"。"三个战略"：一是国家宽带战略。目前，国家部委11个部门联合上报国务院"宽带中国"战略，以争取政策和财税支持。但笔者认为，这依然是停留在原有的利益分配层面，并未真正获得改革"红利"，进而上升到战略层面。要实现国家宽带战略，首先，要聚合国家全力；其次，要基础流量免费；再次，要在全国边远地区普及。建议结合城镇化建设，将免费宽带网络融入到新农村建设中，将分布式的信息高速公路与集中式的小城镇开发紧密结合起来。二是太空网络战略。无论是汶川，还是雅安，地震之后，基础设施的破坏、激增流量的拥堵，通信联络无不处于暂时瘫痪状态。目前，美俄都在加紧建设太空互联网。其最大的特点就是使用"太空互联网路由器"，采用"容断网"新技术，因而无需地面基础设施支撑，完全可以避免出现危机时刻的"信息孤岛"。三是网络文化战略。每到危难时刻，总有爱心暖流在涌动。社会管理者应发挥引导作用，依托网络平台，借助公益捐助"即时性"的特点，激发并逐渐培育新型的网络文化，以网络的便捷性、透明性和时效性，让中华文明在新时代焕发出持久的生命力。

"三个制度"包括：一、网络慈善制度。无论是当下救灾，还是灾后建设，都是任重而道远。政府部门可以通过社交网络组织多元爱心力量，辅之以财税激励，推动形成一个以企业为主、个人为辅的庞大的救援网络，将灾区的详细需求和社会的援助衔接起来，把当前的急需和灾后的建设结合起来，甚至结成"一帮一"的对子，使援助用到急处、爱心落到实处，提高救援的效率。二、网络公示制度。政府部门支持，建立独立第三方管理的网络公示平台，让国际组织、国家政府、社会机构、企业社团，包括个人，以平等身份加入信息发布和公众评估，将慈善行动放在阳光之下，让官员们不再为"郭美美事件"发愁。三、网络导航制度。爱心人士奔赴灾区，其心可鉴，但有组织的救援显然更有效，爱心也完全可以通过信息网络来表达。为此，建议政府推出"慈善导航"平台，作为依托网络平台的爱心"指南针"。美国有个"慈善导航"网，对全国慈善组织进行权威信息发布及评估，为捐助者提供必要引导。政府不妨借鉴此做法，从微博直播、微信祈福到浏览网页新闻，从网络捐款、网络组织到网络监督爱心款项，通过科学引导，让公众的爱心变得更加有序高效。

信息消费进入"控"时代，要处理好"三个关系"。一是安全与发展的关系。二是国内与国际的关系。三是信息消费与新"四化"的关系。

促进信息消费的关键是提升"四种能力"，即文化层面的信息生产能力、弱势群体的信息获取能力、业务层面的信息共享能力和国家层面的信息控制能力。

3. 信息消费进入"控"时代

随着网络经济发展和网络社会成型，新一轮信息浪潮扑面而来。促进信息消费，推动经济转型升级，无疑已成为经济改革转型大战略，中国面临信息产业升级的大机遇。但欣喜之余，必须看到大机遇背后的大挑战。只有战略清晰，才能策略得当。

首先要认清信息消费进入"控"时代。随着网络迅速普及和广泛应用，现代社会赖以建立和运行的信息及其控制机制成为国家安全与发展的宝贵资产，网络空间成为国家主权延伸的新领域。"棱镜门"事件警示我们，信息消费已从信息获取、信息共享，走向信息控制的新阶段。网络空间中战争与和平、霸权与民主、自由与管制三大矛盾将日益突出，信息控制与信息反控制将成为信息消费的大背景，信息控制能力成为促进信息消费的根本保障。

为此，要处理好与信息消费密切相关的"三个关系"。一是安全与发展的关系。促进信息消费，必须安全战略和发展战略并举，"以安全保发展，在发展中求安全"。寻找信息安全与产业发展的最佳平衡点，以安全需求带动产业发展，以产业发展支撑安全需求，是促进信息消费的最佳选择。二是国内与国际的关系。既然是信息消费，就会有"信息出口"与"信息进口"。要以坚定自信发展信息消费走出去战略，形成以中华文化为特色的信息输出，利用网络传播中华文明。三是信息消费与新"四化"的关系。目前，我国正处于居民信息消费升级和信息化、工业化、城镇化、农业现代化加快融合发展的关键阶段。促进信息消费，更加明确了信息化在新"四化"中的基础支撑作用，以信息化带动工业化、城镇化、农业现代化至关重要。

同时，促进信息消费的关键是提升"四种能力"，即文化层面的信息生产能力、弱势群体的信息获取能力、业务层面的信息共享能力和国家层面的信息控制能力。提升这些能力要实施好"一个基础工程，三大网络强国战略"，也就是"免费宽带工程，网络文化战略、产业可控战略和网络国防战略"。

"宽带中国"已上升为国家战略，但在具体操作上必须结合"免费宽带工程"，用创新的利益分配机制结合国家直接投入，启动"信息扶贫"，确保边远和欠发达地区的信息消费水平，避免出现"信息孤岛"，造成新的信息贫富差距。

"网络文化战略"就是发扬网络特色文化，用互联网推动执政理念和官场文化变革，让"官老爷"放下架子做公仆，用老百姓喜闻乐见的"新鲜事"奏响网络文化主旋律，引导全社会行为习惯的改变。

"产业可控战略"是维护"信息主权"、落实"信息治权"、反对"信息霸权"的根本。要在可控基础上，支持鼓励相关企业加快自主创新，在全球化竞争中，力争在一些重点关键技术领域取得突破。

"网络国防战略"则是信息消费的最根本保障。面对世界强国在网络空间的"新圈地运动"，只有发展形成对等的网络制衡力量，才能确保"信息中国"正常运行，使中国在成为信息消费大国的同时成为信息强国。

中国发展的"三个三十年"，第一个三十年，一代伟人毛泽东组织起来，打败了所有侵略者。第二个三十年，邓小平通过改革开放"活跃"起来了，走上了国强民富的中国特色社会主义道路。但后来，网络空间有点活跃过头了。下一个三十年，这就需要在保持适当活跃、信息可控的同时，再次组织起来，让实现中华民族伟大复兴的中国梦插上网络的翅膀。

4. 中国信息安全的大变动与新觉醒

"控"时代

　　中国信息安全的大变动与新觉醒，包括三个观点。

　　第一个是对整个时代的判断。我们判断信息安全进入了"控"时代，所谓"控"时代就是网络时代，拓展出"第二类"生存空间。

　　第二点，斯诺登揭开了网络迷雾。

第三点如何发挥中国智慧、中国设计、中国自信。

信息安全进入"控时代"，我们认为信息成为国家的核心资产。以前大家老是说信息主导，其实没把信息放到核心地位。奥巴马2012年已经提出大数据是国家的"新石油"，"斯诺登事件"又给中国一个教训，进一步说明我们国家网络战略亟待提出来，这样国家才能面对网络化的崛起。

从国家安全层面来说，一方面是我们认为信息化带来自动化和智能化同时增加被控制的风险。另一方面，就我们国家非常重视的信息内容安全来讲，的确，网络空间在加强信息流动的同时，催生了控制人心、控制社会、颠覆政治的新模式，美国在西亚北非的"茉莉花革命"、"阿拉伯之春"就是典型的例子。

从生产力视角看，互联网不仅代表了最先进的生产力，而且蕴藏着新质国防力，另外网络空间催生出新的文化力。需要特别强调的是，互联网文化不是美国文化。

从对手挑战方面讲，美国是个网络强国，它的战略咄咄逼人，战略建设年年扩张。而且这个所谓推崇"网络自由"的国家，实施了包括身份认证的一系列措施，管制很严格。假如你在美国发一条恐怖信息，监控系统捕捉到以后马上进行控制。当然，这里面涉及的国家形象设计也是大的战略，需要在国家层面筹划。

第二部分是斯诺登揭开了网络迷雾，斯诺登给世界上了一次鲜活生动的信息安全的警示课。在这方面我国也做了一些工作：在涉军黑客事件的时候，我们就提出《"后黑客时代"迎来世界网络扩军热》。另一个，克里首次访华当天，提出《以我为敌，美网络战略误判后果很严重》。

之后 3 天，美国发生了波士顿爆炸案。美国人还没从"9·11"恐怖袭击中走出来，最大的敌人是恐怖分子，包括网络恐怖分子，所以不要以中国为敌。然后我写了《美思科等信息产业"八大金刚"不能不设防》。随后第二天斯诺登在《卫报》披露了"棱镜门"计划。

第三点我想说网络空间战略的"中国智慧、中国设计、中国自信"。有几点考虑：一个是中国智慧给了我们很好的应对方式。我们有些人有一个非常严重倾向，就是崇洋媚外，比如全民学习英语，就很失败。其实我最近研究中国文化真是博大精深。互联网文化就借鉴咱们老祖宗的东西，互联网文化不是美国文化，互联网精神不是美国精神。目前，政府面对国家治理最难的一个难题，就是网络空间国家治理。要做好国家网络治理，就一定要政府官员集体觉醒，就是领会中国传统文化的博大精深。北京大学袁行霈先生在《中华文明演进的过程》中，将中华文明的思想内涵归纳为阴阳观念、人文精神、崇德尚群、中和之境、整体思维，对网络空间具有指导意义。比如，这个规则怎么制定，就要在便利和隐私之间找到一个平衡点，这就是中和之境。再比如，美国最开始跟谁都不谈网络控制，其实俄罗斯很早就提出来，但是美国都不谈。但现在他主动要谈，包括和我们谈，可见网络空间就是互联互通的，谁也不可能一家独善其身，也不可能一国独大，这就是整体思维。

包括现在谈打击网络谣言，网络治理，孔子曰，"志于道、聚于德、依于仁、游于艺"，道是什么？网络空间的一个大道，就是正能量，德就是网民自己你要有道德，但是在国家层面就是一种大仁大义、大政方针。

第二个关于中国设计，网络空间的制度，网络空间的治理到底怎治理，怎么挖掘出网络空间内在的驱动力和外在的国家行政力之间的平衡，我们目标就是培育信息强国、双轮驱动、自主可控、网络国防为核心的网络强国战略。既然是信息就有有控时代，必须信息强国，然后安全与发展双轮驱动、核心产品自主可控、建设网络国防，网络空间要达到这样一个治理目标以帮我们治理这样一个信息强国，在文化方面我们要主导，在产业方面我们提出一个概念叫做催生中国信息产业"十八罗汉"。这也是对产业界的号召，希望信息产业，特别互联网企业在分享巨大的网络利益的同时，不要忘了自己的社会责任，一个超越国家民族超越政治的企业注定没有前景的。这是我们的中国设计的一个构想。

网络空间的中国自信

那中国自信怎么来呢？我们觉得"斯诺登事件"，或者整个社会发展这么一个程度，应该提醒我们开展一场中国网络渐进式革命。我觉得从三个层面，技术革命、科学革命和社会革命，对网络革命的三层分解。在这三个层面展开一场中国网络的渐进式革命，在底层要突破技术革命，在顶层是社会革命，在"云"层面就是科学革命，建立学科。我们提出云层的概念，跟云计算牵强地套一下，描述期望建立出来一些新的学科，比如说网络空间战略管理，包括网络信息流动学，还有网络地缘政治学等等，我觉得都是很好的东西，也就是这些创新的理论都可以在网络空间得以更大的发展有一些新的开拓，我觉得中国网络空间应该开展这么一场革命，只要这样，我们也就可以实现战略自信。

中国发展的"三个三十年"，第一个三十年，一代伟人毛泽东组织起来，打败了所有侵略者。第二个三十年，邓小平通过改革开放"活跃"起来了，走上了国强民富的中国特色社会主义道路。但后来，网络空间有点活跃过头了。下一个三十年，这就需要在保持适当活跃、信息可控的同时，再次组织起来，让实现中华民族伟大复兴的中国梦插上网络的翅膀。对下一个三十年我比较乐观。怎么乐观？我觉得希望在于政府、企业、网民"三位一体"，比如说政府层面，我认为进入网络时代，一些官员甚至被网络舆论绑架了，他们恐惧网络，所以出现一些偏颇的现象。所以，中国政府官员就应当像当年下海一样，把今天上网都作为时代的选择，这样才能有一套高瞻远瞩的，着眼将来的网络空间战略。

另外从我们企业来说，美国有"八大金刚"，我们提出建立"十八罗汉"，这不是抗衡的概念，这是一种博弈竞争，是一种更高层次的合作。企业不要把自己当做超越国家安全的挣钱工具。在"斯诺登事件"中，你发现美国人很爱国，美国的媒体几乎集体不吭声。

最后从网民公民视角来看，网络边界怎么划分还有争论的问题，肯定跟以前不一样了，所以全民的安全意识也是很重要的，这涉及到全民安全教育的大课题。

美国对互联网的绝对管理权，以及包括思科在内的"八大金刚"拥有的软硬件技术和产品垄断优势，为美国监控提供了便利之门。

世界网络规则改变应该走向和平、发展、合作和共赢"四步曲"：一是维护和平。建立危机管控机制，防范网络冲突。二是确保发展。核心是完善国内法规，捍卫网络主权。三是加强合作。关键是推动国际谈话，缩小彼此分歧，照顾彼此关切，建立信息共享机制，应对共同网络威胁。四是实现共赢。目标是制定共同规则，扩大共同利益。

5. "棱镜门"与网络规则

"棱镜门"是否会改变网络规则？将如何改变网络规则？笔者认为要回答这两个问题，首先要透过"棱镜门"思考三个问题，摸清各方诉求。

一是美国为何要冒天下之大不韪监控世界？就在包括总统在内的美国高官集体公开指责中国"网络窃密"时，"棱镜门"似乎是上帝的礼物，让世人看到了美国虚伪的嘴脸。究其原因，可以概括为三点：反恐需求、便利优势和霸权需要。"9·11"后，美国通过《爱国者法案》，加紧情报收集，逐渐推出包括"棱镜计划"在内的监控项目。美国对互联网的绝对管理权，以及包括思科在内的"八大金刚"拥有的软硬件技术和产品垄断优势，为美国监控提供了便利之门。而美国在网络空间延续霸权优势的思维也是重要原因之一。

二是"棱镜门"给世界各国政府和人民带来了哪些不安和担忧？从网民的视角看，由于网络空间承载了大量私密信息，而"棱镜"计划相当于在每个人的卧室里安装了"摄像头"，全体网民裸露在美国的监视之下生活。从国家安全的视角看，美国对世界网络基础设施的监控能力，表明其拥有通向他国关键业务网络的便捷通道，危急时刻完全可以实施瘫痪攻击。

美国加紧制定网络战规则

三是大国争夺网络规则制定权的态势如何？目前，美国支持欧洲委员会提出的《网络犯罪公约》。但在俄中等国联手推出《联合国确保国际信息安全公约草案》后，美国改变策略，加紧秘密制定网络战作战规则。2013 年 3 月，在美军网络空间司令部的直接指导下，北约率先推出网络战规则（《塔林手册》），企图作为网络战争国际法典。

网络空间已经成为迄今为止人类社会最大的"利益汇合点"。由于网络空间"全球一网"的特质，网络安全不是一个国家单独努力就可以做到的。为此，美国一直加速推动传统军事同盟向网络空间映射，与盟国（地区）持续开展合作。尤其是"棱镜门"事件中暴出与美国合作的英国，其网络监控跟美国相比有过之而无不及，可谓"青出于蓝而胜于蓝"。

从斯诺登的爆料来看，美国不仅监控本国公民，监控自己树立的网络空间"最大对手"中国，还监控自己的盟国，甚至在自己盟友内划分"三六九等"。被监控的国家态度有明显差异，也直接决定了"棱镜门"对网络规则的影响程度。首先，英国、日本、韩国、澳大利亚相对沉默，美国与铁杆盟国之间的网络合作与情报共享规则不会改变；第二，欧盟国家提出抗议，与美国的网络情报共享会受到影响，但不会有实质性改变；第三，中国等国"冷静求变"，与美国进行网络规则谈判的态势发生了改变。

网络新秩序需各国合作

由此来看，"棱镜门"不可能立即对网络规则产生直接影响，但会从不同方面起到促进作用。一方面，各国将加紧进行网络立法，防范情报被窃，网络规则将会有数量上的增加；另一方面，反对美国独霸互联网管理权的国家会增多，有利于最终形成和平、公正、民主的网络秩序。

在最大"利益汇合点"共识基础上，可以思考"棱镜门"后的网络规则改变的方向。总体来看，世界网络规则改变应该走向和平、发展、合作和共赢"四步曲"：一是维护和平。建立危机管控机制，防范网络冲突。目前，美俄已签署相关协议，两国一旦侦测到疑似来自对方的重大网络攻击活动，将立即启动 1988 年美国与苏联为防止发生核攻击误判而建立的核安全热线，及时进行沟通，从而防止引发全面冲突。

二是确保发展。核心是完善国内法规，捍卫网络主权。各国需要完善相关网络规则，以法制为武器，捍卫网络空间主权，并加紧发展相关产业链，逐渐实现国家信息基础设施和关键业务网络的自主可制。在发展中，各国需要对等建立网络国防力量。

三是加强合作。关键是推动国际谈话，缩小彼此分歧，照顾彼此关切，建立信息共享机制，应对共同网络威胁。世界各国可尝试建立以反恐为目的的信息共享机制。同时，以目前两大阵营提出的《网络犯罪公约》和《联合国确保国际信息安全公约草案》为基础，进行国际准则谈判。

四是实现共赢。目标是制定共同规则，扩大共同利益。以扩大共同利益为前提，逐步规劝美国将网络空间管理权移交联合国机构。作战规则要尤其慎重，切不可不顾网络空间虚拟特征，照搬已有法规。

由于"Wi-Fi"联盟认定的无线局域网安全机制具有天然漏洞，用户身份凭证易被盗取和滥用，包括劫持、攻击、仿冒，"Wi-Fi"可以说是"不安全上网"的代名词。

从"八大金刚"到"无线宝宝"，有中国信息产业从技术、标准到产品依赖、跟随发展的历史原因，但也是中美战略博弈的大格局使然。

6. 4G 更忧心

国家相关部门向国内电信企业发放第四代移动通信业务牌照(4G 牌照)后，中国电信产业正式进入 4G 时代。4G 网络下载的惊人速度，足以让 3G 网速"龟缩"，无疑将使智能手机"如虎添翼"。但此时此刻，笔者思考的是，进入 4G 时代后，作为智能手机另一种网络通道的无线局域网络，由于速度比 4G 更快，且可以"免费"，无疑将成为人人更加离不开的"无线宝宝"，但其潜在的信息安全威胁也将更加令人担忧。

无线局域网技术 (WLAN) 是当前无线上网的首选，运营商和用户都将它称为"Wi-Fi"。事实上"Wi-Fi"既不是技术，更不是产品，它只是美国行业组织"Wi-Fi"联盟的名称和商标。由于"Wi-Fi"联盟认定的无线局域网安全机制具有天然漏洞，用户身份凭证易被盗取和滥用，包括劫持、攻击、仿冒，"Wi-Fi"可以说是"不安全上网"的代名词。

　　对中国而言，问题的严重性在于，2010 年开始，中国的普通家庭、高级宾馆、豪华住宅区、飞机场以及咖啡厅之类的区域都有"Wi-Fi"标准的无线局域网络。特别是随着我国"智慧城市"建设的加速，"Wi-Fi"标准的无线局域网将为用户和国家信息基础无线设施埋下巨大安全隐患。同时，"Wi-Fi"标准的无线局域网络及无线终端产品涉及千家万户，并被集成到几乎所有的办公、家庭和手持信息设备中，客观上对每个使用者都构成网络和信息安全威胁。目前，且不说美国"棱镜门"是不是蓄意使用了"Wi-Fi"标准的无线网络的安全漏洞，就说网上随处可得的"破解工具"、"蹭网卡"，已让很多普通人跃跃欲试。

　　目前，中国无线局域网络迅速普及。如果疏忽美国 Wi-Fi 联盟以一个符号绑架一个产业，刻意"指鹿为马"，将不具有商标属性的"无线局域网"通用名称变为自身品牌"Wi-Fi"，危害将来自两个方面：其一，服务于美国产业利益，通过美国主导的技术标准、行业规范，继而影响所有无线局域网产品和应用，也包括所有集成了无线局域网功能的相关产品，进而获取产业利益；其二，为美国通过明显有漏洞标准实施其所谓的"国家安全战略"打开方便之门，其带来的危害并不亚于思科等"八大金刚"。

　　从"八大金刚"到"无线宝宝"，有中国信息产业从技术、标准到产品依赖、跟随发展的历史原因，但也是中美战略博弈的大格局使然。这一切都对国家安全造成现实和潜在威胁，并与我们每一个人密切相关。

面对 4G 时代的来临，我们如何维护"网络和信息安全"？这都需要政府相关部门、电信企业，以及相关信息产业，从国家安全出发，从采用安全可控的标准开始，进行国家安全模式的战略升级，切实维护国家网络空间主权、安全和发展利益。

4G 时代来临，中国将实实在在地进入一个以智能终端为重要载体的大数据时代。回顾从 2G 到 3G，再到 4G 的历程，中国已经从"羊肠小道"走向"高速公路"，将从真正意义上进入大数据时代。

　　得标准者得天下，中国面临"温水煮青蛙"的安全风险。一方面，移动通信技术和设备标准绝大多数依然掌握在美国等发达国家手中。另一方面，与移动通信密切相关的无线局域网技术方面，美国 Wi-Fi 联盟以一个符号绑架一个产业。

7. 得标准者得天下

　　4G 时代来临，中国将实实在在地进入一个以智能终端为重要载体的大数据时代。回顾从 2G 到 3G，再到 4G 的历程，中国已经从"羊肠小道"走向"高速公路"，将从真正意义上进入大数据时代。

　　面对 4G 时代的到来，国与国之间的竞争将越来越多体现在信息网络的较量，这不仅关系到国民经济的效率，还将决定我们在保卫国家信息安全的战场是否掌握主动地位。曾全球关注的"斯诺登事件"，为全世界的人们上了一堂网络和信息安全普及课。也进一步警示我们，要从大国竞争的高度和国家安全的视角来探讨 4G 技术的重要性。这个问题可以从三个逐渐递进的层面来思考。

信息消费市场的争夺

首先，消费为王的时代，中国市场的巨大消费能力极具吸引力。近十年，中国成为世界第二大经济体。尤其是网络经济异军突起，成为世界经济增长的新引擎。究其原因，最重要的因素之一就是中国的人口红利。狂热的中国 iPhone 粉丝们，让苹果公司从中国获得了最大份额的利润。从大国博弈的视角，中国巨大的消费市场，对世界各国，尤其是具有先进信息网络技术和产品的发达国家具有强大而持续的吸引力。美国"八大金刚"等跨国企业就一直从中国获取巨额利润。可以说，中国的巨大消费市场就是大国进行战略博弈的重要依托。

显然，更便捷快速的 4G 移动网速，将创造出更多的应用和更好的用户体验，进一步拓展信息产品消费空间，释放信息消费潜能。中国信息消费将逐渐进入大众驱动的新阶段，或将推动行业爆发式增长。

得标准者得天下

从移动通信技术的发展来看，中国的第一代第二代技术严重落后西方，3G 中国不仅有了自己的标准，而且在研发和创新能力上大体追平了欧美国家。到 4G 时，国际公认中国已是无线通信技术领先的力量之一。

国际 4G 标准有 TD-LTE 和 LTE-FDD 两种，即时分双工和频分双工。简单地说，时分就是不同的用户占用不同的时间，而频分是不同的用户占用不同的频率。目前，世界上绝大多数国家的运营商都采用 LTE-FDD 模式，由欧洲主导，已经规模商用多年，覆盖 93 个国家。只有中国等 18 个国家采用 TD-LTE 模式。而大多数国际品牌的手机，目前均不支持 TD-LTE 的 4G 制式。但随着中国下发 4G 牌照，巨大的市场商机将使更多的手机支持 TD-LTE 模式。我国中兴、华为等已有支持 TD-LTE 模式的 4G 手机生产。

可以说，得标准者得天下，中国面临"温水煮青蛙"的安全风险。从 4G 技术来看，TD-LTE 是目前全球第四代移动通信标准体系中，我国唯一拥有核心知识产权的技术标准。但争夺网络和信息领域的话语权和战略制高点，我们还有很长的路要走。

一方面，移动通信技术和设备标准绝大多数依然掌握在美国等发达国家手中，仅依靠 TD-LTE 移动通信标准体系无法形成全产业链的优势，我们依然只是一个移动通信应用迅速普及，而核心技术和设备受制于人的消费大国。这种状况在短期内也难以有大的改观。另一方面，与移动通信密切相关的无线局域网技术方面，美国 Wi-Fi 联盟以一个符号绑架一个产业，刻意"指鹿为马"，将不具有商标属性的无线局域网通用名称变为自身品牌 Wi-Fi。而我国自己的无线局域网 WAPI 在很大程度上被束之高阁。目前，我国已是"Wi-Fi"遍天下，形成了"温水煮青蛙"的现实和潜在安全风险。

数据主权和国家安全

站在国家信息战略层面，4G 时代最大的意义就是移动通信"信息高速公路"涌动的大数据"新石油"。4G 时代，网络和信息安全更加突出，对于国家安全和社会稳定的意义尤为重要。随着微博、微信、社交网络、即时通信工具的移动化，尤其是 4G 网络和智能终端的规模化普及，隐私的泄露、数据的滥用、人员的定位、通信的窃听等个人通信安全问题越来越严重。

据路透社近日报道，斯诺登最新曝光的资料显示，美国国家安全局通过一个监视项目，每日从全球范围收集将近 50 亿条手机定位信息。英国《卫报》称，美国国家安全局至少追踪"数以亿计的移动通信设备"。其监控项目的数据库大小为 27 兆兆字节，相当于美国国会读书馆馆藏的两倍多。美国几乎正在侵犯着所有国家的数据主权。

面对这种局面，移动通信的单个用户几乎无能为力。这就需要从国家安全层面，应对这种大国博弈日益加剧的态势，进而将 4G 技术的自主可控延伸到整个移动通信产业链。这其中的关键是凝聚各部门、各行业、各实体的力量，形成一种协调一致，共同行动的合力，开创核心技术和关键设备自主可控的新格局。

值得庆幸的是，十八届三中全会的改革蓝图给我们带来了实现这种美好愿景的希望。尤其是成立国家安全委员会，可以在国家最高层面，以前所未有的执行力，全面打破国际国内既得利益者极力维持的已有利益格局、安全困局和行动僵局，启动中国移动通信 4G 时代网络和信息安全的新局面。

四、
中国突围（一）：打造网络空间治理体系

习总书记曾强调，互联网发展对国家主权、安全、发展利益提出了新的挑战，迫切需要国际社会认真应对、谋求共治、实现共赢。中国愿意同世界各国携手努力，本着相互尊重、相互信任的原则，深化国际合作，尊重网络主权，维护网络安全，共同构建和平、安全、开放、合作的网络空间，建立多边、民主、透明的国际互联网治理体系。

国家网络空间治理是一种适应网络空间和网络社会特征，综合利用国家整体资源，发挥社会多元力量作用，捍卫国家网络主权的有效方式。

与此同时，全球互联网管理权，中国也要争取。我们应遵循"打铁还需自身硬"的原则，推动国家网络空间治理体系和治理能力现代化，夯实参与国际互联网治理体系的内生力量和自信基础，积极推动在互联互通的网络空间实现共享共治。

建立国家网络空间治理体系既要善于把握好网络空间本质特征的内在驱动力，也要善于运用国家治理的外在行政力，把对网络信息的自主控制能力，作为衡量国家网络空间治理水平的根本标准，并充分认识到：能否统筹信息产业资源，在以信息网络为核心的产业技术革命中赢得领先地位；能否凝聚民族先进文化，在网络空间战略博弈中最大限度地趋利避害；能否汇集国家多元力量，在"和平崛起"过程中避免网络冲突乃至形成威慑能力，这些都事关中华民族的复兴大业。

1. 打造国家网络空间治理体系

第五轮中美战略与经济对话 2013 年 7 月 10 日在华盛顿举行。在"斯诺登事件"持续发酵的背景下，首次纳入对话框架的网络安全问题无疑是焦点之一。"斯诺登事件"清楚地告诉我们，网络空间已成为人类社会的"第二类生存空间"。国家管辖权已实质性地延伸到网络空间，网络治理成为维护国家主权、安全和发展的重要方式。

捍卫国家网络空间主权对内表现为管辖规范公民在网络空间的行为，对外表现为防备、抵御网络侵略，制止借助网络空间实施的意识形态颠覆和恐怖活动。国家网络空间治理是一种适应网络空间和网络社会特征，综合利用国家整体资源，发挥社会多元力量作用，捍卫国家网络主权的有效方式。笔者认为，建立国家网络空间治理体系既要善于把握好网络空间本质特征的内在驱动力，也要善于运用国家治理的外在行政力，把对网络信息的自主控制能力，作为衡量国家网络空间治理水平的根本标准，并充分认识到：能否统筹信息产业资源，在以信息网络为核心的产业技术革命中赢得领先地位；能否凝聚民族先进文化，在网络空间战略博弈中最大限度地趋利避害；能否汇集国家多元力量，在"和平崛起"过程中避免网络冲突乃至形成威慑能力，这些都事关中华民族的复兴大业。

国家网络空间治理体系建设要瞄准"全球一网、人造可控、复杂混沌"的态势，抓住网络空间的自身特点，结合多元力量参与的实际情况，"建立一个体系，形成四种能力"。建立一个体系，即站在国家利益全局的高度，统筹国家优势资源，统一设计和构建国家网络空间治理体系。形成四种能力，即网络空间的管控能力、网络产业的推动能力、网络国防的支撑能力和网络文化的引导能力。

国家网络空间治理体系建设是一个探索性课题，在观念，以及法制、机制、体制等方面都还存在很多急需破解的问题，需要我们转变观念、主动应变，综合施策。但这其中，高度重视"法规制度"建设，推动国家网络空间治理的高效规范运行显得尤为突出。"法规制度"建设的关键是"国际法可控、国内法适当、技术标准可信"。在国际法制定上，必须坚持宣扬国家网络主权，建立网络国防力量，形成与网络强国对等的力量，进而严防监控世界、无视网络主权、照搬战争法的"动网就是动武"等网络强国霸权行为；国内法制定上，应结合虚拟网络空间自身的特点，研究并出台与之相适应的法规制度，既保障网络空间的规范运行，也保持虚拟空间的生机与活力。网络空间已成为人类社会的一个"精神乐园"，虽然使国家管辖面临前所未有的困境，但切忌照搬套用，遏制时代潮流；在技术标准上，要认识到真正的"自主可控"，既要"中国制造"，更要"中国标准"。之所以特别强调技术标准，是因为当前网络空间采用美国技术标准产生的所谓"100%国产"的产品绝对不是真正意义上的国产，更谈不上"自主可控"，有必要在国家战略层面，把扶植具有"自主可控"国际标准的创新型企业作为重要的战略举措，在技术标准这个"核心部位"上先硬起来。只有实现中国制造、中国标准，才能实现自主可控，才能最终实现国家网络空间治理的战略目标。

网络空间作为"第二类"生存空间和全新作战领域，带来"四种变化"：一是科技的作用发生突变，从拓展人类社会实体空间的活动范围转变为构造虚拟生存空间；二是边界概念出现突破，从固化的实体空间边界线转变为弹性的网络新边疆；三是国家主权概念发生变化，从陆海空天实体空间的主权延伸到对虚拟空间的管辖；四是国防力量的承载体正在扩展，从传统的"飞船巨舰"加速向网络空间信息武器映射。

"网络猛于火药"，对"中国梦"具有"三大威胁"：一是可以利用直达人心的便捷通道攻心夺志，实现信息渗透、文化入侵和思想殖民；二是可以利用网络瘫痪民生基础，通过远程控制，阻瘫交通、金融、能源、供水等基础设施；三是可以网络入侵攻击军事系统，阻瘫作战体系。

网络空间的"豆腐渣工程"对中华民族复兴之路的威胁更加严重，呈现出"三高特性"：一是隐蔽性高，科技腐败容易让老百姓看不见、看不懂；二是扩散性高，程序代码容易被"粘贴拷贝"，隐患也就随之泛滥；三是危险性高，直接影响现代社会赖以建立和运行的最核心资产：信息及控制机制。

2. 科研制度需改革

网络空间风乍起，于无深处听惊雷。斯诺登揭开了自由面纱，棱镜门折射出刀光剑影。面对崛起中国，有识之士依然呐喊防范日本第三次打断中华民族现代化进程。这也唤醒笔者思考，我泱泱中华是否正面临着一种传统辉煌根本无法抵挡的威胁？

网络空间作为"第二类"生存空间和全新作战领域，带来"四种变化"：一是科技的作用发生突变，从拓展人类社会实体空间的活动范围转变为构造虚拟生存空间；二是边界概念出现突破，从固化的实体空间边界线转变为弹性的网络新边疆；三是国家主权概念发生变化，从陆海空天实体空间的主权延伸到对虚拟空间的管辖；四是国防力量的承载体正在扩展，从传统的"飞船巨舰"加速向网络空间信息武器映射。

面对这些变化，我们既有技术差，又有战略差。各种迹象表明"网络猛于火药"，对"中国梦"具有"三大威胁"：一是可以利用直达人心的便捷通道攻心夺志，实现信息渗透、文化入侵和思想殖民；二是可以利用网络瘫痪民生基础，通过远程控制，阻瘫交通、金融、能源、供水等基础设施；三是可以网络入侵攻击军事系统，阻瘫作战体系。

面对这些威胁，网络治理刻不容缓，而其中关键之一就是科研制度改革。科技实力和科研制度关系社会生产力、创造力和凝聚力，也直接决定了应对网络威胁的能力。同时，网络空间的"豆腐渣工程"对中华民族复兴之路的威胁更加严重，呈现出"三高特性"：一是隐蔽性高，科技腐败容易让老百姓看不见、看不懂，从而缺少广泛的监督；二是扩散性高，程序代码容易被"粘贴拷贝"，隐患也就随之泛滥；三是危险性高，直接影响现代社会赖以建立和运行的最核心资产：信息及控制机制。

将科研制度改革作为网络治理的重头戏，要从多个方面综合施策。首先要突破观念羁绊，注入网络科技新血液。我们目前更多停留在传统的陆海空军事平台对决上，网络在整体力量布局中属于"弱势群体"。

其次要改革投资制度，形成科技投资的新路子。纵观国家信息产业布局，国家持续巨资投入的传统企业逐渐萎缩，而阿里巴巴、腾讯、百度等互联网企业迅速崛起，已富可敌国，甚至具有超过国家的信息动员能力。但在这庞大的资产中，国资几乎为零。这迫使我们反思现有投资制度，而其中的关键是利用市场机制，尝试风险投资的新模式。

第三，强化检验评估，防范制造网络空间新垃圾。现有科研成果鉴定模式和科技人员晋升制度直接催生"唯成果奖论"，助长科技官僚和科研腐败，包括"不务正业"和"集体堕落"。有戏言称，适当透露中国科研鉴定结论，足可以"不战而屈人之兵"。由此来看，建立一个国家级"网络靶场"，兼做科研成果的"遛马场"已经很有必要。

目前，网络强国已将中国视为网络空间最大的对手，由此带来网络"中国威胁论"当面的尴尬和背后的逻辑值得我们每一个人深思。让人庆幸的是，习总书记曾指出，"必须以更大的政治勇气和智慧，不失时机深化重要领域改革，攻克体制机制上的顽瘴痼疾，突破利益固化的藩篱，进一步解放和发展社会生产力，进一步激发和凝聚社会创造力"。

但愿时代的呼唤和对手挑战带来的"网络震撼"，以及正在推动的伟大改革可以让"中国梦"多一份清醒少一份醉。

网络空间是一个自由肥沃的"土壤",既有利于"庄稼"生长,也有利于"野草"疯长。国家治理就是在网络空间种"庄稼",当然还需要种"花草树木",争取"百花齐放",然后用心经营、悉心管理。

　　互联网企业要主动担责、利益攸关。网络媒体在通过自己建立的平台分享巨大利益的同时,自身对网络管理也是最便利的。因此,一定要通过立法方式,将互联网平台变成网络信息内容的"利益攸关方",让网络媒体主动承担自己的法律责任和应尽义务。

　　广大网民要珍惜声誉、爱护家园。网民应将网络声誉视为自己的"第二生命"。遵循"志于道,据于德,依于仁,游于艺"的美德,珍惜网络空间带来的博大精深和思想飞翔的自由,做网络高德上士。

3. 网络空间治理需要综合施策

伴随着对"网络大谣"的打击，两高公布司法解释划定网络言论的法律边界，迈出了依法治网的第一步。但网络空间复杂混沌的固有特征、政府治理经验的不足，以及互联网自组织模式和等级制度之间的天然冲突，为国家治理提出新课题，仅靠一次司法解释无法解决全部问题。如何在保持网络空间活跃和自组织成长的同时，体现国家治理能力、净化网络环境，国家政府、网络媒体和广大网民都需要从自身找问题。

首先，国家机关要主动作为、科学执政。网络空间是一个自由肥沃的"土壤"，既有利于"庄稼"生长，也有利于"野草"疯长。国家治理就是在网络空间种"庄稼"，当然还需要种"花草树木"，争取"百花齐放"，然后用心经营、悉心管理。要敢于在网络空间彰显中国政府的自信与进步，在网络空间种"一棵大树"。

其次，互联网企业要主动担责、利益攸关。网络媒体在通过自己建立的平台分享巨大利益的同时，自身对网络管理也是最便利的。因此，一定要通过立法方式，将互联网平台变成网络信息内容的"利益攸关方"，让网络媒体主动承担自己的法律责任和应尽义务，切不可放任自由，让污言秽语、造谣生事的信息在网上自由转发。

当然，主流媒体要思考如何实现网络转型、做好榜样。主流媒体正在经历从舆论焦点到边缘化的阵痛，如何利用向网络平台的自然延伸，发布权威、公正的信息，传递正能量，传播好声音，具有极大的示范效应。

另外，广大网民要珍惜声誉、爱护家园。网民应将网络声誉视为自己的"第二生命"。遵循"志于道，据于德，依于仁，游于艺"的美德，珍惜网络空间带来的博大精深和思想飞翔的自由，做网络高德上士。只有这样，网络空间这个"精神家园"才会有美好的前途和未来。

总之，网络空间的特性和互联网成长的模式决定了只靠刚性的约束无法解决网络治理的全部问题，建立政府、企业、个人"三位一体"的规范、约束和自我管理的国家网络空间治理体系才是根本。政府官员、主流媒体需要具有在网络空间展示自己的勇气和能力，"当年下海，今天上网"是历史的选择；互联网企业切不可把自己打扮成一个超越国家、民族利益的赚钱机器；网民个人也要适应一下子坐在"主席台"、手握"麦克风"时，所拥有的"权利"对行为举止的制约。只有政府、企业和网民形成一定的默契，中国的网络生态才能健康发展。

网络空间里，"人人都在主席台、个个都有麦克风"，这给了普通人一个发表意见、建言社会的平等机会，也彻底改变了实体空间的信息传播规律，给谣言的传播提供了更多的土壤，因此网络空间同样要把"权力锁到笼子里"。

　　面对互联网这个新事物，我们的相关管理机构，或者因为认识不到、或者因为能力不足、或者因为自身不硬，导致在互联网上失语，或者一出口就是一片喊打声，在很大程度上造成了互联网上的执法真空。

4. 大 V 也要把权利栓到笼子里

　　一些所谓"大 V 账号"，以"求辟谣"、"求证"等方式故意扩散谣言，甚至恶意编造一些谎言，诋毁中国几代人树立的学习榜样，让一些不明真相的网民跟风，损害了网络媒体的公信力，扰乱了正常的传播秩序，让部分公众对社会失去信心，产生悲观的负面情绪。如果不加以约束，毁掉的将是一个民族的传统和美德。

对网络谣言的放松就是对法律的亵渎。利用互联网造谣、传谣是违法行为，我国有多部法律对惩治网络谣言作出了规定。我国《刑法》对以造谣等方式煽动颠覆国家政权、编造并且传播影响证券交易的虚假信息、捏造并散布损害他人商业信誉和商品声誉的虚伪事实、编造恐怖信息等行为作出有罪规定。国家相关部门应加紧对一些经常传播不实信息的网站和微博、博客、微信账号进行深入核查，会同公安机关依法追究相关人员的责任，维护网络空间的良好秩序。

网络空间里，"人人都在主席台、个个都有麦克风"，这给了普通人一个发表意见、建言社会的平等机会，也彻底改变了实体空间的信息传播规律，给谣言的传播提供了更多的土壤，因此网络空间同样要把"权力锁到笼子里"。一些"大V账号"，由于各种因素拥有了"网络特权"，具有较大的影响力。既然有了特权，也就应该多了一份责任，就应该受到法律监督和道德约束。切"不要为一己之私，搅乱世界"，必须时刻认识到，网络空间不是自由王国、法外之地，也是要受到法律的管辖和约束的。这些网络谣言散布者，既有其不可告人的目的，也在客观上损害了近6亿网民的合法权益，使大家生活在一个谣言四起、互不信任的虚拟世界。

从国外的情况来看，普遍都对网络造谣进行严格管制和严厉打击。英国积极推动互联网立法，强化政府监管职能。早在1996年，英国政府就组织互联网业界及行业机构，共同签署了首个网络监管行业性法规《分级、检举和责任：网络安全协议》。该法规在鼓励使用新科技的同时，要求网络服务商承担起确保网络信息合法性的责任。

俄罗斯不仅严格执行各项监管机制，加大对网络造谣者的惩处力度，而且重视与网民沟通交流，加强政府在网络中的存在和影响，利用网络澄清事实真相，争夺新媒体的主导权。新加坡更是铁腕管控网络谣言，同时为了驳斥谣言和错误信息，政府还专门建立了一个名为"新加坡信息地图"的网站，发布与新加坡有关的正确信息，以强化舆论引导的效果。

一些"大V"们走到今天，政府相关部门也需反思，勇于从自身找问题。面对互联网这个新事物，我们的相关管理机构，或者因为认识不到、或者因为能力不足、或者因为自身不硬，导致在互联网上失语，或者一出口就是一片喊打声，在很大程度上造成了互联网上的执法真空。

这也为一些"大V"造谣生事，牟取利益提供了可乘之机。因此，借鉴国际通行做法，提高网上执政能力，避免方法简单，防止"烂尾"新闻，是遏制网络谣言频发的最根本保障。遏制和打击网络谣言，需要各方面的共同努力。政府责无旁贷、网民人人相关，必须全社会联手行动起来，共同守卫人类社会的"精神乐园"。

"棱镜门"给世界人民和各国上了一堂信息安全，或网络主权课，让大家的网络主权意识开始觉醒。

　　这些监控丑闻的曝光也代表了一个新的发展趋向，互联网的管理者一定要借助联合国的机制，让联合国来管理，通过这个事件后，会有更多国家看到并支持这个趋向。这是个好事情。经过这一系列泄密事件后，网络主权开始受到全世界的关注。

5. 网络联合国机制

　　网络空间也是国家主权的一种自然延伸，虽然美国对此并不认可，但不代表其他国家不承认。很明显的是，美国已经侵犯了其他国家的网络安全或网络主权，所以也必然遭到大部分国家反弹或反击。

　　遭美国窃听的丑闻曝光后，巴西采取的对策更多意义上是姿态性的，而想通过这些方法完全达到信息安全或维护网络主权难以实现。这和互联网的发展历史有关。因为美国本就是互联网的缔造者，同时也是管理者，由于一些特殊的设计，包括中国在内很多国家的大部分网络解析数据都要经过美国。而且网络是一个流动，动态的空间，存在其他地方也可以被拿走。因此互联网受美国控制的问题不是短期内可以解决的，正如有人说，"老大哥在看着你"，美国就是网络空间的"老大哥"。

但是，这些监控丑闻的曝光也代表了一个新的发展趋向，互联网的管理者一定要借助联合国的机制，让联合国来管理，通过这个事件后，会有更多国家看到并支持这个趋向。这是个好事情。经过这一系列泄密事件后，网络主权开始受到全世界的关注。

可以说，"棱镜门"给世界人民和各国上了一堂信息安全，或网络主权课，让大家的网络主权意识开始觉醒。那么，我们怎么做才能有效地保护自身的网络权益呢？

首先，大家应该看到，美国管理互联网的趋势短时间内难以改变，其已经掌控了这些资源，一下子和其对抗难以做到，需要长期与其谈判协商，才有可能找到大家都可以接受的方案，因此也要承认这个事实，不要搞恶性的军备竞争。

其次，各国也应提升自身能力，要先把自己国家的网络空间治理做好，从生产力、文化力和国防力这三个方面提升网络空间的治理能力。

最后，谋求全面合作，大家要共同维护网络空间和平发展的机会，因为网络代表着最先进的生产力，给人类提供了前所未有的发展机遇。因此还是要齐心协力，借助联合国这一机制：制定网络规则，约束网络对抗行为，让网络空间真正成为一个和平发展的空间。

美国政府曾宣称，正在考虑向一个基于"多边利益相关方"模式组建的机构，转交对国际互联网名称和编号分配公司的管理权限。这就好比"皇帝的新装"被斯诺登这个"小孩"戳穿后，终于穿上了一条文明的"小裤衩"。

　　积极分享权力，以进取的态度加入"多边利益相关方"。这显然是中国参与全球网络治理的应有之道，也是避免在互联网管理中缺位、失语，甚至失能的最佳选择。

6. 互联网管理权

　　美国政府曾宣称，正在考虑向一个基于"多边利益相关方"模式组建的机构，转交对国际互联网名称和编号分配公司（ICANN）的管理权限。在笔者看来，这就好比"皇帝的新装"被斯诺登这个"小孩"戳穿后，终于穿上了一条文明的"小裤衩"。

　　国际互联网名称和编号分配公司，是总部设在美国加利福尼亚州的非营利性国际组织，负责全球互联网域名系统、根服务器系统、IP 地址资源的协调、管理与分配，可以说是全球互联网的神经中枢。由于 ICANN 成立时由美国政府主导，因此美国掌握了互联网世界里至高无上的控制权。

美国此次启动互联网管理权移交进程，是"棱镜门"事件让其跌落"网络自由"道德高地后的一个重要举措。一是试图改变普天之下指责"皇帝新装"的战略被动。与传统版"皇帝新装"不同的是，美国是道德上的赤裸裸，而主权国家和广大网民则是网络上的无遮拦。全球网民的指责、欧洲盟友提出建设"欧联网"等尴尬，再联想到此前美国曾拒绝将 ICANN 交给联合国管理等情况，美国这一态度的转变可以看做是斯诺登效应的延续。

二是展示放弃互联网管理权背后的能力和自信。"棱镜门"之所以让世界哗然，不仅仅是因为美国侵犯了其他国家网络主权和全球网民个人隐私，更重要的是美国已经具备了控制全球网络的能力，远远超出了世界的想象。美国即便不完全控制所谓互联网管理权，也有自信依然控制网络世界。

三是说明美国对互联网模式造成的权利分解有了进一步深刻的认识。互联网将政治、经济、军事、社会、文化一网打尽。而这其中最本质的，就是互联网平等、互联、开放的模式，对传统等级权利的解构。这迫使互联网的管理者以一种更加开放的姿态看待互联网管理，独断专行、独自掌控带来的不仅仅是权力，还有巨大的风险。尤其从美国强调的警惕"网络 9·11"和"网络珍珠港"来看，高度依赖网络的美国，需要全球合作，共同来应对来自网络空间的风险。

美国宣布放弃管理权的同时，便已挑起"多边利益相关方"的角逐。美国商务部发表声明强调，不会接受"由政府或政府间机构主导"的移交方案。到底将由谁接棒成为互联网世界的大管家，已在 2014 年 3 月 23 日新加坡召开的 ICANN 大会上做出讨论。显然，美国交出所谓的管理权并不痛快。这个所谓的"多边利益相关方"，和谁的利益相关，估计都还主要是美国说了算。与此同时，移交之中挑动的各利益相关方之间的战略博弈，则更是一篇大文章。

　　对于中国来说，这其中既有塑造新型大国网络关系的相互博弈，也有从网络大国走向网络强国的自身需求，当务之急可以从两方面着手：

　　第一，积极分享权力，以进取的态度加入"多边利益相关方"。这显然是中国参与全球网络治理的应有之道，也是避免在互联网管理中缺位、失语，甚至失能的最佳选择。

　　第二，中国可以从技术、经济、文化、人才和国际交流五个方面着手，组建一支强有力的力量，做好参与互联网管理权博弈的全方位准备。另外要主动承担责任。有多大权利，就需要负多大责任。这是一个没有硝烟的战场，输赢背后是国家实力、国家主权和国家尊严的得失。因此，中国积极参与互联网管理的同时，应从打击网络恐怖主义等事关人类社会共同安危的大事入手，主动履行相关国际责任，显示对互联网治理的能力，才能逐渐从一个负责任的网络大国，走向一个受人尊重的网络强国。

中国安天实验室出品的 AVL 移动反病毒引擎，力压"赛门铁克"、"卡巴斯基"等业界巨头，获得移动设备最佳防护奖，这相当于中国在世界网络安全运动会移动终端项目上获得一枚金牌。此事被业界称为中国乃至亚洲的"零突破"。

从这个意义上讲，此次"零突破"既是中国安全产业攀上的一个技术"高点"，也是国家面临的一道产业"悬崖"。我们必须思考，当发现一棵优质"幼苗"时，能否通过产业引导，让其成长为参天大树。

7. 中国"卡巴斯基"

全球安全软件权威认证机构，德国 AV-TEST 日前公布了 2013 年度反病毒大奖。中国安天实验室出品的 AVL 移动反病毒引擎，力压"赛门铁克"、"卡巴斯基"等业界巨头，获得移动设备最佳防护奖，这相当于中国在世界网络安全运动会移动终端项目上获得一枚金牌。此事被业界称为中国乃至亚洲的"零突破"。

高兴之余，我们深入分析中国互联网企业现状，其中隐患值得上升到国家安全层面认真思考。在美国"棱镜门"肆无忌惮地监控各国政府和网民的背景下，中国安全厂商的"零突破"固然让人眼睛一亮，但我们也需要冷静地看到国内专注技术的独立网络安全厂商，在规模、体量以及生长环境上与国际安全企业的巨大差距。

在开放的网络空间，每个国家既需要参与国际循环与竞争，也需要可靠的关键卡位防御能力。这也正是独立安全厂商的核心价值。美国就拥有如星群般众多的独立安全厂商。比如，反病毒起步、已经成长为巨人的"赛门铁克"，以及在国际舆论中扮演重要角色的"曼迪昂特"。而以"卡巴斯基"为旗帜，俄罗斯形成了自己的战略卡位能力。其先进的反病毒引擎核心技术有目共睹。尤其是其对震网、火焰等病毒的快速跟进，将美国攻击行为完整展示于世界面前，已然是俄罗斯国家战略竞争能力的标杆。

从这个意义上讲，此次"零突破"既是中国安全产业攀上的一个技术"高点"，也是国家面临的一道产业"悬崖"。我们必须思考，当发现一棵优质"幼苗"时，能否通过产业引导，让其成长为参天大树。

中国网络信息安全厂商的发展确实不容乐观。有的在互联网巨头的挤压和人才垄断下逐渐边缘化；有的缺乏自主精神，沦为代理商、集成商，甚至是国外产品的贴牌掮客；真正专注核心技术的安全厂商则往往举步维艰。国家信息安全的防御能力实际也随之暗暗弱化。面对斯诺登爆料美国对中国攻击的畅行无阻，我们不禁要问，中国的"卡巴斯基"又在何方？

从国家高度看，如果把成立国家安全委员会看做是一声"春雷"，涉及国家核心利益的安全产业就尤其期盼一场"透雨"。相关职能部门，能否承担起播洒这场春雨的重任，既防范"良木"因无雨而枯，也防范"洼地"因水多而腐。这其中蕴含的国家主导和市场决定问题，值得上升为国家安全委员会的重要事务。事实上，国家科技投入并不低。目前研发投入总量超过1万亿元人民币，已反超欧盟。但资金投向哪里，效率如何，是全面铺开，还是关键卡位，必须深思熟虑，方可有国策良策。

习总书记讲，我们要守望相助。但如何守好网络家门，我们既要登高望远，规划网络空间安全与发展，也要入细入微，抓好国家战略规划的具体落实；既要发挥市场的决定性作用，也要发挥国家导向的战略效应，让中国安全厂商成为全球企业星群中闪亮星系，成为中国网络防护能力的关键力量。但愿在十八届三中全会清晰的战略指导下，借力国家安全委员会成立的契机，让中国安全厂商的"零突破"，转变为维护国家网络空间主权、安全与发展的最大正能量。

历史上，中国早在西汉时期就开始募民垦耕北方边郡，开始屯垦戍边。以后历代相承，均把屯垦戍边作为军事、政治、经济上的一项重大战略措施，曾制定政策，设置机构和官吏，专司其事。如今，在比草原大漠更加广阔的网络空间，我们也应该提倡"网络屯垦戍边"战略思维应对美国的网络霸权。

　　具体到如何进行落实"网络屯垦戍边"，关键是打好两场战役，即突击战和持久战。

　　在对抗的真实环境中磨砺"网络铁骑"，以强大的网络空间新质生产力、文化力和国防力为支撑，以开放的战略观和安全观为指导，形成大纵深和网络游牧民族式的战略威慑态势，以建久安之势、成长治之业。

8. 网络"屯垦戍边"

　　"斯诺登事件"曝光后，美国受到国际舆论严厉谴责。但从"网络自由"道德高地跌落的美国，仍然在舆论上围攻中国。尤其是最近还以司法部名义起诉五名中国军人。

美国这种"舆论战"背后都有"网络枪手"公司的身影。以去年披露所谓中国"黑客"部队的网络安全公司曼迪昂特公司为例，它是一家总部位于弗吉尼亚州亚历山德里亚的私人网络安全公司，成立于2004年，主营探测、预防以及追踪黑客袭击。创始人凯文·曼迪亚原来是美国空军特别调查办公室的网络犯罪调查员，曾为美国联邦调查局、美国特勤局、美国空军提供网络安全课程服务。

曼迪昂特公司成立最初几年生意清淡，2011年，该公司获得美国风险投资基金KPCB公司和摩根大通7000万美元投资，员工增加到330多名。后来，被上市网络安全公司"火眼"收入囊中。

"网络枪手"Crowdstrike公司则来自美国加利福尼亚州。据媒体考证，这家公司与美国政府关系密切。该公司主席Shawn Henry是FBI前高官，副主席Wendi Raffety曾长期在美军中供职。技术总监作为美国空军特别调查办公室的特工，长期在五角大楼处理网络安全事务。而该公司的服务总监Christopher Price，则是曾被曝光61398部队的曼迪昂特公司的前经理。

显而易见，美国政府正是利用官方背景深厚的所谓网络安全公司，对中国频频出手。事实上，"棱镜门"事件透露出已经有多达上千家高科技公司，参与美国的全球网络监控。美国显然利用高科技公司云集的"狼群战术"，对中国这个网络大国的大数据等战略资源肆意掠夺。

探寻应对之策，可以借鉴中国古代屯垦戍边的智慧，探索网络空间安全与发展的创新模式。

历史上，中国早在西汉时期就开始募民垦耕北方边郡，开始屯垦戍边。以后历代相承，均把屯垦戍边作为军事、政治、经济上的一项重大战略措施，曾制定政策，设置机构和官吏，专司其事。如今，在比草原大漠更加广阔的网络空间，我们也应该提倡"网络屯垦戍边"战略思维应对美国的网络霸权。

按常理，屯垦戍边一般都在不毛之地、战略关隘。事实上，网络空间作为新兴领域，恰恰处于蛮荒和开拓之中。为此，我们应遵循国家领导人提出的网络安全和信息化一体两翼、双轮驱动的观念，看到中国网络安全产业相对信息化产业、相对美国网络安全产业极为弱小的现实，继承中华民族屯垦戍边的固有智慧，在网络空间的重要领域、主要方向、关键环节，调集人力、物力、财力，包括配套的政策、法规，发挥政府引导和市场主导的双重作用，汇聚精英人才，进行"网络屯垦戍边"，强大网络部落（网络安全公司），助力实现网络强国的伟大梦想。

具体到如何进行落实"网络屯垦戍边"，关键是打好两场战役，即突击战和持久战。

突击战就是必须立即采取的应急之法，目的是遏制住对手猛烈的战略进攻，稳住网络阵脚。这既需要大国的战略定力，也需要切实的战术战法。目前当务之急是把握好政策、法规这个卡位点，抓紧制定立法规划，出台产业发展政策、等级保护制度。其中最紧迫的就是实行市场准入制度、安全检测制度和安全承诺制度，对进入我国网络空间枢纽重点的跨国公司进行有效监控，以市场平衡力、制度规范力、法律威慑力保证其走共建、共享、共赢的网络安全之路。与此同时，大力提倡自主创新，鼓励国产可控，推动科技创新，为我们的"网络部落"提供足够的成长空间。

持久战则是瞄准技术、市场这个卡位点，形成可持续的科技创新机制，逐步推动技术先进、行业领先战略目标的实现。正如国家领导人强调的，建设网络强国，要有自己的技术，要有过硬的技术。

我们应通过制定全面的信息网络技术研发战略，支持形成具有网络空间卡位防御能力的企业星群，在网络空间态势感知、入侵防御、漏洞挖掘方面不断取得技术突破。同时，要高度重视包括可信计算等提升自身免疫力的技术路径，逐步形成你中有我、我中有你、全球布局的产业链生态环境，在对抗的真实环境中磨砺"网络铁骑"，以强大的网络空间新质生产力、文化力和国防力为支撑，以开放的战略观和安全观为指导，形成大纵深和网络游牧民族式的战略威慑态势，以建久安之势、成长治之业。

中国拥有最多网民，占世界网民的五分之一，理应为世界搭建一个具有广泛代表性的开放平台。我们显然要有这种"命运共同体"意识，给中国一次飞跃，给世界一次机会，给未来一个梦想。

提出中国主张的网络治理观，既是国家治理体系和治理能力现代化的自我要求，也是中国对网络空间和平与发展的美好愿景，但归根结底靠实力说话。

我们必须始终清醒地认识到，此次大会虽然称之为世界互联网大会，但包括中国在内的世界大多数国家和网络强国美国之间并非"互联"关系，而是一种特殊的"接入"关系，美国独自掌握着世界互联网的控制权。

9. "网络新丝路"

以"互联互通、共享共治"为主题的首届世界互联网大会曾在浙江乌镇举办。大会由国家互联网信息办公室和浙江省政府共同主办，是我国举办的规模最大、层次最高的互联网大会，有全世界 100 个国家和地区的上千名嘉宾参会。

当前，中国已经成为世界网络空间最大的贡献者。正如国家互联网信息办公室主任鲁炜指出，"截至今年全球网民达 30 亿，人类全面进入互联网时代。中国拥有最多网民，占世界网民的五分之一，理应为世界搭建一个具有广泛代表性的开放平台。"我们显然要有这种"命运共同体"意识，给中国一次飞跃，给世界一次机会，给未来一个梦想；但又必须具有新型大国网络关系思维，看到网络空间并不太平。网络犯罪、网络恐怖主义等新型威胁接踵而至，尤其是网络空间军事化趋势，对中国的网络强国梦带来极大的挑战。

因此，我们必须以中华民族复兴的历史性视角，要看到此次大会召开的重要战略背景。其一，是中国提出从网络大国到网络强国建设目标之后，组织的首次世界网络盛会；其二，是中国从深化改革开放到依法治国新阶段之后，举行的首次网络盛会；其三，是习总书记提出"多边、民主、透明"的世界互联网治理观之后，牵头的首次世界网络盛会。大会凝聚了网络空间的中国智慧、中国设计和中国主张。

而此次大会所要表述的中国主张，正如网络强国建设的执行者、组织者和探索者鲁炜所讲，共同构建和平、安全、开放、合作的网络空间，建设多边、民主、透明的国际互联网治理体系。而要实现这一主张，必须处理好四个关系：既要尊重互联互通，也要尊重主权；既要加快发展，也要确保安全；既要提倡自由，也要遵守秩序；既要自主自立，也要开放合作。

提出中国主张的网络治理观，既是国家治理体系和治理能力现代化的自我要求，也是中国对网络空间和平与发展的美好愿景，但归根结底靠实力说话。我们必须清楚地看到中国的话语权从哪里来？作为世界第二大经济体的中国，有责任也有力量为世界网络空间设置议程；作为世界第一网络用户大国的中国是，有义务也有能力在全球网络空间承担大国责任；作为世界下一个30亿网民主体的中国，有必要也有需求在网络空间规则制定中体现话语权。

但从实力来看，大会仅仅是一个充满"互联互通、共享共治"美好愿望的开始，是中国人民和政府"表述中国主张，开启拥抱世界的网络新丝路"的全球网络治理大智慧。中国从网络大国走向网络强国的的道路充满博弈。我们必须始终清醒地认识到，此次大会虽然称之为世界互联网大会，但包括中国在内的世界大多数国家和网络强国美国之间并非"互联"关系，而是一种特殊的"接入"关系，美国独自掌握着世界互联网的控制权。

目前，国家网络强国建设渐次展开，千头万绪。但在建设法治中国，法治网络的战略背景下，在加紧完善国家网络空间治理法治体系的同时，积极参与世界网络空间规则制定，形成有利于中国发展、世界和平的网络空间新秩序至关重要。中国应坚持开放的发展观和开放的安全观，以拥抱世界的网络新丝路为纽带，充分体现中国智慧、中国设计、中国自信和中国力量，逐渐发展成为维护世界网络空间和平与发展的中流砥柱，让中华民族复兴的梦想插上网络的翅膀。

美等"网络强国"对手战略攻势咄咄逼人。2014年3月国防部最新颁布的《四年防务报告》中，网络战能力由上次报告的6种核心能力之末，上升为此次列举的7种新型作战能力之首，并公开提出要"建设133支网络部队"的战略目标。美国网络战部队发展态势疯狂而迅猛。

　　习总书记提出的"总体国家安全观"。其中每一种安全都离不开网络安全，网络安全已经成为现代社会和作战体系赖以正常运转的基础保障。网络时代的军事安全已经成为"总体国家安全"的战略支撑和力量保证。为此，新一轮军队改革树立"无网而不胜"的理念至关重要。

10. "无网而不胜"

　　首份《国家安全蓝皮书：中国国家安全研究报告(2014)》在京发布。报告指出，当前网络安全问题凸显，网络空间成为大国争夺的新战场，网络战也成为继太空战之后的战争新形式。无独有偶，最近有媒体重提美国智库兰德公司的一份报告：中美未来冲突始于网络且限于网络。再认真领会习总书记提出的"总体国家安全观"。其中每一种安全都离不开网络安全，网络安全已经成为现代社会和作战体系赖以正常运转的基础保障。网络时代的军事安全已经成为"总体国家安全"的战略支撑和力量保证。为此，新一轮军队改革树立"无网而不胜"的理念至关重要。

当前，中国周边形势严峻，维护国家主权和领土完整面临新的挑战，新一轮军队改革势在必行。但改什么、改哪里、怎么改，都是需要讨论探索的大问题。尤其是对于怎么改，依然是军队新一轮改革的难题。回想20世纪80年代大裁军，有中越自卫反击战血与火的教训，就知道怎么改；上一轮军队改革，参照的海湾战争等一系列战争，改的就是军队信息化能力。而新一轮军事改革，形势发生了大变化，我们已经切切实实进入网络时代。回答怎么改就必须换挡网络思维看世界。

当前，美等"网络强国"对手战略攻势咄咄逼人。2014年3月国防部最新颁布的《四年防务报告》中，网络战能力由上次报告的6种核心能力之末，上升为此次列举的7种新型作战能力之首，并公开提出要"建设133支网络部队"的战略目标。美国网络战部队发展态势疯狂而迅猛。

但是，我们强调新一轮军队改革"无网而不胜"的理念，并非完全来自于对手咄咄逼人的战略攻势，也密切兼顾我军信息化发展的程度。随着我军现代化建设不断推进，军队"能打仗、打胜仗"的战斗力标准已切切实实进入一个"无网而不胜"的时代。

网络时代，站在国家总体安全的视角，从国家利益拓展看，"无网而不强"，中华民族复兴离不开网络强国，要网络强国就必须网络强军；

从战争体系支撑看，"无网而不能"，信息网络已经成为现代社会运行和作战体系运转的血脉和纽带；从作战领域拓展看，"无网而不战"，网络正以前所未有的深度融入传统战场，开辟新兴战场，网络空间成为战略博弈的新高地。

网络时代，站在战争形态变化的视角，从作战思想认识看，"无网而不深"，网络思维和网络手段已经成为深化作战思想的必须；从战场制权获取看，"无网而不控"，从信息获取、信息共享到信息控制，网络始终是基础；从作战目的实现看，"无网而不成"。网络战不仅是保障社会秩序和作战体系运转的核心保障，也是在网络空间或通过网络空间实现作战目的的新兴力量。

网络时代，站在军队自身变革的视角，从军队自身变化看，"无网而不精"，依靠网络支撑才能走出精兵之路；从作战行动实施看，"无网而不优"，网络已经成为优化军事行动的血脉和纽带；从能力持续提升看，"无网而不增"，网络战实力成为作战能力新的增长点。

为此，新一轮军队改革必须改战争观念，网络化战争正以与传统战争融合甚至独立的方式出现，离开网络支撑和网络思维的战争已经不可想象，无论是虚实空间，军队不可能只守营门而不守国门，深化改革必须走出在传统战场领域对决的旧有模式；新一轮军队改革必须改编制体制，数量规模要让位于质量优势，传统力量和新兴力量和均衡发展，依据时代特征优化军队组织结构，成为新一轮军队改革的重中之重。新一轮军队改革必须改武器装备，武器装备网络化，信息网络武器装备化已经成为趋势，字节是子弹，程序是武器的时代已经来临，

"雄关漫道真如铁，而今迈步从头越"。当前，从网络大国到网络

强国，我们刚刚起步，从世界大国到世界强国，我们正在路上。但只要军队在新一轮改革中树立"无网而不胜"的理念，就一定可以把握国家安全形势变化新特点新趋势，成为实现中国梦的战略支撑和力量保证。

网络国防活动软性化。网络空间融入陆、海、空、天 4 个传统战场，不仅是联合作战的血脉和纽带，也成为人们进行社会交往和思想交流的平台。这些特性决定了网络国防活动的软性特征，既可毁伤于无形，也可攻心于无声。

11. 网络新国防

以互联网为主体的全球网络空间迅速兴起、发展和普及，网络战力量异军突起，打破了原有的国家防卫格局，网络国防成为网络时代国防的全新内容。有别于陆海空天等实体空间，网络国防呈现出活动软性化、边境弹性化、手段多样化等特征。

网络国防活动软性化。网络空间融入陆、海、空、天 4 个传统战场，不仅是联合作战的血脉和纽带，也成为人们进行社会交往和思想交流的平台。这些特性决定了网络国防活动的软性特征，既可毁伤于无形，也可攻心于无声。

网络国防边境弹性化。网络空间互联互通,多路由、多节点特性为我们带来了一条"无形但有界"的复杂"疆界",网络空间融入实体空间,并随着技术发展时期、斗争对抗阶段的不同而发生相应的变化。

　　网络国防手段多样化。由于网络空间融入陆海空天战场,其武器和手段多样化趋势明显。网络国防的武器既包括能量武器等硬杀伤,也包括病毒、木马等软手段,同时其作战手段也突破了传统范畴,具备网络情报战、网络阻瘫战、网络心理战等独特样式。

　　网络国防范畴全域化。传统国防的范畴主要集中在陆海空天等实体空间,聚焦点在实体领域。而网络国防的范畴有了极大的拓展,既包括实体领域,也包括信息、认知、社会等全息范畴。

　　网络国防力量多元化。传统国防的核心和主体力量都是军队。但在网络国防中,主权国家、经济竞争者、各种罪犯、黑客、恐怖主义者等都可能成为网络国防的对象。另一方面,网络国防的力量也拓展成军政联合、军民融合的复合力量。

　　不断上升的网络安全挑战与网络国防的全新特征,亟须树立大安全观加以应对。

　　在认识领域,应该加强网络空间整体安全意识,树立全民防卫观。1960年,美国前总统肯尼迪在演说中提出了"新边疆"的纲领性口号。肯尼迪号召美国人民,要勇敢地面对"未知的科学与空间领域、未解决的和平与战争问题、未征服的无知与偏见等"。事实上,在网络空间这个战略博弈和军事角力的新领域,网络国防建设最迫切解决的是观念更新问题。无论军队还是地方,无论军人还是百姓,都要克服传统观念的偏见,摒弃重视实体战场而不重视虚拟战场的传统观念,军民一体、军地融合，形成合力。

在战略领域，应该提升网络国防管理思维，树立全维战略观。美国2011年接连推出"网络空间国际战略"和"网络空间行动战略"等报告，世界各国在网络空间话语权方面的公开争夺也日益激烈。不少国家已经把网络空间安全提升到与海洋、太空安全利益同等重要的高度来认识。提升网络国防战略管理思维，加快网络国防建设整体筹划和顶层设计的迫切性日趋凸显。

最后，军队信息化转型中应树立常态战争观。随着互联网的迅速普及，国家主权和政权在和平时期也面临被侵犯和颠覆的威胁。在西亚北非，美国网络空间的"飞船巨舰"就是社交网络，直击社会稳定和国家政权，引起严重社会动荡。军队信息化转型面临如何在信息领域、网络空间完成守土有责的使命重托，既要准备"养兵千日、用兵一时"的"硬战争"，也需准备并打赢"养兵千日、用兵千日"的"软战争"，加速核心军事能力向新的作战领域拓展，向战略博弈的制高点聚焦。

五、
中国突围（二）：经略网络空间

经略网络空间，要在网络强国建设的新格局、新期待与新思路中，凝练国家网络空间治理方略，全球互联网治理的中国智慧，网络国防建设刻不容缓；创新驱动网络国防发展；网络安全的国家担当；贯彻落实总体国家安全观；凝聚网络文化的强大正能量；走出科技创新的网络强国之路；在铭记历史中汇聚网络空间国家力量；网络安全助力媒体融合发展；依法治网，全面贯彻落实四中全会精神；正确选择网络强国建设的路线图；善于担当网络强国建设的智库责任；适应新常态、塑造大格局；提升网络强国建设的执行力；网络安全审查制度是网络强国建设的重要举措。

1. 经略网络空间

"当时无战略，此地即边戎"。中华民族发展的历史长河中，无数战略家纵横捭阖、叱咤风云，中国也为世界留下了宝贵的思想与智慧财富。但也曾因国家战略缺乏而坐失良机，痛惜百年的沉痛教训。如今，在实现"中国梦"的新航程中，面对网络强国大规模的"新圈地运动"，我国又处于网络空间战略抉择的十字路口。

网者，"国之大事，死生之地，存亡之道，不可不察。"随着网络空间成为生存新空间和作战新领域，网民与公民、网情与舆情、网意与民意的重叠度不断提升；网络主权、网络边疆、网络国防的概念随之出现，国家管辖权实质性地延伸，经略网络空间事关生产力、国防力与文化力，事关执政党地位与社会稳定，成为维护国家主权、安全与发展利益的重要阵地。"棱镜门事件"充分说明，美国在网络空间的领先幅度，已完全超越了其在实体空间的优势地位，并已具备了对全球网络空间的威慑能力，促使网络空间"战争与和平、霸权与民主、管制与自由"之间的矛盾日益凸显。经略网络空间，既是难得的历史机遇，又是必须面对的现实挑战。

"战略是筹划和指导全局的方略"。经略网络空间，需要战略文化先行！因此，我们不仅要"发现智慧的纲领"，更要借其沉淀网络文化、网络思维和网络观念，将思想文化与国家战略相结合，进而培育影响国家安全与发展的战略思维、战略取向、战略意图的深层次文化素养，在网络时代特征和中华民族传统文化的基础上，全面推动生产方式、生活方式、工作方式、决策方式、管理方式等各方面的变革，进而引起思维方式和观念变革，推动社会文化发生结构性变革，培育网络时代战略文化基因。

这种战略文化基因，要发挥"主导文化、引导产业、建设国防"的作用，最终决定我们能否统筹国家优势资源，在以信息网络为核心的产业技术革命中赢得领先地位；能否凝聚民族先进文化，在网络空间战略博弈中最大限度地趋利避害；能否汇集国家多元力量，在"和平崛起"过程中避免网络冲突和发展制约，是中华民族复兴之路必须走过的心理历程和文化积淀。

2. 新格局、新期待与新思路

"学如弓弩，才如箭镞，识如领之，方能中鹄。"习总书记就网络和信息安全的战略要求与顶层设计、治理理念与体制机制等提出了一系列新思想、新观点和新举措，十八届三中全会决定成立国家安全委员会，加快完善互联网管理领导体制。这为中国网络空间安全与发展走出"九龙治网"的困境，维护国家安全和社会稳定，提供了重大契机。

当前，我国面临对外维护国家主权、安全、发展利益，对内维护政治安全和社会稳定的双重压力，各种可以预见和难以预见的风险因素明显增多。尤其在网络空间，网络强国早已成立了网络空间司令部，推出了国际战略和行动战略，明确了"核、太空、网络空间"三位一体的国家安全战略。相比而言，我们的安全工作体制机制还不能适应维护国家网络空间安全与发展的需要，需要搭建一个强有力的平台，统筹国家网络空间安全与发展工作，加强集中统一领导，这既是时代呼唤、也是对手挑战，更是主动应变。

"不谋全局者，不足谋一域。"如何在改革发展的大局中，在国家

171

安全的大势中，筹划网络空间安全与发展的新蓝图、新愿景、新目标，汇集全面深化改革的新思想、新论断、新举措，凝聚全社会的思想共识和行动智慧，必须更加注重系统性、整体性、协同性。其一，网络空间安全与发展要成为国家治理体系和治理能力现代化的核心组成部分。三中全会全面深化改革的总目标是完善和发展中国特色社会主义制度，推进国家治理体系和治理能力现代化。网络空间治理既是国家治理的重要内容，也是创新社会治理，实现治理能力现代化的有效途径，成为增加和谐因素，增强发展活力的最优选项。其二，网络空间安全与发展要与市场在资源配置中起决定性作用结合起来。三中全会明确市场在资源配置中的决定性作用。这既是重大理论观点，也是网络空间发展实践的真实写照。当前，网络经济已经成为中国经济的新引擎，其创新活力、运作效率和发展速度都成为中国，乃至世界经济的新标杆。改革政府管理模式，优化市场资源配置，将进一步催生网络空间新的增长点。其三，网络空间安全与发展要突出互联网的主体地位。以互联网为主体的网络空间蕴含新质生产力、国防力和文化力，既有枪杆子，也有笔杆子。尤其是随着方便快捷、规模巨大、全球通联的电子商务等互联网经济的飞速发展；面对传播快、影响大、覆盖广、社会动员能力强的微博、微信等社交网络用户的快速增长；应对"万物互联、聚焦控制"的大数据与云环境下人类社会生活生产对互联网的严重依赖，互联网管理已是网络空间安全与发展的重头戏，加强管理领导势在必行。

3. 适应新常态，塑造大格局

2014 年无疑成为中国网络空间战略启动年。习总书记以"一把手"工程的战略视野，"没有网络安全就没有国家安全，没有信息化就没有现代化"的战略清晰，启动了网络强国建设的伟大历程。2015 年，有必要作为战略执行年，加速推动国家网络空间治理体系和治理能力现代化成为新常态。

"温故而知新，可以为师矣"。2014 年，网络空间安全纵深发展，网络空间博弈日益加剧。中国网络强国战略全面启动，美司法部起诉中国军人意在扩军，美大幅扩编网络战部队加紧备战，"XP 停服"事件加速替代，"心脏出血"等网络安全事件层出不穷，网络国防建设稳步推进，网络空间治理有序开展，全球网络博弈日趋复杂，"斯诺登事件"持续发酵，网络攻防演习风起云涌，美网战条令抢占先机，"工业4.0"时代网络安全冲击波来势涛涛。这十二大战略事件，成为从网络大国走向网络强国道路上的样本性事件。

"继往开来，舍我其谁？"2015年，网络空间风险加大成为新常态，网络空间博弈加剧成为新常态，网络空间治理加强成为新常态，网络空间军事化加速成为新常态。我们需要以时不我待的心态，统筹国内国际两个大局，着眼现实和虚拟两个空间，平衡网络安全和信息化双轮两翼，从认识新常态，适应新常态，走向引领新常态，执行更加坚强有力，工作更加注重质量，以更强的"穿透力"和"气可鼓而不可泄"的姿态，进一步分解细化网络强国建设任务，聚焦攻克难点，进一步树立网络强国建设的制度自信、理论自信、道路自信和文化自信，加快推出网络强国建设的大政策、大项目、大工程，提升战略执行力；全面呈现网络强国建设的大智慧、大思路、大设计，塑造磅礴大格局。

4. 网络安全的国家担当

"举一纲而万目张，解一卷而众篇明"。国家安全委员会、中央网络安全和信息化领导小组相继成立。国家最高领导人阐释，没有网络安全就没有国家安全，并领衔迈出中国从网络大国向网络强国的第一步，履行网络空间的国家责任进入新阶段。"两会"之后，如何制定发展战略、宏观规划和重大政策，将战略清晰转化为执行有力，我们依然在路上，刚起步。

网络空间的威胁也许比人类历史上任何一种威胁都来得更猛烈一些。网络安全事关国家安全，网络治理事关国家治理体系和治理能力现代化。要实现网络强国梦，必须统筹各方资源创新发展，必须凝聚多元力量举国统筹，充分履行国家责任，才能摆脱利益羁绊、权利藩篱和固有观念，走出"九龙治网"的旧路，摆脱"八大金刚"的控制，形成两翼齐飞、双轮驱动的局面。这其中蕴含的国家责任，首先是历史责任、发展责任和文化责任，最后才是安全责任。

履行网络安全与信息化的国家责任，仍需强调战略清晰，强化网络空间安全与发展的紧迫感，以网络思维，推动治理体系和治理能力现代化。这其中，领导干部处于关键环节。面对繁重而艰巨的历史任务，必须走在前列站在实处，发扬为党尽责、为国奉献、为民分忧的担当精神，并聚焦网络安全和信息化，以舒展一体之两翼，加速双轮之驱动，是品格、是能力，是为国为民的政治定力和理想信念。因此，既要善于依托中华文化润物细无声似的深厚底蕴，也要善于驾驭网络空间电闪雷鸣般的创新激情，才能把握好网上舆论引导的时、度、效，为网络强国建设提供最大的正能量。

履行网络安全和信息化的国家责任，需要聚焦技术创新和法律规范两个卡位点，实现技术先进、行业领先。建设网络强国，要有自己的技术，要有过硬的技术。应通过制定全面的信息网络技术研发战略，支持形成具有网络空间卡位防御能力的企业星群，让他们成为技术创新主体，成为网络安全和信息化产业发展主体。也要抓紧制定立法规划，出台产业发展政策、等级保护法规。其中最紧迫的，就是实行市场准入制度、安全检测制度和安全承诺制度，从法律视角建久安之势、成长治之业。

履行网络安全和信息化的国家责任，需要相关各方守望相助。这既涵盖各权利部门，也包括各相关企业，还涉及每个网民。只有多元力量拧成一股绳，登高望远、统筹经略、协调一致、齐头并进，打造网络安全和信息化产业的大格局，才能守卫网络家园，从网络大国走向网络强国。

5. 国家网络空间治理方略

方略是国家治理的方法策略。《荀子》曰，"乡方略，审劳佚，谨畜积，修战备，然上下相信，而天下莫之敢当"。也就是说，只要注重方法策略、劳逸得当、积蓄财物、做好战备、上下信任、紧密协同，则天下无人敢当。同样，经略网络空间，也必须明确至高、至远、至善的方略，调动多元力量、协同各方因素，就能建成世界一流网络强国。

正如《大学》所言，"大学之道，在明明德，在亲民，在止于至善"。国家网络空间治理方略必需能够寻求"大学之道"，通过"明明德、亲民"，达到安全与发展的"至善"境界。这显然是一个复杂的系统工程，弘扬网络空间"明德"，就是要融合互联网精神和传统文化精髓，形成维护安全、有利发展、信息共享、文明和谐、依法治理的网络空间秩序。网络空间的"亲民"，则是让广大网民从新、从善、日新又新，自觉维护网络空间带来的博大精深和思想飞翔的自由。网络空间的"至善"恰好就是达到网络治理的最完美境界，形成有利于国家安全，有利于经济发展，有利于社会稳定的网络生态环境。

要达到这种"至善"境界，"创新，势在必行"。这曾是达沃斯年会的主题，也是国家网络空间治理的关键所在。习总书记在出访中亚国家时也强调，"用创新的合作模式，共同建设'丝绸之路经济带'"。在这个创新的时代和最富有创新精神的网络空间，坚持学网、懂网、用网，以"日新又新"的积极心态，政、企、民"三位一体"，开启一场渐变式的社会改革，通过创新的网络治理模式，兼顾国内和国际两个大局，同世界各国一道，加强政策沟通、网络联通、贸易畅通、货币流通和民心相通，在全球网络治理中奉献更多的中国智慧，提供更多的中国方案，传递更多的中国信心，致力于建设和谐共处、和平发展的网络世界，既是中国改革发展的主旋律，也是中国融入世界的新渠道，更是实现中华民族复兴梦的高速路。

6. 网络空间治理的中国智慧

《中共中央关于全面深化改革若干重大问题的决定》决心之大、变革之深、影响之广前所未有。尤其是推进国家治理体系和治理能力现代化的总目标，加快完善互联网管理领导体制的新举措，以及成立国家安全委员会的新决策，都是改革开放的大战略、大举措、大突破，体现了网络空间治理的大智慧。

网络空间蕴含着新质生产力、文化力和国防力。国家网络空间治理已经成为创新社会治理体制的核心与关键。改进社会治理方式、激发社会组织活力、创新有效预防和化解社会矛盾体制、健全公共安全体系，都需要坚持积极利用、科学发展、依法管理、确保安全的方针，加大依法管理网络力度，加快完善互联网管理领导体制，确保国家网络和信息安全。为此，积极推动"以网治国"进程，使网络空间真正成为活力竞相迸发、财富源泉充分涌流、发展成果惠及全体人民的战略重地，是全面深化改革的大事情。

面对新形势新任务，实践发展永无止境，解放思想永无止境，改革开放永无止境。党员领导干部必须着力网络空间安全与发展，在其位、谋其政，想干事、能干事、干大事、干成事。这些都需要"牵一网而动全身"，具备执政新思维新智慧，利用网络新资源新工具，以更好更快地提升改革的系统性、整体性、协同性，加快发展社会主义市场经济、民主政治、先进文化、和谐社会、生态文明，进一步提升改革开放的道路自信、理论自信、制度自信。

"明者因时而变，知者随事而制"。新一届政府规模最大、领域最多、范围最广的深化改革已经渐次展开。我们有理由相信，只要始终坚定改革的决心和勇气，永远坚持与时俱进、科学发展的观念和思维，不断传承中华文明的中和之境、人文精神、崇德尚群、阴阳观念和整体思维，伟大的祖国、伟大的人民和全心全意为人民服务的政党，就一定可以同心协力、众志成城，共同铸就中华民族复兴的新辉煌。

7. 正确选择网络强国建设的"路线图"

"司险掌九州之图，以周知其山林川泽之阻，而达其道路。"建设网络强国，必须选择最佳"路线图"，才能汇磅礴之力、收长远之功。尤其在四中全会按下法治中国"快进键"后，网络强国建设"方向角"调整至关重要，需要从号召力、执行力、生产力、文化力和国防力多个方面整体筹划，协同提升，才能又好、又稳、又快发展。

习总书记提出建设网络强国的宏伟目标、"多边、民主、透明"的全球网络治理观，以中国智慧、中国设计和中国自信的号召力，宣示中国主张，为中华民族崛起插上了网络的翅膀，为世界网络空间带来了希望的曙光。

网络空间治理体系现代化，凝聚了民族复兴的执行力。将"依法治国"落实到"依法治网"，既要高度重视网络空间法治体系建设，也要积极推动国际社会网络新秩序构建，让中华民族复兴与国际社会发展互通互联。

实现传统媒体和网络媒体融合，就是要提升网络空间文化力。基于中华民族和平、和谐、包容的文化基因，利用网络空间"全球一网"的特质，用富含中华文明底蕴的网络文化温暖世界，形成跨国界、跨时空、跨文明的交流互鉴，是人类社会文明发展的共同期盼。

网络空间是人类社会最大的"利益共同体"，构建"信息港"为范式的"网络新丝路"，就是提升网络空间蕴含的新质生产力。作为世界经济引擎和网络大国，中国将以网络经济驱动世界、互惠互利，成为世界网络空间和平发展的最大贡献者。

没有网络安全就没有国家安全，维护网络空间国家主权、安全和发展利益离不开强大的国防力。中国人民不接受"国强必霸"的逻辑，但也不能是大而不强的网络弱国。建设可对等制衡的网络国防力量，就是要成为维护世界网络空间和平发展的中流砥柱。

"山明水净夜来霜，数树深红出浅黄。"无论是 APEC 峰会"创新、互联、融合、繁荣"的主题，还是"互联互通、共享共治"的首届世界互联网大会，都充满了"中国梦"与"世界梦"相通的美好、包容和憧憬。从网络大国走向网络强国，中国坚持开放的安全观和发展观，力求成为网络世界稳定之锚和繁荣之基，是体现网络社会"大家庭精神"和"命运共同体意识"的最佳战略选择。

8. 善于担当网络强国建设的智库责任

习总书记强调，"智力资源是一个国家、一个民族最宝贵的资源。我们进行治国理政，必须善于集中各方面智慧、凝聚最广泛力量。改革发展任务越是艰巨繁重，越需要强大的智力支持"。勇于承担、善于担当网络强国建设的智库责任，我们理所当然、义不容辞。

"网可兴邦、亦可覆国"。网络时代，网兴中华才是大智慧。智库被誉为国家的"智商"，服务公共政策是其"天然基因"。网络空间已经成为全新的生存空间和作战领域，智库必须积极把握其本质规律，通过网络把自己的发展和民族的兴旺紧密结合起来，坚持科学精神，鼓励大胆探索；坚持围绕大局，服务中心工作；坚持改革创新，规范发展，为建设网络强国，实现中华民族崛起奉献大智慧。

"大海之阔，非一流之归也。"网络时代，网聚智慧才有大目标。智库推动科学决策、民主决策，推进国家治理体系和治理能力现代化，增强国家软实力，必须以网络为工具、以网络为平台，以网络为渠道。始终认识到"人民群众是真正英雄"的伟人感悟，已经演化为网络空间的"高手在民间"，坚持"以民心为我心"，"接地气才能有底气"，既筹划大政方略，也引领社会思潮，聚焦为人民服务的大目标。

"天下皆知美为美，天下皆知善为善。"网络时代，网罗世界才有大格局。智库要扩大世界影响力，提升国家软实力，就需要认识到，互联互通的网络铸就了信息"新丝路"，网络智库的思想成果就是网上丝路的"驼铃声"。中国智库只有站在全人类共同的福祉上，充分体现中国特色、中国风格、中国气派，才能凝聚共识，在网络空间，这个人类社会最大"命运共同体"，塑造合作共赢的大格局。

"智者无虑、勇者无惧。"我们可以始终是勇者，但我们不可能总是智者。因此，要在网络大国走向网络强国的路上智勇双全、化险为夷，就需要网聚力量、网聚智慧、网罗天下，让中国特色的智库体系成为建设网络强国，实现中华民族复兴和世界网络空间繁荣昌盛的智慧保障。

9. 提升网络强国建设的执行力

"集思广益用好机遇，众志成城应对挑战，立行立改破解难题，奋发有为进行创新"，习总书记的新春寄语，同样也是对网络强国建设的新年期望。2014年，中央网络安全和信息化领导工作在统筹全局、驾驭大局、先后有序、缓急兼顾中走出了第一个年头。2015年，我们将更加信心百倍，以"踏石留印、抓铁有痕"的执行力度，革故鼎新，贯彻战略意图，蹄疾步稳，完成预定目标。

2015年是全面深化改革的"关键之年"，也是网络强国建设的"关键之年"。要善于以钉钉子精神抓好落实，提升网络安全和信息化领导工作的"穿透力"；要善于分解任务，加强对跨区域跨部门重大改革事项的"协调力"；要善于打赢关键战役，注重质量、势如破竹地把改革难点攻克下来。这些都将呈现为网络强国战略的执行力。

提升网络强国建设执行力，依托"时和势总体有利，但艰和险在增多"的冷静判断，确保始终战略清晰。我们要始终认识到，我们网络强国建设仍处于发展的初级阶段，清醒认识中国从网络大国走向强国的已有成绩、现实差距和世界影响，把握国际国内两个大局、现实和虚拟两个世界，坚持从客观实际出发制定政策、推动工作、取得实效。

提升网络强国建设执行力，依托"敬终如始、善做善成"的工作作风，确保战略落地生根。正是由于有了这种作风，我们能够坚定决心，知难而进，迎难而上，防止战略设计不着力、战略执行不给力、事件应急无能力。正是由于有了这种作风，面对复杂形势和繁重任务，针对一些牵动面广、耦合性强的深层次矛盾，我们能够用富有时代气息的"蛮拼"精神，凝聚力量、开拓前进。

提升网络强国建设执行力，依托学习掌握唯物辩证法的根本方法，确保工作行之有效。网络强国建设，离不开国家网络空间治理体系和治理能力现代化。只有不断增强辩证思维能力，才能提高驾驭复杂局面、处理复杂问题的本领；只有学习掌握事物矛盾运动的基本原理，不断强化问题意识，才能积极面对和化解前进中遇到的矛盾；只有抓住网络空间的本质特，才能牵住"牛鼻子"，打开工作局面的突破口。

"开弓没有回头箭，改革关头勇者胜"。网络强国建设时不我待。新的一年，我们必须在践行制度自信、理论自信、道路自信和文化自信树立过程中，更上一层楼，塑造中华民族崛起的网络空间政治新生态、经济新常态、文化新高度、军事新领域、外交新格局。

10. 走出科技创新的网络强国之路

习总书记指出，"科技创新，就像撬动地球的杠杆，总能创造令人意想不到的奇迹"。创新、创新、再创新就是我国科技发展的坚定方向。科技创新成为我国自主可控安全的根本出路。如何在全球化的开放融合中，通过科技创新，逐步掌握安全与发展的命脉，已经成为走向网络强国的必由之路。我们必须认识到，自主不一定安全，不自主一定不安全。科技创新之路，早走早主动，不走总被动。尤其在大国博弈、社会运行和市场规则的多重压力下，现实地思考自主可控的实现途径，走出科技创新的道路刻不容缓。

"天下大事必做于细"。具体到科技创新的网络强国建设路径选择中，我们必须清楚地认识到，无论是"两弹一星"精神的鼓舞，还是锐意改革局面的憧憬，包括中央国家安全委员会以及网络安全和信息化领导小组成立的鼓舞，只是我们摆脱网络霸权控制的前提。要真正走出一条确保总体国家安全，建设网络强国之路，战略清晰之后必须应对得当，阵阵春雷之后更加期盼迎来一场孕育科技创新的透雨。

这场透雨是什么？是国家政策，也是市场规模。其中蕴含的是国家责任，也包括产业界的守望相助。具体来看，如何把握网络、计算、存储这三个环节，聚焦操作系统与芯片这两个关键，抓住 XP 停止服务等国产操作系统发展契机，在全面补缺还是卡点绕前的思考中走出创新路，在自主可控安全的存储研发中找到突破口，在坚定形成可控安全的产业链过程中体现持续性。这一切都在形成"接地气、有底气"的安全网络发展路线图中至关重要。

　　"雄关漫道真如铁，而今迈步从头越"。从网络大国到网络强国，刚刚起步，从世界大国到世界强国，正在路上。只要我们具有坚定的信念，掌握科学的方法，锻造必胜的能力，倡导共同、综合、合作、可持续的安全观，走出一条科技创新之路，伟大的网络强国梦想就一定会成为现实！

11. 贯彻落实总体国家安全观

甲午之年，增强忧患意识，做到居安思危，是历史的警醒，也是时代的召唤。习总书记面向时代、面向世界、面向未来，以高瞻远瞩的战略视野和历史担当，提出了总体国家安全观。这不仅是中国特色国家安全理论的重大突破，也为网络安全和信息化工作提供了基本遵循方针。

网络时代的来临，正颠覆性地改变着人类社会的生产生活方式和斗争模式。网络空间已经成为"第二生存空间"和"第五作战领域"。坚持总体国家安全观，走中国特色国家安全道路，既要强调"没有网络安全就没有国家安全"，也要坚持网络安全服从服务于总体国家安全。

其一，必须树立"兼顾国内外两个大局"的整体观。网络时代，内外安全高度融合、交织转化。网络空间承载着新质生产力、文化力和国防力，已经成为对内求发展、求变革、求稳定、建设平安中国的根本依托；网络空间传播着中华文明、中国智慧和中国理念，是对外求和平、求合作、求共赢、建设和谐世界的便捷通道。

其二，必须树立"网络安全为人民"的执政观。网络时代，网络空间成为国家主权的"新疆域"、人民生活的"新乐园"。坚持国家安全一切为了人民、一切依靠人民，真正夯实国家安全的群众基础，就离不开清朗的网络新生态，就必须坚定地防范滋生网络"雾霾"。

其三，必然树立"无网而不胜"的时代观。网络时代，网络空间孕育非传统安全，关联传统安全，要构建集政治安全、军事安全、经济安全、文化安全、社会安全、信息安全等多个领域安全于一体的国家安全体系，已经必然是"一网打尽"、"无网不能"。

其四，必然树立"双轮驱动"的发展观。网络时代，强调网络安全和信息化"一体之两翼、双轮之驱动"，就是既重视发展问题，又重视安全问题。作为世界第二大经济体的中国，还不是网络安全能力上的强国。只有持续发展，提升网络安全综合实力，才能维护总体国家安全。

其五，必须树立"利益共同体"的合作观。网络时代，网络空间成为迄今为止人类社会最大的利益共同体。我们需要认清"全球一网"的新形势，坚持开放发展的大格局，最大限度地融合自身安全与共同安全，形成依托网络空间的命运共同体。

透过网络空间，可以清晰地看到国家安全内涵外延、时空领域、内外因素的巨大变化。只要我们握好各领域安全问题相互依存、相互关联、相互传导的复杂关系，立足网络安全、面向总体安全，举全国之力、聚世界智慧，就能始终做到战略清晰、应对得当，加快实现网络强国的伟大梦想。

12. 凝聚网络文化的强大正能量

"圣人之治天下也，先文德而后武力"。自古以来，文化培育一直处于国家治理的核心位置。尤其是"冷战"期间，意识形态斗争成为大国博弈最激烈的较量，最终以前苏联的轰然解体告一段落。随着网络时代来临，世界地缘政治关系发生了极大的变化，但"无声的较量"并未停止，反而通过网络渠道变得更加直接和激烈，大国意识形态斗争已经披上了网络文化的"新装"。新型大国关系的建立，中华民族的伟大复兴，都离不开网络文化凝聚的强大正能量。

"不是燃眉之急的事情，恰恰是危亡之渐"。我们必须清醒地认识到，互联网的缔造者和网络战的始作俑者美国，正加紧以网络文化为载体的思想渗透。其政府高官已多次毫不忌讳地表述了对中国实施网络文化颠覆的战略企图，并已悄然利用互联网，在我内部培育思想颠覆的文化萌芽，一些"颜色革命"的处心积虑者利用网络便利，已是声嘶力竭。中国网络文化正面临"温水煮青蛙"式的颠覆渗透。

"增强忧患意识，做到居安思危，是我们治党治国必须始终坚持的一个重大原则"。我们必须清醒地认识到，发展起来以后的中国面临的矛盾和问题，注定比之前更尖锐也更复杂。如果我们防不住经不起，所带来的不仅是载舟覆舟的千古警思，更有亡党亡国的灭顶之灾。能否赢得意识形态领域渗透和反渗透斗争的胜利，在很大程度上决定我们党和国家的未来。

"政之所兴在顺民心，政之所废在逆民心"。我们必须清醒地认识到，网络文化既是对手意识形态颠覆的一种工具，也是最大限度地贴近最广大人民群众的一种温暖、一种影响、一种力量。为此，我们要始终坚持培育网络文化为人民，高度重视传统优秀文化的支撑作用、互联网精神的驱动作用、党创新理论的引导作用，把握好时、度、效，增强网络文化的吸引力和感染力，让群众爱听爱看、产生共鸣，进而发挥其鼓舞人、激励人的作用，在全社会大力培育和践行社会主义核心价值观。

与此同时，我们必须胸怀世界，放眼未来。习总书记最近强调，团结统一的中华民族是海内外中华儿女共同的根，博大精深的中华文化是海内外中华儿女共同的魂，实现中华民族伟大复兴是海内外中华儿女共同的梦。为此，我们不仅要培育蕴含中华民族精神基因的网络文化，凝聚更加强大精神力量，而且要依托网络空间，积极推动中外文明交流互鉴，为实现中国梦营造良好环境。只要这样，我们就一定能够网聚中华民族崛起的强大正能量。

13. 勇于担当国家"新媒体"战略的行业责任

十八大以来，改革开放渐入佳境，中兴领袖唤醒了中国。中共中央以作风建设为切入点，坚持党要管党、从严治党，凝心聚力、直击积弊、扶正祛邪，党的建设开创新局面，党风政风呈现新气象。恰此关键时节，习总书记强调着力打造一批形态多样、手段先进、具有竞争力的新型主流媒体，建成几家拥有强大实力和传播力、公信力、影响力的新型媒体集团，形成立体多样、融合发展的现代传播体系。这充分显示了坚持"打铁还要自身硬"的执政党，已经更加有自信通过现代传播体系凝聚力量、监督建设、展示魅力，传递中国设计、中国智慧、中国自信的强大正能量。

建设拥有强大实力的新媒体集团，必须充分发挥网络安全和信息化产业"一体之两翼、双轮之驱动"作用，全面提升网络安全水平，以国防力保障传播力。没有网络安全就没有国家安全，没有信息化就没有现代化。同样，没有网络安全和信息化也就没有现代媒体的传播力。坚持先进技术为支撑，就必须在利用大数据和云计算技术推进新闻生产，利用移动互联技术实现弯道超车，利用微博微信技术拓宽社会化传播渠道的同时，以超常规的模式推动网络安全产业发展，形成一批可与网络强国对等制衡的网络安全企业星群，进一步在全产业链汇聚起中华民族复兴的强大网络力量。

建设拥有强大实力的新媒体集团，必须高度重视网络文化产业的跨越式发展，弘扬社会主义核心价值观，以文化力孕育公信力。承载形态多样、手段先进的传播体系，离不开文化产业繁荣和发展。推动媒体融合不仅是品质专业权威、传播快捷精简、服务分众互动、展示生动活泼的产业升级，更是巩固宣传思想文化阵地、壮大主流思想舆论，发挥群众和媒体监督作用的革新图存，事关意识形态和政权安全，需要始终以生死存亡的危机感，牢记党风正则民风淳，以优良的党风政风带动民风社风，理直气壮地弘扬社会主义核心价值观，进一步在全社会凝聚起改革发展的强大精神力量。

建设拥有强大实力的新媒体集团，必须推动形成走出国门的网络经济链条，构建"信息丝绸之路"，以生产力体现影响力。建设立体多样、融合发展的现代传播体系，离不开全球产业大环境。中国网络产业进一步走出去，形成你中有我、我中有你的大格局，建立外向型产业链条至关重要。这种格局不仅可以互通互联、合作共赢，而且能够宣扬中国主张，讲好中国故事，塑造中华民族复兴的有利环境，进一步在全世界凝聚起和平与发展的强大合作力量。

14. 依法治网，全面贯彻落实四中全会精神

"法者，天下之仪也，所以决疑而明是非也，百姓所县命也。"2014年金秋十月，四中全会聚焦"依法治国"，以其鲜明的时代特征，第一次镌刻在党的中央全会的历史坐标上，开启了国家治理体系和治理能力现代化的新阶段。这也为"以法治网"，凝聚网络空间的强大正能量提供了新契机，有利于激发全新领域蕴含的新质生产力、文化力和国防力，事关人民当家做主社会制度的正确选择；事关最广大人民群众的人心向背；事关党领导人民当家作主的能力和水平。

依法治网，是中国共产党人的时代命题，要始终坚持方向的正确性。四中全会强调，党的领导是全面推进依法治国、加快建设社会主义法治国家最根本的保证。要始终在中国共产党领导下，坚持中国特色社会主义制度，形成适合网络空间繁荣、安全、发展的完备法律规范体系、高效的法治实施体系、严密的法治监督体系、有力的法治保障体系，确保网络空间成为"阿里巴巴的宝盒"，而不变成"潘多拉的魔盒"。

依法治网，是实现中国梦的康庄大道，要始终重视人民的认同性。

四中全会强调，法律的权威源自人民的内心拥护和真诚信仰。要始终坚持党的领导、人民当家作主、依法治国有机统一，以爱民、利民、益民、安民为基本前提。因此，制定既合乎民意，又合乎规律的网络法规，良法善治，增强网络立法的科学性、针对性、系统性、可操作性，就可以基于法制的力量，确保网络空间成为人民群众最大的福祉，而不是少数人绑架民意兴风作浪的乐园。

依法治网，是中华大地上的生动实践，要始终突出技术的领先性。四中全会强调，法律的生命力在于实施，法律的权威也在于实施；公正是法治的生命线。要始终正确认识到，在技术驱动的网络空间，无论是法律实施还是司法公正，都离不开技术支撑。因此，要以技术领先为支撑，善用网络思维、网络资源、网络力量，提高执政能力和水平，让网络空间成为依法治国的典范，而不是国际资本掠夺资源的盛宴。

"法律是治国之重器，良法是善治之前提。"四中全会公报指出，建设中国特色社会主义法治体系，必须坚持立法先行，发挥立法的引领和推动作用，抓住提高立法质量这个关键。在全新的网络空间，立法先行尤为迫切，需要加紧厘清主要问题、核心矛盾和重大关系，尽快拟定、编纂、颁布、实施、修订网络法治体系，让"依法治网"具体化、路径化，保障网络空间的繁荣和稳定，让中华民族崛起插上网络的翅膀。

15. 网络安全审查是走向网络强国的重大举措

《周易》曰："天地节，而四时成。节以制度，不伤财，不害民。"网络时代，新一轮科技革命和产业变革正在孕育兴起，人类社会面临发展新态势、风险新特征、规则新空白。这导致网络威胁急速增加，直接影响国家安全、民生基础和社会稳定。这种态势下，国家相关部门把握大势，顺势而为，推出网络安全审查制度，此其时也。

其一，网络安全审查制度是确保国家安全的威慑手段。要聚焦国家网络空间安全与发展的战略需求，体现"一把手"工程的权威性，在国家意志的最高层，把握重大政策法规、行业发展等网络强国建设的关键环节，以行之有效的制度，维护国家网络空间主权、安全和发展利益。

其二，网络安全审查制度是"依法治国"的重要方式。李克强总理强调，市场经济是法治经济，也是道德经济，要靠信用做基础，靠公平规则竞争。网络安全审查制度的出台，既为维护国家网络安全提供最有效的法理依据，也为形成诚信守法的良好环境提供了重大契机，有利于全面提升国家治理体系和治理能力现代化。

其三，网络安全审查制度是网络空间治理的顶层设计。国家互联网信息办公室发言人姜军指出，过去，中国的网络安全实际上像一个没有设置屏障的房间，缺少充分的、整体的设计。我们有很多地方就像汽车上了高速公路才发现装了油门没装刹车一样，很多安全设施没有配备。现在我们采取的实际上是一个补救措施。

"惟其艰难，才更显勇毅；惟其笃行，才弥足珍贵。"从网络大国走向网络强国的道路注定充满风险，网络安全审查制度的实施也不会一帆风顺。既有多元利益的综合，也有科技创新的艰难，还有国际博弈的制衡。但只要我们始终坚持"战略清晰、技术先进"，坚定落实三中全会改革开放总目标的既定步伐，网络安全审查制度的出台，必将成为网络强国建设更上一层楼的重要标志。

16. 在铭记历史中汇聚网络空间国家力量

2014 正在走过，甲午风云再起，中日钓鱼岛博弈加剧，日本解禁集体自卫权，军国主义复活迹象明显，美国"网络总统"狂言协防钓鱼岛。同时，网络空间暗流涌动，已经不是界限分明的楚河汉界，不是刀光剑影的两军对垒。有识之士思虑，日本是否会第三次打断中华民族现代化步伐？

甲午之年又来，必须换挡网络思维看世界。这既是时代呼唤，也是主动应变，更是对手挑战。2013 年国庆长假期间，美日召开会议，决定共同防范网络攻击，矛头明确指向中国。今年春节期间，日美两国召开首次网络防御工作组会议，网络攻防合作进入实质性操作阶段。

78 年前的卢沟桥畔枪声，已仿佛在网络空间回荡。作为"第二生存空间"和"第五作战领域"，网络空间对于陆海空天实体空间，融入其中、控制其内、凌驾其上。网络攻击直击现代社会赖以生存的信息和控制机制，被喻为信息时代的"原子弹"。一个国家、民族和政党，很可能不是倒在战场上，而是死在网上。

习总书记强调，"我们希望和平，但任何时候任何情况下，都决不放弃维护国家正当权益、决不牺牲国家核心利益。"我们既要警告日本政客，促其尊重人类良知与国际公理的底线，遏制重走军国主义道路的邪念；也要警示中华民族，认识网络时代特征，不仅仅停留在传统领域的军事对决，当机立断汇聚网络空间国家力量。

"大鹏之动，非一羽之轻；麒麟之速，非一足之力。"汇聚网络空间国家力量，就如当年民族危难之际，中国共产党秉持民族大义，建立抗日民族统一战线。面对新形势新任务，共产党人更需直面挑战、统筹经略，聚合党政军企民力量，锻造网络强国统一战线，形成维护网络空间和平发展的多元向心力。

"因势而谋、应势而动、顺势而为。"汇聚网络空间国家力量，就要看到网络博弈呈现新常态、军事对抗锁定新目标、国家发展关注新重点、战略决策呈现新思路，破除思维定势，树立与网络时代相适应的思维方式和思想观念，深入研究现代战争特点规律和制胜机理，让一切维护网络安全的活力竞相迸发，让一切凝聚网络力量的源泉充分涌流。

"机不可失、时不我待。"汇聚网络空间国家力量，就是从现在起，大江南北，长城内外，全体中华儿女以只争朝夕的精神推进网络空间国家力量建设，奏响了一曲气壮山河的科技创新凯歌，坚持共同、综合、合作与可持续的网络安全观，用中国智慧、中国设计、中国自信来谱写网络强国建设的壮丽史诗。

17. 网络国防建设刻不容缓

网络空间风乍起，于无声处听惊雷。网络空间已经成为影响国家安全、社会稳定、经济发展和文化传播的全新生存空间。网络战的始作俑者美国已明确宣称网络空间为新的作战领域，并从战略指导、力量机构和法理依据等各方面做好了准备，尤其是大幅扩编网络空间司令部和网络战部队，随之"棱镜门"事件曝光，使全球陷入人人自危的恐慌之中，网络边疆、网络国防、网络主权问题进一步凸显。

当前，网络空间风雷激荡，恰如春秋战国群雄四起、秩序未定的复杂混沌局面。网络强国抢占优势、暂成霸主，世界各国合纵连横、纷纷跟进，"影子网络"、"数字水军"神出鬼没，"数字大炮"、"震网"病毒惊心动魄。一段恶意代码，"瘫痪"了伊朗1000多台离心机，使整个世界受到震动；一个街头小贩的自焚，引起轩然大波，竟然成为颠覆多国政权的第一块多米诺骨牌。网络战已经成为全球范围内战略博弈和军事角力的杀手锏。

从作用效果上看，网络空间的力量，对一个国家、民族和政党存在三大威胁：一是可以利用直达人心的便捷通道攻心夺志，实现信息渗透、文化入侵和思想殖民，直至颠覆国家政权，西亚北非国家政权批量倒台，埃及总统被关进"铁笼"受审的例子现实而生动；二是可以利用全球一体的物联网络实现远程控制，阻瘫交通、能源、金融、供水等民生基础设施，"震网"病毒瘫痪了伊朗核设施1000多台离心机震惊世界，美国也在积极防范"数字9·11"和"网络珍珠港"事件发生；三是可以通过网络入侵攻击军事网络，阻瘫作战体系，病毒入侵无人机指控系统、导致法国海军战机无法起飞的例子不在少数。

面对威胁和挑战，我们别无选择，只能主动应变。但值得忧虑的是，我们对于国家防卫还停留在传统的陆海空天对决的概念上。我泱泱中华的民族复兴或将面临传统辉煌根本无从抵挡的威胁。因此，把握网络空间的本质特征，提升捍卫国家网络主权的自觉与自信，推动网络国防建设，既是升级国家安全模式的必然，也是深化国防和军队改革的需要。网络国防建设刻不容缓。

18. 创新驱动网络国防发展

恰如盘古开天辟地，互联网的出现和迅速普及，最终孕育出人类社会新的生存空间和作战领域。但其依然处于混沌初开的发展阶段。网络国防也自然呈现出新防线、新优势、新导向、新基础和新体系等一系列新特征。因此，以突破性创新思维，抓住网络空间的本质特征，进而牵引国防建设新变革，推动国防建设新突破，开创国防建设新局面，是当前网络国防建设不可回避的重大战略课题。

网络国防的重要性和鲜明特征，可谓"微乎微乎，至于无形；神乎神乎，至于无声，故能为敌司命。"网络空间"大数据、微联接、强控制"的态势，喻示着技术创新已经成为网络国防发展的主导范式。这种"技术推动"的创新，需要全新的科技知识和综合资源，完全区别于对现有技术的微小改变和简单调整的渐进性创新，其创造性、特殊性、技术性前所未有。这更需要我们聚敛智慧的光芒，在差异化对比中提升战略定力，在综合化集成中谋求跨越式发展。

习总书记强调，实施创新驱动发展战略决定着中华民族的前途命运。

这在网络空间尤其重要。由于其人造可控的技术属性，态势瞬息万变，机会稍纵即逝，抓住了就是机遇，抓不住就是挑战。因此，创新驱动网络国防发展，要着眼技术决定战术、技术支撑战略的内在规律，充分认识科技创新的巨大作用，敏锐把握世界科技创新发展趋势，紧紧抓住和用好新一轮科技革命和产业变革的机遇，不能误判、不能等待、不能观望、不能懈怠。

尤其是在实践过程中，需要兼顾社会结构、体制机制、文化导向、核心战略和人才队伍等核心要素，紧紧抓住十八届三中全会改革开放的契机，始终围绕推动国家治理体系和治理能力现代化的总目标，在国家层面建立推动网络国防军民融合发展的统一领导、军地协调、需求对接、资源共享机制，形成创新驱动网络国防发展的最大合力。只要这样，网络国防建设就可以后来居上，实现跨越式发展，成为中华民族复兴的强大力量。

六、
中国突围（三）：建立新型中美大国网络关系

　　中美网络博弈不可避免，也无需回避。作为世界第一、二大经济体，中美也是网络空间最大的受益者。因此，必须认识到：一是将网络空间视为真正的"第二类"生存空间。它既是人们的精神乐园，也是人类社会发展的新资源、新财富。二是美国对互联网的独自控制造成潜在威胁。目前世界各国与美国之网络关系，并非平等的"互联"关系，而是不平等的"接入"关系。三是建立维护网络空间国家安全、主权和发展利益的专业力量。只有相互具有对等制衡的网络攻防实力，才能确保网络空间的整体安全。

　　这其中，尤其要强调的是，中国首先要成为一个网络空间的"正常国家"，也就是公开建立自己的网络国防力量，光明正大地维护网络空间主权、安全和发展利益。

网络时代，中美围绕大数据这种"新石油"的博弈将进一步加剧。美国独自监控世界的情况将遭受越老越多的挑战。正视分歧，求同存异，共同发展将成为新常态。

1. 中美网络空间安全怎么谈?

　　中美网络空间安全怎么谈? 基本需求：维护两国网络空间的发展和安全利益; 核心内容：探讨各方广泛参与的网络空间准则; 必要举措：建立对等制衡的中国网络国防力量; 谈判目的：构建相互确保安全的中美网络关系。

　　早在 2013 年 5 月 31 日，备受瞩目的香格里拉会议在新加坡举行，时代美国国防部长哈格尔在前往新加坡途中对随行记者称，美国必须与中国直接讨论网络安全问题。网络空间安全早已成为中美两国、两军之间最重要的话题之一。

　　然而，中美网络空间安全问题该怎么谈? 外交部发言人洪磊说，在网络安全问题上中美双方应该进行"平心静气的讨论",形成双方互信、合作的新领域,共同应对网络安全威胁,共建和平、安全、开放、合作的网络空间。这显然是我国对网络空间安全的基本态度。

但与美国谈网络安全,还要从网络国防的角度审视这一问题,从军事战略的视角明确谈判的基本需求、核心内容与必要举措,而谈判的最终目的应该是构建"相互确保安全"的新型中美网络关系。

基本需求:维护两国网络空间的发展和安全利益

中美两国的网络关系,既具备大国博弈的已有特点,也具备虚实结合、人造可控的网络空间新特征。基于两国网络空间共同利益和共同威胁,维护网络空间安全和发展利益,应是中美网络安全对话的共同起点。

眼下,以互联网为核心,全球网络经济飞速发展并不断融合,中美已经成为网络空间"利益共同体"。当前,中国作为美国信息网络产品的最大用户,实际上成为美国网络经济持续发展的重要支撑。

2011年,中国市场占据 iPhone 全球销售量的60%,美国思科公司的产品占据了中国电信163骨干网络约73%的份额。中国四大银行及各城市商业银行的数据中心全部采用思科设备;在海关、公安、教育等政府机构,思科的份额超过了50%;在铁路系统、民航系统、石油和烟草行业,思科的产品也占有大量份额。中国成为美国高科技网络公司的最大消费群体,是美国领先科技发展的主要驱动因素之一。

与此同时,中美共同面临"数字9·11"和"网络珍珠港"的威胁。除了中美双方各自强调的网络霸权和网络"窃密"之外,两国网络空间存在有两大共同威胁：网络恐怖主义和网络军国主义，也就是美国一直防范的"数字9·11"和"网络珍珠港"。

2010年，白宫前反恐事务主管理查德·克拉克在他出版的《网络战》一书中提到了全国停电、飞机失事、火车出轨、炼油厂着火、管道爆炸、有毒气体外泄以及卫星失去轨道等情形，这些都使得2001年"9·11"恐怖袭击相形见绌。

美国国家情报总监詹姆斯·克拉珀曾在参议院军事委员会上警告，针对美国的重大网络攻击可能严重破坏这个国家的基础设施与经济，这种打击如今对美国构成了最危险的直接威胁，甚至比国际恐怖主义组织的袭击还要紧迫。

同时，一直渲染网络空间"中国威胁论"的美国承认中国也是网络攻击的受害者。2014年6月1日，时代美国国防部长哈格尔在香格里拉对话上发表"美国亚太区域安全政策"演讲时表示，网络入侵的行为已经影响到了包括中国在内的所有国家。这说明亚太地区各国有基于这一问题的共同利益，中美两国加强网络安全合作，是共同利益和共同威胁下的必然选择。

核心内容：探讨各方广泛参与的网络空间准则

在香格里拉对话中，哈格尔说，作为世界上最大的两个经济体，中美在很多领域都拥有共同的利益与关切，中美已经建立了关于网络安全的工作小组，美国将与中国及其他伙伴国家一起促进建立负责任网络行为的国际准则。

哈格尔特别强调，网络攻击的来源不像传统战争中舰船或军队身份那样容易识别，因此很难确切断定攻击来自哪里，若产生误判，将会带来负面效果。

哈格尔的讲话既表明了美国对网络空间国际合作的基本态度，即主导国际准则制定，也说明了美国推动网络对话的根本原因，即攻击来源难以确定，更透露出了中美网络空间谈话的美方关注点，也就是"美国将与中国及其他伙伴国家一起促进建立负责任网络行为的国际准则"。

美国首先做的就是向国际社会表明美国维护网络信息安全的立场，并谋求在此问题上达成国际共识。随后，要与有关国家和国际组织签订条约和协定，制定各国共同遵守的国际行为标准。包括制定国际制裁措施，要求国际社会对窝藏网络罪犯或参与网络攻击的国家采取制裁行动。

目前，美国网络行为国际准则谈判分为两条主线：一条线是利用传统军事同盟关系，与盟国开展密切配合。2013 年 3 月，北约网络空间防御中心推出了企图成为网络空间战争法典的"塔林手册"。之前的 2010 年，美国与澳大利亚在签订双边防御条约中也加入了网络防御的内容。

另一条线是与中俄等大国之间进行网络空间话语权的争夺。2009 年 6 月，美国国防部正式创建网络战司令部之后，全球网络军备竞赛呈燎原之势。俄罗斯利用 2009 年 12 月 5 日到期的核裁军条约重新签订之机，加紧了与美国签署网络军控协议的磋商。当年 12 月 12 日，在日内瓦举行的美俄核裁军谈判期间，美俄就网络军控问题进行了磋商，美国同意就网络战争和网络安全问题与联合国裁军和国际安全委员会的代表谈判。

近年来，美国频频炒作网络空间"中国威胁论"，反复提出就网络安全问题和中国进行谈判。2012年5月，时任美国国防部长帕内塔在会见中国国防部长梁光烈时表示，中美两国均具备先进的网络战能力，必须致力于避免误判以防酿成危机。但直到2015年4月，美国新任国务卿克里访华，两国才达成建立网络安全工作组的协议。

可以预见，"网络窃密"将成为中美网络会谈的重要内容之一。但必须强调的是，网络空间使战争与和平变得更加模糊，网络行为国际准则的制定必须分清"网络窃密"和网络攻击并非一回事。为此，中美网络对话对"网络窃密"的界定，直接关系到网络空间行为准则的制定。

必要举措：建立对等制衡的中国网络国防力量

人类以什么方式生产，就以什么方式斗争。在网络经济助推中美两国发展的同时，事关两国国计民生的金融、电力、供水、交通等关键业务网络依托全球一网的网络空间运行，网络空间成为事关国家主权、安全和发展利益的全新领域。

美国得益于信息网络技术的领先优势，最早认识到网络空间的重要性，确立了以核武器的威慑战略、太空的抢先战略、网络的控制战略为支撑的"三位一体"国家安全战略，将来自网络的威胁列为国家生存发展所面临的"第一层级"威胁和"核心挑战"。

为此，美军最早成立网络战部队，最先提出网络空间为新的作战领域，最早成立网络空间司令部，最先推出网络空间行动战略。尤其是"网络总统"奥巴马在进入第二个任期时，美国大幅扩编网络空间司令部，并准备成立40支全球作战的网络战部队。美军已经具有世界上最强大的网络战实力。

中国要与美国谈网络安全问题，要与美国共同应对网络恐怖袭击和网络军国主义，就必须手中有牌，必须有与大国地位相匹配的网络空间作战力量。

为此，中国首先要做的就是成为一个网络空间的"正常国家"，也就是公开建立自己的网络国防力量，光明正大地维护网络空间主权、安全和发展利益。

在当前世界各国处于网络"扩军热"的时期，中国公开建设网络空间国防力量，这既是与美国进行网络安全对话的必要措施和对等做法，也是避免中国被他国无端指责"网络威胁"的有效方法。不必担心引起他国的猜疑，而且可以增加网络国防透明度，还能更有效地利用世界"网络军控"谈判前的宝贵时期，加速发展必要的网络国防力量，使自己足够强大，有能力成为一支维护网络空间世界和平的重要力量。

谈判目的：构建相互确保安全的中美网络关系

习总书记曾在出访俄罗斯的演讲中强调，"面对国际形势的深刻变化和世界各国同舟共济的客观要求，各国应建立以合作共赢为核心的新型国际关系。"这种新型国际关系，体现在网络空间，具体到中美之间，就是建立以合作共赢为核心的新型中美网络关系，关键是确立网络空间"相互确保安全"的理念，这包括三个要点：

第一，扩大共同网络利益。网络空间不仅是实体空间的全息映射，也是人类社会全新的"命运共同体"，作为世界第一、第二大经济体的美国和中国，已成为网络经济的最大受益者。

网络经济已成为美国第一经济支柱，经济运行对网络的依赖度超过80%。在中国，网络经济发展迅速。有专家预计，2015年中国将取代美国成为全球最大的电子商务市场。

世界各国正在网络空间形成你中有我、我中有你的态势。因此，网络空间需要的不是战争，而是规则与合作。和则两利、斗则俱伤，建立积极健康的中美网络关系，扩大两国在网络空间的共同利益，是中美两国的共同责任，也符合国际社会的根本利益。

第二，形成对等网络威慑。尽管我们抱有美好的愿望，但无法回避的是，美国已经具备在网络空间发动一场战争的全部条件，它拥有对互联网的绝对控制权，对世界网络空间安全构成了巨大的威胁。

为保持网络空间长久和平，像当年拥有了核武器，从而保证中国30多年的和平发展一样，中国必须理直气壮地建设自己的"网军"，形成与美国足以抗衡的网络空间力量，才能与其对等发展，平等对话。这既是中国网络时代"和平崛起"的安全需要，也是一个负责任大国的应有义务。

第三，确保相互网络安全。随着互联网的迅速普及，网络空间覆盖全球，仅靠单个国家无法维护网络信息安全。中美要在网络空间实现共赢，就必须以确保网络空间相互安全为目的，防范网络武器扩散，防范网络恐怖主义，防范战略战术误判。

之所以区别于美苏冷战时期核战略的"确保相互摧毁"，提出"确保相互安全"的网络威慑战略，其中一个重要的原因是"网络扩散"远远超越了"核扩散"，甚至超越了人们的想象。恐怖分子相对来说容易掌握超级"网络武器",一旦失控,世界可能面临根本无法预知的灾难性威胁,这种共同威胁要求世界各国必须同舟共济。

正如习总书记出访时所讲,"任何国家和国家集团再也无法单独主宰世界事务。各国和各国人民应该共同享受尊严,共同享受发展成果,共同享受安全保障。""世界上的事情只能由各国政府和人民共同商量来办。"因此,构建"扩大共同利益、形成对等威慑、确保相互安全"的新型中美网络关系,是中美两国政府和人民的最佳选择和美好愿望。

正如德国新闻电视台称，美国几乎全方位监听"整个中国"，"说到底，这是因为美国害怕中国超越自己成为世界超级大国"。

奥巴马的讲话也印证了这一点。在西点军校毕业典礼上，他声称，"美国必须永远（处于）领导（地位），如果我们不领导，没有别人会来领导"。另外，在之前的国情咨文中也认为，"凡是在和美国竞争中占了优势的，都必然是作弊的，否则就不可能战胜占据了压倒性优势的美国公司"。

2. 中美网络空间安全怎么办？

在斯诺登勇敢地站出来一周年之际，"棱镜门"事件尚在持续发酵之中，处于全球聚光灯下的美国，公然宣布起诉中国军人。这发生在美国对中国普通网民到国家元首"一网打尽"，对中国著名学府到跨国公司网络窃密让人记忆犹新之时，美国"贼喊捉贼"的勇气让世界惊讶。就连其盟友德国的媒体都指出，"华盛顿正失去其道德"，"多年来美国一直以'中国间谍和黑客攻击'为由向中国施压。而实际上，美国自己才是窃听者"。

美国必须做老大的霸权思维主导其网络空间行为

美国这种外交上的失礼、行为上的鲁莽，既有安全上的焦虑、也有战略上的盘算，但本质是"霸权"思维的延续。对于这一点，正如德国新闻电视台称，美国几乎全方位监听"整个中国"，"说到底，这是因为美国害怕中国超越自己成为世界超级大国"。事实上，"网络总统"奥巴马的讲话也印证了这一点。在西点军校毕业典礼上，他声称，"美国必须永远（处于）领导（地位），如果我们不领导，没有别人会来领导"。另外，在之前的国情咨文中也认为，"凡是在和美国竞争中占了优势的，都必然是作弊的，否则就不可能战胜占据了压倒性优势的美国公司"。

事实上，这种霸权思维早就体现在 2011 年的《网络空间国际战略》中。当时，美国在大谈网络雄心的时候只字不提国家网络主权。也就是说，美国的霸权思维极大地强化了其网络空间行动的战略性。因此，美国起诉中国军人背后的战略预谋不可不防。美在第一任网络司令亚历山大完成了大规模网络扩军目标之后，第二任网络司令罗杰斯才刚刚上任不久，就以司法起诉的方式重新炒作"中国网络窃密"，比较合理的判断是：美网络战争准备已经从大幅扩军转入推出规则的新阶段。考虑到之前已经推出的《塔林守册》，包括美军高官多次放出的口风，美军完全有可能推出《网络战规则》。这很可能是罗杰斯任内的核心任务之一。

事实应该清楚，博弈还将继续，决心要当老大的美国自然不会静听中国的反驳，尤其是对中国超越自己的担忧，必然会导致美国继续出招，甚至还会宣布更多的所谓"证据"。但根据双方实力以及治国理念，美国公布再多"证据"，与斯诺登的披露相比，也只会是九牛一毛。而这种做法最直接的结果，就是导致中国政府进一步加快网络强国建设的步伐。在这个过程中，很可能就如哈萨克斯坦谚语说的那样，美国会因"吹灭别人的灯会烧掉自己的胡子"。

中国应必须看清美方的"右直拳"和"左勾拳"

中国互联网信息办公室曾宣布，将实施网络安全审查制度。尽管细则尚未推出，但这也是为维护国家网络安全、保障中国用户合法权益构建法治屏障的第一步。这一步，在事情的性质和力度上基本上与美国当年宣布对中兴、华为进行安全审查相当。

同样是网络安全审查，相比中国企业的各自为战，美国产业力量显然更加应对有力。之前，在银行、电力系统弃用 IBM 高端服务器成为一个热门话题，中国尚在讨论评估之时，包括谷歌、苹果、IBM、微软、英特尔、甲骨文、思科在内的美全球科技巨头成立了一个联合小组。尽管这个小组的详细底细不得而知，但其一项重要的工作就是要在全球的技术创新中不断建立美国可以主导的技术框架和技术标准。

至此，美国政府和行业力量"左右拳"的攻击套路基本清晰："右直拳"打门面，就是政府职能部门直接起诉中国军人，以抢占网络空间话语权为目的，企图先入为主地为网络空间立规建制；"左勾拳"击后脑，就是行业力量迅速形成产业联盟，以强化市场地位为目的，继续加强在技术框架和技术标准方面的垄断地位，进而绑架整个产业链获取巨额利润。

完善国家网络安全标准的基础性规范，应对美方的产业图谋

显然，应对美方的"左勾拳"，中央机关禁止使用 Windows8，网络安全审查制度将出台，银行或弃用 IBM。这种思路是对的，但力度远远不够。当前，最迫切的是梳理美国的网络安全审查制度，尽快出台与其对应的网络安全审查细则。细则中，对路出招尤为重要。要看到，美国的审查制度不仅包含产品安全性能指标，还有产品的研发过程、程序、步骤、方法、产品的交付方法等。美国网络安全审查主要考虑对国家安全、司法和公共利益的潜在影响，不公开标准和过程，不披露原因和理由，不接受供应方申诉，且无明确时间表。

除此之外，中国应该在一些成熟的单点上取得迅速突破。比如，中国早在 2006 年 6 月已经颁布了无线局域网国家标准（WAPI）。据当时估计，政府采购量将占无线局域网市场的三分之二。但非常不幸的是，8 年过去了，中国并没有普遍推广自己的标准，而是广泛使用了美国行业组织 Wi-Fi 联盟的标准。目前已确认，美国"Wi-Fi"联盟推出的无线局域网尽管已经成为国际标准，但其安全机制具有天然漏洞，用户身份凭证易被盗取和滥用，包括劫持、攻击、仿冒，可以说是"不安全无线上网"的代名词。为此，中国应以国家安全为首要，尽快明确推广使用自己安全可靠的无线局域网国家标准。

作为更加长远的打算，中央网络安全和信息化领导小组办公室应整体筹划，将拟定国家网络安全技术框架和技术标准作为当前的一项重点工作。可行的办法是，成立中国网络安全和信息化产业标准联盟，借助产业力量，在实践过程中不断完善网络空间国家标准体系基础性规范，并成熟一个强制推广一个。同时配套相应的政策导向和市场预期，着手构建可持续发展的产业生态链条，随着技术突破和产品成熟，逐渐重塑国家网络安全可信基础。

坚持"打铁还需自身硬"，发展网络空间和平力量

对于美方企图抢先立章建制的"右直拳"，中国更需牢记"打铁还需自身硬"，并基于力量和法规建设采取相应对策。事实上，如果客观地分析"棱镜门"发生的全过程，其实是一种必然的结果。这相当于一个控制欲极强的人，眼力好，又不受什么约束，自然是想看什么就看什么。也就是说，美国正是利用自己独享的网络秘笈和网络空间的"规则空白"，横行无忌，谋求对他国的政治、经济和军事优势，寻求自身绝对安全。

显然，应对这种态势，中国需要尽快补上力量建设这个缺。美军在最新版《四年防务》中，美国的网络战力量编制规划已经从去年的40支迅速扩展到133支。中国也应该借势而为，因势而发，成立自己的网络国防力量。于此同时，还需利用已将网络安全上升为"一把手"工程的强有力组织优势，国家军队地方整体联动，军事法律外交领域联合，从完善军队作战规则，国家网络立法和世界网络规范三个层面，逐步形成自己完整的网络法规体系，对内支撑国家网络治理体系和治理能力现

代化，对外获得世界网络空间最大话语权，以持续的战略定力，遏制网络空间霸权主义、威胁恐吓、挑事闹事和非建设性意见，推动实现世界网络空间的共同、综合、合作、可持续安全。

拥有世界最强大网攻力量的美网络战司令官迈克·罗杰斯就警告说，世界上只有中国和"一两个其他国家"有能力对美国发动关闭电网和其他关键系统的网络攻击。

罗杰斯表示，美国政府希望能够建立一套国际行为准则，制约网络战争。他说，"我们应该给进攻性的行为下一个定义，规定什么样的行为属于战争行为。"而这一切表明，美国已经全面做好了发起一场网络战争的准备。

3. 打开网攻大门的美国怕中国?

当中国敞开世界"第一网络用户大国"的怀抱，在乌镇召开主题为"互联互通、共享共治"的首届"世界互联网大会"之时，大洋彼岸的网络抹黑"升级版"不期而至。拥有世界最强大网攻力量的美网络战司令官迈克·罗杰斯就警告说，世界上只有中国和"一两个其他国家"有能力对美国发动关闭电网和其他关键系统的网络攻击。

221

罗杰斯在美国众议院情报委员会举行的听证会上声称，"所有这些都使得我相信，这只是时间问题，我们将会看到令人震惊的事件发生。"听这话似乎他掌握了大量情报。而纵观其言谈，所谓的推断依据是，"此前有私营公司提供的一份报告声称，美国的电网和其他关键系统被来自中国的黑客入侵，似乎预示着可能的攻击行动。美国的对手对美国进行着例行侦察，这使得他们有能力阻断涉及所有方面的工业控制系统，包括化工和水处理设施等等"。

与这位司令官充满"似乎"之词的语调不同，笔者完全可以肯定的是，罗杰斯虽是情报分析高手，但其推理能力实在不敢恭维。笔者还可以肯定的是，美国警告的对象绝对不应是中国，而是美国自己和网络恐怖主义分子。

事实上，借2013年、2014年两次抹黑中国"网络窃密"之机，美国已将网络战部队从40支大幅扩编至133支，再加上2010年"瘫痪"伊朗1000多台核设施的"震网"示范效应，美国已经事实上打开了网络攻击摧毁实体空间的大门。与此同时，网络恐怖主义的威胁日益凸显。早在2013年12月，联合国已通过第2129号决议，号召打击网络恐怖主义。中国作为负责任的大国积极响应，曾在北京举行了全球打击网络恐怖主义论坛，并且乌镇大会也将打击网络恐怖主义作为专题讨论。而恰在此时，作为恐怖主义最大受害国的美国，避开重要威胁，剑指中国，给乌镇网络大会营造的晴朗环境带来了危险的"网络雾霾"。

与山姆大叔完全不同的是，作为网络攻击的最大受害国，中国采取了共享共治、合作共赢的积极态度。通过国际互联网，让中国更好地走向世界，同时让世界更好地了解中国。

显然，美好的愿望不能代替现实的威胁。值得我们警惕的是，山姆大叔网络抹黑中国已经从"窃取商业机密"上升到"网攻基础设施"，版本明显升级。这是否预示着，在完成大幅扩编网攻部队之后，美国要借机推出网络战规则？事实上，罗杰斯自己给出了答案。他在听证会上表示，美国政府希望能够建立一套国际行为准则，制约网络战争。他说，"我们应该给进攻性的行为下一个定义，规定什么样的行为属于战争行为。"而这一切表明，美国已经全面做好了发起一场网络战争的准备，爱好和平的人们必须保持战略清晰、高度警惕，并采取切实的行动积极应对。

美国前驻华大使洪博培认为，"美国要扳倒中国，就必须依靠我们在中国内部的盟友和支持者，他们被称为'年轻一代'，或者'互联网一代'"。

中国作为世界网民第一的网络大国，是一个事实上的网络弱国，中国亟待全面提升网络综合实力，建立网络防御能力。否则，不仅不能抵挡网络攻击，也无法应对网络颠覆。

中美两国具有战略眼光的政治家，应该登高远望，保持战略耐心，不为一事所惑，不为一言所扰，而是以确保两国人民从中不断受益为宗旨，立足现实，着眼长远，深入沟通，相向而行。

4. 尊同化异的战略耐心

2014年7月9日，中美战略与经济对话在北京开幕。习总书记在致辞中对中美关系今后发展提出4点看法和主张，认为只要双方坚持相互尊重、聚同化异，保持战略耐心，不为一事所惑，不为一言所扰，中美关系大局就能任凭风浪起，稳坐钓鱼台。

但要实现这个目标，就如古人所言，"来而不可失者，时也；蹈而不可失者，机也。"就需要中美明确彼此关注，顾及彼此核心利益，树立底线思维，才能构建利益共同体，实现习总书记提出的良好愿景。

因此。美国必须了解中国的核心关切。中国的核心关切是什么？习总书记在中央国家安全委员会第一次会议上提出的总体国家安全观就明确阐释了这一点。习总书记讲，必须坚持总体国家安全观，以人民安全为宗旨，以政治安全为根本，以经济安全为基础，以军事、文化、社会安全为保障。由此可见，中美要建立新型大国关系，最根本的就是不能蓄意颠覆对方的政权。

事实上，美国的冷战思维并未停止。美国《国家信息基础设施行动计划》指出，"开辟一个网络战场，目标就是西方价值观统治世界，实现思想的征服"。美国前驻华大使洪博培认为，"美国要扳倒中国，就必须依靠我们在中国内部的盟友和支持者，他们被称为'年轻一代'，或者'互联网一代'"。西方国家对中国的意识形态攻击依托互联网愈加激烈。而斯诺登披露的美国"棱镜门"计划充分表明，美国思科等信息产业"八大金刚"已占据中国信息枢纽要地，为网络文化颠覆建立了便捷通道。与此同时，克里首次访华建立中美网络安全定期会谈机制，"习奥会"讨论网络安全问题，都凸显出网络已成为大国博弈的新战场，网络已成为大国博弈的最前沿，网络颠覆对国家安全的危害之高、程度之深、范围之广前所未有。尤其是西亚北非政权批量倒台和伊朗选后动乱，都可以清晰地看出网络强国利用互联网便捷通道，肢解异己价值体系、西化网络文化、制造危机动乱，最终颠覆国家政权的新模式。在这种态势下，中国依托网络平台，宣扬主旋律，提升网络管控能力，抵御网络颠覆，已经成为维护国家政治安全的必然选择。

事实上，在中国改革开放30年之后，已经跃居为世界第二大经济体，人民生活水平极大提升，网络社会初步形成，正在新一代国家领导人带领下开始了中华民族复兴的新历程。但同时，发展起来的中国注定比以前更加复杂。在国内，人民群众的精神需求和民主诉求日益增加，贪污腐败官员群体的泛化亟待遏制，网络社会的形成改变了原有的信息传播流程，网络失窃密严重、欺诈犯罪猖獗、各种思潮以及谣言泛滥等不安全因素增多，网络文化面临正负能量激烈碰撞的走向抉择。在国际，网络强国网络空间战略攻势咄咄逼人，世界各国纷纷效仿，已有20多个国家建立了网军，40多个国家宣布了网络空间国家战略。而没有正式网络国防力量的中国，却不时被戴上"网络威胁"的帽子。特别是斯诺登曝光美国"棱镜门"事件，进一步说明中国作为世界网民第一的网络大国，是一个事实上的网络弱国，中国亟待全面提升网络综合实力，建立网络防御能力。否则，不仅不能抵挡网络攻击，也无法应对网络颠覆。因此，坚持和平、防卫的中国，加强网络强国建设，符合包括美国在内的世界所有国家的利益。

事实上，在网络综合实力的提升过程中，中国人民和新一届政府已经清醒地认识到，世界生产力、文化力和国防力正在进行的网络化大变动，要真正做到抵御网络颠覆，必须自身实现观念大觉醒。这种"大觉醒"突出地体现在以下两个方面：一方面，坚持打铁还需自身硬，做好自己的事情，传播正能量，培育积极向上的网络文化，让网络成为集民智、聚民力、合民意的最佳平台。尤其要认识到，网络空间的出现，代表着一种以网络经济为核心的最先进的生产力，并从各个层面推动了社会文明进步。只要中国做好自己的事情，再基于数千年文明底蕴，就最能形成正能量的网络文化，凝聚人类社会和平发展的力量，引导人类社会向公开、公平、公正的和谐方向进步。另一方面，要寻找利益汇合点，构筑健康的新型大国关系和周边命运共同体。这是中华民族和平崛起的主旋律，也是抵御网络颠覆的开放观。这正如习总书记强调，中华民族历来是爱好和平的民族，一直追求和传承和平、和睦、和谐的坚定理念。中华民族的血液中没有侵略他人、称霸世界的基因。改革开放30年，中国犹如一颗冉冉升起的新星，跃升为世界的第二大经济体，引起世界的瞩目。面对网络化、全球化、一体化的大趋势，坚持合作共赢，构建人类社会利益共同体、命运共同体，就能得到世界人民最广泛的支持，进而从根本上维护政治安全，形成共同、综合、合作和可持续安全的民族复兴环境。从这个意义上讲，美方也没有必要把精力花费在颠覆中国政权上。有了中国人民和新一届政府的战略清晰，战略觉醒，这注定是不可能成功的。

因此，中美两国具有战略眼光的政治家，应该登高远望，保持战略耐心，不为一事所惑，不为一言所扰，而是以确保两国人民从中不断受益为宗旨，立足现实，着眼长远，深入沟通，相向而行。但愿中美两国正如习总书记强调，"合抱之木生于毫末，九层之台起于累土"，让我们用积土成山的精神，一步一个脚印，携手推进新型大国关系建设，努力地开创中美关系更加美好的明天。

"扩大共同网络利益"是构建中美网络关系的基础。网络空间不仅是实体空间的全息映射，而且已经成为人类社会全新的"命运共同体"，把整个世界前所未有地连接在一起，尤其是作为世界第一、二大经济体的美国和中国，已成为网络经济的最大受益者。

　　"相互确保网络安全"是构建中美网络关系的最终目标。在具有相互足以对等制衡的网络战力量后，决定世界安全走向的关键就在于如何使用网络战力量。中美要在网络空间实现共赢，就必须以"相互确保网络安全"为目标，防范网络武器扩散、防范网络恐怖主义、防范战略战术误判。

5. 对等的网络威慑

　　中美新型大国关系，体现在网络空间，再具体到中美之间，就是建立以合作共赢为核心的新型中美网络关系。笔者认为，这种网络关系应该包括三个要点——扩大共同利益、形成对等威慑、相互确保安全。

首先，"扩大共同网络利益"是构建中美网络关系的基础。网络空间不仅是实体空间的全息映射，而且已经成为人类社会全新的"命运共同体"，把整个世界前所未有地连接在一起，尤其是作为世界第一、二大经济体的美国和中国，已成为网络经济的最大受益者。目前，信息产业已成美国经济的第一支柱，经济运行对网络的依赖度超过80%。有预计称，中国2015年将取代美国成为全球最大的电子商务市场。世界各国正在网络空间形成一个"你中有我、我中有你"的交织融合态势。扩大中美两国在网络空间的共同利益，是构建合作共赢的所谓中美网络关系的基础，是中美两国的共同责任，也符合国际社会的根本利益。

其次，"形成对等网络威慑"是构建中美网络关系的前提。无论抱有多么美好的愿望，拥有多少共同利益，都无法回避美国已经具备在网络空间发动一场战争的全部条件这一事实，特别是对互联网的绝对控制权，使其站在赢得网络战争的制高点。为保持网络空间长久和平，中国必须理直气壮地建设自己的"网军"，形成与美国足以抗衡的网络国防力量，才能与其对等发展，平等对话。这既是中国网络时代"和平崛起"的安全需要，也是一个负责任大国的应有义务。

第三，"相互确保网络安全"是构建中美网络关系的最终目标。在具有相互足以对等制衡的网络战力量后，决定世界安全走向的关键就在于如何使用网络战力量。中美要在网络空间实现共赢，就必须以"相互确保网络安全"为目标，防范网络武器扩散、防范网络恐怖主义、防范战略战术误判。之所以区别于美苏冷战时期核战略的"相互确保摧毁"，提出"相互确保安全"的网络制衡战略，其中一个重要的原因是"网络扩散"的力量和程度远远超过了"核扩散"，甚至超越了人们的想象力。恐怖分子也相对容易掌握超级"网络武器"，世界可能面临根本无法控制和预知的灾难性威胁。这种人类社会共同威胁的深刻变化，要求世界各国同舟共济、合作共赢，中美两个世界大国也最终不得不聚焦在应对这种灾难性的威胁上。

构建新型中美网络关系，既要寻找利益交汇点，也可以求同存异，尤其是要牢牢把握"三个要点"的主从关系，要有轻重缓急地推进。也就是说，只有在共同利益持续扩大、网络制衡力量对等的情况下，才能促使双方面对共同的网络威胁，即网络恐怖主义和网络军国主义。因此，这种网络关系不仅是双方意愿的自然选择，更应该是面对客观现实的必然结果。

当前，国际社会对网络恐怖主义的危害，以及合作打击网络恐怖主义的重要性已有广泛共识。今后的主要任务，就是通过合作，加强恐怖情报信息的搜集和共享力度，提高打击网络恐怖主义的能力。

打击网络恐怖主义国际合作"四步骤"：提升网络监控能力，对恐怖信息内容"控得住"。提升溯源定位能力，对恐怖信息来源"查得明"。提升网络打击能力，对恐怖信息源头"毁得掉"。提升国际合作效率，使恐怖信息共享"联得上"。（该文被2014年6月25日中央四套中国新闻节目"中国吹响反恐合作号角"采用。）

6. 打击网络恐怖主义的合作

当前，网络恐怖主义的危害性日益突出。互联网等信息技术已成为恐怖势力开展活动的重要工具，越来越多的恐怖极端组织利用互联网和社交媒体等招募人员，传播暴恐思想，传授暴恐技术，筹集恐怖活动资金，策划恐怖袭击活动。

尤为严重的是，随着全球网络化程度的提升，人类社会生产生活越来越依靠网络运行和网络控制，网络恐怖主义已经成为全人类社会安全运行和稳定发展的重大威胁。用美国前国防部长帕内塔的话说，"网络攻击可破坏载客火车的运作、污染供水或关闭全美大部分的电力供应，造成大量硬体破坏与人员伤亡，使日常运作陷入瘫痪，让民众感到震惊，制造新的恐惧感。"

第 68 届联大进行《联合国全球反恐战略》第四次评审并通过决议，要求各国关注恐怖分子利用互联网等信息技术从事煽动、招募、资助或策划恐怖活动。根据中方提出的修改意见，该决议首次在全球反恐战略的框架内写入了打击网络恐怖主义的内容。

2013 年 6 月 23 日，鲁炜主任在 ICANN 会议上指出，中国政府坚决反对网络恐怖主义，并呼吁世界各国携起手来，在网络空间共同打击恐怖主义活动，决不能让互联网成为恐怖主义滋生蔓延的土壤。2014 年 4 月 23 日，中国代表在联合国安理会"青年在打击暴力极端主义和促进和平方面的作用"公开辩论会上指出，恐怖和极端势力利用互联网等新媒体传播恐怖和极端思想，蛊惑、煽动青年，造成严重危害。网络恐怖主义已经成为人类社会的公敌，国际层面必须携手合作，提升打击网络恐怖主义的能力。

中美两国作为世界第一、二大经济体，也是网络经济的最大受益者，有责任共同担当，加强打击网络恐怖主义的国际合作。

"倾巢之下岂有完卵"。中美加强打击网络恐怖主义的国际合作，必须认清任何国家面对网络威胁都不能独善其身。网络空间互联互通，网络病毒"一网波及、全网到达"，物理隔绝也不安全，"网络扩散猛于核扩散"。而"震网"病毒开启了利用虚拟空间摧毁现实社会的大门，很可能"让恐怖分子激动得心跳加速"。恐怖主义正是利用网络空间组织机构小型化、组织边界虚无化、活动成本低廉化、组织工具便捷化等特征，加快恐怖活动的升级越界。国际社会必须抛弃"网络反恐"的双重标准，同心协力，切实提升网络权力结构下全球互联网治理体系和治理能力现代化水平。

"没有规矩，不成方圆"。中美加强打击网络恐怖主义的国际合作，必须完善国际层面的立法执法合作，防范双重标准带来的危害。面对网络恐怖主义在全球蔓延，为提升打击效果，人类社会必须联合起来，构建"利益共同体"乃至"命运共同体"，既提升能力，又强化法制，形成网络空间"共同治理"、网络犯罪"联合防范"、网络恐怖"合力打击"的良好机制，共同维护网络空间的和平与发展。

"打铁还得自身硬"。中美加强打击网络恐怖主义的国际合作，就是通过合作，加强恐怖情报信息的搜集和共享力度，提高打击网络恐怖主义的能力。

提升网络监控能力，对恐怖信息内容"控得住"。在大数据环境中，要在浩瀚的网络空间，处理巨量数据，跟踪恐怖信息，就需要提升对大数据的收集、分析能力，具备对大数据环境、内容的控制力，进而确保能及时发现恐怖信息。

提升溯源定位能力，对恐怖信息来源"查得明"。当前网络恐怖信息监控的最大难度就是网络使用的"匿名性"。特别是手机等智能终端采用随机网址登录网络，且随着时间、地点不同而变化，给建立信息与终端、信息与人员之间的对应关系带来极大的难度。应组织专门力量突破技术难关，控制恐怖信息源头。

提升网络打击能力，对恐怖信息源头"毁得掉"。为防范网络恐怖信息散布，必要时需要摧毁恐怖信息源头。这就要求反恐机构的人员掌握领先的网络技术，能够实施精确网络打击，切断恐怖思想的传播来源，阻断恐怖组织的指挥链条。

提升国际合作效率，使恐怖信息共享"联得上"。网络无国界，网络恐怖主义的活动范围往往也超过国界，这就需要各国加强技术合作和信息交流，及时共享相关信息，甚至共同展开打击行动，让网络恐怖主义这一世界公敌在网络世界无处可藏。